Elemente der Mathematik

Hessen
Q1 Analysis
Grund- und Leistungskurs

Herausgegeben von
Heinz Griesel, Andreas Gundlach, Helmut Postel, Friedrich Suhr

Schroedel

Elemente der Mathematik

EdM

Hessen
Q1 Analysis
Grund- und Leistungskurs

Herausgegeben von

Prof. Dr. Heinz Griesel, Dr. Andreas Gundlach, Prof. Helmut Postel, Friedrich Suhr

Bearbeitet von

Karin Benecke, Sibylle Brinkmann, Martin Brüning, Gabriele Dybowski, Dr. Andreas Gundlach, Holger Kohnen, Dr. Reinhard Köhler, Jakob Langenohl, Matthias Lösche, Hanns Jürgen Morath, Sigrid Schwarz, Heinz Klaus Strick, Friedrich Suhr

Der Schülerband ist auch als digitales Schulbuch erhältlich: Best.-Nr. 88377

Zum Schülerband erscheinen:
Lösungen Best.-Nr. 88378
BiBox – Digitale Lehrermaterialien Best.-Nr. 88380

Abgestimmt auf dieses Unterrichtswerk sind umfangreiche Unterrichtsmaterialien für die S II entwickelt worden:
Analysis Best.-Nr. 87907; Analytische Geometrie/Matrizen Best.-Nr. 87908; Stochastik Best.-Nr. 87909

© 2016 Bildungshaus Schulbuchverlage
Westermann Schroedel Diesterweg Schöningh Winklers GmbH, Braunschweig
www.schroedel.de

Druck A[1] / Jahr 2016
Alle Drucke der Serie A sind im Unterricht parallel verwendbar.

Redaktion: Dr. Petra Brinkmeier
Umschlagentwurf und Innenlayout: Janssen Kahlert Design & Kommunikation
Illustrationen: Dietmar Griese, Laatzen
Zeichnungen: imprint, Ilona Külen, Zusmarshausen; Langner und Partner, Hemmingen; Michael Wojczak, Butjadingen
Druck und Bindung: Westermann Druck Zwickau GmbH

ISBN 978-3-507-**88376**-5

Inhaltsverzeichnis

4   Verknüpfungen von Funktionen – Funktionenscharen

Anhang

Hinweise zur Arbeit mit diesem Buch

**Ergänzende Hinweise
für Lehrerinnen und Lehrer**

■ Die beiden **Einstiegsaufgaben** kommen anhand von zwei unterschiedlichen Problemstellungen zum inhaltlichen Kern des Abschnitts.

■ Anhand der **Einstiegsaufgabe mit Lösung** wird sichtbar, welchen didaktisch-methodischen Weg die Autorinnen und Autoren eingeschlagen haben.

■ Die **Informationen** sind verständlich geschrieben und unabhängig von der Problemstellung in der Einstiegsaufgabe formuliert. So können sie gut zum späteren Nacharbeiten, z. B. zur Vorbereitung auf eine Klausur, genutzt werden.

■ Die Aufgaben sind gut gestuft und durch die inhaltlichen **Zwischenüberschriften** unterschiedlichen Aspekten des Themas zugeordnet.

Zudem gibt es **Vernetzte Aufgaben,** in denen die neue Themen mit bereits erarbeiteten Inhalten aus vorangegangenen Abschnitten vernetzt werden.

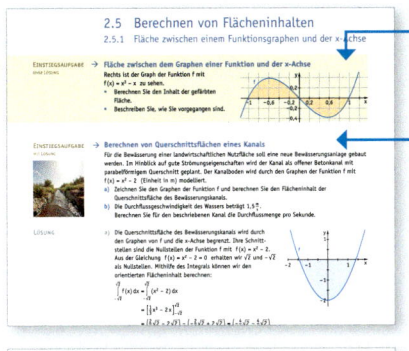

Jeder Abschnitt beginnt mit einer **offenen Einstiegsaufgabe,** die zu den neuen Inhalten führt.

In der zweiten **Einstiegsaufgabe mit Lösung** wird das neue Thema an einem anderen Sachverhalt erarbeitet. Mithilfe der Lösung können Sie sich den Inhalt selbstständig erarbeiten, nacharbeiten oder die Problemlösestrategien herausarbeiten.

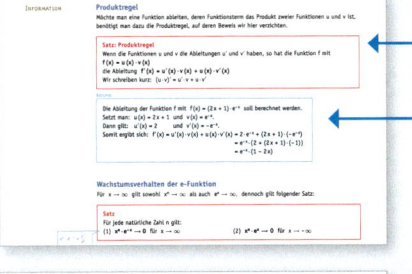

Das neu Gelernte wird allgemein in **Informationen** zusammengefasst und durch **Beispiele** erläutert.

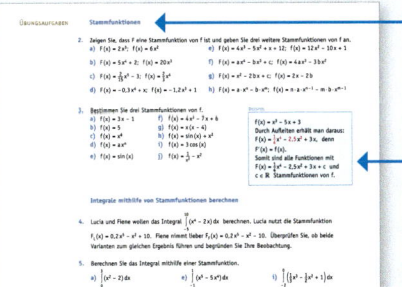

Manchmal werden weitere neue Aspekte auch in einer **Weiterführenden Aufgabe** angesprochen.

Die **Übungsaufgaben** bieten Ihnen vielfältige Möglichkeiten das neu Gelernte zu festigen und anzuwenden.

Zu einigen Übungsaufgaben gibt es ein **Beispiel** mit einer Musterlösung, in der wichtige mathematische Verfahren oder Strategien aufgezeigt werden.

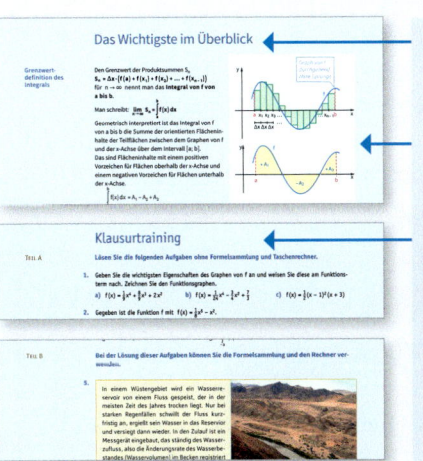

Am Ende eines Kapitels wird in Kurzform das **Wichtigste im Überblick** zusammengefasst.

Jeder Inhalt wird an einem **Beispiel** konkretisiert.

Das anschließende **Klausurtraining** bietet Aufgaben zur Klausurvorbereitung. Wie im Abitur, gibt es Aufgaben ohne Hilfsmittel und Aufgaben mit Taschenrechner und Formelsammlung.

Die **Lösungen** dazu finden Sie im Anhang des Buches.

Mithilfe der Abschnitte zum **Selbst lernen** können Sie sich einen neuen Inhalt eigenständig erarbeiten.

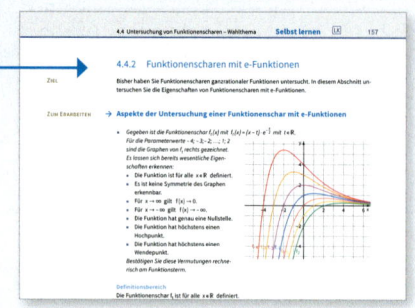

- Besonders geeignete Themen sind als Abschnitte zum **Selbst lernen** konzipiert.

In einem **Blickpunkt** finden Sie, passend zu den Inhalten des Kapitels, interessante fachübergreifende und innermathematische Themen, auch zur Geschichte der Mathematik. Zudem können in einem Blickpunkt zentrale mathematische Kompetenzen aus dem Kapitel aufgegriffen und vertieft werden.

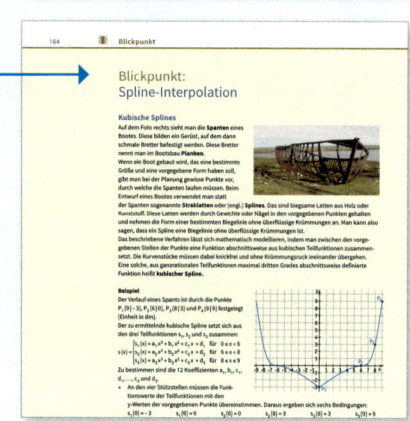

- **Blickpunkte** eignen sich besonders zur Differenzierung des Unterrichts und zur Förderung von eigenständigen Schüleraktivitäten.
  Die fachübergreifenden und innermathematischen Themen können gut für Referate oder Facharbeiten verwendet werden.

Noch fit in ...? dient zur selbstständigen Wiederholung bereits bekannter Inhalte aus früheren Schuljahren:

- **Aktivieren** Ihres Wissens an einfachen Aufgaben
- **Erinnern** der wichtigsten Inhalte im Überblick.
- **Festigen** durch weitere Aufgaben

Die Lösungen finden Sie im Internet unter: www.schroedel.de/edm-87982

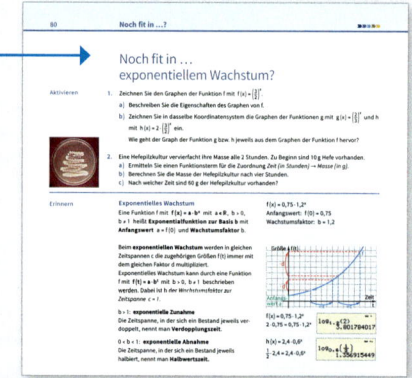

- Die Abschnitte **Noch fit in ...?** sind dort platziert, wo die Inhalte für ein neues Thema benötigt werden.

Zum Einsatz digitaler Werkzeuge

Viele Aufgaben in diesem Band sind so konzipiert, dass die Lernenden bei der Lösung einen wissenschaftlichen Taschenrechner WTR verwenden sollten. Zudem wird an didaktisch geeigneten Stellen mit einem Funktionenplotter gearbeitet.
Das Rechnersymbol wird nur bei solchen Aufgaben verwendet, bei denen besondere Kompetenzen im Umgang mit dem WTR erforderlich sind, wie z.B. das Erstellen von Wertetabellen, das Ableiten einer Funktion an einer Stelle oder das Lösen von Gleichungen und linearen Gleichungssystemen.
Auch die fakultative Verwendung eines CAS-Rechner im Unterricht wird im Buch berücksichtigt.

Die Themengebiete 4 – 6, von denen jeweils eines pro Abiturjahrgang per Erlass als verbindlich festgelegt wird, sind im Buch als **Wahlthema** gekennzeichnet. Im Anhang finden Sie zudem eine Übersicht der in der Analysis im Abitur in Hessen verwendeten **Operatoren** mit Beispielformulierungen.

Symbole, die in diesem Buch verwendet werden:

👥 Partnerarbeit   👨‍👩‍👧 Gruppenarbeit

ƒ Thematisiert häufige Schülerfehler

LK Inhalte nur für den Leistungskurs

+ Zusatzstoff

🧮 Wichtige Einsatzmöglichkeit des WTR, die an dieser Stelle erstmals thematisiert und erläutert wird.

CAS Aufgaben, bei denen ein Computeralgebrasystem (CAS) verwendet wird.

Einführung in die Integralrechnung

Um während der Winterruhe nicht zu verhungern, fressen sich Braunbären in den Monaten zuvor ein dickes Fettpolster an. In der Winterruhe können sie dann bis zu 40 % ihres Gewichts verlieren.

Die Grafik zeigt die Änderungsrate des Gewichts für 180 Tage. Welche Informationen kann man dieser Grafik entnehmen?

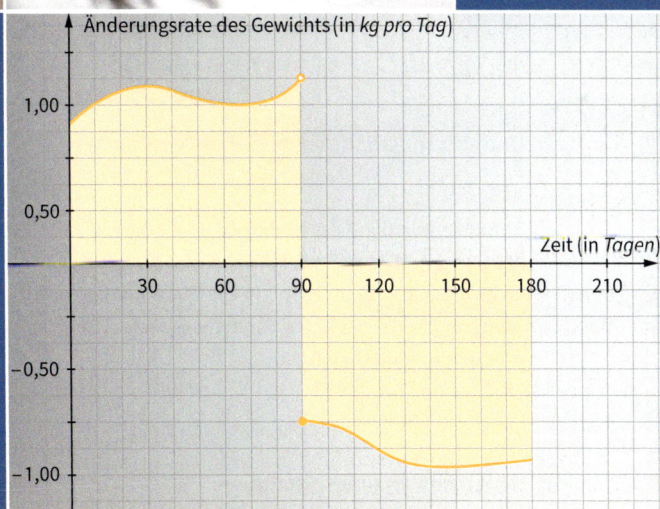

In diesem Kapitel ...

... erfahren Sie, wie man aus gegebenen Änderungsraten einer Größe die Änderung dieser Größe berechnen kann und welche Rolle dabei die Flächeninhalte der Flächen zwischen dem Graphen der Änderungsrate und der x-Achse spielen;

... lernen Sie, welcher Zusammenhang zwischen der Ableitung einer Funktion und dem Flächeninhalt der vom Graphen der Ableitung und der x-Achse eingeschlossenen Fläche besteht.

Noch fit …
in Differenzialrechnung?

Aktivieren

1. Unten sehen Sie das Höhenprofil eines kleinen Pfades in den Bergen.

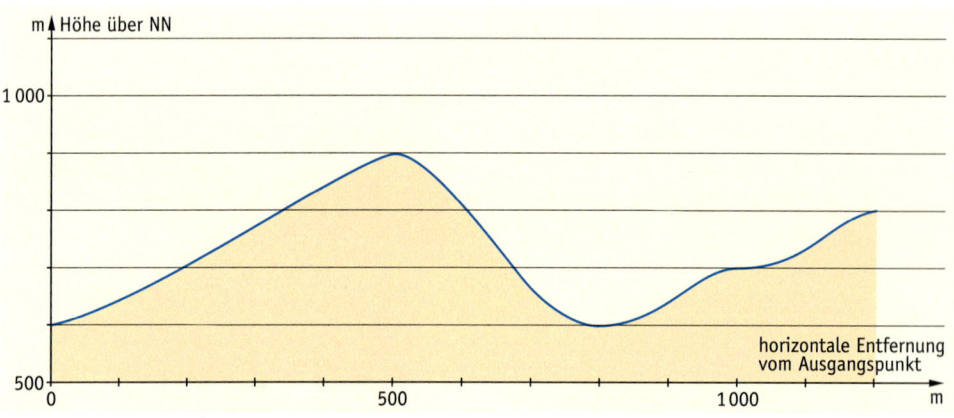

a) Bestimmen Sie die durchschnittliche Änderungsrate der Höhe im Intervall [0; 1 200].

b) Wie groß ist die lokale Änderungsrate nach 300 m, 500 m, 700 m und 1 000 m?

2. Bestimmen Sie die Ableitung der Funktion f.

a) $f(x) = x^3$

b) $f(x) = 2x^4$

c) $f(x) = 3x^3 - 4x$

d) $f(x) = -\frac{1}{2}x^3 - \sqrt{2}\,x$

e) $f(x) = \sin(x)$

f) $f(x) = 4x^3 - 3\sin(x)$

Erinnern

Durchschnittliche Änderungsrate

Der Quotient $\dfrac{f(b) - f(a)}{b - a}$ heißt

durchschnittliche Änderungsrate von f über dem Intervall [a; b] oder **Differenzenquotient**. Geometrisch gedeutet gibt dieser Quotient die **Steigung m der Sekante** durch die Punkte $P\big(a\,|\,f(a)\big)$ und $Q\big(b\,|\,f(b)\big)$ an.

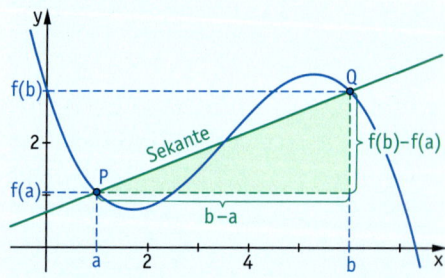

Ableitung an einer Stelle

Die Steigung der Tangente an den Graphen einer Funktion f in einem Punkt $P\big(x_0\,|\,f(x_0)\big)$ des Graphen von f bezeichnet man auch als

(1) **Steigung des Graphen von f im Punkt P;**

(2) **Steigung des Graphen von f an der Stelle x_0;**

(3) **Ableitung der Funktion f an der Stelle x_0;**

(4) **lokale** oder **momentane Änderungsrate von f an der Stelle x_0.**

Man schreibt dafür kurz: **f′(x_0)**.

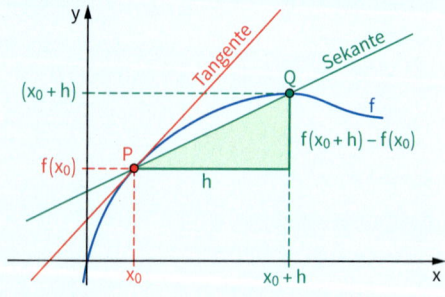

Es gilt: $f'(x_0) = \displaystyle\lim_{h \to 0} \frac{f(x_0 + h) - f(x_0)}{h}$

Die Tangentensteigung ist der Grenzwert der Sekantensteigungen.

Ableitungsfunktion

Die Funktion, die jeder Stelle x die Ableitung $f'(x)$ an dieser Stelle zuordnet, bezeichnet man als
Ableitungsfunktion f′ oder kurz als **Ableitung von f**.

Ableitungsregeln

Potenzregel

$f(x) = x^n$ mit $n \in \mathbb{N}$, $f'(x) = n \cdot x^{n-1}$ $f(x) = x^5$ $f'(x) = 5 \cdot x^4$

Faktorregel

$f(x) = k \cdot u(x)$ mit $k \in \mathbb{R}$ $f'(x) = k \cdot u'(x)$ $f(x) = -3 \cdot x^5$ $f'(x) = -15 \cdot x^4$

Summenregel

> *Differenzregel*
> $f(x) = u(x) - v(x)$
> $f'(x) = u'(x) - v'(x)$

$f(x) = u(x) + v(x)$ $f'(x) = u'(x) + v'(x)$ $f(x) = -2x^7 - 3x + 1$ $f'(x) = -14 \cdot x^6 - 3$

Ableitung der Sinus- und Kosinusfunktion

$f(x) = \sin(x)$ $f(x) = \cos(x)$ $f(x) = 3\sin(x)$ $f(x) = \frac{1}{2}\cos(x)$

$f'(x) = \cos(x)$ $f'(x) = -\sin(x)$ $f'(x) = 3\cos(x)$ $f'(x) = -\frac{1}{2}\sin(x)$

Kettenregel

$v(x) = f\big(g(x)\big)$ $v'(x) = g'(x) \cdot f'\big(g(x)\big)$ $f(x) = \sin(3x - 2)$ $f'(x) = 3\cos(3x - 2)$

Produktregel

$f(x) = u(x) \cdot v(x)$ $f'(x) = u'(x) \cdot v(x) + u(x) \cdot v'(x)$ $f(x) = x^2 \cdot \sin(x)$ $f'(x) = 2x \cdot \sin(x) + x^2 \cdot \cos(x)$

Ableitung der e-Funktion

$f(x) = e^x$ $f'(x) = e^x$ $f(x) = 2e^x$ $f'(x) = 2 \cdot e^x$

Ableitung von $f(x) = a \cdot b^x$

$f(x) = a \cdot b^x$ $f'(x) = a \cdot \ln(b) \cdot b^x$ $f(x) = 3 \cdot 4^x$ $f'(x) = 3 \cdot \ln(4) \cdot 4^x$

Festigen

3. Bei einer Überschwemmung wurden die Wasserstände in den Radio-Nachrichten mitgeteilt.

Uhrzeit	7	9	10	13	17
Wasserstand (in m)	1,10	1,40	1,80	2,70	2,90

a) Ermitteln Sie, in welcher Zeitspanne der Wasserstand am schnellsten angestiegen ist.

b) Wie müsste man vorgehen, um die Geschwindigkeit, mit der sich der Wasserstand um 9 Uhr ändert, zu bestimmen?

4. Bestimmen Sie Abschnitte mit positiver und negativer Steigung. Wo ist die Steigung null? Bestimmen Sie ungefähr die Steigung an den Stellen 4 000 m, 6 000 m und 7 000 m.

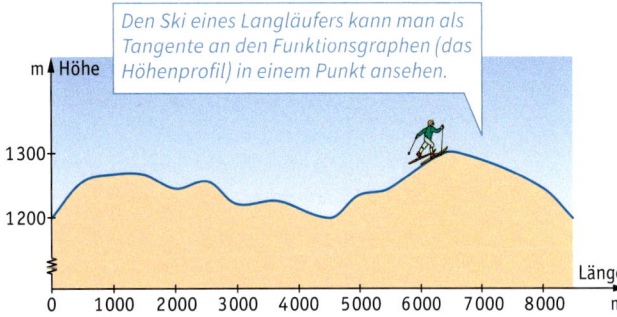

Den Ski eines Langläufers kann man als Tangente an den Funktionsgraphen (das Höhenprofil) in einem Punkt ansehen.

5. Die Höhe einer startenden Rakete kann in den ersten 20 Sekunden nach dem Start näherungsweise durch die Funktion h mit $h(t) = 3t^2$ beschrieben werden (mit der Zeit t nach dem Start in s und der zugehörige Höhe $h(t)$ in m).

a) Zeichnen Sie den Graphen.

b) Bestimmen Sie folgende Terme und geben Sie deren Bedeutung für den Sachverhalt an.

(1) $h(5)$ (2) $h(10) - h(0)$ (3) $\dfrac{h(10) - h(0)}{10 - 0}$ (4) $h'(5)$ (5) $\lim\limits_{t \to 10} \dfrac{h(t) - h(10)}{t - 10}$

6. Der Funktionsgraph rechts beschreibt den Temperaturverlauf an einem Tag im Spätsommer. Skizzieren Sie den Graphen der Ableitung dieser Funktion und erläutern Sie die Bedeutung der Ableitung.

Beginnen Sie mit den markanten Punkten.

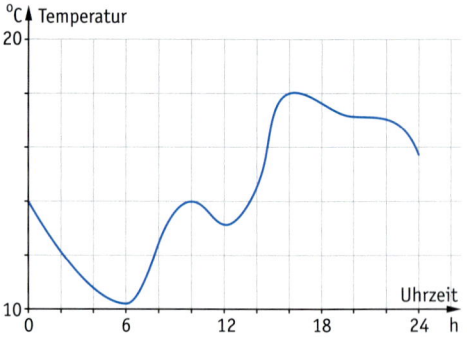

7. In der oberen Bildzeile sind Graphen von fünf Funktionen, in der unteren sind die Graphen der fünf zugehörigen Ableitungsfunktionen abgebildet.

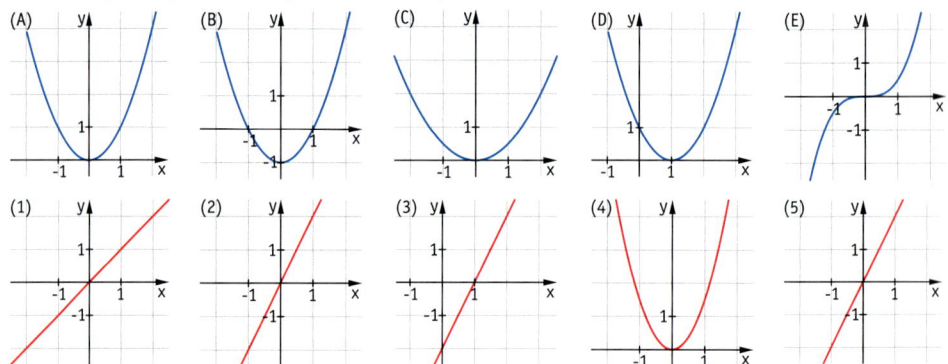

a) Ordnen Sie begründet zu, welcher Ableitungsgraph zu welchem Funktionsgraphen gehört.

b) Ermitteln Sie die Funktionsterme der Funktionen und der Ableitungen.

8. Bestimmen Sie die Ableitung der Funktion f.

a) $f(x) = 2x^3 - 3x^2 + 4$

b) $f(x) = 3x^5 - 2x^{-1}$

c) $f(x) = 4 - \dfrac{3}{x^2}$

d) $f(x) = 4 \cdot \cos(x) - x$

e) $f(x) = 2e^x - 2x$

f) $f(x) = \sqrt{3}\,x^3 - e^x + 1$

9. Geben Sie zwei verschiedene Funktionen mit der angegebenen Ableitung an.

a) $f'(x) = 9x^8$

b) $f'(x) = 3x^2 - x$

c) $f'(x) = -3\sin(x) + 1$

10. Berechnen Sie die Steigung der Tangente an den Graphen von f im Punkt P.

a) $f(x) = x^3;\ P(2\,|\,8)$

b) $f(x) = \dfrac{1}{3}x^4 - 5x^3;\ P\big(0\,|\,f(0)\big)$

c) $f(x) = x + \sin(x);\ P\big(\pi\,|\,f(\pi)\big)$

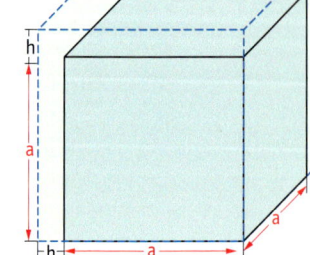

11. Betrachten Sie die Funktion, die jeder Kantenlänge a das Volumen des zugehörigen Würfels zuordnet. Bestimmen Sie die lokale Änderungsrate. Deuten Sie Ihr Ergebnis geometrisch.

12. Ermitteln Sie, an welchen Stellen der Funktionsgraph die Steigung 1 hat.

a) $f(x) = \dfrac{1}{2}x^4$

b) $f(x) = -x^3 + x$

c) $f(x) = \sin(x)$

d) $f(x) = e^x + 2$

13. Gegeben ist die Funktion f mit $f(x) = a\,x^2$. Bestimmen Sie a so, dass

a) die durchschnittliche Änderungsrate im Intervall $[1;\,3]$ den Wert $\frac{1}{2}$ annimmt;

b) die Tangente an den Graphen von f im Punkt $P\big(1\,|\,f(1)\big)$ die Steigung 4 besitzt;

c) die Tangente an den Graphen in $Q\big(2\,|\,f(2)\big)$ die x-Achse unter einem Winkel von $45°$ schneidet.

1.1 Rekonstruktion eines Bestandes aus Änderungsraten

EINSTIEGSAUFGABE → **Pumpspeicherwerk**
OHNE LÖSUNG

Energie, die aus der Sonne oder dem Wind gewonnen wird, muss gespeichert werden. Denn nicht immer wird die gesamte erzeugte Energie dann benötigt, wenn sie erzeugt wird. Die Speicherung von Energie ist deshalb eine wichtige Herausforderung für die heutige Technik.
Eine Möglichkeit der Speicherung bieten Pumpspeicherwerke. Sie nutzen überschüssige elektrische Energie aus dem Netz, um Wasser aus einem unteren Becken in ein höher gelegenes Becken zu pumpen. Wenn der Bedarf an elektrischer Energie höher ist, wird dann Wasser aus dem oberen Becken über Turbinen abgelassen und elektrische Energie an das Netz abgegeben.

Rechts ist der Wasserfluss für das obere Becken eines Pumpspeicherwerks dargestellt. Der negative Wasserfluss bedeutet, dass Wasser aus dem oberen Becken hinausfließt.
Zu Beginn waren 500 000 m³ Wasser im oberen Becken enthalten.

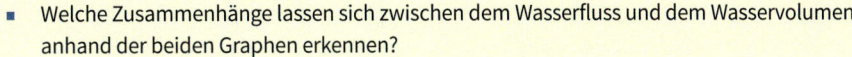

- Bestimmen Sie das Wasservolumen im oberen Becken nach 3, 6, 12, 15, 20 und 24 Stunden.
- Stellen Sie das Wasservolumen im oberen Becken in Abhängigkeit von der Zeit für die 24 Stunden grafisch in einem neuen Koordinatensystem dar.
- Welche Zusammenhänge lassen sich zwischen dem Wasserfluss und dem Wasservolumen anhand der beiden Graphen erkennen?
- Berechnen Sie die Flächeninhalte der drei Flächen zwischen dem Graphen der Änderungsrate und der x-Achse. Was wird durch diese Flächen veranschaulicht?

EINSTIEGSAUFGABE → **Energie in einem Wärmespeicher rekonstruieren**
MIT LÖSUNG

In Deutschland gibt es mehrere neue Wohnsiedlungen, die über ein Nahwärmenetz mit großflächigen Solaranlagen verfügen. In warmen Monaten wird die ungenutzte Wärmeenergie in einem Langzeitwärmespeicher gespeichert. In den kälteren Monaten wird diesem Speicher Wärmeenergie entnommen. Dadurch kann der Anteil der fossilen Brennstoffe, wie z. B. Erdgas, für den Wärmebedarf solcher Siedlungen auf bis zu 40 % reduziert werden.

Die Grafik zeigt die durchschnittlichen Änderungsraten der Wärmeenergie, also den Energiefluss, vom Juni eines Jahres bis zum Mai des darauf folgenden Jahres in einem Langzeitwärmespeicher. Zu Beginn enthielt der Langzeitwärmespeicher 110 MWh Energie.

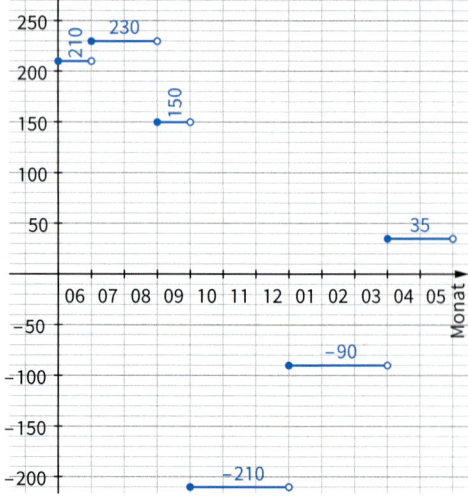

a) Welche Bedeutung hat ein positiver bzw. negativer Energiefluss für die Wärmeenergie im Speicher? Bestimmen Sie die Wärmeenergie, die sich am Anfang und am Ende der jeweiligen Zeitintervalle im Speicher befand, und halten Sie diese in einer Tabelle fest.
Wie hat sich die Energie im Speicher insgesamt über die 12 Monate geändert?

b) Stellen Sie die Wärmeenergie im Speicher für Juni bis Mai grafisch dar.
Welche Zusammenhänge lassen sich zwischen dem Energiefluss und der Wärmeenergie im Speicher anhand der beiden Graphen erkennen?

c) Färben Sie die einzelnen Rechteckflächen zwischen dem Graphen zum Energiefluss und der Zeit-Achse ein. Welche Bedeutung haben die Flächeninhalte dieser Teilflächen für den Sachzusammenhang?

LÖSUNG

a) Zu Beginn befanden sich 110 MWh im Speicher. Am Graphen des Energieflusses können wir ablesen, wieviel Energie pro Monat dem Speicher in dem jeweiligen Zeitintervall zugeführt bzw. entnommen wurde. Ist das Vorzeichen der Änderungsrate positiv, so wurde dem Speicher Wärmeenergie zugeführt. Bei negativem Vorzeichen wurde dem Speicher Energie entnommen.
Mithilfe der Änderungsrate bestimmen wir die Änderung der Wärmeenergie für das jeweilige Zeitintervall und können damit den Bestand der Wärmeenergie berechnen, der sich am Ende des Zeitintervalls im Speicher befand.

Zeitintervall	Wärmeenergie, die am Anfang des Zeitintervalls im Speicher vorhanden ist	Änderung der Wärmeenergie im Speicher	Wärmeenergie, die am Ende des Zeitintervalls im Speicher vorhanden ist
Juni	110 MWh	$1 \text{ Monat} \cdot 210 \frac{\text{MWh}}{\text{Monat}} = 210 \text{ MWh}$	110 MWh + 210 MWh = 320 MWh
Juli und August	320 MWh	$2 \text{ Monate} \cdot 230 \frac{\text{MWh}}{\text{Monat}} = 460 \text{ MWh}$	320 MWh + 460 MWh = 780 MWh
September	780 MWh	$1 \text{ Monat} \cdot 150 \frac{\text{MWh}}{\text{Monat}} = 150 \text{ MWh}$	780 MWh + 150 MWh = 930 MWh
Oktober, November, Dezember	930 MWh	$3 \text{ Monate} \cdot (-210) \frac{\text{MWh}}{\text{Monat}} = -630 \text{ MWh}$	930 MWh – 630 MWh = 300 MWh
Januar, Februar und März	300 MWh	$3 \text{ Monate} \cdot (-90) \frac{\text{MWh}}{\text{Monat}} = -270 \text{ MWh}$	300 MWh – 270 MWh = 30 MWh
April und Mai	30 MWh	$2 \text{ Monate} \cdot 35 \frac{\text{MWh}}{\text{Monat}} = 70 \text{ MWh}$	30 MWh + 70 MWh = 100 MWh

Zu Beginn, Anfang Juni, betrug die Wärmeenergie im Speicher 110 MWh.
Ende Mai des Folgejahres waren es nur noch 100 MWh, somit ergibt sich insgesamt ein Minus von 10 MWh.
Wir können die Gesamtänderung auch berechnen, indem wir die Änderungen für alle Zeitintervalle addieren:
210 MWh + 460 MWh + 150 MWh – 630 MWh – 270 MWh + 70 MWh = – 10 MWh

b) Mithilfe der Tabelle können wir den Graphen für die Wärmeenergie zeichnen. Da aber keine momentanen, sondern nur durchschnittliche Änderungsraten angegeben sind, wissen wir nicht, wie der Graph zwischen den uns bekannten Punkten verläuft. Deshalb stellen wir die Verbindungen zwischen den Punkten gestrichelt dar. Für die ersten drei Zeitintervalle ist der Energiefluss positiv, die Wärmeenergie im Speicher nimmt zu und erreicht Ende September ein Maximum. Ab Oktober bis Ende März ist der Energiefluss negativ, die Wärmeenergie nimmt ab und erreicht Ende März ein Minimum. Im April und Mai ist der Energiefluss wieder positiv und die Wärmeenergie im Langzeitwärmespeicher nimmt wieder zu.

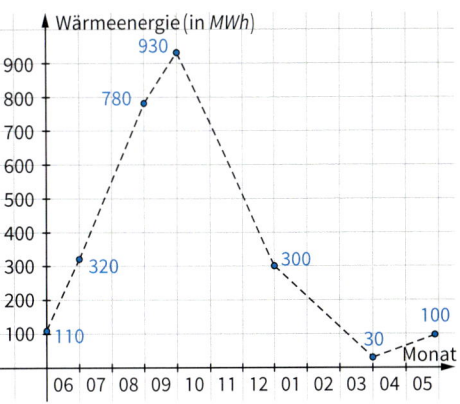

c) Die Flächeninhalte der einzelnen Teilrechtecke über einem Intervall entsprechen der jeweiligen Wärmeenergie, die dem Speicher in diesem Zeitintervall zugeführt bzw. entnommen wurde.
Die Flächeninhalte der Teilflächen unterhalb der Zeit-Achse müssen dabei mit einem negativen Vorzeichen versehen werden.

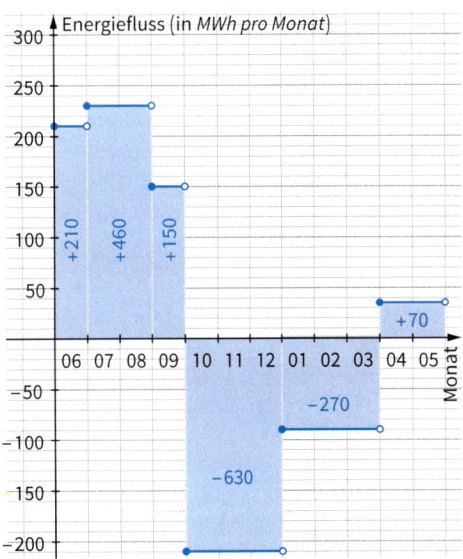

INFORMATION

Rekonstruktion eines Bestandes aus abschnittsweise konstanten Änderungsraten

Ausgangslage

Rechts ist der Graph einer abschnittsweise konstanten Funktion f zu sehen. Die Funktion f beschreibt die Änderungsrate einer Größe über einem Intervall [a; b].
Ein Graph oder ein Term der Funktion F, die den Bestand der Größe F beschreiben, sind nicht bekannt.
Im Folgenden wird gezeigt, wie sich dennoch aus der gegebenen Änderungsrate f die *Änderungen einer Größe F* über den einzelnen Teilintervallen und über dem Intervall [a; b] bestimmen lassen.

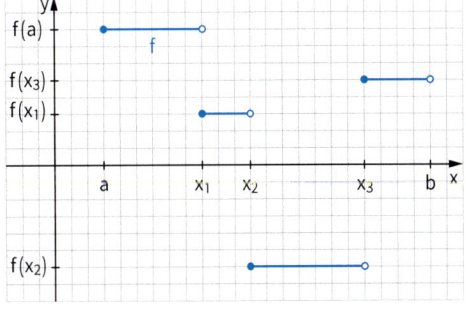

Wenn zudem noch ein Anfangswert $F(a)$ der Größe gegeben ist, können auch die *Bestände* $F(x_1)$, $F(x_2)$, $F(x_3)$ und insbesondere $F(b)$ der Größe rekonstruiert werden.

Änderung der Größe F über einem Intervall bestimmen und geometrisch deuten – orientierter Flächeninhalt

Aus dem Produkt der konstanten Änderungsrate eines Teilintervalls und der jeweiligen Intervallbreite ergibt sich die Änderung der Größe F für dieses Intervall:

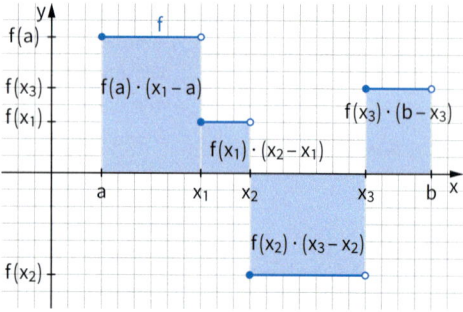

Intervall	Änderung der Größe F über dem Intervall
$[a; x_1]$	$F(x_1) - F(a) = f(a) \cdot (x_1 - a)$
$[x_1; x_2]$	$F(x_2) - F(x_1) = f(x_1) \cdot (x_2 - x_1)$
$[x_2; x_3]$	$F(x_3) - F(x_2) = f(x_2) \cdot (x_3 - x_2)$
$[x_3; b]$	$F(b) - F(x_3) = f(x_3) \cdot (b - x_3)$

hier:
Änderungsrate: f(a)
Breite des Intervalls:
$x_1 - a$

Geometrisch gedeutet entspricht die Änderung der Größe F dem Flächeninhalt des zugehörigen Rechtecks zwischen dem Graphen von f und der x-Achse, lediglich mit einem negativen Vorzeichen bei Flächen unterhalb der x-Achse. Man spricht in diesem Zusammenhang deshalb auch vom **orientierten Flächeninhalt.**

> **Orientierte Flächeninhalte** sind Flächeninhalte zwischen dem Graphen einer Funktion und der x-Achse, die mit einem positiven Vorzeichen versehen werden, wenn sie oberhalb der x-Achse liegen, und mit einem negativen Vorzeichen, wenn sie unterhalb der x-Achse liegen.

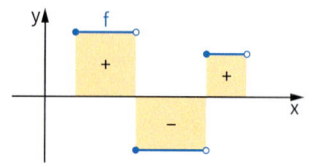

Bestand der Größe F rekonstruieren – Änderung $F(b) - F(a)$ als Summe der orientierten Flächeninhalte berechnen

Statt **Rekonstruktion einer Größe** sagt man auch, dass man den **Gesamtbestand** oder den **Gesamteffekt** einer Größe ermittelt.

Aus dem Anfangswert $F(a)$ der Größe und den Änderungen kann man die fehlenden Bestände der Größe F an den Intervallenden wie folgt mithilfe von **Produktsummen** rekonstruieren:

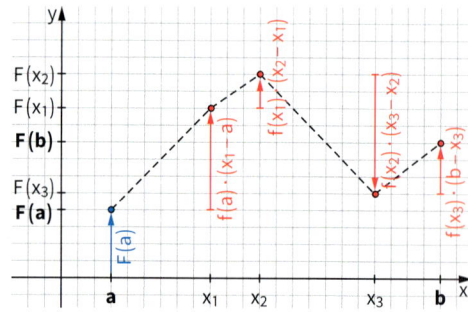

$F(x_1) = F(a) + f(a) \cdot (x_1 - a)$

$F(x_2) = F(a) + f(a) \cdot (x_1 - a) + f(x_1) \cdot (x_2 - x_1)$

$F(x_3) = F(a) + f(a) \cdot (x_1 - a) + f(x_1) \cdot (x_2 - x_1) + f(x_2) \cdot (x_3 - x_2)$

$F(b) = F(a) + f(a) \cdot (x_1 - a) + f(x_1) \cdot (x_2 - x_1) + f(x_2) \cdot (x_3 - x_2) + f(x_3) \cdot (b - x_3)$

Für die Änderung der Größe F über dem Intervall [a; b] gilt also:

$$F(b) - F(a) = f(a) \cdot (x_1 - a) + f(x_1) \cdot (x_2 - x_1) + f(x_2) \cdot (x_3 - x_2) + f(x_3) \cdot (b - x_3)$$

Die *Änderung $F(b) - F(a)$* einer Größe F lässt sich somit mithilfe von Produktsummen direkt aus ihrer Änderungsrate f rekonstruieren, auch dann, wenn F(a) und F(b) nicht bekannt sind.

Hinweis zu den Einheiten bei Änderung und Änderungsrate

Die *Änderung einer Größe F über einem Intervall [a; b]* hat dieselbe Einheit wie die Größe F, die die Entwicklung eines Bestandes beschreibt. Wenn zum Beispiel ein Wasservolumen in der Einheit m^3 angegeben wird, hat die Änderung des Wasservolumens ebenfalls die Einheit m^3.

Die Einheit der *Änderungsrate* einer Größe F wird als Quotient aus der Einheit von F und der Einheit von x angegeben. So hat die Änderungsrate des Wasservolumens bezüglich der Zeit zum Beispiel die Einheit $\frac{m^3}{h}$.

ÜBUNGSAUFGABEN　　**Rekonstruktion des Bestandes einer Größe aus dem Graphen der Änderungsrate**

1. Die abgebildeten Graphen beschreiben jeweils die zeitliche Änderungsrate einer Größe über einem Intervall.

a) Bestimmen Sie die Flächeninhalte der einzelnen Rechtecke zwischen Graph und x-Achse und erläutern Sie deren Bedeutung für die Änderung der Größe.
Bestimmen Sie auch den Wert für die Änderung der Größe über dem jeweils dargestellten Intervall. Achten Sie dabei auf die Einheiten.

b) Der Bestand der Größe hat zu Beginn des Intervalls den Wert (1) $12\,m^3$ bzw. (2) $80\,cm$.
Stellen Sie die Bestandsentwicklung der Größe F für das jeweils abgebildete Intervall grafisch dar.

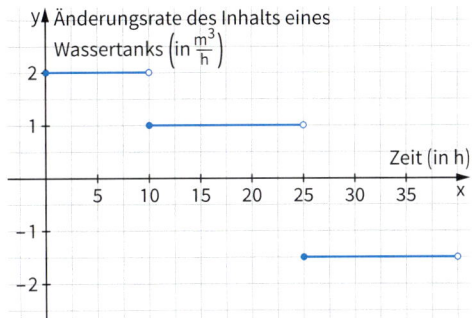

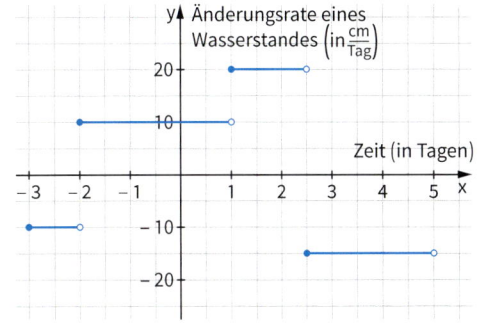

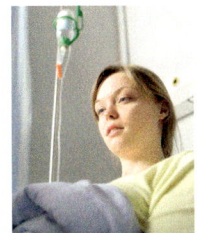

2. Einer Patientin wird über eine Infusion ein Medikament ins Blut verabreicht. Anschließend wird das Medikament vom Körper annähernd gleichmäßig abgebaut. Der Graph beschreibt die Änderungsrate der Medikamentenmenge im Körper der Patientin.

a) Wie lange dauerte die Infusion und wie viel ml des Medikaments wurden der Patientin verabreicht?

b) Berechnen Sie, wie viel ml des Medikaments sich nach 5 min, 10 min, 15 min, 20 min, 25 min, 30 min und 35 min im Blut der Patientin befanden.

c) Skizzieren Sie auch den Graphen, der die Medikamentenmenge im Körper der Patientin in Abhängigkeit von der Zeit beschreibt. Welche Zusammenhänge lassen sich zwischen diesem Graphen und dem Graphen der Änderungsrate erkennen?

3.

KERS (Kinetic Energy Recovery System) ist ein elektrisches oder mechanisches System zur Energierückgewinnung, welches in der Formel 1 seit 2009 eingesetzt werden darf und dort vor allem in der elektrischen Variante genutzt wird. Hierbei wird die beim Bremsen frei werdende Energie durch einen Generator in elektrische Energie umgewandelt, in Akkumulatoren gespeichert und zum Betreiben eines zusätzlich eingebauten Elektromotors genutzt. Dieser wird in Beschleunigungsphasen ergänzend zum Hauptmotor eingesetzt.

- Die elektrische Ladung wird in der Einheit Coulomb (C) angegeben.

- Die elektrische Stromstärke wird in der Einheit Ampère (A) gemessen:
$1\,A = 1\,\frac{C}{s}$

Der Energiefluss in den Akku hinein oder aus dem Akku heraus kann durch den Stromfluss beschrieben werden. Dabei wird die Stromstärke gemessen und mit einem positiven Vorzeichen versehen, wenn Strom in den Akku hineinfließt, und mit einem negativen Vorzeichen gekennzeichnet, wenn dem Akku Strom entnommen wird.

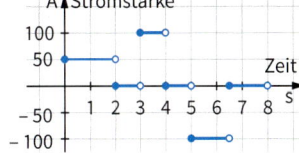

a) Der Graph beschreibt den momentanen Stromfluss für eine stark vereinfachte Fahrsituation. Bestimmen Sie die Änderung der Ladung des Akkus für den dargestellten Zeitraum.

b) Angenommen, zu Beginn der Fahrt betrug die Akkuladung 2000 C. Stellen Sie die zeitliche Entwicklung der Ladung im Akku grafisch dar und erläutern Sie die Zusammenhänge mit dem Graphen zum Stromfluss.

Rekonstruktion des Bestandes einer Größe aus gegebenen Änderungsraten

4. Eine Waldfläche wird durch Holzeinschlag um 10 ha pro Jahr verringert. Nach 5 Jahren wird der Einschlag beendet und die Fläche wird wieder aufgeforstet, sodass die Waldfläche dann um 7 ha pro Jahr zunimmt.

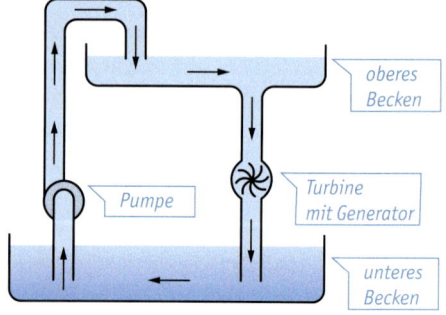

a) Die Funktion f beschreibt die Änderungsrate der Waldfläche in ha pro Jahr.
Zeichnen Sie den Graphen von f.

b) Untersuchen Sie, wann die Waldfläche wieder ihre ursprüngliche Größe erreicht hat.

c) Bestimmen Sie die Änderungen der Waldfläche in der Zeit:
    (1) von 0 bis 5 Jahren,   (2) von 5 bis 15 Jahren,   (3) von 2 bis 10 Jahren

5. In einem Pumpspeicherwerk wird nachts, wenn der Strombedarf geringer ist, Wasser aus einem unteren Becken in ein oberes Becken gepumpt. Am Tag, wenn der Strombedarf höher ist, wird das Wasser zur Stromerzeugung über Turbinen wieder in das untere Becken abgelassen.

In einer Nacht wurden die folgenden jeweils konstanten Zulaufstärken für die Wassermenge aufgezeichnet:

Uhrzeit	22:00 – 23:30	23:30 – 00:15	00:15 – 02:00	02:00 – 03:00	03:00 – 04:00
Zulaufstärke (in m³ pro min)	8	14	25	30	10

a) Stellen Sie die Daten grafisch dar.

b) Bestimmen Sie die Wassermenge, die zwischen 22 Uhr und 4 Uhr ins obere Becken geflossen ist.

c) Stellen Sie die zeitliche Entwicklung der Wassermenge im oberen Becken grafisch dar und erläutern Sie die Zusammenhänge zum Graphen aus Teilaufgabe a).

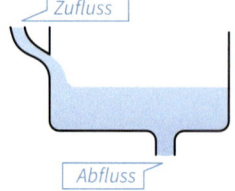

6. Ein leeres Wasserbecken hat einen Zufluss und einen Abfluss.

Zunächst wird der Zufluss 15 min geöffnet. Die Zuflussgeschwindigkeit beträgt $300 \frac{l}{min}$.

Dann wird 20 min lang der Zufluss geschlossen und der Abfluss geöffnet. Die Abflussgeschwindigkeit beträgt $100 \frac{l}{min}$.

(1) Zeichnen Sie den Graphen der Funktion f: *Zeitdauer (in min)* → *Zuflussgeschwindigkeit* $\left(in \frac{l}{min}\right)$.
Deuten Sie dabei die Abflussgeschwindigkeit als negative Zuflussgeschwindigkeit.

(2) Ermitteln Sie, wie viel Liter sich nach 5, 10, 15, 20, 25, 30, 35 min im Becken befinden.
Zeichnen Sie den Graphen der Funktion F, die die Wassermenge im Becken in Abhängigkeit von der Zeit beschreibt.

(3) Berechnen Sie den Flächeninhalt der einzelnen Rechtecke zwischen dem Graphen der Funktion f und der x-Achse über dem Intervall [0; 35].
Untersuchen Sie, welcher Zusammenhang mit den Funktionswerten von F besteht.

1.2 Das Integral als Grenzwert von Produktsummen

→ **Änderungen aus Produktsummen berechnen**

Max informiert sich über verschiedene Motorroller. In einer Produktbeschreibung findet er einen Graphen zum Anfahrverhalten eines Rollers. Max zeichnet Rechtecke ein, um näherungsweise zu berechnen, welchen Weg der Roller in den ersten 10 Sekunden zurücklegt.

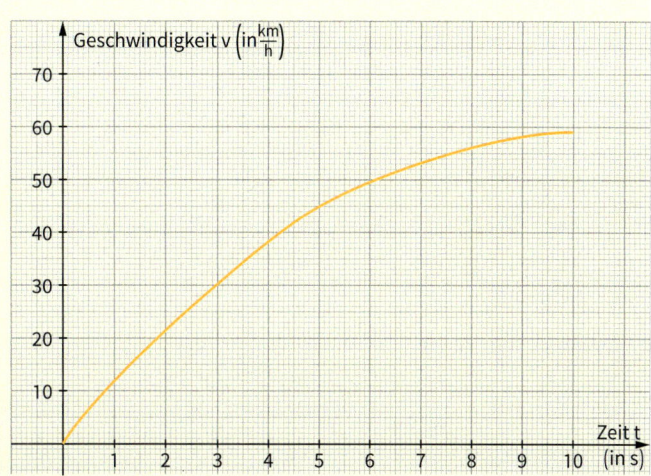

- Machen Sie Vorschläge, wie man die Länge des mit dem Roller zurückgelegten Weges in den ersten 10 s möglichst genau bestimmen kann.
- Max berechnet die Länge des Weges näherungsweise mithilfe von Produktsummen:

$$1 \cdot \left(f(0) + f(1) + f(2) + f(3) + f(4) + f(5) + f(6) + f(7) + f(8) + f(9) \right)$$
$$= 12 + 22 + 30 + 38 + 45 + 50 + 53 + 56 + 58 = 364,$$

also $364 \, \frac{km}{h} \cdot s = 364 \cdot \frac{1000 \, m}{3600 \, s} \cdot s = 101{,}11 \, m$

Er sagt: Also legt der Roller in den ersten 10 s etwa nur 100 m zurück.
Erläutern Sie die Rechnung von Max.
- Machen Sie Vorschläge, wie Max seine Näherungslösung verbessern kann.

→ **Produktsummen mithilfe eines Rechners bestimmen**

Die Funktion f mit $f(x) = -0{,}1 \, (x-5)^2 + 5$ beschreibt die momentane Änderungsrate einer Größe F. Die folgenden Abbildungen zeigen jeweils den Graphen von f. Außerdem sind jeweils verschiedene Möglichkeiten für die näherungsweise Berechnung der Änderung der Größe F im Intervall [2; 7], kurz als $F(7) - F(2)$ bezeichnet, mithilfe verschiedener Produktsummen dargestellt. Alle Rechtecke sind so gewählt, dass der linke obere Eckpunkt auf dem Graphen der Funktion f liegt.

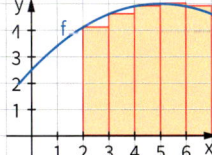
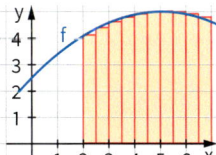
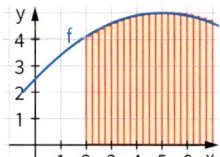
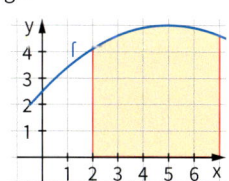

a) Bestimmen Sie die Produktsumme für die erste und zweite Abbildung.
Erläutern Sie dann anhand der Abbildungen ein Verfahren, wie man die Änderung $F(b) - F(a)$ einer Größe F mithilfe von Produktsummen möglichst genau bestimmen kann.

Der griechische Buchstabe Σ (Sigma) steht für das Wort Summe.

b) Je mehr Summanden eine Produktsumme hat, umso umfangreicher wird die Rechnung. Zur Vereinfachung schreibt man Produktsummen deshalb mithilfe des *Summenzeichens*.

Untersuchen Sie, welche Möglichkeiten Ihr Rechner für die Berechnung von Summen bietet und berechnen Sie damit weitere Produktsummen für 20, 100 und 500 Rechtecke.

BEISPIEL

Eine Produktsumme über dem Intervall [2; 7] aus 10 Rechtecken der Breite $\frac{7-2}{10} = 0,5$ kann man für eine Funktion f vereinfacht wie folgt schreiben:

$$0,5 \cdot \left(f(2) + f(2,5) + f(3) + \ldots + f(6) + f(6,5) \right) = 0,5 \cdot \sum_{k=0}^{9} f(2 + 0,5 \cdot k)$$

- Die *Laufvariable* k durchläuft hier die zehn Werte 0, 1, 2, …, 8, 9.
- Dadurch ergeben sich aus $2 + 0,5 \cdot k$ die zehn x-Werte. Sie beginnen bei $2 + 0,5 \cdot 0 = 2$ und durchlaufen mit der **Schrittweite** von 0,5 die zehn Werte 2; 2,5; 3; …; 6 und $6,5 = 2 + 0,5 \cdot 9$.

$$0.5 \sum_{x=0}^{9} (f(2+0.5x) \quad 23.6875$$

LÖSUNG

a) In der ersten Abbildung wird die Änderung näherungsweise mithilfe von 5 Rechtecken mit der Breite 1 bestimmt: $F(7) - F(2) \approx 1 \cdot f(2) + 1 \cdot f(3) + 1 \cdot f(4) + 1 \cdot f(5) + 1 \cdot f(6)$

$$\approx 4,1 + 4,6 + 4,9 + 5 + 4,9$$
$$\approx 23,5$$

In der zweiten Abbildung wird die Änderung näherungsweise mithilfe von 10 Rechtecken mit der Breite 0,5 bestimmt:

$F(7) - F(2) \approx 0,5 \cdot f(2) + 0,5 \cdot f(2,5) + 0,5 \cdot f(3) + 0,5 \cdot f(3,5) + 0,5 \cdot f(4) + 0,5 \cdot f(4,5) + 0,5 \cdot f(5)$
$\qquad + 0,5 \cdot f(5,5) + 0,5 \cdot f(6) + 0,5 \cdot f(6,5)$

$$\approx 2,05 + 2,1875 + 2,3 + 2,3875 + 2,45 + 2,4875 + 2,5 + 2,4875 + 2,45 + 2,3875$$
$$\approx 23,6875$$

Man kann dieses Verfahren noch verbessern, indem man das Intervall [a; b] in möglichst viele gleich breite Teilintervalle zerlegt.

Die Breite eines Teilintervalls entspricht der Breite des zugehörigen Rechtecks. Die Höhe eines Rechtecks ist gleich dem Funktionswert am jeweiligen linken Rand des Teilintervalls.

Je schmaler man die Rechtecke wählt, desto näher liegt der Flächeninhalt aller Rechtecke beim Flächeninhalt der Fläche zwischen dem Graphen von f und der x-Achse über dem Intervall [a; b].

b) Zunächst muss die Funktion f mit $f(x) = -0,1 (x-5)^2 + 5$ im Rechner definiert werden. Für 20 Rechtecke mit einer Breite von $\frac{7-2}{20} = 0,25$ könnte die Eingabe für die Produktsumme in einen Rechner so wie rechts angezeigt aussehen. Bei manchen Rechnern ist für die Laufvariable die Variable x festgelegt. Wir fassen alle Ergebnisse in der folgenden Tabelle zusammen:

$$f(x) = -0.1(x-5)^2 + 5$$
$$.25 \sum_{x=0}^{19} (f(2+.25x) \quad 23.765625$$

Anzahl der Rechtecke	Rechteckbreite $\frac{7-2}{n}$	Anfangswert der x-Werte	Endwert der x-Werte	Produktsumme / Näherungswert für F(7) – F(2)
10	0,5	2	6,5	$0,5 \cdot \sum_{k=0}^{9} f(2 + 0,5 \cdot k) \approx 23,6875$
20	0,25	2	6,75	$0,25 \cdot \sum_{k=0}^{19} f(2 + 0,25 \cdot k) \approx 23,7656$
100	0,05	2	6,95	$0,05 \cdot \sum_{k=0}^{99} f(2 + 0,05 \cdot k) \approx 23,8206$
500	0,01	2	6,99	$0,5 \cdot \sum_{k=0}^{499} f(2 + 0,01 \cdot k) \approx 23,8308$

Für die Produktsumme ändert sich die erste Stelle nach dem Komma für die Berechnungen mit 100 und 500 Rechtecken nicht mehr. Somit erhalten wir für die Änderung der Größe F über dem Intervall [2; 7] folgende Näherung: $F(7) - F(2) \approx 23,8$.

BERNHARD RIEMANN
deutscher
Mathematiker
(1826–1866)

Eine Grenzwertdefinition des Integrals

Beschreibt eine Funktion f die *Änderungsrate einer Größe F* über einem Intervall [a; b], so kann man die *Änderung F(b) – F(a) der Größe F* mithilfe von Produktsummen bestimmen.

Dabei wird die Fläche zwischen dem Graphen von f und der x-Achse durch möglichst viele Rechtecke angenähert. Jeder Summand der Produktsumme entspricht dann dem Flächeninhalt eines Rechtecks, wobei die Flächeninhalte der Rechtecke unter der x-Achse ein negatives Vorzeichen erhalten. Dieses Konzept geht zurück auf den Mathematiker BERNHARD RIEMANN.

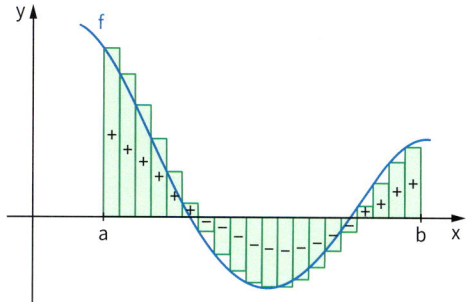

Definition

Gegeben ist eine Funktion f, die über einem Intervall [a; b] definiert ist und dort einen durchgehenden Graphen ohne Sprünge hat. Das Integral von f von a bis b ist eine Zahl, die man wie folgt erhält:

(1) Man teilt das Intervall [a; b] in n gleichbreite Teilintervalle der Breite

$\Delta x = \dfrac{b-a}{n}$ auf.

> Δx sprich: Delta x.

Die Intervallgrenzen der Teilintervalle sind dann:

$a, \quad x_1 = a + \Delta x, \quad x_2 = a + 2 \cdot \Delta x, \quad x_3 = a + 3 \cdot \Delta x, \ldots, \quad x_{n-1} = a + (n-1) \cdot \Delta x, \quad x_n = b$

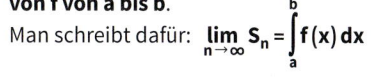

(2) Man bestimmt die zugehörige Produktsumme:

$S_n = \Delta x \cdot f(a) + \Delta x \cdot f(x_1) + \Delta x \cdot f(x_2) + \Delta x \cdot f(x_3) + \ldots + \Delta x \cdot f(x_{n-1})$

$= \Delta x \cdot \big(f(a) + f(x_1) + f(x_2) + f(x_3) + \ldots + f(x_{n-1}) \big)$

(3) Man untersucht, wie sich diese Produktsummen für immer größere n verhalten, also zum Beispiel

$S_{100}, S_{500}, S_{1\,000}, S_{500\,000}, \ldots$

Streben diese Produktsummen gegen eine Zahl, so ist diese Zahl der Grenzwert der Produktsummen S_n für $n \to \infty$. Diesen Grenzwert nennt man das **Integral von f von a bis b**.

Man schreibt dafür: $\displaystyle \lim_{n \to \infty} S_n = \int_a^b f(x)\,dx$

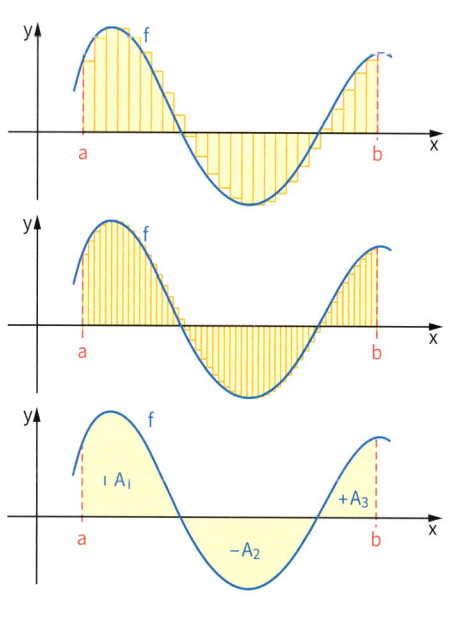

Geometrisch interpretiert ist das Integral von f von a bis b die Summe der orientierten Flächeninhalte der Teilflächen zwischen dem Graphen von f und der x-Achse über dem Intervall [a; b]. Hier:

$\displaystyle \int_a^b f(x)\,dx = A_1 - A_2 + A_3$

Das Integralzeichen ∫ ist ein langgezogenes S. Es ist historisch auf die Summe der Produkte $\Delta x \cdot f(x)$ zurückzuführen. Das dx steht für Δx. Die Intervallgrenze a bezeichnet man auch als untere Grenze des Integrals und b entsprechend als obere Grenze.

Integral der Quadratfunktion bestimmen

Gegeben ist die Funktion f mit $f(x) = x^2$.

Das Integral $\int_0^5 x^2\,dx$ soll bestimmt werden.

(1) Das Intervall $[0; 5]$ wird in n Teilintervalle der Breite

$\Delta x = \dfrac{5-0}{n} = \dfrac{5}{n}$ geteilt.

Die Intervallgrenzen der Teilintervalle sind dann:

$0,\ x_1 = \dfrac{5}{n},\ x_2 = 2\cdot\dfrac{5}{n},\ x_3 = 3\cdot\dfrac{5}{n},\ \ldots,\ x_{n-1} = (n-1)\cdot\dfrac{5}{n},\ x_n = 5$

(2) Die zugehörigen Produktsummen S_n werden bestimmt:

$S_n = \dfrac{5}{n}\cdot f(0) + \dfrac{5}{n}\cdot f\left(\dfrac{5}{n}\right) + \dfrac{5}{n}\cdot f\left(2\cdot\dfrac{5}{n}\right) + \ldots + \dfrac{5}{n}\cdot f\left((n-1)\cdot\dfrac{5}{n}\right)$

$= \dfrac{5}{n}\cdot\left(f(0) + f\left(\dfrac{5}{n}\right) + f\left(2\cdot\dfrac{5}{n}\right) + \ldots + f\left((n-1)\cdot\dfrac{5}{n}\right)\right)$

$= \dfrac{5}{n}\cdot\left(0^2 + \left(\dfrac{5}{n}\right)^2 + \left(2\cdot\dfrac{5}{n}\right)^2 + \ldots + \left((n-1)\cdot\dfrac{5}{n}\right)^2\right)$

$= \left(\dfrac{5}{n}\right)^3\cdot\left(0^2 + 1^2 + 2^2 + 3^2 \ldots + (n-1)^2\right)$

$= \dfrac{5^3}{n^3}\cdot\dfrac{(n-1)n(2n-1)}{6} = \dfrac{5^3}{6}\cdot\dfrac{(n-1)n(2n-1)}{n^3} = \dfrac{5^3}{6}\cdot\left(\dfrac{n-1}{n}\right)\cdot\dfrac{n}{n}\cdot\left(\dfrac{2n-1}{n}\right) = \dfrac{5^3}{6}\cdot\left(1-\dfrac{1}{n}\right)\cdot 1\cdot\left(2-\dfrac{1}{n}\right)$

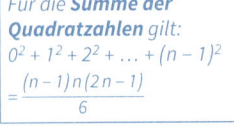

*Für die **Summe der Quadratzahlen** gilt:*
$0^2 + 1^2 + 2^2 + \ldots + (n-1)^2$
$= \dfrac{(n-1)n(2n-1)}{6}$

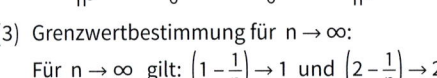

Ausklammern von $\left(\dfrac{5}{n}\right)^2$

(3) Grenzwertbestimmung für $n\to\infty$:

Für $n\to\infty$ gilt: $\left(1-\dfrac{1}{n}\right)\to 1$ und $\left(2-\dfrac{1}{n}\right)\to 2$

Damit ergibt sich $S_n = \dfrac{5^3}{6}\cdot\left(1-\dfrac{1}{n}\right)\cdot\left(2-\dfrac{1}{n}\right)\to\dfrac{5^3}{6}\cdot 1\cdot 2 = \dfrac{1}{3}\cdot 5^3 \approx 41{,}67$ für $n\to\infty$.

Also gilt: $\int_0^5 x^2\,dx = \dfrac{1}{3}\cdot 5^3$

Rechnet man mit der oberen Intervallgrenze b statt mit 5, so erhält man den folgenden Satz:

Satz

Für die Funktion f mit $f(x) = x^2$ gilt: $\int_0^b x^2\,dx = \dfrac{1}{3}\cdot b^3$ für alle $b > 0$

WEITERFÜHRENDE
AUFGABE   LK

1. Integrale nach unten und nach oben abschätzen

a) Gegeben ist die Funktion f mit $f(x) = 2 - x^2$.
Theo und Lisa wollen das Integral von f von 0 bis 1 näherungsweise mithilfe von Produktsummen berechnen. Lisa und Theo verwenden dabei verschiedene Produktsummen:

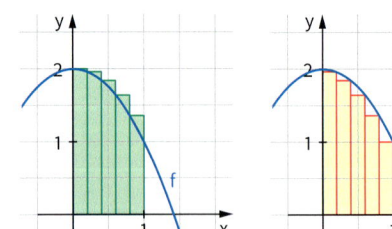

- Lisa berechnet die sogenannte *Obersumme*, indem sie den maximalen Funktionswert des jeweiligen Teilintervalls als Rechteckhöhe verwendet.
- Theo dagegen berechnet die sogenannte *Untersumme*, indem er den minimalen Funktionswert des jeweiligen Teilintervalls als Rechteckhöhe wählt.
  Berechnen Sie das Integral jeweils für die *Obersumme* und *Untersumme*, erst für 5 Rechtecke und dann für 500 Rechtecke und vergleichen Sie jeweils beide Ergebnisse miteinander.

b) Schätzen Sie mithilfe Ihrer Ergebnisse aus Teilaufgabe a) das Integral $\int_0^1 (2 - x^2)\,dx$ mithilfe der Untersumme nach unten und mithilfe der Obersumme nach oben ab.

Untersuchen Sie auch, wie sich die Untersummen und Obersummen entwickeln, wenn man über dem Intervall $[0; 1]$ immer mehr und immer schmalere Rechteckstreifen für die Berechnung des Integrals verwendet.

INFORMATION [LK]

Integrale mithilfe von Obersummen und Untersummen abschätzen

In der Definition des Integrals auf Seite 19 wurden für die Rechteckhöhen jeweils die Funktionswerte am linken Rand der Teilintervalle verwendet. Man kann aber auch *jeden anderen* Funktionswert aus dem jeweiligen Teilintervall für die Rechteckhöhe wählen, z. B. den minimalen oder den maximalen Funktionswert. Wenn man den Wert des Integrals $\int_a^b f(x)\,dx$ einer Funktion f abschätzen will, kann man dafür die folgenden beiden Produktsummen benutzen:

(1) Die **Untersumme $\underline{S}_n$**, bei der man im jeweiligen Teilintervall den minimalen Funktionswert als Rechteckhöhe wählt.

(2) Die **Obersumme $\overline{S}_n$**, bei der man im jeweiligen Teilintervall den maximalen Funktionswert als Rechteckhöhe verwendet.

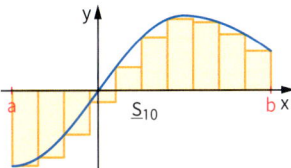

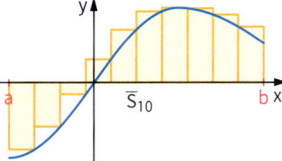

Es gilt: $\underline{S}_{10} \leq \int_a^b f(x)\,dx \leq \overline{S}_{10}$

Diese Definition des Integrals geht im Wesentlichen auf den französischen Mathematiker AUGUSTIN-LOUIS CAUCHY (1789 – 1857) zurück.

Im Fall $n \to \infty$ gilt dann $\quad \lim_{n \to \infty} \underline{S}_n = \int_a^b f(x)\,dx = \lim_{n \to \infty} \overline{S}_n$

Dieser Grenzwert kann ebenfalls als **Definition des Integrals** verwendet werden.

ÜBUNGSAUFGABEN

Integrale näherungsweise mithilfe von Produktsummen bestimmen

2. Berechnen Sie die folgenden Integrale näherungsweise mithilfe von Produktsummen.

a) $\int_0^4 (x-2)^2\,dx$ b) $\int_1^8 (x^3 - x^2)\,dx$ c) $\int_1^3 3\,x^4\,dx$ d) $\int_0^2 3^x\,dx$

3. Bei sogenannten Schüttkegeln kann man beobachten, dass sich beim Aufschütten von Kies sowohl die Höhe des Kegels, als auch der Radius ändern. Die Höhe und der Radius solcher Kegel stehen in einem bestimmten Verhältnis zueinander. Die Änderungsrate der Masse eines Schüttkegels kann deshalb in Abhängigkeit von der Höhe x beschrieben werden. Für eine bestimmte Kiessorte gilt für die Änderungsrate der Masse näherungsweise $f(x) = 10{,}6\,x^2$, dabei wird x in m angeben und $f(x)$ in Tonnen pro m.
   a) Zeichnen Sie den Graphen von f über dem Intervall [0; 4].
   b) Deuten Sie den Flächeninhalt der Fläche zwischen dem Graphen von f und der x-Achse über dem Intervall [0; 4] für diesen Sachverhalt.
   c) Berechnen Sie die Masse eines 4 m hohen Schüttkegels mithilfe von Produktsummen.

4. Dem Seelöwen Aramis geht es nicht gut. Der Tierarzt vermutet, dass der Verzehr von Fischen, die mit Quecksilber kontaminiert waren, die Ursache dafür sein könnte. Die Überprüfung einer Speichelprobe bestätigt leider diese Vermutung. Durch weitere Messungen wird untersucht, wieviel Quecksilber pro Tag vermutlich ausgeschieden wurden.

Zeit (in Tagen)	0	30	60	80	150	180
Hg-Menge $\left(\text{in } \frac{\mu g}{\text{Tag}}\right)$	3,5	2,4	1,8	0,8	0,5	0,4

1 Mikrogramm = 1 Millionstel Gramm

$1\,\mu g = 0{,}000001\,g$

Es ist die Gesamtmenge des ausgeschiedenen Quecksilbers in den 180 Tagen seit Beginn der Messungen gesucht.
   a) Stellen Sie die Daten grafisch dar und bestimmen Sie näherungsweise, wieviel Quecksilber in den 180 Tagen seit Beginn der Messung ausgeschieden wurden.
   b) Die Funktion f mit $f(x) = 3{,}552 \cdot 0{,}9876^x$ beschreibt näherungsweise die Änderungsrate der Quecksilbermenge von 0 bis 180 Tagen. Bestimmen Sie die ausgeschiedene Quecksilbermenge.

5. Der Kraftstoffverbrauch und die Emissionen bei einem Auto sind bei gleichmäßiger Fahrweise auf den ersten Kilometern nach einem Kaltstart am höchsten, da weder der Motor noch der Katalysator die ideale Betriebstemperatur erreicht haben.

Die nebenstehende Tabelle zeigt für ein bestimmtes Fahrzeug den *momentanen* Kraftstoffverbrauch in $\frac{l}{km}$ in Abhängigkeit von der Länge der gefahrenen Strecke.

Länge der Fahrstrecke (in km)	1	2	3	4	5
momentaner Kraftstoffverbrauch $\left(\text{in } \frac{l}{km}\right)$	0,150	0,129	0,113	0,100	0,088

a) Erläutern Sie die Tabelle. Berechnen Sie näherungsweise anhand der Tabelle den insgesamt verbrauchten Kraftstoff nach einer Fahrt von 4 km.

b) Die in der Tabelle angegebenen Datenpaare können gut durch den rechts abgebildeten Graphen der Funktion k mit $k(x) = 0{,}2 - 0{,}05\sqrt{x}$ beschrieben werden.

Begründen Sie, dass das Integral $\int_0^4 k(x)\,dx$ angibt, wie viel Liter Kraftstoff nach einer Fahrstrecke von 4 km insgesamt verbraucht wurden, und berechnen Sie das Integral näherungsweise mithilfe von Produktsummen.

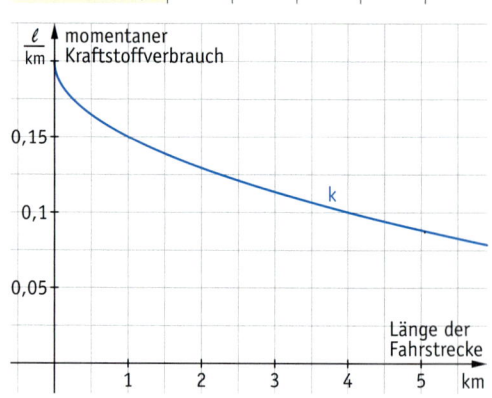

> *Normalerweise wird der Kraftstoffverbrauch in $\frac{l}{100\,km}$ angegeben. Die nachfolgenden Rechnungen werden jedoch übersichtlicher, wenn man den Verbrauch in $\frac{l}{km}$ misst.*

Integrale der Quadratfunktion mithilfe der Formel berechnen

6. a) Bestimmen Sie die folgenden Integrale mithilfe der Formel aus dem Satz von Seite 20.

(1) $\int_0^3 x^2\,dx$ (2) $\int_0^8 x^2\,dx$ (3) $\int_0^1 x^2\,dx$

b) Erläutern Sie anhand der nebenstehenden Grafik, wie man mit der Formel den Flächeninhalt der grün gefärbten Fläche bestimmen kann, und bestimmen Sie die folgenden Integrale.

(1) $\int_1^3 x^2\,dx$ (2) $\int_5^8 x^2\,dx$ (3) $\int_7^{10} x^2\,dx$

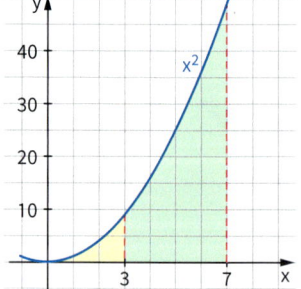

7. Skizzieren Sie den Graphen der Quadratfunktion.
Wie groß ist der Flächeninhalt der Fläche zwischen dem Graphen der Quadratfunktion, der y-Achse und der Gerade zu y = 25?

Integrale der Kubikfunktion

8. Zeigen Sie wie in der Information auf Seite 20 für b > 0, dass für das Integral der Kubikfunktion Folgendes gilt:

Satz
Für die Funktion f mit $f(x) = x^3$ gilt: $\int_0^b x^3\,dx = \frac{1}{4}\cdot b^4$ für alle b > 0

Hinweis: Für die Summe der Kubikzahlen gilt:
$0^3 + 1^3 + 2^3 + 3^3 + \ldots + (n-1)^3 = \frac{1}{4}\cdot (n-1)^2 \cdot n^2$

9. **a)** Bestimmen Sie die folgenden Integrale mithilfe der Formel aus Aufgabe 10.

(1) $\int\limits_{0}^{2} x^3\,dx$ (2) $\int\limits_{0}^{5} x^3\,dx$ (3) $\int\limits_{0}^{100} x^3\,dx$

b) Skizzieren Sie den Graphen und den zum Integral gehörenden orientierten Flächeninhalt unter dem Graphen. Berechnen Sie das Integral mithilfe der Formel aus Aufgabe 10.

(1) $\int\limits_{1}^{3} x^3\,dx$ (2) $\int\limits_{10}^{100} x^3\,dx$ (3) $\int\limits_{4}^{20} x^3\,dx$

c) Überlegen Sie, wie die jeweiligen Funktionsgraphen aus dem Graphen zu $y = x^3$ hervorgehen und berechnen Sie das Intergral mithilfe der Ergebnisse aus Teilaufgabe b).

(1) $\int\limits_{1}^{3} (x^3 + 1)\,dx$ (2) $\int\limits_{10}^{100} (x^3 + 3)\,dx$ (3) $\int\limits_{4}^{20} (x^3 - 10)\,dx$

10. Skizzieren Sie den Graphen der Kubikfunktion.
Wie groß ist der Flächeninhalt der Fläche zwischen dem Graphen der Kubikfunktion, der y-Achse und der Geraden zu $y = 125$?

Integrale als Summen orientierter Flächeninhalte bestimmen

11. Niederdruckgasbehälter (Gasometer) werden in der Industrie eingesetzt, um Spitzen bei der Erzeugung von Gas abzufangen.
Der Graph gibt die Änderungsrate f der Gasmenge in einem Gasometer an.

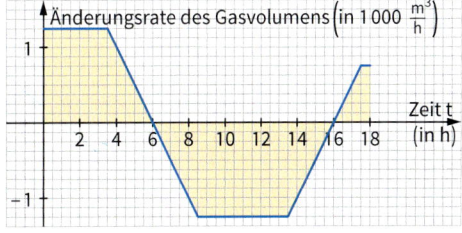

a) Deuten Sie für diesen Sachzusammenhang die Flächeninhalte der Teilflächen zwischen dem Graphen der Änderungsrate und der Zeit-Achse.

b) Bestimmen Sie die Änderungen der Gasmenge im Gasometer von 0 bis 6 Uhr, von 6 bis 16 Uhr und von 0 bis 18 Uhr und notieren Sie diese als Integral.

12. Der abgebildete Graph beschreibt die Änderungsrate einer Größe über einem Intervall.

a) Bestimmen Sie jeweils die dazugehörige Summe der orientierten Flächeninhalte.

b) Bestimmen Sie das Integral von – 1 bis 1.

c) Bestimmen Sie das Integral von – 2 bis 3.

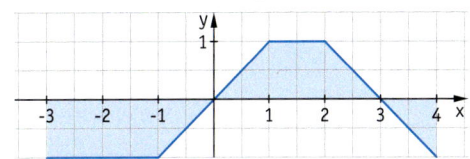

13. Erläutern Sie anhand einer Skizze die Gültigkeit der folgenden Regeln für $a < b < c$:

(1) $\int\limits_{a}^{a} f(x)\,dx = 0;$ (2) $\int\limits_{a}^{b} f(x)\,dx + \int\limits_{b}^{c} f(x)\,dx = \int\limits_{a}^{c} f(x)\,dx$

Differenz von Obersumme und Untersumme bei der Quadratfunktion

LK

14. **a)** Zeigen Sie anhand der nebenstehenden Zeichnung, dass die Differenz aus Obersumme (Rechtecke reichen über den Graphen) und Untersumme (Rechtecke enden unter dem Graphen) im Intervall [0; b] den Wert $\frac{b^3}{n}$ annimmt, unabhängig davon, wie groß man die Anzahl n der Rechtecke wählt.

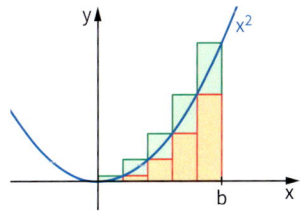

b) Was bedeutet das Ergebnis aus Teilaufgabe a) für die Abschätzung des Integrals?

1.3   Integrale mithilfe von Stammfunktionen berechnen

EINSTIEGSAUFGABE
OHNE LÖSUNG →

Integral ohne Produktsummen berechnen

Die Funktion f mit $f(x) = 3x^2$ beschreibt die momentane Änderungsrate einer Größe F.
Um die Änderung $F(4) - F(0)$ der Größe F zu ermitteln,

bestimmt Hendrik das Integral $\int_{0}^{4} 3x^2\,dx$ näherungsweise mithilfe von Produktsummen mit seinem Rechner.

Er zerlegt das Intervall [0; 4] dazu in 100 Teilintervalle der Breite 0,04.

- Überprüfen Sie mit Ihrem Rechner das Ergebnis von Hendrik. Bestimmen Sie das Integral zudem näherungsweise mit einer Zerlegung des Intervalls in 500 Teilintervalle.

Jana sagt: „Ich kann das Integral aber viel schneller berechnen! Ich weiß doch, dass f die momentane Änderungsrate der Größe F ist, damit kann ich F durch Aufleiten bestimmen…"

- Welche Idee hat Jana im Kopf? Führen Sie ihre Idee weiter.

EINSTIEGSAUFGABE
MIT LÖSUNG →

Integral mithilfe der Funktion bestimmen, deren Änderungsrate gegeben ist

Geparden gelten als die schnellsten Landtiere der Welt. Studien haben gezeigt, dass sie in 3 Sekunden von Tempo 0 auf 100 kommen. Es wurden sogar Höchstgeschwindigkeiten von 110 km pro Stunde gemessen, das sind rund 30 m pro Sekunde. Allerdings halten sie ihr Höchsttempo nicht sehr lange durch. Geparden schleichen sich bei der Jagd vorsichtig an ihre Beute an, warten kurz und beschleunigen dann sehr stark.

Die Geschwindigkeit eines Geparden bei der Jagd, aus der Ruheposition bis er seine Beute gefasst hat, kann näherungsweise durch die Funktion f mit $f(x) = 0,1x^3 - 2,25x^2 + 14x$ für $0 \leq x \leq 8$ beschrieben werden. Dabei wird x in s und $f(x)$ in $\frac{m}{s}$ angegeben.

a) Stellen Sie den Graphen von f dar und berechnen Sie mithilfe von Produktsummen näherungsweise die Länge des Weges, den der Gepard in 8 Sekunden zurückgelegt hat.

b) Begründen Sie, dass die Funktion F mit $F(x) = 0,025x^4 - 0,75x^3 + 7x^2$ für $0 \leq x \leq 8$ die Länge des Weges beschreibt, den der Gepard bei dieser Jagd zurücklegt.
Zeichnen Sie auch den Graphen der Funktion F und vergleichen Sie Ihre Werte aus Teilaufgabe a) mit den jeweiligen Funktionswerten von F.

c) Welche Bedeutung hat das Integral $\int_{2}^{6} f(x)\,dx$ bei dieser Sachsituation? Deuten Sie dieses Integral sowohl am Graphen von f, als auch am Graphen von F.
Welche Vereinfachung ergibt sich für die Berechnung des Integrals?

LÖSUNG

a) Wir zeichnen den Graphen der Geschwindigkeitsfunktion f. Den Weg, den der Gepard von der Ruheposition aus nach 2, 4, 6 und 8 Sekunden zurückgelegt hat, berechnen wir als $\int_{0}^{2} f(x)\,dx$, $\int_{0}^{4} f(x)\,dx$, $\int_{0}^{6} f(x)\,dx$ und $\int_{0}^{8} f(x)\,dx$ näherungsweise mithilfe von Produktsummen für Rechteckstreifen der Breite 0,01.

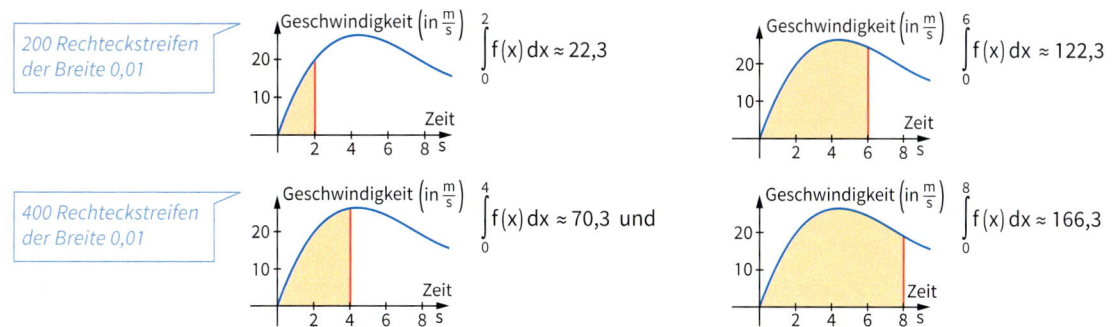

200 Rechteckstreifen der Breite 0,01

400 Rechteckstreifen der Breite 0,01

Zurückgelegter Weg: nach 2 s etwa 22,30 m, nach 4 s 70,30 m, nach 6 s 122,30 m, nach 8 s 166,30 m

b) Die Funktion f gibt die Geschwindigkeit des Geparden an, also die momentane Änderungsrate der Weges. Wenn die Funktion F die Weglänge beschreibt, muss die Ableitung von F die Funktion f sein. Dies ist leicht zu prüfen. Aus $F(x) = 0{,}025\,x^4 - 0{,}75\,x^3 + 7\,x^2$ ergibt sich durch Ableiten:
$F'(x) = 0{,}025 \cdot 4 \cdot x^3 - 0{,}75 \cdot 3 \cdot x^2 + 7 \cdot 2 \cdot x = 0{,}1\,x^3 - 2{,}25\,x^2 + 14\,x = f(x)$.
Somit ist f die Ableitung von F.
Wir prüfen noch, ob die Funktion F auch die Bedingung $F(0) = 0$ erfüllt, die sich daraus ergibt, dass der Gepard aus der Ruheposition startet und somit zum Zeitpunkt $x = 0$ null Meter zurückgelegt hat. Offensichtlich gilt dies für die Funktion F.
F mit $F(x) = 0{,}025\,x^4 - 0{,}75\,x^3 + 7\,x^2$ beschreibt also die Länge des zurückgelegten Weges des Geparden bei der Jagd. Wir zeichnen den Graphen von F und können mithilfe des Funktionsterms $F(x)$ auch exakt die Länge des Weges berechnen, den der Gepard nach 2, 4, 6 und 8 Sekunden zurückgelegt hat. Ein Vergleich mit den näherungsweise ermittelten Werten aus Teilaufgabe a) zeigt, dass diese nur geringfügig abweichen.

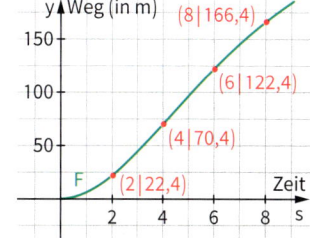

c) Der Wert des Integrals $\int_{2}^{6} f(x)\,dx$ ist gleich der Länge des Weges, den der Gepard vom Zeitpunkt 2 s nach dem Start bis zum Zeitpunkt 6 s nach dem Start zurückgelegt hat. Dieses Integral können wir als (orientierten) Flächeninhalt der Fläche zwischen dem Graphen von f und der x-Achse über dem Intervall [2; 6] deuten.
Am Graphen von F ergibt sich der Wert dieses Integrals als Differenz aus F (6) und F (2). Somit können wir folgendermaßen rechnen: $\int_{2}^{6} f(x)\,dx = F(6) - F(2) = 122{,}4 - 22{,}4 = 100$
Der Gepard hat in der Zeit von 2 s bis 6 s 100 m zurückgelegt.

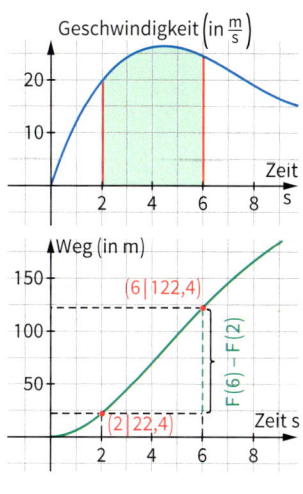

INFORMATION

Integrale mithilfe von Stammfunktionen berechnen

Beschreibt eine Funktion f die momentane Änderungsrate einer Größe, die wiederum selbst durch eine Funktion F beschrieben werden kann, so muss f die Ableitung von F sein.

Definition
Eine Funktion F heißt **Stammfunktion** einer Funktion f, wenn f die Ableitung von F ist:
$$F'(x) = f(x)$$

BEISPIEL

$F(x) = \frac{1}{3}x^3 + 2x^2 - 2x + 1$ ist eine Stammfunktion zu f mit $f(x) = x^2 + 4x - 2$, da $F'(x) = f(x)$.

Das Integral einer Funktion f über einem Intervall [a, b] beschreibt die Änderung $F(b) - F(a)$ einer Stammfunktion F von f. Wenn man eine Stammfunktion F von f kennt, dann kann man das Integral leichter berechnen, als dies mithilfe von Produktsummen möglich ist:

Statt Berechnen eines Integrals sagt man auch Integrieren.

Erster Teil des Hauptsatzes der Differenzial- und Integralrechnung

Ist F eine Stammfunktion einer Funktion f im Intervall [a; b], so gilt:

$$\int_a^b f(x)\, dx = F(b) - F(a)$$

Für die Differenz der Funktionswerte schreibt man auch kurz $\left[F(x) \right]_a^b = F(b) - F(a)$.

BEISPIEL

Zur Berechnung von $\int_2^4 (6x^2 - 2x + 3)\, dx$ bestimmt man durch Aufleiten eine Stammfunktion F

mit $F(x) = 2x^3 - x^2 + 3x$ zu f mit $f(x) = 6x^2 - 2x + 3$. Damit erhält man

$$\int_2^4 (6x^2 - 2x + 3)\, dx = \left[2x^3 - x^2 + 3x \right]_2^4 = (128 - 16 + 12) - (16 - 4 + 6) = 124 - 18 = 106.$$

Alle Stammfunktionen zu einer Funktion f angeben

Wenn F_1 und F_2 zwei Stammfunktionen derselben Funktion f sind, so haben die Graphen von F_1 und F_2 an jeder Stelle x dieselbe Steigung $f(x)$, da $F_1'(x) = F_2'(x) = f(x)$ gilt. Somit ist der folgende Satz anschaulich klar:

Satz: Gesamtheit aller Stammfunktionen zu einer gegebenen Funktion

Ist F eine beliebige Stammfunktion zu einer gegebenen Funktion f über dem Intervall [a; b], so sind alle Stammfunktionen von f über dem Intervall [a; b] gegeben durch $F(x) + c$ mit $c \in \mathbb{R}$.

Stammfunktionen F zu bekannten Funktionen f

$f(x)$	m	x	x^2	x^n	$a \cdot x^n$	$\frac{1}{x^2}$	$\sin(x)$	$\cos(x)$	e^x
$F(x)$	mx	$\frac{1}{2}x^2$	$\frac{1}{3}x^3$	$\frac{1}{n+1}x^{n+1}$	$\frac{a}{n+1}x^{n+1}$	$-\frac{1}{x}$	$-\cos(x)$	$\sin(x)$	e^x

WEITERFÜHRENDE AUFGABE

1. Rechenregeln für Integrale

Beweisen Sie mithilfe des ersten Teils des Hauptsatzes die folgenden Integrationsregeln.

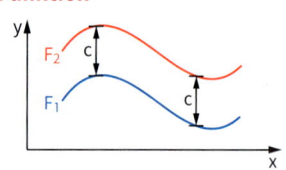
Faktorregel für Integrale: Ein konstanter Faktor kann vor das Integral gezogen werden.

$(1) \quad \int_a^a f(x)\, dx = 0$

$(3) \quad \int_a^b k \cdot f(x)\, dx = k \cdot \int_a^b f(x)\, dx$

$(2) \quad \int_a^b f(x)\, dx + \int_b^c f(x)\, dx = \int_a^c f(x)\, dx$

$(4) \quad \int_a^b \left(f(x) + g(x) \right) dx = \int_a^b f(x)\, dx + \int_a^b g(x)\, dx$

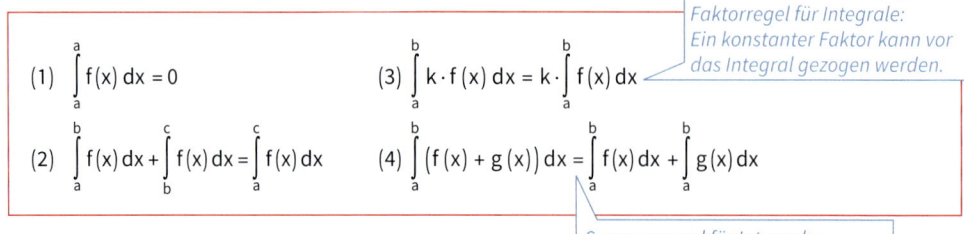
Summenregel für Integrale: Eine Summe von Funktionen kann gliedweise integriert werden.

ÜBUNGSAUFGABEN   **Stammfunktionen**

2. Zeigen Sie, dass F eine Stammfunktion von f ist und geben Sie drei weitere Stammfunktionen von f an.

a) $F(x) = 2x^3$; $f(x) = 6x^2$

e) $F(x) = 4x^3 - 5x^2 + x + 12$; $f(x) = 12x^2 - 10x + 1$

b) $F(x) = 5x^4 + 2$; $f(x) = 20x^3$

f) $F(x) = ax^4 - bx^3 + c$; $f(x) = 4ax^3 - 3bx^2$

c) $F(x) = \frac{2}{15}x^5 - 3$; $f(x) = \frac{2}{3}x^4$

g) $F(x) = x^2 - 2bx + c$; $f(x) = 2x - 2b$

d) $F(x) = -0{,}3x^4 + x$; $f(x) = -1{,}2x^3 + 1$

h) $F(x) = a \cdot x^n - b \cdot x^m$; $f(x) = n \cdot a \cdot x^{n-1} - m \cdot b \cdot x^{m-1}$

3. Bestimmen Sie drei Stammfunktionen von f.

a) $f(x) = 3x - 1$

b) $f(x) = 5$

c) $f(x) = x^6$

d) $f(x) = ax^n$

e) $f(x) = 4x^3 - 7x + 6$

f) $f(x) = x(x - 4)$

g) $f(x) = \frac{1}{x^2} - x^2$

h) $f(x) = \sin(x)$

i) $f(x) = \sin(x) + x^2$

j) $f(x) = 3\cos(x)$

k) $f(x) = e^x$

l) $f(x) = 2e^x$

m) $f(x) = x^2 - e^x$

n) $f(x) = 3e^x - x + 1$

BEISPIEL

$f(x) = x^3 - 5x + 3$
Durch Aufleiten erhält man daraus:
$F(x) = \frac{1}{4}x^4 - 2{,}5x^2 + 3x$, denn
$F'(x) = f(x)$.
Somit sind alle Funktionen mit
$F(x) = \frac{1}{4}x^4 - 2{,}5x^2 + 3x + c$ und
$c \in \mathbb{R}$ Stammfunktionen von f.

4. Rechts ist der Graph einer Funktion f zu sehen. Entscheiden Sie begründet, welche der Aussagen über die Stammfunktion F von f richtig oder falsch sind.

a) Der Graph von F hat an der Stelle $x = -2$ einen Hochpunkt.

b) Der Graph von F hat an der Stelle $x = 2$ einen Tiefpunkt.

c) Der Graph von F hat im Intervall $[-2; 2]$ drei Wendepunkte.

d) An der Stelle $x = 0$ hat der Graph von F einen Hochpunkt.

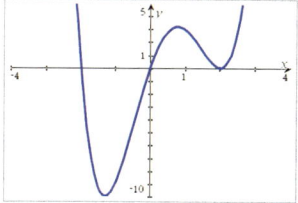

5. Gegeben sind für $x \neq 0$ die Funktionen F_1 mit $F_1(x) = -\frac{1}{x}$ und F_2 mit $F_2(x) = \begin{cases} -\frac{1}{x} + 3 & \text{für } x > 0 \\ -\frac{1}{x} + 2 & \text{für } x < 0 \end{cases}$

Zeigen Sie, dass beide Funktionen Stammfunktionen zur Funktion f mit $f(x) = \frac{1}{x^2}$ sind, sich aber nicht um eine Konstante unterscheiden. Wieso widerspricht dies nicht der Aussage des Satzes zur Gesamtheit aller Stammfunktionen auf Seite 26?

Integrale mithilfe von Stammfunktionen berechnen

6. Lucia und Fiene wollen das Integral $\int_{-5}^{10} (x^4 - 2x)\,dx$ berechnen. Lucia nutzt die Stammfunktion $F_L(x) = 0{,}2x^5 - x^2 + 10$. Fiene nimmt lieber $F_F(x) = 0{,}2x^5 - x^2 - 10$. Überprüfen Sie, ob beide Varianten zum gleichen Ergebnis führen und begründen Sie Ihre Beobachtung.

7. Berechnen Sie das Integral mithilfe einer Stammfunktion.

a) $\int_0^3 (x^2 - 2)\,dx$

e) $\int_{-1}^1 (x^5 - 5x^4)\,dx$

i) $\int_{-2}^0 \left(\frac{1}{3}x^3 - \frac{1}{2}x^2 + 1\right)dx$

b) $\int_{-3}^6 (5 - x^2)\,dx$

f) $\int_0^{10} \left(\frac{x^2 - 3x}{5} + 1\right)dx$

j) $\int_1^2 \left(\frac{x}{2} + \frac{1}{x^2}\right)dx$

c) $\int_0^6 (x^3 - 2x^2)\,dx$

g) $\int_1^2 (0{,}5x^4 - 5x)\,dx$

k) $\int_0^{2\pi} \cos(x)\,dx$

d) $\int_{-2}^0 (-2x^3 + 3x^2 - 4)\,dx$

h) $\int_1^3 (0{,}4x^3 - 0{,}5x^4 - 7)\,dx$

l) $\int_0^1 \left(e^x + \frac{1}{2}x\right)dx$

8. Gegeben ist die Funktionenschar f_t mit $f_t(x) = x \cdot (x - t)^2$ und $t \in \mathbb{R}$.

a) Bestimmen Sie das Integral $\int_0^t f_t(x)\,dx$ in Abhängigkeit von t.

b) Für welchen Wert von t gilt $\int_0^t f_t(x)\,dx = 108$?

9. Bestimmen Sie $b > 0$ so, dass die Gleichung erfüllt ist. Verdeutlichen Sie Ihr Ergebnis an einer Skizze.

a) $\int_0^b (x^2 - 3)\,dx = 0$ **b)** $\int_1^b (4 - x)\,dx = -4$ **c)** $\int_{-1}^b x^3\,dx = \frac{15}{4}$

Die passende Bestandsfunktion zu einem Anfangswert F(a) bestimmen

10. Die Funktion f beschreibt die Änderungsrate einer Größe F über einem Intervall [a; b]. Der Wert F (a) der Größe am Anfang des Intervalls ist gegeben. Bestimmen Sie die Bestandsfunktion F.

a) $f(x) = 2x + 4$; $F(2) = 10$
b) $f(x) = x^2$; $F(3) = 15$
c) $f(x) = 0,4x^3 - 2x$; $F(100) = 0$
d) $f(x) = 3\cos(x)$; $F\left(\frac{\pi}{2}\right) = 2$
e) $f(x) = \frac{1}{x^2}$; $F(1) = 0$

> BEISPIEL
>
> $f(x) = 4x^3 - x$; $F(2) = 10$
> Durch Aufleiten erhält man:
> $F(x) = x^4 - 0,5x^2 + c$, denn $F'(x) = f(x)$.
> Es gilt: $F(2) = 16 - 2 + c = 10$.
> Somit ergibt sich $c = -4$.
> Die gesuchte Bestandsfunktion lautet also:
> $F(x) = x^4 - 0,5x^2 - 4$

11. Die Funktion f mit $f(t) = 0,2t^3 - 48t^2 + 2\,880\,t$ beschreibt den Wasserzufluss $\left(\text{in } \frac{m^3}{\text{Tag}}\right)$ in ein Regenrückhaltebecken in Abhängigkeit von der Zeit t (in Tagen) für 120 Tage.

a) Bestimmen Sie diejenige Stammfunktion F von f, die das zugeflossene Wasservolumen für die Zeit von 0 bis 120 Tagen beschreibt.
Wie viel Wasser ist in den 120 Tagen in das Rückhaltebecken geflossen?

b) Zu Beginn befanden sich 5 000 m³ Wasser im Rückhaltebecken. Bestimmen Sie die Bestandsfunktion G, die das Wasservolumen im Rückhaltebecken für die Zeit von 0 bis 120 Tagen beschreibt. Wie viel Wasser befindet sich nach 120 Tagen im Rückhaltebecken?

c) Nach wie viel Tagen befinden sich 2 Millionen m³ im Rückhaltebecken?

Orientierte Flächeninhalte

12. Bestimmen Sie den orientierten Flächeninhalt der gefärbten Fläche.

(1)

(2)

(3)

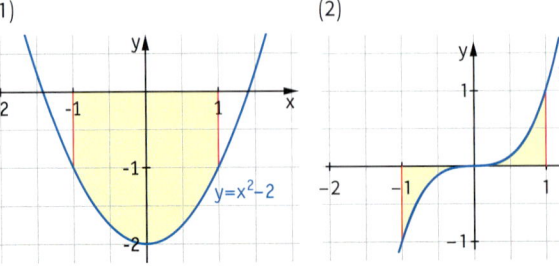

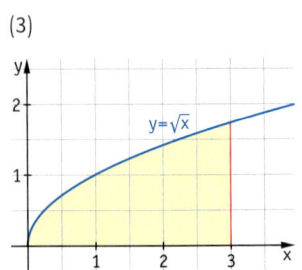

Integrale mithilfe eines Rechners bestimmen

13. Rechts ist zu sehen, wie man ein Integral näherungsweise mithilfe eines Rechners bestimmen kann, ohne eine Stammfunktion zu kennen.
Untersuchen Sie, welche Möglichkeiten Ihr Rechner zur Berechnung von Integralen hat. Erläutern Sie die erforderlichen Eingaben.
Kontrollieren Sie anschließend Ihre Ergebnisse aus Aufgabe 7 mithilfe Ihres Rechners.

14. Bei der Herstellung eines bestimmten Satelliten-Receivers fallen pro Tag 8 000 € Fixkosten an.
Die Änderungsrate der Kosten lässt sich in Abhängigkeit von der pro Tag hergestellten Produktionsmenge x angeben durch die Funktion k mit $k(x) = \frac{1}{2\,000}x^2 - \frac{1}{5}x + 70$ und $x \geq 0$.

a) Berechnen Sie für eine beliebige Produktionsmenge die Herstellungskosten pro Tag.

b) Pro Tag können bis zu 750 Receiver zu einem Stückpreis von 230 Euro verkauft werden. Untersuchen Sie, wie viele Receiver pro Tag hergestellt werden müssen, wenn der Gewinn maximiert werden soll.

Aufgaben aus der Physik

15. Ein Autofahrer ist mit einer konstanten Geschwindigkeit von $v_0 = 108\,\frac{km}{h}$ unterwegs. Plötzlich läuft etwa 100 m vor ihm ein Reh über die Straße. Gelingt es ihm, noch vor dem Reh anzuhalten, wenn die Bremsverzögerung bei einer Vollbremsung $-7,5\,\frac{m}{s^2}$ beträgt?
Beachten Sie, dass die typische Reaktionszeit vom Erkennen der Gefahr bis zum Betätigen der Bremse etwa 1 s („Schrecksekunde") beträgt.

16. Beim freien Fall ist die Beschleunigung g konstant. Für die Fallbeschleunigung auf der Erde gilt $g = 9,81\,\frac{m}{s^2}$. Zum Zeitpunkt $t = 0$ soll die Geschwindigkeit $v(0) = 0$ sein und es soll noch kein Weg zurückgelegt sein, also $s(0) = 0$.
Bestimmen Sie die Zeit-Geschwindigkeits-Funktion und die Zeit-Weg-Funktion.

17. Ein Körper mit einer Masse von 1 kg auf der Erdoberfläche (Erdradius $R = 6,37 \cdot 10^6$ m), erfährt durch die Erde eine Gravitationskraft F in Richtung des Erdmittelpunktes von $F(R) = 9,81\,\frac{kg \cdot m}{s^2} = 9,81\,N$.

Die Gravitationskraft F, die dieser Körper erfährt, nimmt mit dem Quadrat seiner Entfernung x vom Erdmittelpunkt ab. Daher gilt: $F(x) = 9,81 \cdot \frac{R^2}{x^2}$ (mit x in m und F in N).

Arbeit:

$W = \int\limits_a^b F(s)\,ds$

a) Berechnen Sie die Arbeit (Einheit Nm), die erforderlich ist, um einen Körper mit einer Masse von 1 kg von der Erdoberfläche auf die doppelte, fünffache, 10-fache, 100-fache Entfernung vom Erdmittelpunkt zu bringen.

b) Übertragen Sie die Berechnungen aus Teilaufgabe a) allgemein auf einen Körper mit der Masse m.

Vernetzte Aufgabe

18. Einer Patientin werden zum Zeitpunkt $t = 0$ 20 mg eines medizinischen Wirkstoffes in die Blutbahn injiziert. Die Abbaugeschwindigkeit des Wirkstoffes $\left(\text{in } \frac{mg}{h}\right)$ lässt sich mithilfe der Funktion f mit $f(t) = 2 \cdot 0,905^t$ modellieren.

a) Zeichnen Sie den Graphen von f und interpretieren Sie den Verlauf.

b) Untersuchen Sie, wie viel mg des Wirkstoffes nach 12 Stunden abgebaut sind.

c) Nach welcher Zeit ist weniger als 1 % der Anfangsmenge des medizinischen Wirkstoffes im Körper der Patientin?

1.4   Integralfunktionen

ZIEL

Im Abschnitt 1.3 haben Sie zu Funktionen f Stammfunktionen F bestimmt, indem Sie durch sogenanntes Aufleiten des Terms $f(x)$ einen Term $F(x)$ bestimmt haben, für den gilt $F'(x) = f(x)$.
Aber nicht immer findet man durch Aufleiten den Term einer Stammfunktion, und manchmal ist
auch kein Term der Funktion f gegeben, sondern nur der Graph. Deshalb geht es in diesem Abschnitt
darum, wie man – unter anderem auch aus dem Graphen einer Funktion f – den Graphen einer
Stammfunktion rekonstruieren kann.

ZUM ERARBEITEN   → **Aus dem Graphen von f den Graphen einer Stammfunktion rekonstruieren**

- *Der Graph einer Funktion f ist gegeben. Rekonstruieren Sie*
  ungefähr den Graphen einer Stammfunktion F für das Intervall
  [1; 4]. Gehen Sie dabei von F(1) = 0 aus.
  Erläutern Sie Ihr Vorgehen.

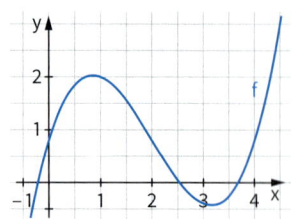

Es soll $F(1) = 0$ gelten. Für $x = 2, 3, 4$ kann man die Funktionswerte von F ungefähr mithilfe orientierter Flächeninhalte
bestimmen, z. B. durch Zählen der Kästchen.
Ein Kästchen entspricht $0,5 \cdot 0,5 = 0,25$ Flächeneinheiten.
Kästchen unterhalb der x-Achse müssen abgezogen werden.

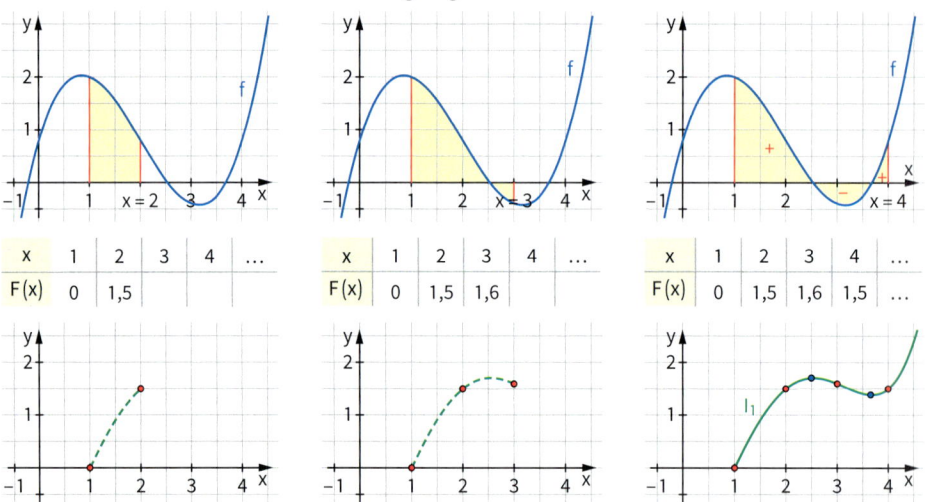

Aus den Funktionswerten $F(1) = 0$, $F(2) \approx 1,5$, $F(3) \approx 1,6$ und $F(4) \approx 1,5$ lässt sich ungefähr
der Graph einer Stammfunktion F rekonstruieren.
An den Nullstellen von f mit Vorzeichenwechsel ändert die Stammfunktion F ihr Monotonieverhal-
ten von monoton wachsend zu monoton fallend oder umgekehrt:
- An der Stelle 2,5 wechselt f das Vorzeichen von Plus nach Minus. Der Graph von F hat an dieser
  Stelle einen Hochpunkt. Man erhält $H(2,5 \,|\approx 1,7)$.
- An der Stelle 3,7 wechselt f das Vorzeichen von Minus nach Plus. Der Graph von F hat an dieser
  Stelle einen Tiefpunkt. Man erhält $T(3,7 \,|\approx 1,4)$.
Auch diese Punkte kann man einzeichnen, um den Graphen von F umso genauer zu skizzieren.

Bei diesem Vorgehen wurde einigen Werten x aus dem Intervall [1; 4] näherungsweise der orientierte Flächeninhalt der Fläche zwischen dem Graphen von f über dem Intervall [1; x] zugeordnet:

$$\int_{1}^{x} f(t)\, dt.$$

INFORMATION

Integralfunktion

Definition: Integralfunktion

Ordnet man jeder Stelle $x \geq a$ den orientierten Flächeninhalt unter dem Graphen einer Funktion f über dem Intervall $[a; x]$ zu, so erhält man eine neue Funktion. Diese Funktion heißt **Integralfunktion** von f über dem Intervall $[a; x]$.

Man schreibt dafür kurz

$$I_a(x) = \int_a^x f(t)\,dt.$$

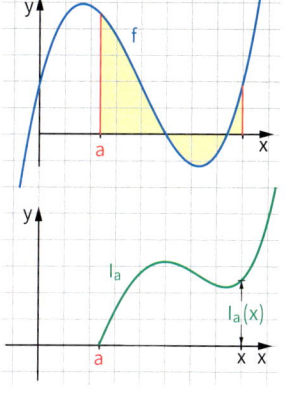

Für jede Integralfunktion gilt $I_a(a) = 0$. Das liegt daran, dass der orientierte Flächeninhalt unter dem Graphen von f an einer Stelle a den Wert null hat, da $\int_a^a f(t)\,dt = 0$ gilt.

Zusammenhang zwischen einer Funktion f und ihren Integralfunktionen

- Kennt man zu einer Funktion f eine Stammfunktion F, so erhält man nach dem ersten Teil des Hauptsatzes der Differenzial- und Integralrechnung folgende Integralfunktion I_a:

$$I_a(x) = \int_a^x f(t)\,dt = F(x) - F(a) \quad \text{und somit} \quad I_a'(x) = F'(x) - F'(a) = f(x) - 0, \text{ da } F(a) \text{ konstant ist.}$$

Das heißt, die Ableitung von I_a ist die Funktion f. Somit ist I_a eine Stammfunktion von f.

Da für eine Integralfunktion $I_a(a) = \int_a^a f(t)\,dt = 0$ gilt, ist eine Integralfunktion I_a diejenige Stammfunktion aus der Gesamtheit aller Stammfunktionen von f, die an der Stelle a eine Nullstelle hat.

BEISPIEL

$f(x) = 2x^3 - 3x,$
$F(x) = 0,5x^4 - x^3 + c;$
$I_1(x) = 0,5x^4 - x^3 + 0,5, \ I_2(x) = 0,5x^4 - x^3$

BEISPIEL

$f(x) = x^4 + 3x - 5,$
$F(x) = 0,2x^5 + 1,5x^2 - 5x + c;$
$I_{-1}(x) = 0,2x^5 + 1,5x^2 - 5x - 6,3$

- Allerdings lässt sich nicht immer durch Aufleiten von f eine Stammfunktion ermitteln. Mithilfe orientierter Flächeninhalte kann man aber trotzdem aus der Wertetabelle von f oder aus dem Graphen von f näherungsweise eine Integralfunktion bestimmen.

Auch ohne dass man den Term einer Stammfunktion bestimmt, kann man mit einem WTR (näherungsweise) die Wertetabelle einer Integralfunktion $\int_a^x f(t)\,dt$ erstellen. Mithilfe dieser Wertetabelle lässt sich dann der Graph der Integralfunktion zeichnen.

BEISPIEL

$$I_0(x) = \int_0^x 1{,}04^{2t}\,dt$$

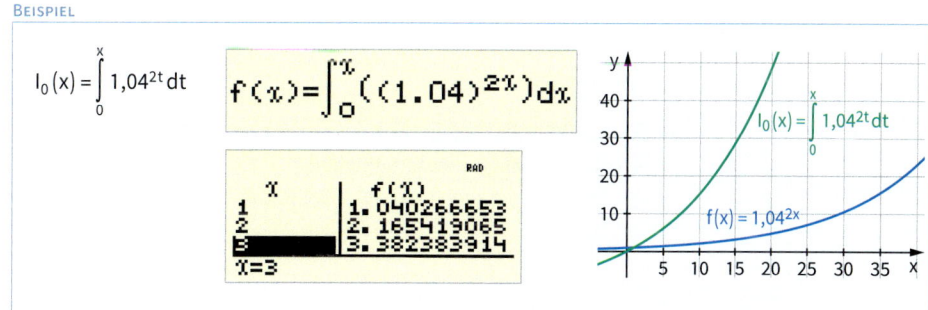

Zweiter Teil des Hauptsatzes der Differenzial- und Integralrechnung

Wenn der Graph einer Funktion f zusammenhängend gezeichnet werden kann, dann gilt für eine Integralfunktion $I_a(x) = \int\limits_a^x f(t)\,dt$ von

f: $I_a'(x) = f(x)$

Das heißt, die Ableitung einer Integralfunktion I_a von f ist die Funktion f.

Somit ist jede Integralfunktion I_a von f eine Stammfunktion von f.

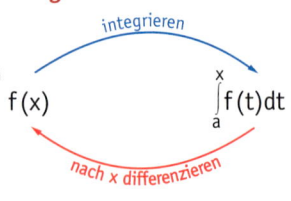

Dieser Satz kann auch formal mithilfe der Differenzialrechnung bewiesen werden.

Beweis

Gesucht ist die Steigung der Funktion I_a an der Stelle x.

Differenzenquotienten bilden:

$$\frac{I_a(x+h) - I_a(x)}{h} = \frac{\int\limits_a^{x+h} f(t)\,dt - \int\limits_a^x f(t)\,dt}{h} = \frac{1}{h} \cdot \int\limits_x^{x+h} f(t)\,dt$$

h aus dem Differenzenquotienten entfernen:

Wenn der Graph von f zusammenhängend gezeichnet werden kann, dann kann man eine Zahl z zwischen x und x + h finden, sodass der Flächeninhalt unter dem Graphen von f von x bis x + h genau so groß ist, wie das grün schraffierte Rechteck mit dem Flächeninhalt $h \cdot f(z)$. D. h. es gilt:

$$\int\limits_x^{x+h} f(t)\,dt = h \cdot f(z)$$

Durch Einsetzen in den Differenzenquotienten erhält man so

$$\frac{I_a(x+h) - I_a(x)}{h} = \frac{1}{h} \cdot \int\limits_x^{x+h} f(t)\,dt = \frac{1}{h} \cdot h \cdot f(z) = f(z).$$

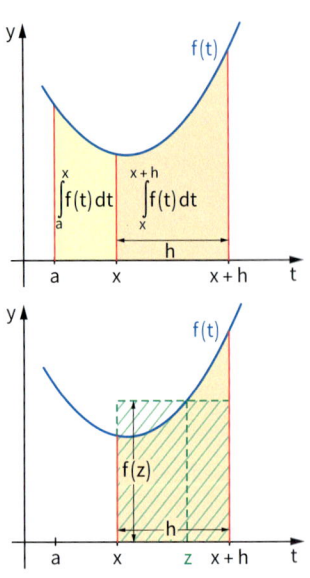

Differenzialquotienten bestimmen:

Wenn $h \to 0$, dann $x + h \to x$ und somit auch $z \to x$. Somit gilt $f(z) \to f(x)$ für $h \to 0$.

Damit ergibt sich: $\lim\limits_{h \to 0} \dfrac{I_a(x+h) - I_a(x)}{h} = \lim\limits_{h \to 0} f(z) = f(x).$

Randfunktion und Flächeninhaltsfunktion

Im Zusammenhang mit der Integralfunktion wird die Funktion f auch als Randfunktion bezeichnet. Liegt der Graph von f im Intervall [a; b] oberhalb der x-Achse, so nennt man die Integralfunktion auch die zugehörige Flächeninhaltsfunktion.

ZUM ÜBEN

Graphen einer Integralfunktion näherungsweise aus dem Graphen von f rekonstruieren

1. a) Zeichnen Sie den Graphen der zugehörigen Integralfunktion $I_{-3}(x) = \int\limits_{-3}^x f(t)\,dt$

b) Erläutern Sie die Bedeutung der Integralfunktion für den Sachzusammenhang.

c) Welche Aussagen kann man zum Wasserstand am Tag 7 machen?

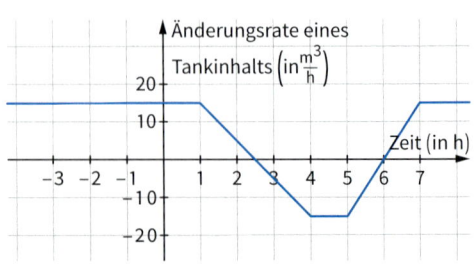

2.

Rote Welle

Eine typische Situation im Stadtverkehr: Man hält bei Rot an einer Ampel an, nach etwa einer Minute fährt man bei Grün mit zunächst konstanter Beschleunigung und anschließend mit konstanter Geschwindigkeit weiter. Kaum hat man diese Geschwindigkeit erreicht, kommt die nächste Ampel, an der man stoppen muss.

a) Stellen Sie den zeitlichen Verlauf der Geschwindigkeit grafisch dar: $v = f(t)$.
b) Welche Bedeutung hat hier die Integralfunktion I_0? Zeichnen Sie deren Graphen direkt unterhalb des Graphen von f.
c) Untersuchen Sie, welcher inhaltliche Zusammenhang zwischen den beiden Funktionen besteht. Erläutern Sie auch, welche Bedeutung die Ableitung der Integralfunktion hat.

3.

In einem Wüstengebiet wird ein Wasserreservoir von einem Fluss gespeist, der lange Zeit des Jahres trocken liegt. Nur zur Regenzeit schwillt der Fluss an und ergießt sein Wasser in das Reservoir. Die Bewohner eines kleinen Dorfes nutzen dieses Reservoir für ihre Wasserversorgung. Sie möchten deshalb ungefähr wissen, wie viel Wasser im Reservoir vorhanden ist. Der Wasserzufluss kann näherungsweise durch den nebenstehenden Graphen beschrieben werden.

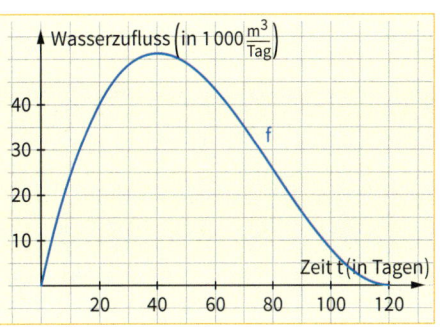

a) Bestimmen Sie ungefähr das Wasservolumen (in m^3) das nach 10 Tagen, 20 Tagen, 30 Tagen, ..., 120 Tagen in das Reservoir geflossen ist. Skizzieren Sie den Graphen der Funktion F, die jedem Zeitpunkt t (in Tagen) das Wasservolumen (in m^3) zuordnet.
b) Erläutern Sie, warum die Funktion F aus Teilaufgabe a) eine Stammfunktion von f ist.
c) Erläutern Sie die Zusammenhänge der beiden Graphen von f und F.

4.

Für ein Segelflugzeug ist die Steig- bzw. Sinkgeschwindigkeit $v(t)$ in Abhängigkeit von der Zeit t im rechts abgebildeten Graphen dargestellt.

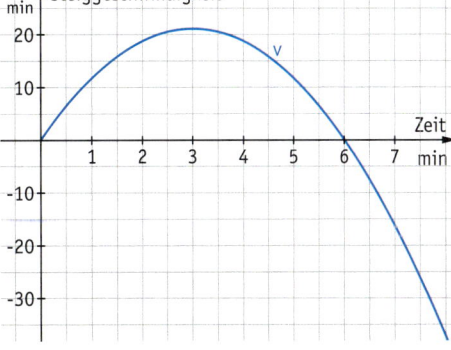

a) Übertragen Sie den Graphen von v in Ihr Heft.
Mit I_0 bezeichnen wir die Integralfunktion von v mit der unteren Grenze 0.
Erläutern Sie die Bedeutung von I_0.
Was gibt $I_0(t)$ an?
Skizzieren Sie unter dem Graphen von v in einem neuen Koordinatensystem den Graphen der Integralfunktion I_0 von v.
Begründen Sie den Verlauf des Graphen der Integralfunktion.
b) Betrachten Sie die Graphen von v und I_0 und erläutern Sie die Zusammenhänge der beiden Funktionen v und I_0.

Integralfunktionen bestimmen und ihre Graphen zeichnen

5. Bestimmen Sie jeweils zum vorgegebenen Wert von a die Integralfunktion I_a von f und zeichnen Sie die Graphen von f und I_a in zwei Koordinatensysteme untereinander.
Erläutern Sie die Zusammenhänge beider Graphen.

a) $f(x) = 3x + 1$, $a = 0$ [$a = 2$; $a = -1$]

b) $f(x) = 2x - 6$, $a = 0$ [$a = 3$; $a = -2$]

c) $f(x) = \frac{1}{2}x - 1$, $a = 0$ [$a = 1$; $a = -4$]

d) $f(x) = x^2 + 1$, $a = 0$ [$a = 1$; $a = -1$]

e) $f(x) = e^x$, $a = 0$ [$a = 1$; $a = -1$]

6. Unmittelbar nach dem Deichbruch eines Flusses fließen etwa 150 m³ Wasser pro Minute durch die Bruchstelle. Man geht davon aus, dass sich die Bruchstelle durch den Wasserfluss so vergrößert, dass sich innerhalb einer Minute die Durchflussstärke um 30 m³ pro Minute erhöht.

a) Beschreiben Sie die Durchflussstärke (in m³ pro Minute) zum Zeitpunkt t nach dem Dammbruch mithilfe eines Funktionsterms f(t).
Zeichnen Sie den Graphen von f.

b) Wieviel Wasser ist nach 10 min, 20 min, 30 min, x min durch die Bruchstelle geflossen?
Beschreiben Sie die Funktion I_0, die jedem Zeitpunkt x (in min) nach dem Dammbruch das bisher durchgeflossene Wasservolumen (in m³) zuordnet, auch mithilfe eines Integrals.
Zeichnen Sie den Graphen von I_0.

c) Erläutern Sie die Zusammenhänge der Graphen von f und I_0.

Integralfunktionen grafisch darstellen

7. a) Unten ist zu sehen, wie mithilfe der Wertetabelle eines WTR die Graphen einer Funktion f in blau und einer zugehörigen Integralfunktion I_{-2} in rot gezeichnet wurden.

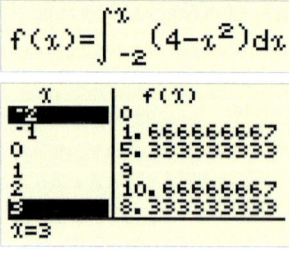
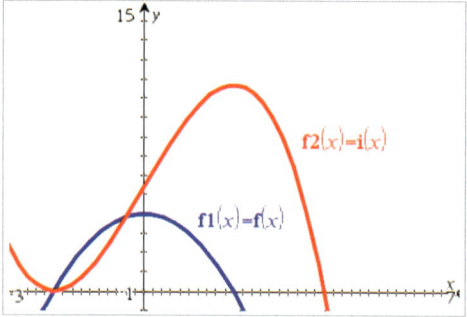

Erläutern Sie die Zusammenhänge beider Graphen.

b) Skizzieren Sie per Hand weitere Integralfunktionen I_a von f für $a = -1$, $a = 0$, $a = 1$ und $a = 2$.
Beschreiben Sie, was sich jeweils ändert.

8. Der Wasserfluss (in m³ pro Minute) bei einem Deichbruch kann in den ersten 20 Minuten ungefähr durch die Funktion f mit $f(t) = 1{,}4^{2t}$ modelliert werden.
Zeichnen Sie die zugehörige Integralfunktion I_0.
Erläutern Sie die Bedeutung dieser Integralfunktion für den Sachzusammenhang.

Aufgaben zur Vertiefung

9. **Stammfunktionen und Integralfunktionen**

   Nach dem Hauptsatz der Differenzial- und Integralrechnung ist jede Integralfunktion einer Funktion f auch eine Stammfunktion zu f. Untersuchen Sie, welche der folgenden Funktionen F auch Integralfunktionen sind. Geben Sie Bedingungen an, unter denen eine Stammfunktion auch eine Integralfunktion ist.

   (1) $F(x) = x^2 - 1$ (3) $F(x) = \cos(x)$

   (2) $F(x) = x^2 + 1$ (4) $F(x) = \cos(x) + 2$

10. **Integrale mit beliebigen Integrationsgrenzen**

    Bei der Definition des Integrals $\displaystyle\int_a^b f(x)\,dx$ wurde bisher stets vorausgesetzt, dass $b > a$ ist. Die Graphen von Integralfunktionen $I_a = \displaystyle\int_a^x f(t)\,dt$ können aber auch links von den unteren Integrationsgrenze a weitergezeichnet werden, so wie dies auch ein CAS oder manche Funktionenplotter machen, wenn man damit eine Integralfunktion zeichnet (siehe rechts).

    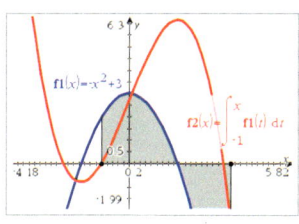

    a) Verdeutlichen Sie an selbstgewählten Beispielen, dass die Definition $\displaystyle\int_a^a f(x)\,dx = 0$ sinnvoll ist.

    b) Begründen Sie anhand einer Skizze für a, b, c aus dem Definitionsbereich von f mit $a \le b \le c$:
    $$\int_a^b f(x)\,dx + \int_b^c f(x)\,dx = \int_a^c f(x)\,dx.$$

    c) Begründen Sie, dass die Gleichung $\displaystyle\int_a^b f(x)\,dx + \int_b^c f(x)\,dx = \int_a^c f(x)\,dx$ genau dann für beliebige Integrationsgrenzen a, b, c gilt, falls man $\displaystyle\int_b^a f(x)\,dx = -\int_a^b f(x)\,dx$ setzt.

Integrale mit beliebigen Integrationsgrenzen

(1) $\displaystyle\int_a^a f(x)\,dx = 0$

(2) $\displaystyle\int_b^a f(x)\,dx = -\int_a^b f(x)\,dx$

BEISPIEL

$$\int_3^3 x^2\,dx = 0$$

BEISPIEL

$$\int_2^1 x^2\,dx = -\int_1^2 x^2\,dx = -\left(\frac{2^3}{3} - \frac{1^3}{3}\right) = -\frac{7}{3}$$

Keine Stammfunktion zu finden – da hilft die Integralfunktion

11. CAS-Rechner können durch Aufleiten zu einer Funktion f auch eine Stammfunktion F bestimmen.

    Aber nicht immer lässt sich durch Aufleiten ein geschlossener Term für eine Stammfunktion F angeben. Ein Beispiel für eine solche *nicht elementar integrierbare Funktion* ist die Funktion f mit $f(x) = \sqrt{1 + x^4}$. In diesem Fall kann auch ein CAS Rechner nicht helfen (siehe rechts).

    $$\int (x^3 - 2 \cdot x^2 + 4)\,dx \qquad \frac{x^4}{4} - \frac{2 \cdot x^3}{3} + 4 \cdot x$$

    $$\int \sqrt{1 + x^4}\,dx \qquad \frac{2 \cdot \displaystyle\int \frac{1}{\sqrt{x^4 + 1}}\,dx}{3} + \frac{x \cdot \sqrt{x^4 + 1}}{3}$$

    Geben Sie dennoch eine Stammfunktion für die Funktion f mit $f(x) = \sqrt{1 + x^4}$ an und stellen die Wertetabelle mithilfe eines Rechners auf.

Das Wichtigste im Überblick

Grenzwertdefinition des Integrals

Den Grenzwert der Produktsummen S_n

$$S_n = \Delta x \cdot \left(f(a) + f(x_1) + f(x_2) + \dots + f(x_{n-1}) \right)$$

für $n \to \infty$ nennt man das **Integral von f von a bis b**.

Man schreibt: $\displaystyle\lim_{n \to \infty} S_n = \int_a^b f(x)\,dx$

Geometrisch interpretiert ist das Integral von f von a bis b die Summe der orientierten Flächeninhalte der Teilflächen zwischen dem Graphen von f und der x-Achse über dem Intervall $[a; b]$.
Das sind Flächeninhalte mit einem positiven Vorzeichen für Flächen oberhalb der x-Achse und einem negativen Vorzeichen für Flächen unterhalb der x-Achse.

$$\int_a^b f(x)\,dx = A_1 - A_2 + A_3$$

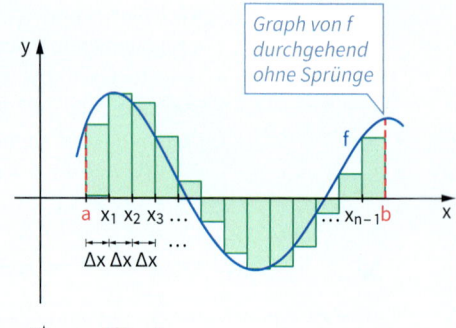

Graph von f durchgehend ohne Sprünge

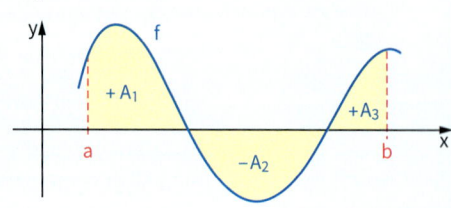

Stammfunktion

Eine Funktion F heißt **Stammfunktion** einer Funktion f, wenn f die Ableitung von F ist.
Es gilt: $F'(x) = f(x)$

$f(x) = 6x^2 - \frac{1}{2}x + 7$

$F(x) = 2x^3 - \frac{1}{4}x^2 + 7x$

Erster Teil des Hauptsatzes der Differenzial- und Integralrechnung

Ist F eine Stammfunktion einer Funktion f über dem Intervall $[a; b]$, so gilt:

$$\int_a^b f(x)\,dx = F(b) - F(a)$$

Statt $F(b) - F(a)$ schreibt man auch kurz:
$$\left[F(x) \right]_a^b$$

$\displaystyle\int_1^4 \left(6x^2 - \frac{1}{2}x + 7 \right) dx$

$= F(4) - F(1)$

$= \left[2x^3 - \frac{1}{4}x^2 + 7x \right]_1^4$

$= (128 - 4 + 28) - \left(2 - \frac{1}{4} + 7 \right)$

$= 143{,}25$

Gesamtheit aller Stammfunktionen

Ist F eine beliebige Stammfunktion zu einer gegebenen Funktion f über dem Intervall $[a; b]$, so sind *alle Stammfunktionen* von f über dem Intervall $[a; b]$ gegeben durch **F(x) + c** mit $c \in \mathbb{R}$.

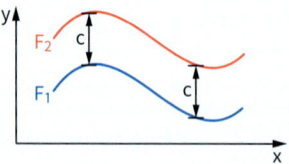

Rechenregeln für Integrale

(1) $\displaystyle\int_a^a f(x)\,dx = 0$

(2) $\displaystyle\int_a^b f(x)\,dx + \int_b^c f(x)\,dx = \int_a^c f(x)\,dx$

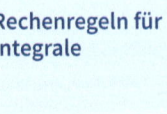
Faktorregel

(3) $\displaystyle\int_a^b k \cdot f(x)\,dx = k \cdot \int_a^b f(x)\,dx$

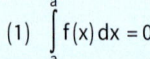
Summenregel

(4) $\displaystyle\int_a^b \left(f(x) + g(x) \right) dx = \int_a^b f(x)\,dx + \int_a^b g(x)\,dx$

$\displaystyle\int_{-4}^{-2} x^2\,dx + \int_{-2}^{5} x^2\,dx = \int_{-4}^{5} x^2\,dx$

$\displaystyle\int_1^2 5 \cdot x^4\,dx = 5 \cdot \int_1^2 x^4\,dx$

$\displaystyle\int_1^2 (5x^4 + x^3)\,dx = \int_1^2 5x^4\,dx + \int_1^2 x^3\,dx$

Integralfunktion

Ordnet man jeder Stelle $x \geq a$ den orientierten Flächeninhalt unter dem Graphen von f über dem Intervall $[a; x]$ zu, so erhält man die **Integralfunktion** von f über dem Intervall $[a; x]$.

Man schreibt: $I_a(x) = \int\limits_a^x f(t)\,dt$.

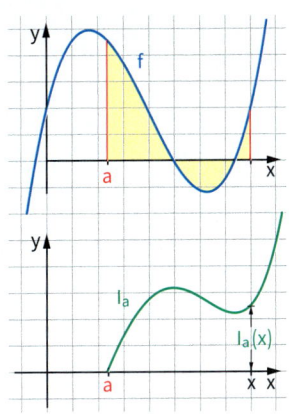

Zweiter Teil des Hauptsatzes der Differenzial- und Integralrechnung

Kann der Graph einer Funktion f zusammenhängend gezeichnet werden, dann gilt für eine **Integralfunktion I_a** von f:
$I_a'(x) = f(x)$.
Jede Integralfunktion I_a von f ist somit eine Stammfunktion von f.

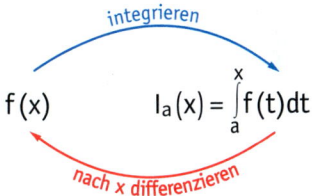

Klausurtraining

TEIL A

Lösen Sie die folgenden Aufgaben ohne Formelsammlung und ohne Taschenrechner.

1. Die Funktionen zu den abgebildeten Graphen sind jeweils abschnittsweise über dem Intervall $[-3; 3]$ definiert.

   a) Bestimmen Sie jeweils den Flächeninhalt der gefärbten Fläche.

   b) Bestimmen Sie jeweils den Wert des Integrals $\int\limits_{-3}^{3} f(x)\,dx$.

   (1)

   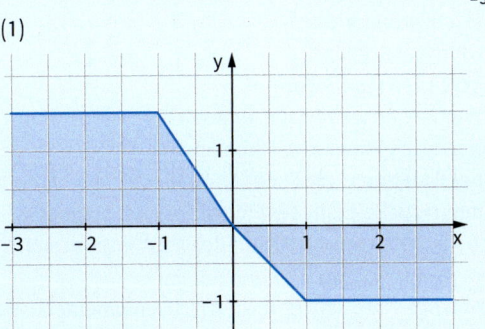

   (2)

   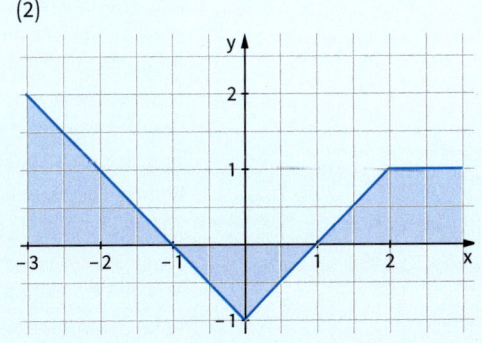

2. Berechnen Sie das Integral.

a) $\int_{0}^{3} x^2 \, dx$ **b)** $\int_{-10}^{10} (3x^2 - 2x) \, dx$ **c)** $\int_{-4}^{4} (x^3 - x) \, dx$

3. Die Funktion f mit $f(t) = 9 - 0{,}01 \cdot t^2$ beschreibt für die Zeit t im Intervall von 0 bis 30 Minuten den Wasserfluss (in Liter pro Minute) bei der Entleerung eines Heizkessels.
     a) Bestimmen Sie diejenige Stammfunktion F von f, die die Anfangsbedingung $F(0) = 0$ erfüllt. Erläutern Sie die Bedeutung dieser Funktion F für die Sachsituation.
     b) Begründen Sie, dass der Heizkessel nach 30 Minuten leergelaufen ist. Berechnen Sie auch, wie viel Liter Wasser sich zu Beginn im Heizkessel befanden.
     c) Erläutern Sie die Bedeutung der Integralfunktion I_0 mit $I_0(x) = \int_{0}^{x} f(t) \, dt$ für diese Sachsituation.

4. Der Graph einer ganzrationalen Funktion f mit dem Definitionsbereich $\mathbb{R}$ ist punktsymmetrisch zum Koordinatenursprung.
Begründen Sie, dass für alle $a \in \mathbb{R}$ und $a > 0$ gilt: $\int_{-a}^{a} f(x) \, dx$

TEIL B

Bei der Lösung dieser Aufgaben können Sie die Formelsammlung und den Rechner verwenden.

5.

In einem Wüstengebiet wird ein Wasserreservoir von einem Fluss gespeist, der in der meisten Zeit des Jahres trocken liegt. Nur bei starken Regenfällen schwillt der Fluss kurzfristig an, ergießt sein Wasser in das Reservior und versiegt dann wieder. In den Zulauf ist ein Messgerät eingebaut, das ständig des Wasserzufluss, also die Änderungsrate des Wasserbestandes (Wasservolumen) im Becken registriert und als Graph aufzeichnet.

Rechts ist ein solcher vereinfachter Graph abgebildet. Die Zeit wird in der Einheit Stunden und der Wasserzulauf in der Einheit 1 000 m³ pro Stunde gemessen.
     a) Erläutern Sie das Verhalten der Funktion w anhand des Graphen im Sachzusammenhang.
     b) Eine quadratische Funktion reicht zur Modellierung nicht aus. Begründen Sie.
     c) Die Funktion w kann durch eine ganzrationale Funktion dritten Grades der Form $w(t) = a \cdot (t - 60)^2 \cdot t$ beschrieben werden. Bestimmen Sie den Faktor a.
     d) Vor dem Regen befanden sich schon 20 000 Kubikmeter Wasser im Reservoir. Bestimmen Sie aus der Funktion w die Funktion W, die den Inhalt des Wasserreservoirs (in der Einheit 1 000 Kubikmeter) zur Zeit t (in der Einheit Stunde) angibt.
     e) Wie viel Kubikmeter befinden sich nach 60 Stunden im Wasserreseroir?

6. Ein Akku hat eine Energiemenge von 50 Wh gespeichert. Die momentane Änderungsrate der gespeicherten Energiemenge lässt sich durch die Funktion f mit $f(t) = -5 \cdot 0{,}9^t$ beschreiben (t in Stunden, $f(t)$ in Wh pro Stunde).
Berechnen Sie den gesamten Energieverlust innerhalb der ersten 24 Stunden.

Anwendungen der Integralrechnung

Der NSU RO 80 war eines der wenigen Serienfahrzeuge mit einem Wankelmotor. Beim Wankelmotor wird die Verbrennungsenergie direkt in eine Drehbewegung umgesetzt. In der Zeichnung ist der Querschnitt eines Wankelmotors mit seinem krummlinig berandeten Kolben zu erkennen.

Im Werkzeugbau, im Industriedesign, in der Architektur und auch in anderen technischen Bereichen spielen Flächen mit krummlinigen Rändern eine wichtige Rolle. Mithilfe der Integralrechnung können die Flächeninhalte solcher Flächen berechnet werden.

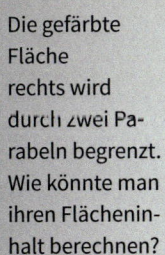

Die gefärbte Fläche rechts wird durch zwei Parabeln begrenzt. Wie könnte man ihren Flächeninhalt berechnen?

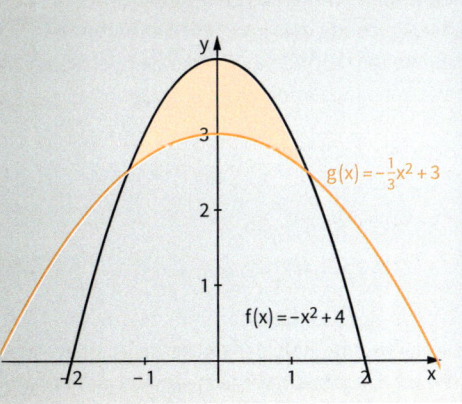

$$g(x) = -\tfrac{1}{3}x^2 + 3$$

$$f(x) = -x^2 + 4$$

In diesem Kapitel ...

... berechnen Sie mithilfe der Integralrechnung Inhalte von Flächen, die von Funktionsgraphen eingeschlossen werden;

... bestimmen Sie Volumina von Rotationskörpern;

... lernen Sie Verfahren kennen, mit denen man Integrale näherungsweise bestimmen kann;

... berechnen Sie die Länge der Kurve eines Graphen über einem Intervall und den Mittelwert der Funktionswerte einer Funktion über einem Intervall.

2.1 Berechnen von Flächeninhalten

2.1.1 Fläche zwischen einem Funktionsgraphen und der x-Achse

EINSTIEGSAUFGABE
OHNE LÖSUNG

→ **Fläche zwischen dem Graphen einer Funktion und der x-Achse**

Rechts ist der Graph der Funktion f mit
$f(x) = x^3 - x$ zu sehen.

- Berechnen Sie den Inhalt der gefärbten Fläche.
- Beschreiben Sie, wie Sie vorgegangen sind.

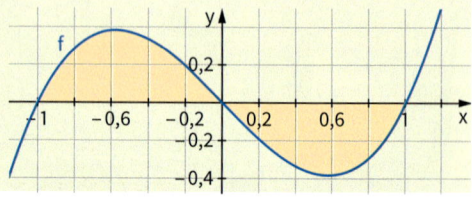

EINSTIEGSAUFGABE
MIT LÖSUNG

→ **Berechnen der Querschnittsfläche eines Kanals**

Für die Bewässerung einer landwirtschaftlichen Nutzfläche soll eine neue Bewässerungsanlage gebaut werden. Im Hinblick auf gute Strömungseigenschaften wird der Kanal als offener Betonkanal mit parabelförmigem Querschnitt geplant. Der Kanalboden wird durch den Graphen der Funktion f mit $f(x) = x^2 - 2$ (Einheit in m) modelliert.

a) Zeichnen Sie den Graphen der Funktion f und berechnen Sie den Flächeninhalt der Querschnittsfläche des Bewässerungskanals.

b) Die Durchflussgeschwindigkeit des Wassers beträgt $1{,}5\,\frac{m}{s}$.
   Berechnen Sie für den beschriebenen Kanal die Durchflussmenge pro Sekunde.

LÖSUNG

a) Die Querschnittsfläche des Bewässerungskanals wird durch den Graphen von f und die x-Achse begrenzt. Ihre Schnittstellen sind die Nullstellen der Funktion f mit $f(x) = x^2 - 2$. Aus der Gleichung $f(x) = x^2 - 2 = 0$ erhalten wir $\sqrt{2}$ und $-\sqrt{2}$ als Nullstellen. Mithilfe des Integrals können wir den orientierten Flächeninhalt berechnen:

$$\int_{-\sqrt{2}}^{\sqrt{2}} f(x)\,dx = \int_{-\sqrt{2}}^{\sqrt{2}} (x^2 - 2)\,dx$$

$$= \left[\tfrac{1}{3}x^3 - 2x\right]_{-\sqrt{2}}^{\sqrt{2}}$$

$$= \left(\tfrac{2}{3}\sqrt{2} - 2\sqrt{2}\right) - \left(-\tfrac{2}{3}\sqrt{2} + 2\sqrt{2}\right) = \left(-\tfrac{4}{3}\sqrt{2} - \tfrac{4}{3}\sqrt{2}\right)$$

$$= -\tfrac{8}{3}\sqrt{2} \approx -3{,}77$$

Da die Fläche unterhalb der x-Achse liegt, ist das Integral negativ. Man erhält den gesuchten Flächeninhalt als Betrag des Integrals:

$$A = \left|\int_{-\sqrt{2}}^{\sqrt{2}} f(x)\,dx\right| = \tfrac{8}{3}\sqrt{2} \approx 3{,}77$$

Die Querschnittsfläche des Bewässerungsgrabens ist 3,77 m² groß.

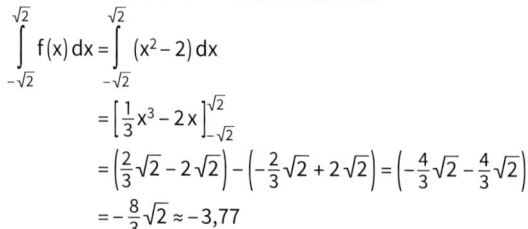

b) Als Durchflussmenge nach 1 Sekunde können wir uns das Volumen vorstellen, das von einer Querschnittsfläche und einer um 1 s „gewanderten" Querschnittsfläche eingeschlossen wird. Die „gewanderte" Querschnittsfläche liegt 1,5 m weiter in Flussrichtung.
Also erhalten wir $3{,}77\,m^2 \cdot 1{,}5\,\frac{m}{s} = 5{,}655\,\frac{m^3}{s}$.

Die Durchflussmenge beträgt etwa 5,66 m³ Wasser pro Sekunde.

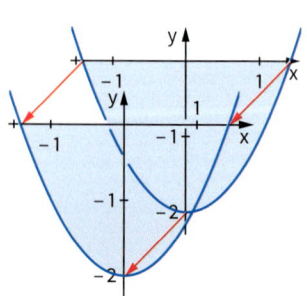

WEITERFÜHRENDE
AUFGABE

1. Nullstelle im Integrationsbereich

Der Graph von g mit $g(x) = x^3 - x^2 - 2x$ und die x-Achse
schließen eine Fläche ein, deren Inhalt bestimmt werden soll.

a) Geben Sie zunächst die Nullstellen der Funktion g an und
ermitteln Sie dann den gesuchten Flächeninhalt mithilfe der
beiden Teilflächen.

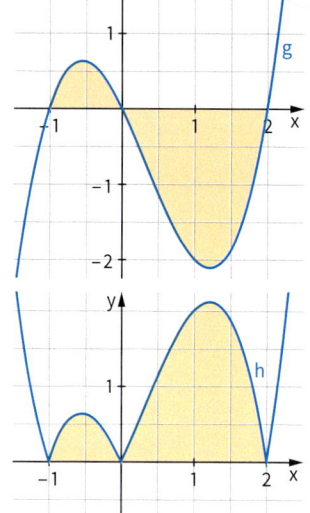

b) Rechts ist der Graph der Funktion h mit
$h(x) = |g(x)| = |x^3 - x^2 - 2x|$ zu sehen.
Erläutern Sie, wie der Graph von h geometrisch aus dem
Graphen von g entsteht.

c) Vergleichen Sie die Flächeninhalte der Flächen, die die
Graphen der Funktionen g und h mit der x-Achse einschließen.

Erläutern Sie, weshalb das Integral $\int\limits_{-1}^{2} g(x)\,dx$ nicht den gesuchten Flächeninhalt ergibt.

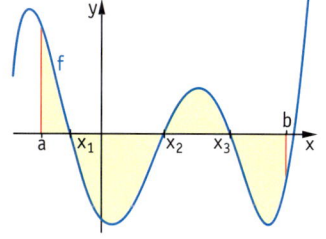

d) Bestimmen Sie $\int\limits_{-1}^{2} h(x)\,dx = \int\limits_{-1}^{2} |g(x)|\,dx$ mit einem Rechner.

INFORMATION

Flächeninhalt der Fläche zwischen einem Funktionsgraphen und der x-Achse berechnen

(1) Um den Flächeninhalt A zwischen dem abgebildeten
Graphen der Funktion f und der x-Achse über dem
Intervall $[a; b]$ zu berechnen, bestimmt man zunächst
die Nullstellen von f, hier x_1, x_2 und x_3, berechnet dann
mithilfe der Integrale die einzelnen Flächeninhal-
te und addiert anschließend die Flächeninhalte.

$$A = \left| \int\limits_{a}^{x_1} f(x)\,dx \right| + \left| \int\limits_{x_1}^{x_2} f(x)\,dx \right| + \left| \int\limits_{x_2}^{x_3} f(x)\,dx \right| + \left| \int\limits_{x_3}^{b} f(x)\,dx \right|$$

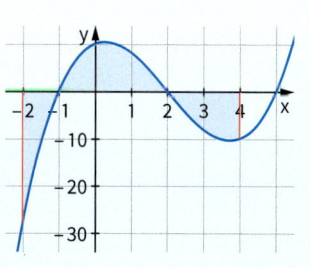

(2) Für die *näherungsweise* Bestimmung des Flächeninhalts A der gesamten Fläche zwischen dem abgebildeten Graphen der Funktion f und der x-Achse mithilfe eines Rechners oder
eines CAS ist es vorteilhaft, wenn man von $f(x)$ zu $|f(x)|$ übergeht, die Abschnitte der Graphen
unterhalb der x-Achse also „hochklappt".

$$A = \int\limits_{a}^{b} |f(x)|\,dx.$$

Dabei benötigt ein Rechner keine Nullstellen und auch keine Stammfunktion von f.

BEISPIEL

Gegeben ist f mit $f(x) = (x + 1) \cdot (x - 2) \cdot (x - 5)$
$$= x^3 - 6x^2 + 3x + 10.$$
Gesucht ist der Flächeninhalt A der Fläche zwischen dem
Graphen von f und der x-Achse im Intervall $[-2; 4]$.
Eine Stammfunktion von f ist F mit
$$F(x) = \frac{1}{4}x^4 - 2x^3 + 1,5x^2 + 10x.$$

$$A = \left| \int\limits_{-2}^{-1} f(x)\,dx \right| + \left| \int\limits_{-1}^{2} f(x)\,dx \right| + \left| \int\limits_{2}^{4} f(x)\,dx \right|$$

FORTSETZUNG AUF DER NÄCHSTEN SEITE

$$= \left| [F(x)]_{-2}^{-1} \right| + \left| [F(x)]_{-1}^{2} \right| + \left| [F(x)]_{2}^{4} \right|$$

$$= |F(-1) - F(-2)| + |F(2) - F(-1)| + |F(4) - F(2)|$$

$$= |-6{,}25 - 6| + |14 - (-6{,}25)| + |0 - 14| = 12{,}25 + 20{,}25 + 14 = 46{,}5$$

Die Bestimmung mithilfe eines Rechners unter Verwendung des Betragsbefehls ist einfacher, da man keine Nullstellen von f bestimmen muss und auch keine Stammfunktion benötigt.

$$\int_{-2}^{4} \left(|x^3 - 6x^2 + 3x + 10| \right) dx$$

ÜBUNGSAUFGABEN

Flächeninhalte bei Graphen einer gegebenen Funktion f bestimmen

2. Skizzieren Sie den Graphen von f und berechnen Sie ohne einen Rechner den Flächeninhalt der Flächen, die die Funktionsgraphen mit der x-Achse einschließen. Prüfen Sie Ihr Ergebnis mit einem Rechner.

   a) $f(x) = x^3 - 4x$ b) $f(x) = x^4 - 4x^2$ c) $f(x) = x^4 - 10x^2 + 9$

   Tipp: Die Nullstellen sind bei $-3; -1; 1$ und 3.

3. Ermitteln Sie den Flächeninhalt der Fläche, die der Graph der Funktion f über dem angegebenen Intervall mit der x-Achse einschließt. Skizzieren Sie zuerst den Graphen. Die Intervallgrenzen sind auch Nullstellen der Funktion.

   a) $f(x) = -x^2 + 6x - 5$ $[1; 5]$ d) $f(x) = x^3 - 2x^2 - 4x + 8$ $[-2; 2]$

   b) $f(x) = x^3 - 3x^2 - 6x + 8$ $[-2; 4]$ e) $f(x) = x^3 - 9x^2 + 23x - 15$ $[1; 5]$

   c) $f(x) = x^3 - 6x^2 + 5x + 12$ $[-1; 3]$ f) $f(x) = x^4 - 10x^3 + 35x^2 - 50x + 24$ $[1; 4]$

4. Geben Sie eine Stammfunktion von f an und berechnen Sie ohne einen Rechner den Flächeninhalt der Fläche, die der Graph der Funktion f mit der x-Achse einschließt.

   a) $f(x) = 4 - x^2$ d) $f(x) = -x^2 + 6x + 7$

   b) $f(x) = x(x-1)(3-x)$ e) $f(x) = (x-1)(x-2)(x-3)$

   c) $f(x) = (x-2)(4-x)$ f) $f(x) = x^3 - 3x^2 - x + 3$

STRATEGIE

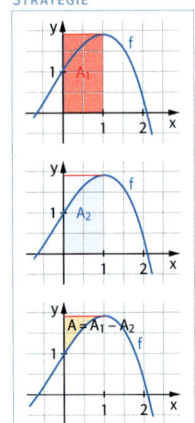

5. Berechnen Sie den Flächeninhalt der gefärbten Fläche.

   a) $f(x) = \frac{1}{2}x^3 - \frac{1}{2}x$ b) $f(x) = -x^3 + 3x^2$ c) $f(x) = x^2 + 1$

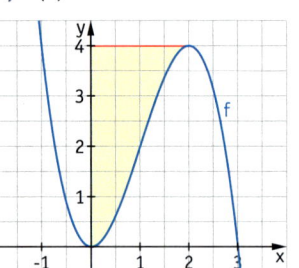

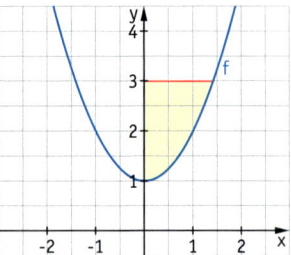

6. a) Dominik soll den Inhalt der Fläche berechnen, die von einem Sinusbogen und der x-Achse eingeschlossen wird. Rechts ist zu sehen, was er in seinen Rechner eingegeben hat. Erläutern Sie Dominiks Fehler.

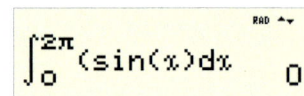

$$\int_{0}^{2\pi} (\sin(x)) dx \qquad 0$$

   b) Betül rechnet folgendermaßen: $A = 2 \cdot \int_{0}^{\pi} \sin(x)\, dx$

   Erläutern Sie Betüls Überlegungen.

7. Skizzieren Sie den Graphen der Funktion f und berechnen Sie den Flächeninhalt der Fläche, die der Graph von f mit der x-Achse einschließt.

a) $f(x) = x^4 - 8x^3 + 18x^2 - 8x$ **c)** $f(x) = (x^2 - x - 2) \cdot x$ **e)** $f(x) = x^3 - x^2 - 2x$

b) $f(x) = -x^4 + 11x^2 - 18$ **d)** $f(x) = (x^2 - 16) \cdot (x^2 - 4)$ **f)** $f(x) = x^4 - 3x^2 - 4$

8. Begründen Sie ohne zu rechnen, dass die Rechnung fehlerhaft ist. Bestimmen Sie das richtige Ergebnis.

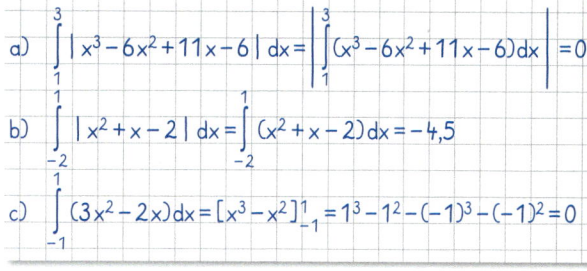

a) $\displaystyle\int_1^3 |x^3 - 6x^2 + 11x - 6|\, dx = \left|\int_1^3 (x^3 - 6x^2 + 11x - 6)\, dx\right| = 0$

b) $\displaystyle\int_{-2}^1 |x^2 + x - 2|\, dx = \int_{-2}^1 (x^2 + x - 2)\, dx = -4{,}5$

c) $\displaystyle\int_{-1}^1 (3x^2 - 2x)\, dx = [x^3 - x^2]_{-1}^1 = 1^3 - 1^2 - (-1)^3 - (-1)^2 = 0$

9. Bestimmen Sie die Intervallgrenze u des Intervalls I so, dass der Graph von f mit der x-Achse über dem Intervall I eine Fläche mit dem Flächeninhalt A einschließt.

a) $f(x) = x + 2$, $I = [1; u]$, $A = 13\frac{1}{2}$

b) $f(x) = 2x^2 - 2x - 12$, $I = [u; 2]$, $A = 43$

c) $f(x) = x^3 - 2x^2 + 1$, $I = [u; 4]$, $A = 26\frac{1}{4}$

10. Gegeben ist die Funktion f mit $f(x) = -x^3 + 3x^2$.
Zerlegen Sie die Fläche, die der Graph von f mit der x-Achse einschließt, so durch eine Parallele zur y-Achse, dass zwei Flächen mit demselben Flächeninhalt entstehen.

11. Berechnen Sie $k \in \mathbb{R}$ so, dass der Graph der Funktion f mit der x-Achse eine Fläche vom angegebenen Flächeninhalt A einschließt. Erläutern Sie anhand einer Skizze den Einfluss des Parameters k.

a) $f(x) = x^2 - kx$; $A = 36$ **b)** $f(x) = kx^3 - 4x$; $A = 16$ **c)** $f(x) = 2x^3 + kx$; $A = 9$

Passende Funktionen bestimmen und Flächeninhalte berechnen

12. Für Freizeitaktivitäten im Wassersport wird ein neuer Kanal als Verbindung zwischen zwei Seen angelegt.

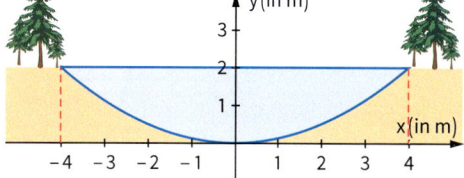

a) Bestimmen Sie einen Funktionsterm $f(x)$ für den rechts abgebildeten Kanalboden.

b) Berechnen Sie den Flächeninhalt der abgebildeten Querschnittsfläche des Kanals.

c) Verwenden Sie die Funktion f, die den Kanalboden beschreibt, und betrachten Sie den um zwei Einheiten nach unten verschobenen Graphen der Funktion g mit $g(x) = f(x) - 2$. Die x-Achse beschreibt nun die Wasseroberfläche.
Berechnen Sie mithilfe der Funktion g den Flächeninhalt der Querschnittsfläche.

d) Der Kanal hat eine Gesamtlänge von einem Kilometer. Berechnen Sie das gesamte Wasservolumen.

e) Im Sommer steht das Wasser im Kanal an der tiefsten Stelle 1 m hoch.
Bestimmen Sie das Wasservolumen des beschriebenen Kanals im Sommer.

13. Die abgebildete Fläche eines Sees kann abschnittsweise durch Parabelbögen gerandet werden.
Eine Längeneinheit entspricht 1 km.
Berechnen Sie die Größe des Sees.

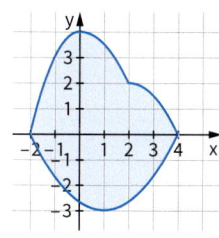

14.

Seit der Antike beherrschen Baumeister die Kunst, Torbögen zu konstruieren, zum Beispiel für Tore, Brücken oder Aquädukte. Die Bögen des Pont du Gard (im 1. Jh. n. Chr. von den Römern erbautes Aquädukt) in Südfrankreich sind in Halbkreisform gebaut. Als sehr stabil erweisen sich auch Bögen, die von Parabelbögen gebildet werden.

a) Beschreiben Sie anhand der Skizze (A), wie man die Größe der Öffnungsfläche bei einem Torbogen in Halbkreisform berechnen könnte.

b) Wie müsste man zur Bestimmung der Größe der Öffnungsfläche bei einem von einem Parabelbogen begrenzten Torbogen (B) vorgehen? Beschreiben Sie Ihr Vorgehen.

c) Vergleichen Sie die Größen der Öffnungsflächen der beiden Torbögen (A) und (B) miteinander.

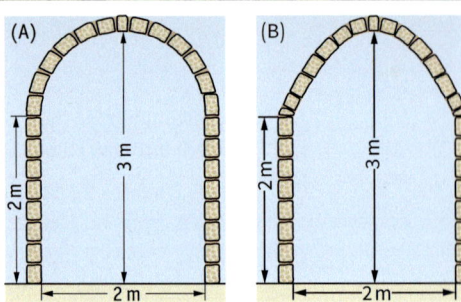

15. Ermitteln Sie einen passenden Funktionsterm für den Graphen und berechnen Sie damit den Flächeninhalt der gefärbten Fläche.

a)

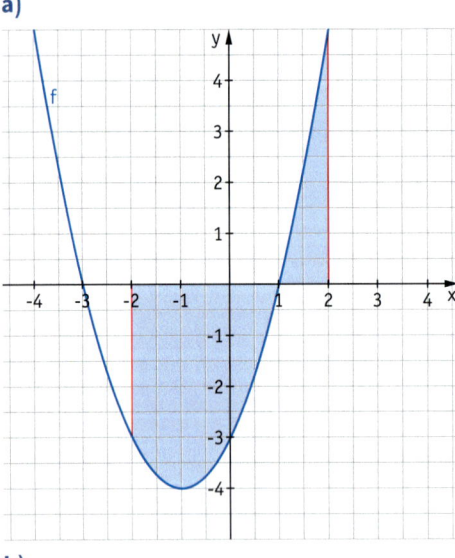

c)

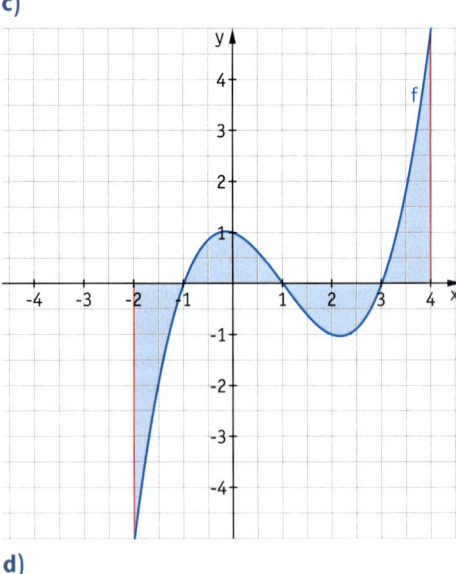

b)

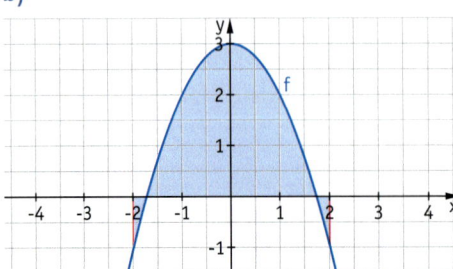

d)

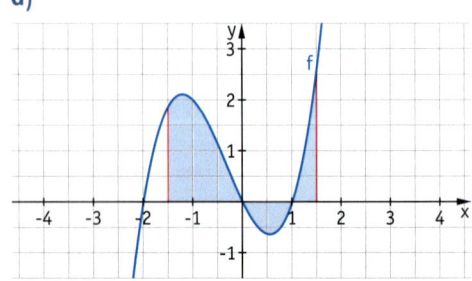

2.1.2   Fläche zwischen zwei Funktionsgraphen

EINSTIEGSAUFGABE
OHNE LÖSUNG

→ **Das goldene M**

An einem Dortmunder Gymnasium soll in Zukunft für besonders gute Leistungen im Fach Mathematik ein „Goldenes M" verliehen werden. Dazu entwickeln die Schülerinnen und Schüler eines Kurses ein eigenes Logo, das durch die Graphen der Funktionen f und g begrenzt wird (Einheit in cm):

$f(x) = -0,1 (x^2 - 16)(x^2 + 1,5)$
$g(x) = -0,05 (x^2 - 16)(x^2 + 1,2)$

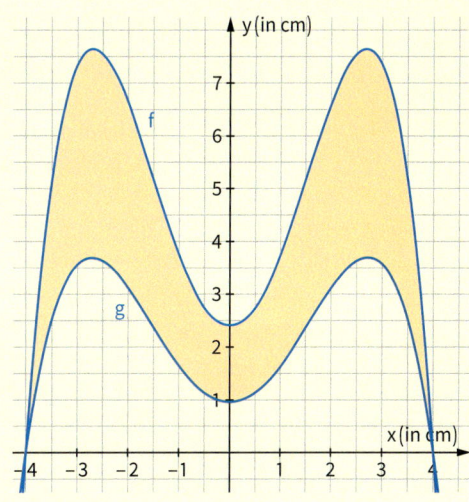

- Zeigen Sie, dass sich die Graphen von f und g bei – 4 und 4 schneiden.
- Berechnen Sie den Flächeninhalt für die Fläche des „Goldenen M".
  Überlegen Sie zunächst eine Strategie, wie Sie den Flächeninhalt dieser Fläche möglichst einfach berechnen können.

Zur Information: 1 cm³ Gold hat eine Masse von 19,3 g.

- Das Logo soll in Gold produziert werden, mit einer Dicke von 1 mm. Berechnen Sie, wie schwer ein „Goldenes M" sein wird. Wie teuer wird eines der Abzeichen in der Produktion? Können die Schülerinnen und Schüler ihr Projekt realisieren?

Der Goldpreis wird in der Regel für eine Feinunze angegeben: 1 Feinunze = 31,1034768 g

EINSTIEGSAUFGABE
MIT LÖSUNG

→ **Flächeninhalt einer von zwei Funktionsgraphen eingeschlossenen Fläche berechnen**

a) Ein Augenoptiker hat die neue Brille „Dracula Cubicula" im Sortiment.
Der innere Brillenrand kann durch die Graphen der Funktionen f und g beschrieben werden (Einheit in cm):

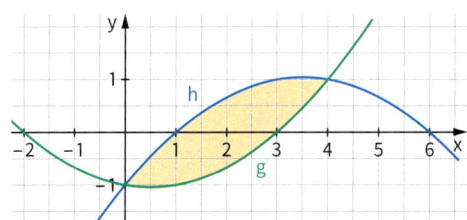

$f(x) = -0,01 x^3 + 0,49 x + 1,5$
$g(x) = 0,01 x^3 - 0,49 x + 1,5$

Berechnen Sie den Flächeninhalt für die Fläche der beiden Brillengläser. Beschreiben Sie Ihre Strategie.

b) Im Koordinatensystem sind die Graphen von g und h zu sehen

mit $h(x) = \frac{1}{6}(-x^2 + 7x - 6)$

und $g(x) = \frac{1}{6}(x^2 - x - 6)$.

In Teilaufgabe a) konnten wir den Flächeninhalt der Fläche zwischen zwei Graphen über einem Intervall [a; b], in dem ein Graph oberhalb des anderen Graphen verlief, wie folgt berechnen:

$$A = \int_a^b (\text{Funktionsterm zum oberen Graphen} - \text{Funktionsterm zum unteren Graphen})\, dx$$

In Teilaufgabe a) liegen allerdings beide Graphen oberhalb der x-Achse, hier liegen sie teilweise auch unterhalb.

- Begründen Sie geometrisch, dass man dennoch so wie in Teilaufgabe a) vorgehen kann.
- Berechnen Sie den Flächeninhalt der Fläche, die von beiden Graphen eingeschlossen wird.

LÖSUNG

a) Es soll der Flächeninhalt der beiden Flächen zwischen den Funktionsgraphen von f und g bestimmt werden. Dazu berechnen wir die Schnittstellen von f und g:

$$f(x) = g(x)$$
$$-0,01\,x^3 + 0,49\,x + 1,5 = 0,01\,x^3 - 0,49\,x + 1,5$$
$$-0,02\,x^3 + 0,98\,x = 0$$
$$(-0,02) \cdot x \cdot (x^2 - 49) = 0$$

$x_1 = 0$ und $x_2 = -7$ und $x_3 = 7$

Zunächst berechnen wir für das rechte Brillenglas den Flächeninhalt A_{rechts} der Fläche, die über dem Intervall [0; 7] von den Graphen von f und g eingeschlossen wird. Diesen erhalten wir folgendermaßen:

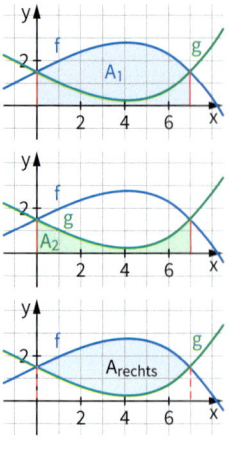

- Wir berechnen den Flächeninhalt A_1 der Fläche, die der Graph von f mit der x-Achse über dem Intervall [0; 7] einschließt.
- Dann berechnen wir den Flächeninhalt A_2 der Fläche, die der Graph von g mit der x-Achse einschließt.
- Den gesuchten Flächeninhalt A_{rechts} erhalten wir, indem wir von A_1 den Flächeninhalt A_2 subtrahieren.

$$A_1 = \int_0^7 f(x)\,dx = \int_0^7 (-0,01\,x^3 + 0,49\,x + 1,5)\,dx$$
$$= \left[-0,0025\,x^4 + 0,245\,x^2 + 1,5\,x\right]_0^7 = 16,5025$$
$$A_2 = \int_0^7 g(x)\,dx = \int_0^7 (0,01\,x^3 - 0,49\,x + 1,5)\,dx$$
$$= \left[0,0025\,x^4 - 0,245\,x^2 + 1,5\,x\right]_0^7 = 4,4975$$
$$A_{\text{rechts}} = A_1 - A_2$$
$$= \int_0^7 f(x)\,dx - \int_0^7 g(x)\,dx$$
$$= 16,5025 - 4,4975 = 12,005$$

Nach der Summenregel für Integrale kann man die beiden Integrale mit denselben Integrationsgrenzen 0 und 7 auch zunächst zu einem Integral zusammenfassen. Dann muss nur dieses eine Integral berechnet werden.

$$A_{\text{rechts}} = \int_0^7 f(x)\,dx - \int_0^7 g(x)\,dx = \int_0^7 \big(f(x) - g(x)\big)\,dx$$
$$= \int_0^7 (-0,02\,x^3 + 0,98\,x)\,dx$$

> $f(x) - g(x)$
> $= -0,01\,x^3 + 0,49\,x + 1,5 - (0,01\,x3 - 0,49\,x + 1,5)$
> $= -0,02\,x^3 + 0,98\,x$

$$= \left[-0,005\,x^4 + 0,49\,x^2\right]_0^7$$
$$= (-12,005 + 24,001) - 0 = 12,005$$

Aus Symmetriegründen ist der Flächeninhalt des linken Brillenglases genauso groß wie der Flächeninhalt des rechten Brillenglases, was auch die Berechnung bestätigt. Möchte man ihn aber trotzdem berechnen, muss man beachten, dass der Graph von g oberhalb des Graphen von f verläuft. Also ergibt sich:

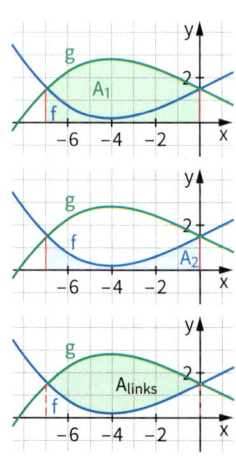

$$A_{\text{links}} = \int_{-7}^0 g(x)\,dx - \int_{-7}^0 f(x)\,dx = \int_{-7}^0 \big(g(x) - f(x)\big)\,dx$$
$$= \int_{-7}^0 (0,02\,x^3 - 0,98\,x)\,dx$$
$$= \left[0,005\,x^4 - 0,49\,x^2\right]_{-7}^0$$
$$= 0 - (12,005 - 24,001) = 12,005$$

Der Flächeninhalt der Gesamtfläche der Brillengläser beträgt etwa 24 cm².

b) ▪ Auch wenn die Graphen von g und h teilweise oberhalb und teilweise unterhalb der x-Achse liegen, kann man den Flächeninhalt der zwischen den beiden Graphen eingeschlossenen Fläche dennoch so berechnen, wie in Teilaufgabe a) erarbeitet.

Wenn wir beide Graphen in Richtung der y-Achse verschieben, ändern sich die eingeschlossene Fläche und ihr Flächeninhalt nicht. Deshalb verschieben wir beide Graphen z. B. um 2 Einheiten nach oben, danach liegen beide Graphen oberhalb der x-Achse und wir können wie in Teilaufgabe a) rechnen.

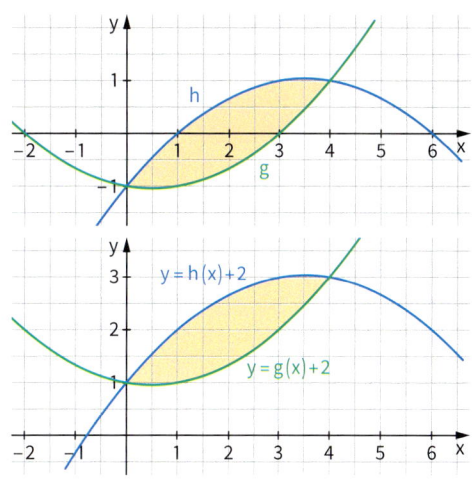

▪ Beide Graphen schneiden sich an den Stellen 0 und 4. Daran ändert auch die Verschiebung nichts.

$$A = \int_0^4 (\textit{Funktionsterm zum oberen Graphen} - \textit{Funktionsterm zum unteren Graphen})\, dx$$

$$= \int_0^4 \left((h(x) + 2) - (g(x) + 2)\right) dx$$

$$= \int_0^4 (h(x) - g(x))\, dx$$

Wir hätten also auch gleich mit h und g rechnen können, statt mit $h(x) + 2$ und $g(x) + 2$.

$$= \int_0^4 \left(\frac{1}{6}(-x^2 + 7x - 6) - \frac{1}{6}(x^2 - x - 6)\right) dx$$

$$= \frac{1}{6}\int_0^4 (-2x^2 + 8x)\, dx$$

$$= \frac{1}{6}\left[-\frac{2}{3}x^3 + 4x^2\right]_0^4 = -\frac{64}{9} + \frac{32}{3} \approx 3{,}56$$

INFORMATION

Fläche zwischen zwei Funktionsgraphen in einem Intervall

Beim Berechnen des Flächeninhalts einer Fläche zwischen den Graphen zweier Funktionen f und g über einem Intervall [a; b] muss man folgende Fälle unterscheiden:

(1) Im gesamten Intervall [a; b] gilt $f(x) \geq g(x)$, dann berechnet man den Flächeninhalt A wie folgt:

$$A = \int_a^b (f(x) - g(x))\, dx$$

Funktionsterm zum oberen Graphen minus Funktionsterm zum unteren Graphen

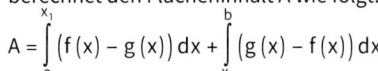

(2) Die beiden Graphen schneiden sich im Intervall [a; b], so wie hier z. B. an der Stelle x_1.
Zudem gilt $f(x) \geq g(x)$ in $[a; x_1]$ und $g(x) \geq f(x)$ in $[x_1; b]$.
Dann muss man die Schnittstelle x_1 bestimmen und berechnet den Flächeninhalt A wie folgt:

$$A = \int_a^{x_1} (f(x) - g(x))\, dx + \int_{x_1}^b (g(x) - f(x))\, dx$$

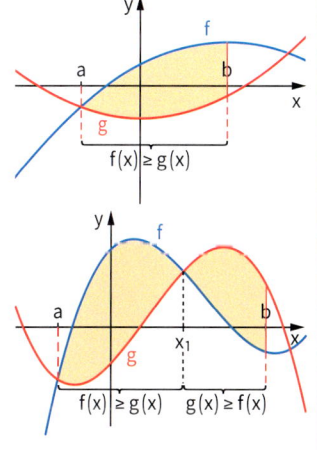

Gegeben sind die Funktionen f und g mit $f(x) = 0{,}25\,x^3 - 4\,x$ und $g(x) = 0{,}25\,x^2 - 4$.

Die Graphen schneiden sich bei $x = -4$, $x = 1$ und $x = 4$.

Für den Flächeninhalt A der Fläche, die beide Graphen miteinander einschließen, gilt:

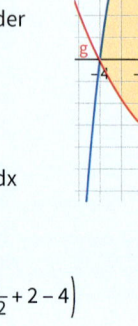

$$A = \int_{-4}^{1} \big(f(x) - g(x)\big)\,dx + \int_{1}^{4} \big(g(x) - f(x)\big)\,dx$$

$$= \int_{-4}^{1} (0{,}25\,x^3 - 0{,}25\,x^2 - 4\,x + 4)\,dx + \int_{1}^{4} (-0{,}25\,x^3 + 0{,}25\,x^2 + 4\,x - 4)\,dx$$

$$= \left[\frac{1}{16}x^4 - \frac{1}{12}x^3 - 2x^2 + 4x\right]_{-4}^{1} + \left[-\frac{1}{16}x^4 + \frac{1}{12}x^3 + 2x^2 - 4x\right]_{1}^{4}$$

$$= \frac{1}{16} - \frac{1}{12} - 2 + 4 - \left(16 + \frac{16}{3} - 32 - 16\right) - 16 + \left(\frac{16}{3} + 32 - 16 - \frac{1}{16} + \frac{1}{12} + 2 - 4\right)$$

$$= \frac{95}{48} + \frac{80}{3} + \frac{16}{3} + \frac{95}{48}$$

$$= \frac{863}{24} = 35\frac{23}{24}$$

Mit einem Rechner kann man die Fläche zwischen zwei Graphen näherungsweise mithilfe des Betrags der Differenz der beiden Funktionsterme $|f(x) - g(x)|$ bestimmen. Dabei ist es egal, welcher Funktionsgraph oberhalb des anderen Funktionsgraphen verläuft. Man muss dann auch keine Schnittstellen bestimmen.

$$A = \int_{a}^{b} |f(x) - g(x)|\,dx$$

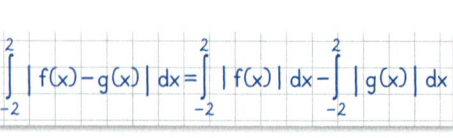

$$\int_{-4}^{4} \left(\,|0.25x^3 - 4x - (0.25x^2 - 4)|\,\right)dx$$
$$35.95833333$$

Betragsstriche beachten.

ÜBUNGSAUFGABEN

Flächeninhalte von Flächen zwischen den Graphen zweier gegebener Funktionen berechnen

1. Skizzieren Sie die Graphen von f und g und berechnen Sie ohne Rechner, wie groß der Flächeninhalt der von beiden Funktionsgraphen über dem Intervall I eingeschlossenen Fläche ist.
   a) $f(x) = x^3 - 4x + 3$; $g(x) = 4x + 3$ $\quad\quad$ $I = [-3;\,2]$
   b) $f(x) = x^2 - 8x + 14$; $g(x) = -x^2 + 6x - 6$ $\quad$ $I = [2;\,5]$
   c) $f(x) = -3x^2 + 3x + 8$; $g(x) = \dfrac{8}{x^2}$ $\quad\quad$ $I = [1;\,2]$

2. Skizzieren Sie die Graphen von f und g. Berechnen Sie den Flächeninhalt der eingeschlossenen Fläche.
   a) $f(x) = x^3 - x^2 - 4x + 3$; $\quad$ $g(x) = -x^2 + 3$
   b) $f(x) = 3x^3 - 9x^2$; $\quad$ $g(x) = -x^4 + 3x^3$
   c) $f(x) = x^4 - 3x^3 + 2$; $\quad$ $g(x) = 4x^2 + 2$
   d) $f(x) = -x^4 + x^3 - 50$; $\quad$ $g(x) = 2x^3 - 17x^2 - 5x + 10$

3. Gegeben sind die Funktionen f und g mit

   $f(x) = x^3 - 4x$ und $g(x) = -\dfrac{1}{2}x^3 + 2x$.

   $$\int_{-2}^{2} |f(x) - g(x)|\,dx = \int_{-2}^{2} |f(x)|\,dx - \int_{-2}^{2} |g(x)|\,dx$$

   Skizzieren Sie die Graphen und begründen Sie ohne zu rechnen, dass die Gleichung rechts fehlerhaft ist.

   Bestimmen Sie das richtige Ergebnis für den Flächeninhalt der von den Graphen der Funktionen f und g eingeschlossenen Fläche.

4. Berechnen Sie $k \in \mathbb{R}$ so, dass die von den Graphen der Funktionen f und g eingeschlossene Fläche den Flächeninhalt A hat. Fertigen Sie eine Skizze an und erläutern Sie daran den Einfluss des Parameters k.

a) $f(x) = x^3$; $g(x) = 2kx^2 - k^2x$; $A = \frac{4}{3}$

c) $f(x) = x^2$; $g(x) = 1 - kx^2$; $A = \frac{2}{3}$

b) $f(x) = x^2$; $g(x) = -x^2 + k$; $A = 1$

d) $f(x) = x^3$; $g(x) = kx$; $A = \frac{1}{4}$

Passende Funktionen bestimmen und Flächeninhalte zwischen den Graphen der Funktionen berechnen

5. Der Yachthafen eines Segelclubs wird näherungsweise durch parabelförmig angelegte Kaimauern begrenzt. Bestimmen Sie den Flächeninhalt der in der nebenstehenden Zeichnung blau gefärbten Wendefläche für die Boote.

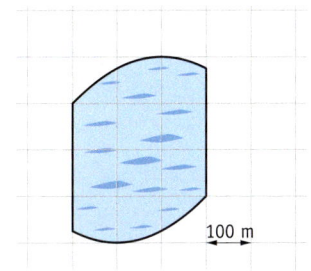

100 m

6. Ermitteln Sie passende Funktionsterme zu den Graphen und berechnen Sie den Flächeninhalt der gefärbten Fläche.

a)

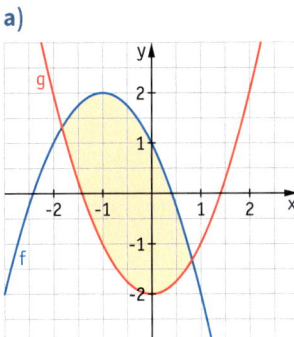

b)

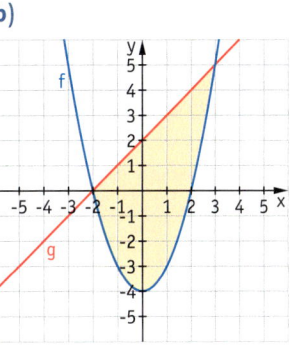

c)

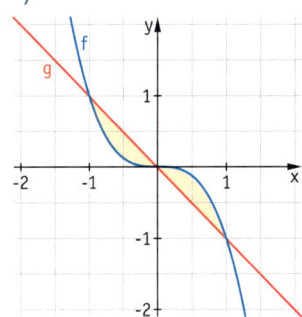

7. Berechnen Sie den Flächeninhalt der Fläche, die der Graph der abgebildeten Parabel, die Tangente an der Stelle 2 und die x-Achse einschließen.

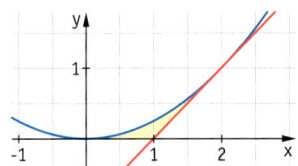

8. Geben Sie die Flächeninhalte $A_1, A_2, \ldots, A_6$ der gefärbten Flächen als Integrale an.

> *Als Integral schreiben, ohne die Terme von f oder g zu bestimmen.*

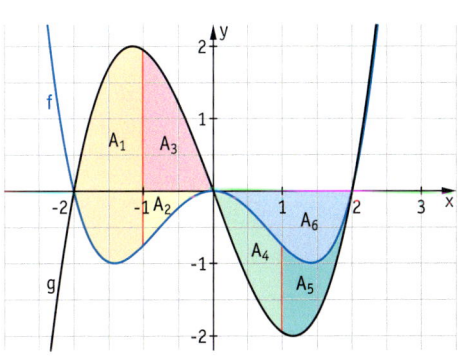

9. Die gefärbten Teile der Schmuckform sollen einseitig mit Blattgold belegt werden. Die Linien sind Parabeln oder Kreise. 1 cm² Blattgold kostet einschließlich Belegung 7,99 Euro. Wie teuer wird die Blattgoldarbeit? Legen Sie das Koordinatensystem geeignet fest.

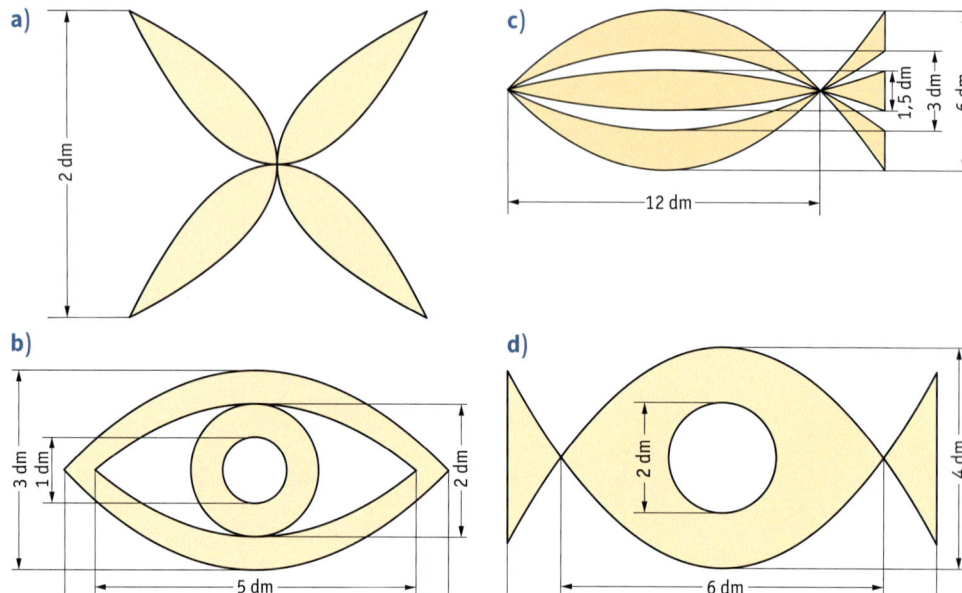

10. Berechnen Sie den Inhalt der gefärbten Fläche. Bestimmen Sie dazu einen Funktionsterm für f und nutzen Sie aus, dass man den Graphen von g durch Spiegelung des Graphen von f an der Geraden zu y = x erhält.

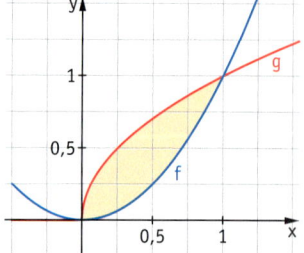

Vernetzte Aufgaben

11. Drei Freunde unternehmen eine Fahrt mit einer Draisine, die entlang eines geradlinigen Gleisabschnitts fährt. Eine Tachometer-App misst die Geschwindigkeit und kann einen zeitlichen Verlauf anzeigen. In den ersten 70 Sekunden wird dieser in etwa durch den Graphen der Funktion v mit $v(t) = \frac{1}{3\,000} t^3 - \frac{1}{30} t^2 + \frac{4}{5} t$ $\left(t \text{ in s und } v(t) \text{ in } \frac{m}{s} \right)$ beschrieben.

a) Beschreiben Sie die Bewegung der Draisine.

b) Die drei Freunde wundern sich über den Verlauf des Graphen im Intervall [40; 60]. Enthält der Graph über die Geschwindigkeit hinaus weitere Angaben?

c) Geben Sie eine Funktion s an, welche die Entfernung der Draisine vom Startpunkt beschreibt. Wie weit ist die Draisine nach 70 Sekunden vom Startpunkt entfernt?

d) Wie viel Meter hat die Draisine in den ersten 70 Sekunden insgesamt zurückgelegt?

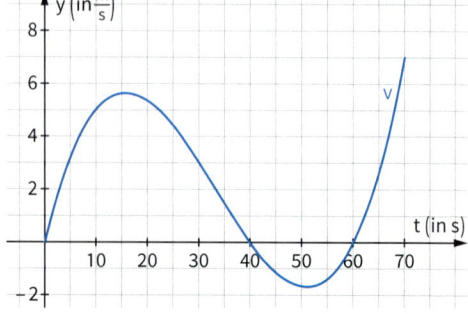

12. Familie Müller und Familie Nordmann unternehmen einen gemeinsamen Ausflug zu einem Draisinen-Verleih. Auf einem Gleisabschnitt gibt es ein parallel verlaufendes Gleis, auf dem Familie Müller zum Wettrennen gegen Familie Nordmann antritt.

Die Geschwindigkeitsfunktion der Müllers ist $v_M(t) = -\frac{1}{40}t^2 + \frac{51}{60}t$,

die von Familie Nordmann ist $v_N(t) = \frac{1}{3\,000}t^3 - \frac{1}{30}t^2 + \frac{4}{5}t$.

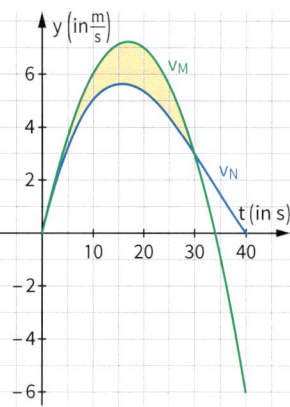

a) Interpretieren Sie die Bedeutung der von den beiden Graphen zwischen den Schnittpunkten eingeschlossenen Fläche.

b) Berechnen Sie den Flächeninhalt dieser Fläche.

c) Berechnen Sie den Abstand der beiden Draisinen 40 Sekunden nach dem Start.

13. Ein Mathematik-Kurs unternimmt eine Exkursion zum Essener Baldeneysee und hat den Auftrag, die Uferlinie des See modellhaft mathematisch zu beschreiben und die Größe der Wasserfläche des Baldeneysees zu berechnen.

Eine Schülerin hat die Idee, wie in einer vergangenen Erdkunde-Exkursion Messpunkte am Nord- und Südufer des Sees festzulegen und die gemessenen GPS-Koordinaten in ein Koordinatensystem einzutragen. Ein Mitschüler meint,

dass man mit diesen Messpunkten Funktionsgraphen berechnen könnte, die die Uferlinien näherungsweise beschreiben.

Insgesamt wurden acht Messpunkte am Nord- und Südufer des Sees dokumentiert, die auch in nachfolgender Karte mit Koordinatensystem eingetragen sind:

A (0 | 1,316), B (1 | 2,061), C (2,5 | 2,4004), D (3,8 | 1,4551), E (0,5 | 1,3562), F (1,3 | 1,697), G (3 | 1,6589) und H (4 | 0,6508). Eine Einheit entspricht einem Kilometer.

a) Bestimmen Sie Funktionsterme, die die Uferlinien beschreiben, und zeichnen Sie die Graphen der Funktionen mit einem Funktionenplotter.

b) Ermitteln Sie die Größe der Wasserfläche des Sees zwischen den Messpunkten A und H.

Zur Kontrolle: *Zwischen dem westlichsten Messpunkt A und dem östlichsten Messpunkt H beträgt die Größe der Wasserfläche etwa 2 km². Insgesamt hat der Baldeneysee bei Vollstau eine maximale Wasserfläche von 2,64 km².*

c) Beurteilen Sie, in welchem Bereich Ihr Modell realistisch ist.

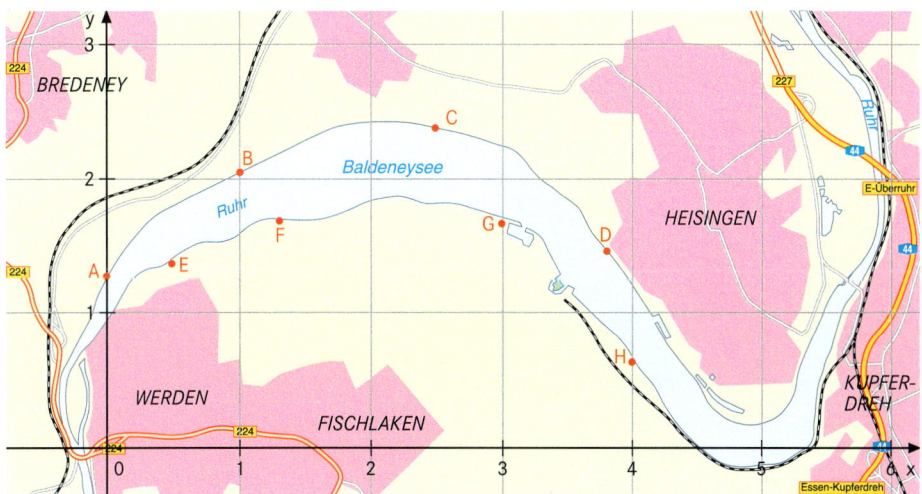

14.

Anfang der 1940er-Jahre beschloss die brasilianische Stadt Belo Horizonte zur Entwicklung des Außenbezirks Pampulha ein Gelände zu einem kulturellen Zentrum auszubauen. An einem künstlich angelegten See entstanden verschiedene Gebäude, wie z. B. ein Casino oder eine Kirche. Die Kirche *São Francisco de Assis* wurde 1945 gemeinsam von dem Architekten Oscar Niemeyer und dem Ingenieur und Dichter Joaquim Cardoso errichtet. Die paraboloide Betonkonstruktion war bis dahin beim Bau von Flugzeughangars eingesetzt worden. Aufgrund ihrer außergewöhnlichen Form ist die Kirche heute eines der beliebtesten Postkartenmotive von Belo Horizonte.

Auf der Rückseite der Kirche ist eine Wandkeramik angebracht. Der höchste Punkt der rückwärtigen Fassade liegt etwa 8 m über dem Boden. Die Gesamtbreite beträgt etwa 25,50 m. Damit die Wandkeramik nicht

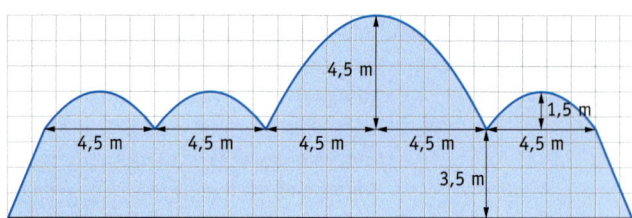

durch Umwelteinflüsse geschädigt wird, soll sie mit einer Schutzlasur versehen werden. Die Kirchengemeinde hat dafür Geld gesammelt und davon Lasur gekauft, die für etwa 140 m² Wandfläche reichen soll. Untersuchen Sie, ob die gekaufte Schutzlasur für die komplette rückwärtige Fassade ausreicht.

[LK] **15.**

Yin und Yang sind zwei Begriffe aus der chinesischen Philosophie. Sie symbolisieren zwei entgegengesetzte und sich gegenseitig ergänzende Prinzipien, z. B. weiblich – männlich, kühlend – wärmend, Mond – Sonne etc. Als Symbol wird Yin-Yang in einem geschlossenen Kreis dargestellt, der in zwei gleich große Flächen (Yin = schwarz und Yang = weiß) aufgeteilt ist, die von je einem Halbkreis begrenzt werden. Der Durchmesser dieser Halbkreise ist gleich dem Radius des äußeren Kreises. Häufig gibt es in der weißen Fläche zusätzlich noch einen kleinen schwarzen Kreis, in der schwarzen Fläche einen kleinen weißen Kreis.

a) Zeigen Sie, dass die Gerade zu $y = -x$ die Farbfelder für Yin und Yang halbiert, wenn man die kleinen inneren Kreise nicht berücksichtigt.

b) Zeichnet man den Graphen einer Sinusfunktion in das Yin-Yang-Symbol ein, entstehen in der schwarzen und der weißen Farbfläche zwei „Mondsicheln" (siehe untere Grafik). Bestimmen Sie den Flächeninhalt einer Mondsichel.

[LK] **16. a)** Begründen Sie die Formel rechts.

Der griechische Mathematiker *Archimedes von Syrakus* (287 – 212 v. Chr.) zeigte, dass der Inhalt der Fläche unter einer Parabel stets $\frac{2}{3}$ vom Produkt aus Grundseite g und Höhe h beträgt.

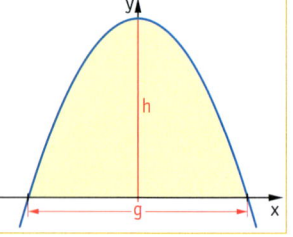

b) Begründen Sie die Verallgemeinerung der Formel des ARCHIMEDES:

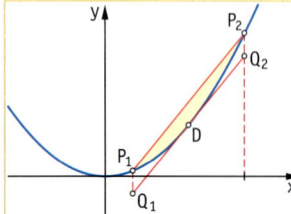

Der Flächeninhalt eines Parabelsegments beträgt zwei Drittel des Parallelogramms, das durch die Sehne und die zu ihr parallele Tangente bestimmt ist.

2.2 Uneigentliche Integrale

→ **Unendlich lange Sandstrände**

In der Tourismusbranche wird manchmal mit einem unendlich langen Sandstrand in einer Bucht geworben.
Ein solcher Strand soll modelliert werden durch die Fläche, die der Graph der Funktion f mit

$f(x) = \frac{1}{2e^x} = \frac{1}{2}e^{-x}$ mit der x-Achse im Intervall $[0, \infty[$ einschließt, mit x und $f(x)$ in 100 m.

■ Untersuchen Sie, ob an diesem Abschnitt des Sandstrandes beliebig viele Touristen Platz finden. Gehen Sie dabei davon aus, dass ein Urlaubsgast etwa 5 m² Sandstrand zum Sonnen benötigt. Hinweis: Die Funktion F mit $F(x) = -\frac{1}{2}e^{-x}$ ist eine Stammfunktion von f.

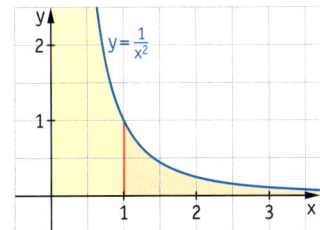

→ **Unendlich ausgedehnte Flächen**

Gegeben sind die Funktionen g und f mit x > 0.

a) $g(x) = \frac{1}{x^2}$

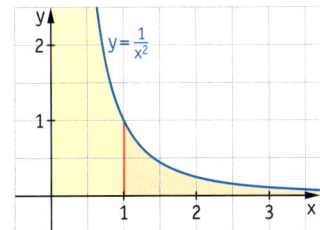

b) $f(x) = \frac{1}{\sqrt{x}}$

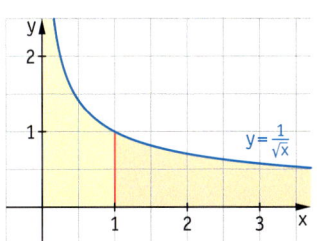

Die Graphen beider Funktionen schmiegen sich den Koordinatenachsen an und schließen über dem Intervall $[1; \infty[$ zusammen mit der x-Achse und über dem Intervall $]0; 1]$ zusammen mit der y-Achse jeweils eine unendlich ausgedehnte Fläche ein.
Untersuchen Sie, ob für diese Flächen ein Flächeninhalt angegeben werden kann.

c) Erläutern Sie, wie man aus dem Ergebnis von Teilaufgabe a) aufgrund geometrischer Überlegungen das Ergebnis von Teilaufgabe b) gewinnen kann.

a) Um den Flächeninhalt der Fläche über dem Intervall $[1; \infty[$

zu bestimmen, untersuchen wir, wie sich das Integral $\int_1^b \frac{1}{x^2}\,dx$

verhält, wenn die Intervallgrenze b beliebig groß wird.

Es gilt: $\int_1^b \frac{1}{x^2}\,dx = \left[-\frac{1}{x}\right]_1^b = -\frac{1}{b} + 1.$

Wenn $b \to \infty$, dann $-\frac{1}{b} + 1 \to 1.$

Der Flächeninhalt der Fläche über dem Intervall $[1; \infty[$ ist also 1, obwohl die Fläche nach rechts bis ins Unendliche ausgedehnt ist. Um den Flächeninhalt der Fläche über dem Intervall $]0; 1]$ zu bestimmen, untersuchen wir, wie sich das Integral

$\int_a^1 \frac{1}{x^2}\,dx$ verhält, wenn sich die untere Intervallgrenze a dem

Wert 0 nähert.

Es gilt: $\int_a^1 \frac{1}{x^2}\,dx = \left[-\frac{1}{x}\right]_a^1 = -1 + \frac{1}{a}$

Wenn $a \to 0$, dann $-1 + \frac{1}{a} \to \infty.$

Der Flächeninhalt der Fläche über dem Intervall $]0; 1]$ ist unendlich groß.

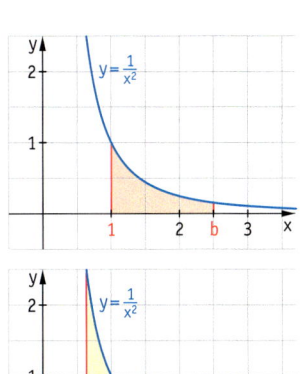

b) Um den Flächeninhalt der Fläche im Intervall $[1; \infty[$ zu bestimmen, untersuchen wir, wie sich

das Integral $\int_1^b \frac{1}{\sqrt{x}} dx$ verhält, wenn b beliebig groß wird.

$\frac{1}{\sqrt{x}} = \frac{1}{x^{\frac{1}{2}}} = x^{-\frac{1}{2}}$

Es gilt: $\int_1^b \frac{1}{\sqrt{x}} dx = \int_1^b x^{-\frac{1}{2}} dx = \left[\frac{x^{\frac{1}{2}}}{\frac{1}{2}}\right]_1^b = [2\sqrt{x}]_1^b = 2\sqrt{b} - 2$

Wenn $b \to \infty$, dann $2\sqrt{b} - 2 \to \infty$.
Der Flächeninhalt der Fläche über dem Intervall $[1; \infty[$ ist unendlich groß.

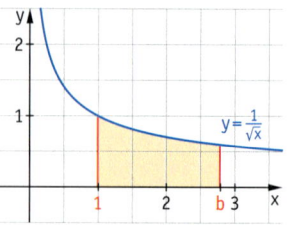

Um den Flächeninhalt der Fläche über dem Intervall $]0; 1]$ zu

bestimmen, untersuchen wir, wie sich das Integral $\int_a^1 \frac{1}{\sqrt{x}} dx$
verhält, wenn a sich dem Wert null nähert.

Es gilt: $\int_a^1 \frac{1}{\sqrt{x}} dx = 2 - 2\sqrt{a}$

Wenn $a \to 0$, dann $2 - 2\sqrt{a} \to 2$.
Der Flächeninhalt der Fläche über dem Intervall $]0; 1]$ ist also 2.

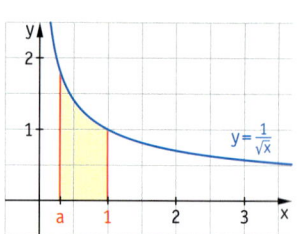

c) Die Ergebnisse von Teilaufgabe b) können wir aus den Ergebnissen von Teilaufgabe a) auch ohne Rechnung aufgrund folgender geometrischer Überlegungen gewinnen: Spiegelt man den Graphen zu $y = \frac{1}{x^2}$ an der Geraden zu $y = x$, so erhält man den Graphen zu $y = \frac{1}{\sqrt{x}}$.
Daher ist die Fläche, die der Graph zu $y = \frac{1}{x^2}$ über dem Intervall $[1; \infty[$ mit der x-Achse einschließt, genauso groß wie die Fläche, die der Graph zu $y = \frac{1}{\sqrt{x}}$ mit der y-Achse und der Geraden zu $y = 1$ einschließt. Somit hat der Flächeninhalt

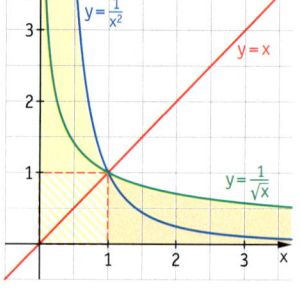

der Fläche, die der Graph zu $y = \frac{1}{\sqrt{x}}$ über dem Intervall $]0; 1]$ einschließt, den Wert $1 + 1 = 2$.
Da der Flächeninhalt der Fläche, die der Graph zu $y = \frac{1}{x^2}$ über dem Intervall $]0; 1]$ mit der y-Achse einschließt, unendlich groß ist, muss auch der Flächeninhalt der Fläche, die der Graph von $y = \frac{1}{\sqrt{x}}$ über dem Intervall $[1; \infty[$ mit der x-Achse einschließt, unendlich groß sein.

INFORMATION

Uneigentliche Integrale

Obwohl Flächenstücke ins Unendliche reichen, also eine unendlich lange Begrenzungslinie haben, kann ihr Flächeninhalt endlich sein.

BEISPIEL

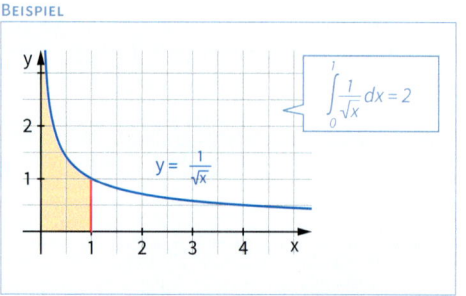

$\int_0^1 \frac{1}{\sqrt{x}} dx = 2$

BEISPIEL

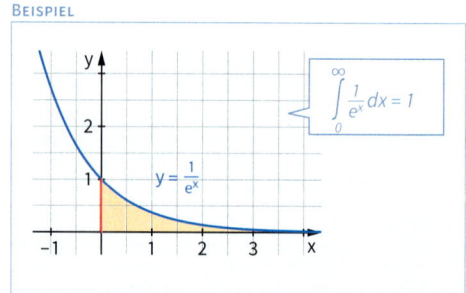

$\int_0^{\infty} \frac{1}{e^x} dx = 1$

Es ist daher naheliegend, den Integralbegriff zu erweitern.

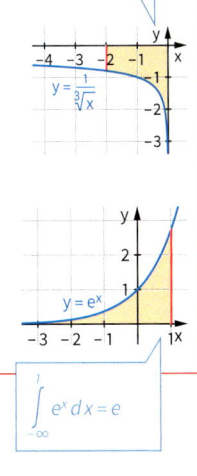

$$\int_{-2}^{1} \frac{1}{\sqrt[3]{x}}\,dx = -\frac{3}{\sqrt[3]{2}}$$

Definition: Uneigentliche Integrale

Man spricht von einem **uneigentlichen Integral einer Funktion f**, wenn

(1) eine Integrationsgrenze eine Definitionslücke x_0 von f ist oder

(2) eine Integrationsgrenze gegen plus bzw. minus Unendlich geht.

Man schreibt dafür:

(1) $\displaystyle\int_{x_0}^{b} f(x)\,dx = \lim_{a \to x_0} \int_{a}^{b} f(x)\,dx$ oder $\displaystyle\int_{a}^{x_0} f(x)\,dx = \lim_{b \to x_0} \int_{a}^{b} f(x)\,dx$

(2) $\displaystyle\int_{a}^{\infty} f(x)\,dx = \lim_{b \to \infty} \int_{a}^{b} f(x)\,dx$ oder $\displaystyle\int_{-\infty}^{b} f(x)\,dx = \lim_{a \to -\infty} \int_{a}^{b} f(x)\,dx$

Falls es *keinen* Grenzwert für den Wert des Integrals gibt, sagt man:
Das uneigentliche Integral **existiert nicht**.

$$\int_{-\infty}^{1} e^x\,dx = e$$

ÜBUNGSAUFGABEN

Uneigentliche Integrale bestimmen

1. Gegeben ist die Funktion f mit $f(x) = x^{-k}$, $k > 1$.

a) Berechnen Sie für $b > 1$ den Flächeninhalt der Fläche, die der Graph von f über dem Intervall $[1; b]$ mit der x-Achse einschließt. Untersuchen Sie das Verhalten des Flächeninhalts für $b \to \infty$. Deuten Sie das Ergebnis anschaulich.

b) Führen Sie die Untersuchungen aus Teilaufgabe a) für Exponenten k mit $0 < k < 1$ durch.

2. Gegeben ist die Funktion f. Untersuchen Sie, ob ein uneigentliches Integral $\displaystyle\int_{a}^{+\infty} f(x)\,dx$ existiert. Berechnen Sie gegebenenfalls den Wert des uneigentlichen Integrals.

a) $f(x) = \dfrac{2}{x^3}$, $a = 1$ **b)** $f(x) = \dfrac{1}{\sqrt[3]{x}}$, $a = 8$ **c)** $f(x) = \dfrac{1}{(2x-1)^2}$, $a = 1$ **d)** $f(x) = \dfrac{x}{e^x}$, $a = 1$

3. Untersuchen Sie, ob die unbeschränkte Fläche, die der Graph der Funktion f über dem Intervall $]0; 1]$ mit der x-Achse einschließt, einen endlichen Flächeninhalt hat.

a) $f(x) = \dfrac{1}{\sqrt{x}}$ **b)** $f(x) = \dfrac{1}{x^3}$ **c)** $f(x) = \dfrac{1}{(x-1)^2}$ **d)** $f(x) = \dfrac{-1}{(x-1)^2}$

4. Berechnen Sie das uneigentliche Integral.

a) $\displaystyle\int_{1}^{\infty} \frac{1}{x^4}\,dx$ **b)** $\displaystyle\int_{0}^{\infty} \frac{1}{(x+1)^2}\,dx$ **c)** $\displaystyle\int_{-\infty}^{-2} \frac{1}{x^2}\,dx$ **d)** $\displaystyle\int_{0}^{2} \frac{1}{\sqrt{x}}\,dx$ **e)** $\displaystyle\int_{-\infty}^{\infty} \frac{1}{e^{x^2}}\,dx$

5. Berechnen Sie den Wert für a so, dass das uneigentliche Integral den angegebenen Wert annimmt.

a) $\displaystyle\int_{-\infty}^{a} e^x\,dx = \frac{1}{2}e$ **b)** $\displaystyle\int_{0}^{a} \frac{1}{\sqrt{x}}\,dx = 1$ **c)** $\displaystyle\int_{a}^{\infty} \frac{1}{x^2} = \frac{1}{4}$ **d)** $\displaystyle\int_{-\infty}^{a} 2\,e^{2x} = e^4$

Flächeninhalte

6. Ein 12 Meter langer Bauzaun entlang des Mainufers in Frankfurt soll mit einer Welle gestaltet werden. Die Welle wird durch eine von zwei Graphen eingeschlossene Fläche modelliert.

Die Abbildung zeigt die Graphen zu

$f(x) = 5 \cdot \dfrac{e^x}{(1+e^x)^2}$ und zu

$g(x) = 5 \cdot \dfrac{e^x}{(1+e^x)^4}$ mit der von ihnen

eingeschlossenen Fläche.

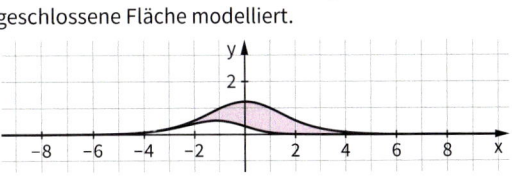

Bestimmen Sie den Flächeninhalt der Fläche zwischen den Graphen der Funktionen f und g zunächst für das Intervall $[-10; 10]$ und dann im gesamten Bereich $[-\infty; \infty]$.

7. Welche Arbeit ist erforderlich, damit ein Körper der Masse $m = 1\,\text{kg}$, der sich auf der Erdoberfläche befindet, das Gravitationsfeld der Erde verlassen kann?
Hinweis: Der Schwerpunkt der Erde liegt etwa $6{,}371 \cdot 10^6\,\text{m}$ unter der Erdoberfläche.

> In der weiteren Umgebung der Erdoberfläche gilt für die Gravitationskraft F_G das *Gravitationsgesetz* von NEWTON:
>
> $$F_G = G \cdot \frac{m \cdot M}{r^2} \qquad \text{mit } G = 6{,}672 \cdot 10^{-11}\,\frac{m^3}{kg \cdot s^2};$$
>
> $M = \text{Erdmasse} = 5{,}977 \cdot 10^{24}\,\text{kg};$
>
> $r = \text{Abstand des Körpers vom Erdmittelpunkt}$

Arbeit:

$$W = \int_a^b F(s)\,ds$$

a) Welche Kraft ist erforderlich, um den Körper in eine Höhe x über der Erdoberfläche zu heben? Beschreiben Sie diese Kraft durch eine Funktion und skizzieren Sie den zugehörigen Graphen.

b) Welche Bedeutung hat der Flächeninhalt unter dem Graphen der Funktion aus Teilaufgabe a? Bestimmen Sie die Arbeit W_G, die erforderlich ist, um den Körper in eine Höhe x über der Erdoberfläche zu heben.

c) Welche Arbeit ist erforderlich, damit der Körper das Gravitationsfeld der Erde verlassen kann? In welcher Höhe über der Erdoberfläche befindet sich dann der Körper?

Erdmasse:
$= 5{,}974 \cdot 10^{24}\,\text{kg}$

Erdradius:
$= 6\,370\,\text{km}$

8. Eine Rakete der Masse 2000 kg wird von der Erde aus in den Weltraum geschossen.
Welche physikalische Arbeit ist erforderlich, um sie aus dem Gravitationsfeld der Erde „ins Unendliche" zu befördern?
Berechnen Sie.

> Im Gravitationsfeld der Masse m_1 wirkt auf die Masse m_2 die Kraft $F = \gamma \frac{m_1 \cdot m_2}{r^2}$.
> Hierbei ist r die Entfernung der beiden Massen.
> $\gamma = 6{,}67 \cdot 10^{-11}\,\frac{Nm^2}{kg^2}$ ist die sogenannte Gravitationskonstante.

9. Berechnen Sie die physikalische Arbeit, die erforderlich ist, um die Ladung Q_2 von der Entfernung r aus dem Coulomb-Feld der Ladung Q_1 zu entfernen.

> Im elektrischen Feld der punktförmig gedachten elektrischen Ladung Q_1 (einem sogenannten COULOMB-Feld) wirkt auf eine weitere punktförmig gedachte Ladung Q_2 die Kraft F mit $F = \frac{1}{4\pi \cdot \varepsilon_0} \frac{Q_1 \cdot Q_2}{r^2}$.
> Hierbei ist r die Entfernung der beiden Ladungen und ε_0 die elektrische Feldkonstante.

Zur Vertiefung

10. Volumen über unbegrenztem Intervall
Der Graph der Funktion f mit $f(x) = \frac{1}{x}$ und $x \geq 1$ rotiert um die x-Achse.
Zeigen Sie: Das Volumen des entstehenden Rotationshyperboloids ist endlich, obwohl der Flächeninhalt des rotierenden Flächenstücks nicht endlich (also unendlich groß) ist.
Bestimmen Sie das Volumen des Rotationshyperboloids und geben Sie einen „begrenzten" Körper an, der das gleiche Volumen besitzt.

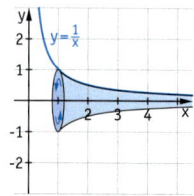

> Der italienische Mathematiker und Physiker EVANGELISTA TORRICELLI (1608 – 1647) fand dieses als Erster heraus. Das paradox erscheinende Ergebnis seiner Untersuchung ließ ihn an der Richtigkeit von Mathematik überhaupt zweifeln.

2.3 Rotationskörper und ihre Volumina – Wahlthema GK

EINSTIEGSAUFGABE
OHNE LÖSUNG

→ **Volumen eines Glaspokals**

Man spricht von einem *Rotationskörper*, wenn dieser Körper durch Rotation einer Fläche um eine Drehachse entstanden sein könnte.

- Erläutern Sie, wie eine Kugel, ein Kegel und ein Zylinder durch Rotation einer Fläche entstehen können.

Neben diesen Beispielen gibt es viele weitere Rotationskörper. Man kann z. B. einen Funktionsgraphen um die x-Achse rotieren lassen.

Das Fassungsvermögen des abgebildeten Glaspokals (1 Einheit entspricht 1 cm) soll bestimmt werden.

- Fassen Sie den Glaspokal rechts als Rotationskörper auf und bestimmen Sie eine Funktionsgleichung für den abgebildeten Funktionsgraphen.

- Bestimmen Sie das Volumen des Rotationskörpers, der dadurch entsteht, dass die Fläche unter dem Graphen der Funktion über dem Intervall [0; 7] um die x-Achse rotiert.

- Wie viel ml fasst der Glaspokal?

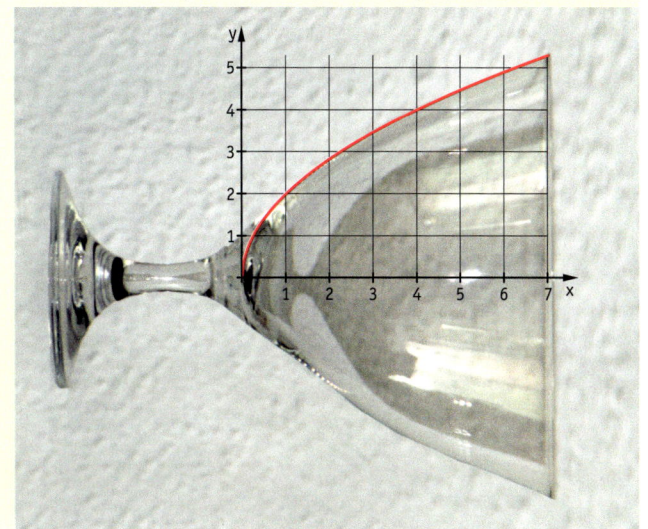

EINSTIEGSAUFGABE
MIT LÖSUNG

→ **Rotationssymmetrische Stahlbolzen**

Ein rotationssymmetrischer Stahlbolzen kann durch die Rotation der Fläche unter dem abgebildeten Funktionsgraphen in den Grenzen 0 und 9 um die x-Achse beschrieben werden (1 Einheit entspricht 1 mm). Dabei verläuft der Graph der Funktion f jeweils zwischen 0 und 3 und zwischen 7 und 9 parallel zur x-Achse.

Für $3 \leq x \leq 7$ gilt: $f(x) = \frac{1}{2}\sqrt{x^2 - 6x + 13}$

Berechnen Sie das Volumen des Stahlbolzens.

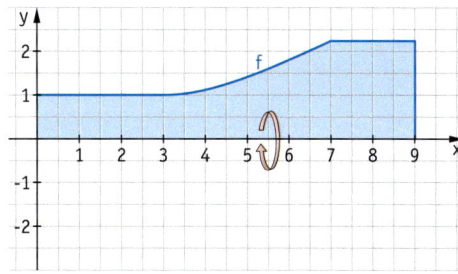

LÖSUNG

Wir stellen uns vor, dass der Stahlbolzen dadurch entsteht, dass die Fläche unter dem Graphen der Funktion f um die x-Achse rotiert.

Der zu $0 \leq x \leq 3$ gehörende Teil des Bolzens ist ein Zylinder, der durch Rotation eines Rechtecks um die x-Achse entsteht.

Der Radius des Zylinders ist der auf dem Intervall [0; 3] konstante Funktionswert und die Höhe des Zylinders ist die Länge des Intervalls [0; 3], also $r = 1$ und $h = 3$.

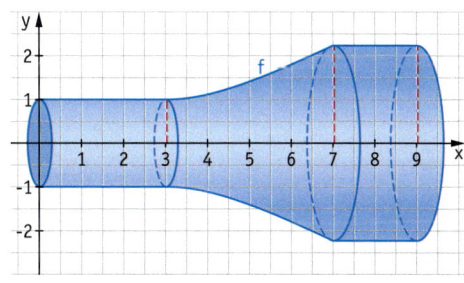

Damit ergibt sich als Volumen für diesen Teil: $V_{links} = \pi \cdot r^2 \cdot h = 3\pi \approx 9,4$ (gemessen in mm³)
Entsprechend erhält man für das Volumen des rechten zylinderförmigen Teils mit dem Radius
$r = f(7) = \sqrt{5}$
und $h = 2$: $V_{rechts} = 10\pi \approx 31,4$ (gemessen in mm³).
Das Volumen V_{Mitte} des Rotationskörpers für $3 \le x \le 7$ können wir nicht direkt angeben.

1. Schritt

Um das Volumen zunächst näherungsweise zu berechnen, teilen wir das Intervall
$[a; b] = [3; 7]$ in n gleich lange Teilintervalle
mit
$\quad a = x_0 < x_1 < \ldots < x_n = b.$
Durch Teilung des Intervalls entstehen Scheiben.
Jede Scheibe kann durch eine zylindrische Scheibe der Dicke $\Delta x = \frac{b-a}{n}$ angenähert werden.
Der Radius einer Scheibe ergibt sich hier jeweils
aus dem Funktionswert $f(x_i)$ am linken Rand
eines Teilintervalls. Dadurch entsteht ein Treppenkörper aus n zylindrischen Scheiben. Das
Volumen S_n dieser Treppenkörper nähert sich im
Fall $n \to \infty$ immer mehr dem Volumen V_{Mitte}.

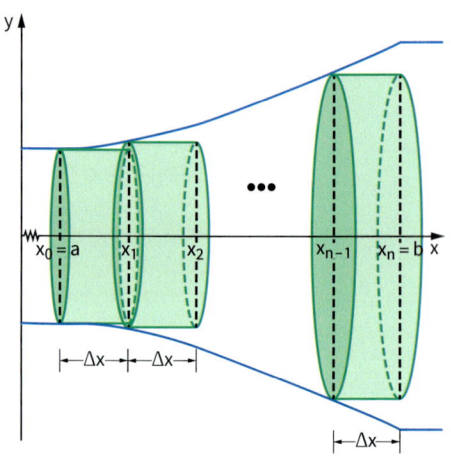

2. Schritt

Wir berechnen das Volumen S_n des Treppenkörpers. Das Volumen einer Scheibe über einem Teilintervall $[x_i; x_{i+1}]$ beträgt: $\pi \cdot (f(x_1))^2 \cdot \Delta x$.
Also gilt:
$$S_n = \pi \cdot (f(x_0))^2 \cdot \Delta x + \pi \cdot (f(x_1))^2 \cdot \Delta x + \ldots + \pi \cdot (f(x_{n-1}))^2 \cdot \Delta x \text{ mit } \Delta x = \frac{b-q}{n}$$

3. Schritt

Bei der Volumenbestimmung des Treppenkörpers wurden die Flächeninhalte $\pi \cdot (f(x_0))^2$, $\pi \cdot (f(x_1))^2$,
$\ldots, \pi \cdot (f(x_{n-1}))^2$ der Grundflächen der zylindrischen Scheiben jeweils mit der Dicke Δx der Scheibe
multipliziert.
Die Flächeninhalte der Grundflächen kann man als Funktionswerte einer neuen Funktion g mit
$g(x) = \pi \cdot (f(x))^2$ interpretieren. Das Volumen S_n kann man dann als eine Produktsumme dieser neuen
Funktion g auffassen. Im Fall $n \to \infty$ ist der Grenzwert dieser Produktsumme das Integral von g über
dem Intervall $[a, b]$. Deshalb gilt:
$$V_{Mitte} = \lim_{n \to \infty} S_n = \int_a^b \pi \cdot (f(x))^2 \, dx$$

4. Schritt

Damit können wir nun V_{Mitte} berechnen:
$$V_{Mitte} = \int_3^7 \pi \cdot \left(\frac{1}{2}\sqrt{x^2 - 6x + 13}\right)^2 dx$$
$$= \frac{\pi}{4}\int_3^7 (x^2 - 6x + 13) \, dx$$
$$= \frac{\pi}{4}\left[\frac{1}{3}x^3 - 3x^2 + 13x\right]_3^7$$
$$= \frac{28\pi}{3} \approx 29,3$$

Das gesamte Volumen beträgt somit
$$V = V_{links} + V_{Mitte} + V_{rechts} = 3\pi + \frac{28\pi}{3} + 10\pi = \frac{67\pi}{3} \approx 70,2$$
Ergebnis: Das Volumen des Stahlbolzens beträgt etwa 70,2 mm³.

INFORMATION

Für eine beliebige Funktion, deren Graph durchgehend gezeichnet werden kann, gilt für die Rotation des Graphen um die x-Achse über einem Intervall [a; b] die folgende Formel:

> **Integralformel für das Volumen eines Rotationskörpers**
>
> Rotiert die Fläche unter dem Graphen einer Funktion f über dem Intervall [a; b] um die x-Achse, dann gilt für das Volumen V des entstehenden Rotationskörpers:
>
> $$V = \int_a^b \pi \cdot \left(f(x) \right)^2 dx = \pi \cdot \int_a^b \left(f(x) \right)^2 dx$$
>
> *$\pi \cdot \left(f(x) \right)^2$ ist der Flächeninhalt der Querschnittsfläche an der Stelle x, also der Fläche, die entsteht, wenn man den Rotationskörper an der Stelle x senkrecht zur x-Achse zerschneidet.*

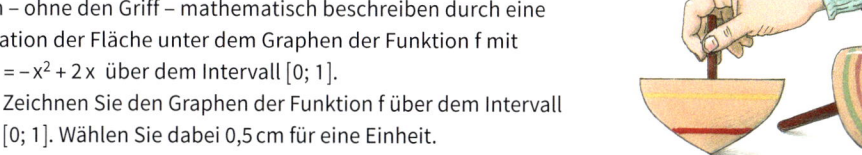

ÜBUNGSAUFGABEN

1. Auch Kreisel sind Rotationskörper. Die abgebildeten Kreisel lassen sich – ohne den Griff – mathematisch beschreiben durch eine Rotation der Fläche unter dem Graphen der Funktion f mit $f(x) = -x^2 + 2x$ über dem Intervall [0; 1].

   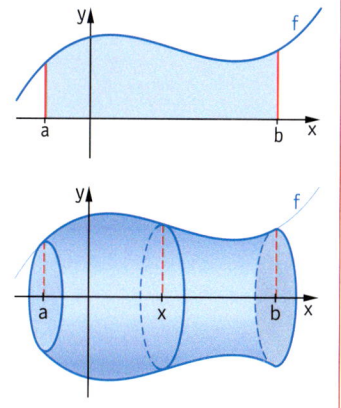

   a) Zeichnen Sie den Graphen der Funktion f über dem Intervall [0; 1]. Wählen Sie dabei 0,5 cm für eine Einheit.

   b) Berechnen Sie das Volumen des Kreisels näherungsweise, indem Sie den Rotationskörper durch 10, 20 bzw. $n \in \mathbb{N}$ Zylinderscheiben gleicher Dicke annähern. Übertragen Sie das Verfahren auf einen Rechner und verbessern Sie die Näherung.

   c) Vergleichen Sie das Ergebnis mit der Näherung aus Teilaufgabe b): $V = \int_0^1 \pi \cdot \left(f(x) \right)^2 dx$. Berechnen Sie das Volumen mit der Integralformel.

2. Die Form eines Woks kann näherungsweise durch die Mantelfläche der Schicht einer Kugel mit dem Radius r = 25 cm beschrieben werden. Die Kugelschicht hat eine Höhe von 9 cm und einen oberen Durchmesser von 40 cm.
   Berechnen Sie das Fassungsvermögen des Woks.

   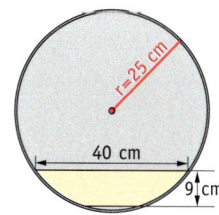

3. **Herleitung bekannter Volumenformeln**

   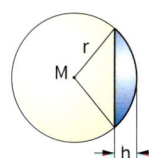

   a) Auch Kegel, Kegelstumpf und Kugel sind rotationssymmetrische Körper. Sie kennen die Volumenformeln bereits oder finden sie in einer Formelsammlung.
   Leiten Sie diese Formeln mithilfe der Integralformel für das Rotationsvolumen her. Bestimmen Sie auch eine Formel für den Kugelabschnitt.

   b) Zeigen Sie: Aus der Integralformel für das Volumen eines Rotationskörpers kann man die Formel für das Zylindervolumen herleiten. Begründen Sie, warum man die Herleitung der Zylinderformel aus der Volumenformel für Rotationskörper nicht als Beweis ansehen kann.

4. Berechnen Sie das Volumen des Körpers, der durch Rotation der Fläche zwischen dem Graphen von f und der x-Achse über dem Intervall I entsteht. Beschreiben Sie die Form des Rotationskörpers.

   a) $f(x) = x - 1$, I = [0; 2]   **b)** $f(x) = \frac{1}{x}$, I = [1; 2]   **c)** $f(x) = \sqrt{2x + 2}$, I = [-1; 1]

5. Die Fläche unter dem Graphen von f mit $f(x) = \sqrt{16 - x^2}$ rotiert um die x-Achse.
Skizzieren Sie die Fläche und berechnen Sie das Volumen des zugehörigen Rotationskörpers.

$\boxed{f}$ **6.** Die Fläche zwischen den Graphen der Funktionen f und g mit $f(x) = \sqrt{x + 2}$ bzw. $g(x) = \sqrt{x}$ rotiert über dem Intervall [0; 5] um die x-Achse. Frederik und Cosima schlagen für die Berechnung des Volumens des entstehenden Rotationskörpers unterschiedliche Lösungswege vor:

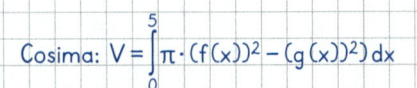

$$\text{Frederik: } V = \int_0^5 \pi \cdot (f(x) - g(x))^2 \, dx \qquad \text{Cosima: } V = \int_0^5 \pi \cdot ((f(x))^2 - (g(x))^2) \, dx$$

Nehmen Sie zu den Lösungsvorschlägen Stellung.

7. Eine Dortmunder Brauerei möchte eine besondere Edition von Biergläsern herausgeben und schreibt dazu einen Design-Wettbewerb aus. Da sich die Schülerinnen und Schüler eines Mathe-LKs gerade mit Rotationskörpern beschäftigt haben, setzen sie sich kurzerhand an den Computer und modellieren verschiedene Randkurven.
Schließlich einigt man sich auf die Funktion $f(x) = 2\sqrt{x} \cdot 0{,}95^x$, deren Graph um die x-Achse rotiert und im Intervall [0; 10] ein Bierglas beschreibt, welches dann noch mit einem Fuß versehen wird.
(Eine Einheit entspricht 1 cm).

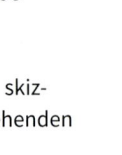

a) Geben Sie eine Wertetabelle mit mindestens 10 Werten an und skizzieren Sie den Graphen der Funktion. Skizzieren Sie den entstehenden Rotationskörper.

b) Ermitteln Sie rechnerisch den größten Durchmesser des Bierglases.

c) Bestimmen Sie das Volumen des Bierglases.

d) Die Brauerei möchte auf das Glas einen 300-ml-Eichstrich aufdrucken. Bestimmen Sie mithilfe eines Rechners eine Integralfunktion und ermitteln Sie damit die Stelle, an der der Eichstrich aufgedruckt werden muss.

8. Vermessen Sie ein Sektglas oder ein anderes Glas mit einer kurvigen Form und beschreiben Sie dieses Glas durch einen Rotationskörper.
- Legen Sie den Boden des Glases in den Koordinatenursprung und erstellen Sie eine Wertetabelle für ihre Messwerte.
- Bestimmen Sie mithilfe des Rechners eine geeignete Randfunktion, z.B. eine ganzrationale Funktion dritten Grades.
- Berechnen Sie das Volumen des Glases und prüfen Sie, an welcher Stelle der Eichstrich in ihrem Modell aufgedruckt werden muss.

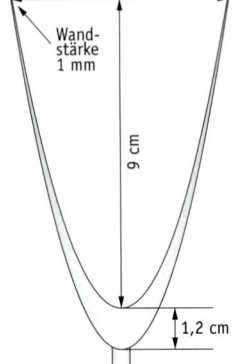

9. Wenn man eine Flüssigkeit in einem Zylinder rotieren lässt, stellt sich diese mit parabolischer Mantelfläche auf.
Kann man aus den Angaben in der Grafik die Gleichung der begrenzenden Parabel bestimmen, wenn man weiß, dass das Gefäß mit einem Liter Wasser gefüllt ist?

10. Bestimmen Sie möglichst einfache Funktionsterme, die die äußere und innere Berandung des Querschnitts des links abgebildeten Sektglases (ohne Stiel) beschreiben.
Zeichnen Sie damit ein maßstabsgetreues Schnittbild des Sektglases und bestimmen Sie das Volumen des Glases.

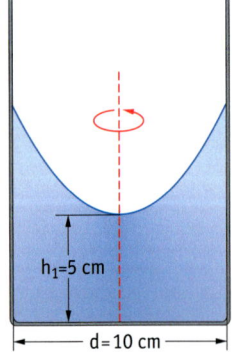

2.4 Weitere Anwendungen – Wahlthema LK

2.4.1 Trapezsummenverfahren

EINSTIEGSAUFGABE
OHNE LÖSUNG

→ **Trapezflächen berechnen**

Rechts ist der Graph der Funktion f abgebildet.

Das Integral $\int\limits_{-1}^{1} f(x)\,dx$ soll bestimmt werden.

a) Clara bestimmt das Integral näherungsweise mithilfe von 8 Trapezflächen, die rechts eingezeichnet sind. Welchen Näherungswert erhält sie für das Integral?

b) Vergleichen Sie Claras Ergebnis mit dem exakten Wert für das Integral. Erläutern Sie auch, wie man mit dem Verfahren von Clara die Genauigkeit der Näherung noch verbessern kann.

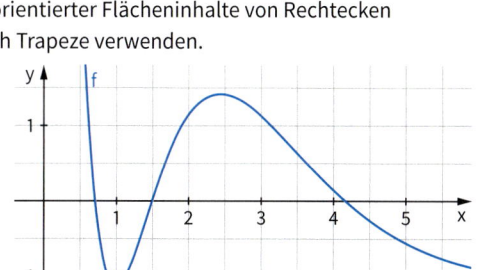
$f(x) = -\frac{1}{2}x^4 + x^2 + \frac{x}{2} + \frac{1}{2}$

EINSTIEGSAUFGABE
MIT LÖSUNG

→ **Trapezsummen verfeinern**

Man kann ein Integral näherungsweise als Summe orientierter Flächeninhalte von Rechtecken bestimmen. Anstelle von Rechtecken kann man auch Trapeze verwenden.

a) Gegeben ist die Funktion f mit
$$f(x) = \frac{36x^2 - 72x + 36}{4^x} - 1{,}125.$$

Das Integral $\int\limits_{1}^{4} f(x)\,dx$ soll näherungsweise als Summe orientierter Flächeninhalte von Trapezen bestimmt werden.

Wenden Sie dieses Verfahren an, indem Sie das Intervall $[1; 4]$ in 6 gleich breite Teilintervalle zerlegen. Skizzieren Sie den Graphen und zeichnen Sie die Trapeze ein. Erläutern Sie Ihr Vorgehen.

b) Übertragen Sie das Verfahren auf einen Rechner und erhöhen Sie die Genauigkeit der Näherung.

c) Bestimmen Sie den Wert des Integrals mit dem Integralbefehl eines Rechners und beurteilen Sie die Genauigkeit Ihrer Ergebnisse aus Teilaufgabe b).

LÖSUNG

a) Jedes der Teilintervalle hat die Breite 0,5. Diese Breite 0,5 ist die Höhe der einzelnen Trapeze.

$A_{\text{Trapez}} = \frac{a+c}{2} \cdot h$

Für den orientierten Flächeninhalt eines Trapezes ergibt sich damit
$$A_i = \frac{f(x_i) + f(x_{i+1})}{2} \cdot 0{,}5$$

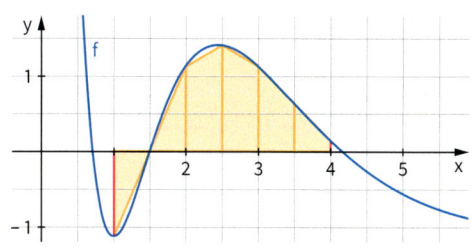

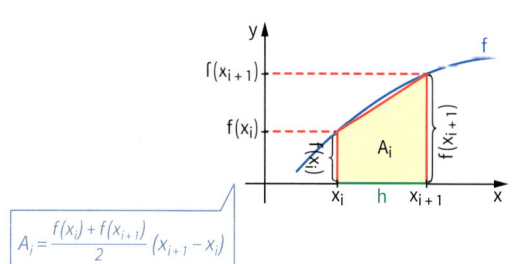

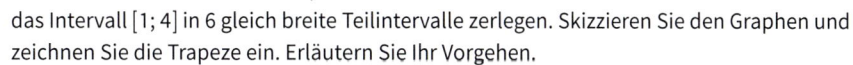
$$A_i = \frac{f(x_i) + f(x_{i+1})}{2}\,(x_{i+1} - x_i)$$

Die folgende Tabelle macht das Verfahren deutlich:

Linke Intervall-grenze x_i des Teilintervalls	$f(x_i)$	$\dfrac{f(x_i)+f(x_{i+1})}{2}$	$\dfrac{f(x_i)+f(x_{i+1})}{2} \cdot 0,5$
$a = x_0 = 1$	$-1,125$	$-0,5625$	$-0,28125$
$x_1 = 1,5$	0	$0,5625$	$0,28125$
$x_2 = 2$	$1,125$	$1,265625$	$0,6328125$
$x_3 = 2,5$	$1,40625$	$1,265625$	$0,6328125$
$x_4 = 3$	$1,125$	$0,87891$	$0,43945$
$x_5 = 3,5$	$0,63281$	$0,38672$	$0,19336$
$b = x_6 = 4$	$0,14063$		
Summe der orientierten Flächeninhalte			$1,89844$

b) Um das Verfahren für die 6 Teilintervalle auf einen Rechner zu übertragen, gehen wir vor, wie in der Tabelle bei der Lösung von Teilaufgabe a).

$$0,5 \cdot \left(\frac{f(x_0)+f(x_1)}{2} + \frac{f(x_1)+f(x_2)}{2} + \ldots + \frac{f(x_5)+f(x_6)}{2} \right)$$

$$= 0,5 \cdot \frac{1}{2} \cdot \left(f(x_0)+f(x_1) + f(x_1)+f(x_2) + \ldots + f(x_5)+f(x_6) \right)$$

$$= 0,5 \cdot \frac{1}{2} \cdot \left(f(a) + 2 \cdot f(x_1) + 2 \cdot f(x_2) + \ldots + 2 \cdot f(x_5) + f(b) \right)$$

$$= 0,5 \cdot \frac{1}{2} \cdot \left(f(1) + 2 \cdot f(1,5) + 2 \cdot f(2) + \ldots + 2 \cdot f(3,5) + f(4) \right)$$

$$= 0,5 \cdot \frac{1}{2} \cdot \left(f(1) + f(4) \right) + 0,5 \cdot \sum_{k=1}^{5} f(1 + k \cdot 0,5) \approx 1,89844$$

$$\frac{36 \cdot x^2 - 72 \cdot x + 36}{4^x} - 1.125 \to f(x)$$

Fertig

$$0.5 \cdot \frac{1}{2} \cdot (f(1) + f(4)) + 0.5 \cdot \sum_{k=1}^{5} (f(1 + k \cdot 0.5))$$

$$1.8984375$$

Wenn wir die Anzahl der Teilintervalle erhöhen, zum Beispiel von 6 auf 12, so ändert sich die Breite der Teilintervalle, also die jeweilige Trapezhöhe, von $\frac{3}{6} = 0,5$ auf $\frac{3}{12} = 0,25$. Die Formel lautet dann:

$$0,25 \cdot \frac{1}{2} \cdot \left(f(1) + f(4) \right) + 0,25 \cdot \sum_{k=1}^{11} f(1 + k \cdot 0,25) \approx 1,91855$$

$$0.25 \cdot \frac{1}{2} \cdot (f(1) + f(4)) + 0.25 \cdot \sum_{k=1}^{11} (f(1 + k \cdot 0.25))$$

$$1.9185482$$

Und bei 300 Teilintervallen:

$$0,01 \cdot \frac{1}{2} \cdot \left(f(1) + f(4) \right) + 0,01 \cdot \sum_{k=1}^{299} f(1 + k \cdot 0,01) \approx 1,92369$$

$$0.01 \cdot \frac{1}{2} \cdot (f(1) + f(4)) + 0.01 \cdot \sum_{k=1}^{299} (f(1 + k \cdot 0.01))$$

$$1.9236883$$

c) Zum Vergleich: Der Rechner berechnet mit dem Integral-befehl folgenden Näherungswert für das Integral:

$$\int_{1}^{4} f(x)\, dx \qquad 1.9236959$$

Das Trapezverfahren liefert also bereits mit relativ wenigen Teilintervallen eine sehr gute Näherungslösung.

INFORMATION

Trapezsummenformel

Die näherungsweise Bestimmung eines Integrals durch orientierte Flächeninhalte von gleich hohen Trapezen mit $h = x_{i+1} - x_i$, deren parallele Seiten durch die Funktionswerte $f(x_i)$ und $f(x_{i+1})$ der zugehörigen Intervallgrenzen der Teilintervalle x_i und x_{i+1} gegeben sind, nennt man *Trapezsummenverfahren*.

Trapezsummenformel

Näherungsweise Berechnung des Integrals $\displaystyle\int_a^b f(x)\, dx$ mit der Zerlegung des Intervalls $[a;b]$ in n gleich breite Teilintervalle mit der Breite $\Delta x = \dfrac{b-a}{n}$:

$$\int_a^b f(x)\, dx \approx \Delta x \cdot \frac{1}{2} \cdot \left(f(a) + 2 \cdot f(x_1) + 2 \cdot f(x_2) + \ldots + 2 \cdot f(x_{n-1}) + f(b) \right)$$

mit $x_0 = a$, $x_1 = a + \Delta x$, $x_2 = a + 2 \cdot \Delta x$, $\ldots$, $x_n = a + n \cdot \Delta x = b$

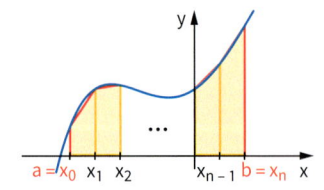

Man spricht auch von der Sehnen-Trapez-Regel, da die Kurve des Graphen im Intervall [a; b] durch einen Sehnenzug angenähert wird. (Siehe dazu auch den Abschnitt 2.4.2 Bogenlänge einer Kurve.)

Hinweis: Bei der Übertragung auf einen Rechner kann man diese Formel mithilfe des Summenzeichens folgendermaßen schreiben:

$$\int_a^b f(x)\,dx \approx \Delta x \cdot \frac{1}{2} \cdot \big(f(a) + f(b)\big) + \Delta x \sum_{k=1}^{n-1} f(a + k \cdot \Delta x), \text{ mit } \Delta x = \frac{b-a}{n}.$$

BEISPIEL

Man kann die Kreiszahl π näherungsweise berechnen durch numerische Integration von

$2 \cdot \int_{-1}^{1} \sqrt{1-x^2}\,dx$ mithilfe der Trapezsummenformel und einer Zerlegung in acht Teilintervalle.

$$2 \cdot \int_{-1}^{1} \sqrt{1-x^2}\,dx \approx 2 \cdot \frac{1-(-1)}{8} \cdot \frac{1}{2} \cdot \left(f(-1) + 2 \cdot f\left(-\frac{3}{4}\right) + 2 \cdot f\left(-\frac{1}{2}\right) + 2 \cdot f\left(-\frac{1}{4}\right) \right.$$
$$\left. + 2 \cdot f(0) + 2 \cdot f\left(\frac{1}{4}\right) + 2 \cdot f\left(\frac{1}{2}\right) + 2 \cdot f\left(\frac{3}{4}\right) + f(1) \right)$$
$$= 2 \cdot \frac{2}{8} \cdot \frac{1}{2} \cdot \left(\sqrt{1-(-1)^2} + 2 \cdot \sqrt{1-\left(-\frac{3}{4}\right)^2} + 2 \cdot \sqrt{1-\left(-\frac{1}{2}\right)^2} + 2 \cdot \sqrt{1-\left(-\frac{1}{4}\right)^2} \right.$$
$$\left. + 2 \cdot \sqrt{1-0^2} + 2 \cdot \sqrt{1-\left(\frac{1}{4}\right)^2} + 2 \cdot \sqrt{1-\left(\frac{1}{2}\right)^2} + 2 \cdot \sqrt{1-\left(\frac{3}{4}\right)^2} + \sqrt{1-1^2} \right)$$
$$= \frac{1}{4} \cdot \left(0 + \frac{1}{2} \cdot \sqrt{7} + \sqrt{3} + \frac{1}{2} \cdot \sqrt{15} + 2 + \frac{1}{2} \cdot \sqrt{7} + \sqrt{3} + \frac{1}{2} \cdot \sqrt{15} + 0 \right)$$
$$= \frac{1}{4} \cdot \left(2 \cdot \sqrt{3} + \sqrt{7} + \sqrt{15} + 2 \right) \approx 3{,}0$$

Man erhält 3 als einen Näherungswert für die Kreiszahl π.

ÜBUNGSAUFGABEN

1. Bestimmen Sie das Integral $\int_{-1}^{2} \left(\frac{e^x}{x}\right) dx$ näherungsweise mit der Trapezsummenformel.

2. Bestimmen Sie näherungsweise den Flächeninhalt unter dem Graphen von f über dem Intervall [a; b] mithilfe der Trapezsummenformel, indem Sie n = 2; 4; 10 wählen. Vergleichen Sie Ihre Ergebnisse miteinander.

   a) $f(x) = \frac{1}{1+x^2}$; a – 0; b – 0,5   b) $f(x) = \sqrt{x}$; a = 3; b = 4   c) $f(x) = \frac{1}{x}$; a = 8; b = 9

3. Ein Feld wird auf 3 Seiten durch geradlinige Wege und auf einer Seite durch einen Bach begrenzt. Im Abstand von 10 m wird die Breite des Feldes zum Bach gemessen. Bestimmen Sie näherungsweise die Größe der Fläche des Feldes nach dem Trapezsummenverfahren.

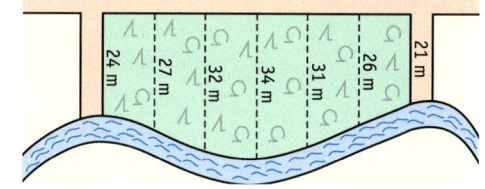

4. Ein Fluss hat an einem Tag die in der Tabelle festgehaltenen Pegelstände. Bestimmen Sie den Mittelwert der Pegelstände nach dem Trapezsummenverfahren. Vergleichen Sie diesen Wert mit dem arithmetischen Mittel.

Zeit (in h)	0	4	8	12	16	20	24
Pegelstand (in m)	3,82	3,84	3,99	4,15	4,12	4,01	4,05

Hinweis: Unter dem Mittelwert der Funktion f im Intervall [a; b] versteht man die Zahl $\mu = \frac{1}{b-a}\int_a^b f(x)\,dx$.

5. a) Stellen Sie den nebenstehenden Temperaturverlauf grafisch dar.
   b) Bestimmen Sie die durchschnittliche Temperatur nach dem Trapezsummenverfahren. Vergleichen Sie diesen Wert mit dem arithmetischen Mittel.

Zeit (in h)	0	4	8	12	16	20	24
Temperatur (in m)	8,2	6,5	7,4	11,6	14,3	13,0	9,1

Blickpunkt:
KEPLER'sche Fassregel

Faustformel zur Bestimmung des Volumens eines Fasses

Im Jahr 1613 heiratete der Mathematiker und Astronom JOHANNES KEPLER (1571 – 1630) nach dem Tod seiner ersten Frau zum zweiten Mal. Im Zuge dieser Hochzeit gab es ein Erlebnis, das KEPLER zu weitreichenden mathematischen Überlegungen veranlasste. Er selbst beschreibt dies folgendermaßen:

„Als ich im November des letzten Jahres meine Wiedervermählung feierte, zu einer Zeit da an den Donauufern bei Linz die aus Niederösterreich herbeigeführten Weinfässer nach einer reichlichen Lese aufgestapelt und zu einem annehmbaren Preise zu kaufen waren, da war es die Pflicht des neuen Gatten und sorglichen Familienvaters, für sein Haus den nötigen Trunk zu besorgen. Als einige Fässer eingekellert waren, kam am 4. Tage der Verkäufer mit der Meßrute, mit der er alle Fässer, ohne Rücksicht auf ihre Form, ohne jede weitere Überlegung oder Rechnung ihrem Inhalte nach bestimmte.
Die Visierrute wurde mit ihrer metallenen Spitze durch das Spundloch quer bis zu den Rändern der beiden Böden eingeführt, und als die beiden Längen gleich gefunden worden waren, ergab die Marke am Spundloch die Zahl der Eimer im Fasse. (…)
Es schien mir als Neuvermähltem nicht unzweckmäßig, ein neues Prinzip mathematischer Arbeiten, nämlich die Genauigkeit dieser bequemen und allgemein wichtigen Bestimmung nach geometrischen Grundsätzen zu erforschen und die etwa vorhandenen Gesetze ans Licht zu bringen."

(Aus: Neue Stereometrie der Fässer von J. Kepler 1615, übersetzt von R. Klug, Leipzig 1908, S. 99 f., hier zitiert nach: H. Wußing, 6000 Jahre Mathematik, Berlin/Heidelberg 2008, S. 437 f.)

KEPLER veröffentlichte die Ergebnisse seiner Untersuchungen in zwei Schriften: 1615 auf Latein in der *Nova Stereometria Doliorum Vinariorum* und 1616 auf Deutsch im *Außzug auß der Uralten MesseKunst Archimedis Und deroselben … Ergentzung / betreffend Rechnung der Cörperlichen Figuren / holen Gefessen und Weinfässer …*, worin er seine Erkenntnisse zu einem in der Praxis zu verwendenden „Visierbüchlein" zusammenfasste.

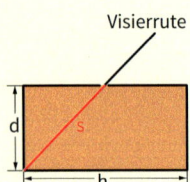

1. Die Abbildung oben zeigt ein Fass, wie es zur Zeit KEPLERS in Gebrauch war. Zur Vereinfachung untersuchen wir im Folgenden ein Fass in Zylinderform mit dem Durchmesser d und der Fasshöhe h.

a) Unter der Visierlänge s versteht man den Teil der Visierrute, der vom Rand des Bodens bis zum Spundloch im Fass steckt. Berechnen Sie für eine feste Visierlänge s = 60 cm das Volumen eines Fasses, das einen Fassdurchmesser von 30 cm (40 cm; 50 cm) hat.

b) Das Verhältnis von Fasshöhe h und Grundkreisdurchmesser d soll so bestimmt werden, dass für eine konstante Visierlänge s der Fassinhalt maximal wird. Zeigen Sie, dass in diesem Fall der Fassinhalt durch die Näherungsformel $V \approx 0{,}6 \cdot s^3$ bestimmt werden kann.

c) Zeichnen Sie eine 1,5 m lange Visierrute im Maßstab 1 : 10.
Tragen Sie auf dieser Visierrute die Markierungen für 100 l, 200 l, 300 l, …, 1500 l an.

KEPLER'sche Fassregel

Im Zusammenhang mit seinen Untersuchungen fand KEPLER auch die folgende Regel, die als KEPLER'sche Fassregel bekannt ist.

> **KEPLER'sche Fassregel**
> Sind vom Graphen einer Funktion f drei Punkte $P_1\left(a \mid f(a)\right)$, $P_2\left(\frac{a+b}{2} \mid f\left(\frac{a+b}{2}\right)\right)$ und $P_3\left(b \mid f(b)\right)$ bekannt, so gilt:
> $$\int_a^b f(x)\,dx \approx \frac{b-a}{6} \cdot \left(f(a) + 4 \cdot f\left(\frac{a+b}{2}\right) + f(b)\right)$$

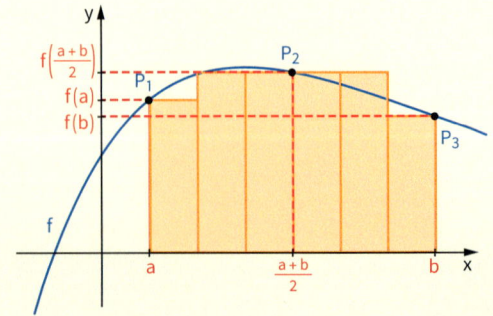

Anschauliche Erläuterung der KEPLER'schen Fassregel

Das Integral $\int\limits_a^b f(x)\,dx$ wird durch den Flächeninhalt einer Treppenfigur mit 6 Rechtecken angenähert.

Alle Rechtecke haben die Breite $\frac{b-a}{6}$. Die beiden äußeren Rechtecke haben die Höhe $f(a)$ bzw. $f(b)$.

Die vier inneren Rechtecke haben die Höhe $f\left(\frac{a+b}{2}\right)$.

Die Treppenfigur hat somit den Flächeninhalt $\frac{b-a}{6}\cdot\left(f(a)+4\cdot f\left(\frac{a+b}{2}\right)+f(b)\right)$.

Rechnerische Herleitung der KEPLER'schen Fassregel

- Wir ersetzen die Funktion f durch eine quadratische Näherungsfunktion. Zur Vereinfachung verschieben wir den Graphen dieser Näherungsfunktion so, dass die Intervallmitte $\frac{a+b}{2}$ des Intervalls [a; b] im Koordinatenursprung liegt.
  Bei dieser Verschiebung bleibt der Wert des Integrals erhalten.
  Die quadratische Näherungsfunktion g mit $g(x) = p\cdot x^2 + q\cdot x + r$ kann nun so bestimmt werden, dass ihr Graph durch die Punkte $P_1\left(-h\mid f(a)\right)$, $P_2\left(0\mid f\left(\frac{a+b}{2}\right)\right)$ und $P_3\left(h\mid f(b)\right)$ verläuft.

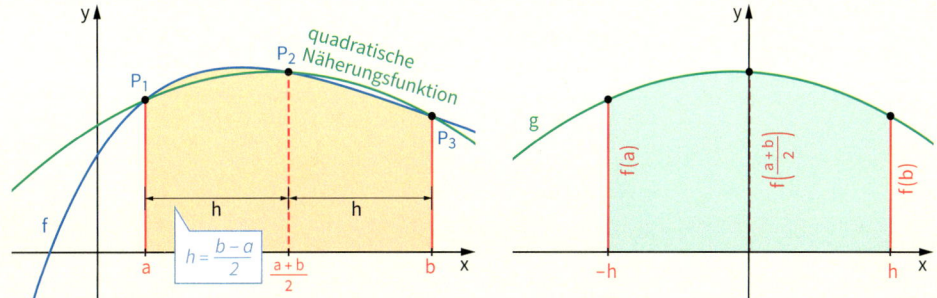

- Das Integral $\int\limits_a^b f(x)\,dx$ wird im Folgenden näherungsweise berechnet:

$$\int\limits_a^b f(x)\,dx \approx \int\limits_{-h}^h \left(p\cdot x^2 + q\cdot x + r\right)dx = \left[\tfrac{1}{3}px^3 + \tfrac{1}{2}qx^2 + rx\right]_{-h}^h = \tfrac{2}{3}ph^3 + 2rh = \tfrac{h}{3}\cdot\left(2p\cdot h^2 + 6r\right)$$

Dabei gilt: (1) $f(a)+f(b) = g(-h)+g(h) = 2p\cdot h^2 + 2r$

(2) $r = g(0) = f\left(\frac{a+b}{2}\right)$

(3) $h = \frac{b-a}{2}$

Wir können also weiter umformen:

$$\tfrac{h}{3}\cdot\left(2p\cdot h^2+6r\right) = \tfrac{h}{3}\cdot\left(2p\cdot h^2+2r+4r\right) = \tfrac{b-a}{6}\cdot\left(f(a)+f(b)+4\cdot f\left(\tfrac{a+b}{2}\right)\right)$$

2. Berechnen Sie die folgenden Integrale mithilfe der KEPLER'schen Fassregel und vergleichen Sie jeweils mit dem exakten Ergebnis.
Was stellen Sie fest?

(1) $\int\limits_{-3}^6 \left(\tfrac{1}{2}x + 6\right)dx$ 　　　　(2) $\int\limits_2^7 \left(-\tfrac{1}{2}x^2 + 4x - 2\right)dx$ 　　　　(3) $\int\limits_0^4 \left(-\tfrac{1}{8}x^4 + 2x^2 + 1\right)dx$

3. Berechnen Sie die folgenden Integrale näherungsweise mit der KEPLER'schen Fassregel.
Prüfen Sie jeweils das Ergebnis mit einem Rechner.
Geben Sie den prozentualen Fehler des Näherungswertes bei Anwendung der KEPLER'schen Fassregel in Bezug auf das Rechnerergebnis an.

a) $\int\limits_{-1}^5 \sqrt{4x+6}\,dx$ 　　　　b) $\int\limits_0^6 \left(1 + \tfrac{3}{2x+3}\right)dx$ 　　　　c) $\int\limits_2^8 \left(\sin\left(\tfrac{x}{4}\right)\right)^2 dx$

4. Für die Funktion f mit $f(x) = \dfrac{4}{1+x^2}$ soll das Integral $\displaystyle\int_{-1}^{2} f(x)\,dx$ mithilfe der KEPLER'schen Fassregel näherungsweise berechnet werden.

   a) Bestimmen Sie einen Funktionsterm der quadratischen Näherungsfunktion p, deren Graph mit dem Graphen von f die drei Punkte an den Enden und in der Mitte des Intervalls gemeinsam hat. Zeichnen Sie die Graphen der beiden Funktionen für $-3 \le x \le 3$.

   b) Ermitteln Sie einen Näherungswert für das Integral.

5. **a)** Berechnen Sie das Integral einer Quadratfunktion f mit $f(x) = p \cdot x^2 + q \cdot x + r$ im Intervall $[a; b]$ exakt und bestimmen Sie auch einen Näherungswert für dieses Integral mithilfe der KEPLER'schen Fassregel.
Erläutern Sie Ihre Ergebnisse.

   b) Zeigen Sie, dass die KEPLER'sche Fassregel auch für eine kubische Funktion f mit $f(x) = p \cdot x^3 + q \cdot x^2 + r \cdot x + s$ den exakten Wert des Integrals liefert.

6. Der englische Mathematiker THOMAS SIMPSON (1710–1761) hat die nach ihm benannte SIMPSON-Regel als eine Näherungsformel zur Berechnung eines Integrals gefunden.

SIMPSON-Regel

Zur näherungsweisen Berechnung des Integrals $\displaystyle\int_a^b f(x)\,dx$ wird das Intervall $[a; b]$ in eine gerade Anzahl n von gleich langen Teilintervallen

$[x_0; x_1], [x_1; x_2], [x_2; x_3], \dots [x_{n-1}; x_n]$

mit $x_0 = a$ und $x_n = b$ unterteilt.
Dann gilt:

$$\int_a^b f(x)\,dx \approx \frac{b-a}{3n} \cdot \Big(\big(f(a) + f(b)\big) + 4 \cdot \big(f(x_1) + f(x_3) + \dots + f(x_{n-1})\big) + 2 \cdot \big(f(x_2) + f(x_4) + \dots + f(x_{n-2})\big) \Big)$$

mit n gerade.

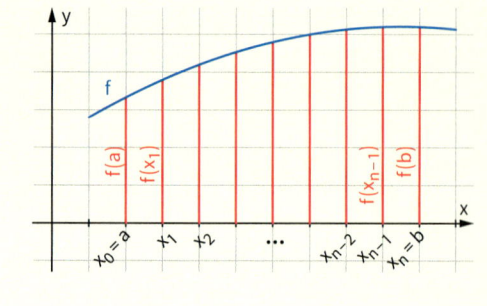

---

   a) Zeigen Sie, dass die KEPLER'sche Fassregel ein Sonderfall der SIMPSON-Regel ist.

   b) Bestimmen Sie einen Näherungswert für das Integral $\displaystyle\int_0^{\frac{\pi}{2}} \cos(x)\,dx$

     ■　mithilfe der KEPLER'schen Fassregel
     ■　mithilfe der SIMPSON-Regel für $n = 4$ und $n = 6$.
    Vergleichen Sie Ihre Ergebnisse mit dem exakten Wert des Integrals.

7. **a)** Berechnen Sie den exakten Wert des Integrals $\displaystyle\int_0^2 \sqrt{4 - x^2}\,dx$ mithilfe geometrischer Überlegungen.

   b) Bestimmen Sie einen Näherungswert mithilfe der KEPLER'schen Fassregel.
Wie groß ist der prozentuale Fehler des Näherungswertes?

   c) Teilen Sie nun das Intervall $[0; 2]$ in zwei gleich lange Teilintervalle und wenden Sie die KEPLER'sche Fassregel auf beiden Teilintervalle an.
Wie groß ist in diesem Fall der prozentuale Fehler?

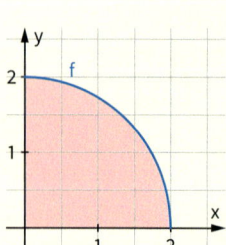

2.4.2 Bogenlänge einer Kurve

ZIEL

In der Integralrechnung haben wir uns ausführlich mit der Berechnung der Inhalte von Flächen zwischen einem Funktionsgraphen und der x-Achse beschäftigt. Von Interesse ist darüber hinaus die Bestimmung der Länge von Funktionsgraphen über einem gegebenen Intervall [a; b] auf der x-Achse. Diese wird auch als *Bogenlänge* bezeichnet.

ZUM ERARBEITEN

→ **Formel zur Bestimmung der Bogenlänge**

- *Entwickeln Sie ein Verfahren zur Bestimmung der Bogenlänge des Graphen einer Funktion f über dem Intervall [a; b].*

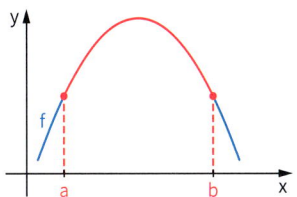

(1) Approximieren des Funktionsgraphen zu f über [a; b] durch einen Streckenzug

Man nähert den Graphen durch einen Streckenzug an, der aus Sehnen an den Graphen gebildet wird. Die Länge dieses Streckenzuges ist ein Näherungswert für die Bogenlänge l.

Man teilt das Intervall [a; b] in n gleich große Teilintervalle der Breite $\Delta x = \dfrac{b-a}{n}$ auf.

Zu jedem Teilintervall gibt es eine Sehne $\overline{P_0\,P_1}$, …, $\overline{P_{n-1}\,P_n}$.

Die Summe der Längen aller Sehnen ist der gesuchte Näherungswert: $l \approx \left|\overline{P_0\,P_1}\right| + \left|\overline{P_1\,P_2}\right| + \dots + \left|\overline{P_{n-1}\,P_n}\right|$

(2) Berechnen der einzelnen Sehnenlängen

Die Länge $\left|\overline{P_{i-1}\,P_i}\right|$ einer beliebigen Sehne über dem Intervall $[x_{i-1}; x_i]$ kann man mithilfe des Satzes des Pythagoras aus den Funktionswerten $f(x_{i-1})$, $f(x_i)$ und der Intervallbreite $\Delta x = x_i - x_{i-1}$ berechnen:

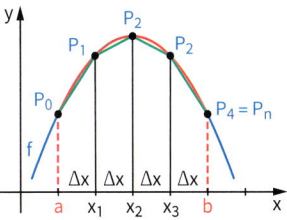

$$\left|\overline{P_{i-1}\,P_i}\right| = \sqrt{\left(f(x_i) - f(x_{i-1})\right)^2 + \left(x_i - x_{i-1}\right)^2}$$

$$= \sqrt{\frac{\left(f(x_i) - f(x_{i-1})\right)^2 \left(x_i - x_{i-1}\right)^2}{\left(x_i - x_{i-1}\right)^2} + \frac{\left(x_i - x_{i-1}\right)^2 \left(x_i - x_{i-1}\right)^2}{\left(x_i - x_{i-1}\right)^2}}$$

Multiplizieren mit $\frac{(x_i - x_{i-1})^2}{(x_i - x_{i-1})^2} = 1$

$$= \sqrt{\left(x_i - x_{i-1}\right)^2}\sqrt{\frac{\left(f(x_i) - f(x_{i-1})\right)^2}{\left(x_i - x_{i-1}\right)^2} + \frac{\left(x_i - x_{i-1}\right)^2}{\left(x_i - x_{i-1}\right)^2}}$$

Ausklammern von $\sqrt{(x_i - x_{i-1})^2} = |x_i - x_{i-1}| = x_i - x_{i-1}$, da $x_i > x_{i-1}$

$$= \left(x_i - x_{i-1}\right)\cdot\sqrt{\frac{\left(f(x_i) - f(x_{i-1})\right)^2}{\left(x_i - x_{i-1}\right)^2} + 1}$$

$$= \left(x_i - x_{i-1}\right)\cdot\sqrt{\left(\frac{f(x_i) - f(x_{i-1})}{x_i - x_{i-1}}\right)^2 + 1}$$

Im umgeformten Ausdruck ist $\dfrac{f(x_i) - f(x_{i-1})}{(x_i - x_{i-1})}$ die Steigung der Sehne $\overline{P_{i-1}\,P_i}$.

Es gibt nun im Inneren des Intervalls $[x_{i-1}; x_i]$ eine Stelle $\overline{x}_i$, für die die zugehörige Tangente an den Graphen parallel zu der betrachteten Sehne ist. Also ist $f'(\overline{x}_i) = \dfrac{f(x_i) - f(x_{i-1})}{(x_i - x_{i-1})}$

Für die Länge der Sehne gilt also: $\left|\overline{P_{i-1}\,P_i}\right| = (x_i - x_{i-1})\cdot\sqrt{\left(f'(x_i)\right)^2 + 1} = \sqrt{1 + \left(f'(x_i)\right)^2}\cdot\Delta x$

(3) Grenzwertbildung durch Übergang zu unendlich vielen Sehnen des Streckenzuges

Näherungsweise erhält man für die Bogenlänge l die Produktsumme

$l \approx \displaystyle\sum_{i=1}^{n}\sqrt{1 + \left(f'(\overline{x}_i)\right)^2}\cdot\Delta x$ und mittels Grenzwertbildung mit $n \to \infty$ das Integral:

$$l = \lim_{n\to\infty}\sum_{i=1}^{n}\sqrt{1 + \left(f'(\overline{x}_i)\right)^2}\cdot\Delta x = \int_a^b \sqrt{1 + \left(f'(x)\right)^2}\,dx$$

INFORMATION

Berechnen der Bogenlänge eines Funktionsgraphen

Formel zur Berechnung der Bogenlänge
Die Bogenlänge l des Graphenstücks von f über dem
Intervall [a; b] ist $l = \int_a^b \sqrt{1 + \left(f'(x)\right)^2}\, dx$

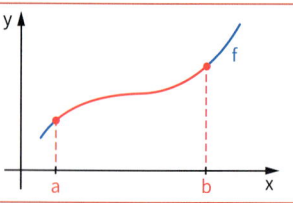

BEISPIEL

Berechnung der Bogenlänge mithilfe von Stammfunktionen
Berechnen der Bogenlänge des Funktionsgraphen von f mit $f(x) = \sqrt{x^3}$ für $x \in [0; 1]$:

Für $f(x) = \sqrt{x^3}$ gilt $f'(x) = \frac{3}{2}\sqrt{x}$. Also ist $l = \int_0^1 \sqrt{1 + \frac{9}{4}x}\, dx$.

Mithilfe der Kettenregel kann man zeigen, dass $G(x) = \frac{8}{27} \cdot \left(1 + \frac{9}{4}x\right)^{\frac{3}{2}}$ eine Stammfunktion zu

$g(x) = \left(1 + \frac{9}{4}x\right)^{\frac{1}{2}}$ ist.

Also gilt $l = \left[\frac{8}{27} \cdot \left(1 + \frac{9}{4}x\right)^{\frac{3}{2}}\right]_0^1 = \frac{8}{27} \cdot \left(\left(\frac{13}{4}\right)^{\frac{3}{2}} - 1\right) \approx 1{,}4397$

BEISPIEL

Bestimmung der Bogenlänge mithilfe des Integralbefehls eines Rechners
Bestimmen der Bogenlänge des Funktionsgraphen von g mit $g(x) = \sin(x)$ für $x \in [0; \pi]$:
Es gilt $f'(x) = \cos(x)$, also erhält man für die gesuchte

Bogenlänge $l = \int_0^\pi \sqrt{1 + \left(\cos(x)\right)^2}\, dx$.

$$\int_0^\pi \left(\sqrt{1 + (\cos(x))^2}\right)$$
$$3.820197789$$

Die Berechnung dieses Integrals ist sehr anspruchsvoll.
Daher bestimmt man einen Näherungswert mithilfe des Integralbefehls des Rechners: $l \approx 3{,}82$.

Bemerkung: Da man bei der Berechnung der Bogenlänge eine Wurzel im Integranden hat, lässt sich das Integral mithilfe von Stammfunktionen oft nur schwer oder u. U. überhaupt nicht exakt berechnen. Man kann aber mithilfe eines Rechners Näherungswerte für diese Integrale bestimmen.

ZUM ÜBEN

Berechnen der Bogenlänge

1. Berechnen Sie die Länge des Graphen der Funktion f über dem Intervall I ohne Rechner.

    a) $f(x) = \sqrt{\left(x - \frac{4}{9}\right)^3}$; $I = [1; 4]$;   **b)** $f(x) = \frac{2}{3}(x - 1)^{\frac{3}{2}}$; $I = [1; 9]$;   **c)** $f(x) = m \cdot x + n$; $I = [a; b]$

2. Ermitteln Sie die Bogenlänge des Graphen von f über dem Intervall [1; 2] durch Integralbestimmung mithilfe des Rechners.

    a) $f(x) = x^2$;   **b)** $f(x) = \frac{1}{x}$;   **c)** $f(x) = e^x$

3. Zur Herstellung von Wellblechdächern werden Metallbleche sinusförmig verformt.

    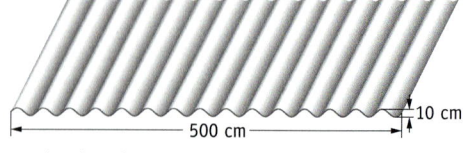

    a) Bestimmen Sie die Gleichung einer Sinus-Funktion vom Typ $f(x) = a \cdot \sin(b \cdot x)$ in einem geeignet gewählten Koordinatensystem, deren Graph die verformte Kante in der Abbildung rechts beschreibt.

    b) Für die Herstellung des Wellbleches werden 100 m auf Rollen gewickeltes Blech der Breite 2,50 m verwendet. Wie viele Wellbleche der Größe 2,50 m × 2,50 m kann man daraus herstellen? Berechnen Sie.

Mantelfläche eines Rotationskörpers

4. Durch die Rotation eines Funktionsgraphen zur Funktion f, die über dem Intervall [a; b] definiert ist, wird ein Rotationskörper begrenzt, dessen Oberfläche als „*Mantelfläche*" oder kurz „*Mantel*" bezeichnet wird. Für den Inhalt dieser Fläche gilt die folgende Formel.

Formel für die Mantelfläche eines Rotationskörpers

Für den Inhalt AM des Mantels eines Rotationskörpers zur Begrenzungsfunktion f über dem

Intervall [a; b] gilt: $A_M = 2\pi \int_a^b f(x) \cdot \sqrt{1 + \left(f'(x)\right)^2}\, dx$

Leiten Sie diese Formel analog zur Erarbeitung der Formel für die Bogenlänge her.

Anleitung: Beachten Sie, dass bei der Rotation der Sehnen um die x-Achse Kegelstümpfe entstehen. Zerlegen Sie den Rotationskörper in n waagerecht aneinander liegende Kegelstümpfe. Bestimmen Sie dann die Mantelfläche des Kegelstumpfes zum Intervall $[x_{i-1}; x_i]$ mithilfe der Formel: $A_M = \pi \cdot (r_1 + r_2) \cdot s$ Die Summation über alle n Kegelstümpfe liefert mit dem Übergang zum Integral die Formel.

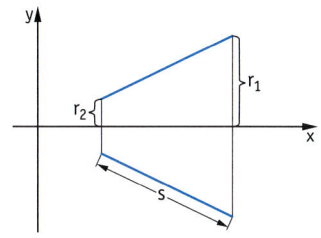

5. **Kreis und Kugel**

Für die Punkte $P(x|y)$ des Kreises mit dem Radius 1 und dem Mittelpunkt $O(0|0)$ gilt die Gleichung $x^2 + y^2 = 1$.

a) Bestimmen Sie mithilfe der Formeln für die Bogenlänge und für die Mantelfläche den Kreisumfang und den Kugeloberflächeninhalt.

b) Prüfen Sie, ob Ihre Ergebnisse mit denen übereinstimmen, die man mithilfe der entsprechenden bekannten Formeln aus der Geometrie berechnet.

6. **Ellipse und Rotationsellipsoid**

Für die Punkte $P(x|y)$ der Ellipse mit dem Mittelpunkt $O(0|0)$ und den Halbachsen a und b gilt die Gleichung $\left(\dfrac{x}{a}\right)^2 + \left(\dfrac{y}{b}\right)^2 = 1$.

Durch Rotation des zugehörigen Graphen um die x-Achse entsteht ein sogenanntes *Rotationsellipsoid*.

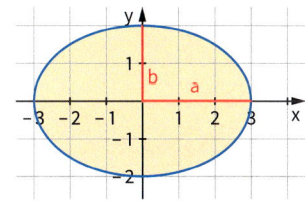

a) Bestimmen Sie mithilfe der Formeln für die Bogenlänge und für die Mantelfläche für a = 3 und b = 2 den Umfang der Ellipse sowie die Mantelfläche des zugehörigen Rotationsellipsoids.

b) Bestimmen Sie den Flächeninhalt der Ellipse sowie das Volumen des Rotationsellipsoids.

Kettenlinie

7. Im 16. und 17. Jahrhundert befassten sich Mathematiker mit der Frage, durch welche Funktionsgleichung eine an zwei Punkten aufgehängte Kette beschrieben werden kann. Während der italienische Wissenschaftler GALILEO GALILEI (1564 – 1642) annahm, die sogenannte Kettenlinie sei eine Parabel, konnte der Niederländer CHRISTIAAN HUYGENS (1629 – 1695) diese Vermutung schon im Alter von 17 Jahren widerlegen. Erst dem Universalgelehrten GOTTFRIED WILHELM LEIBNIZ (1646 – 1716) gelang 1690 die exakte Beschreibung der Kettenlinie mithilfe der Funktionsgleichung $f(x) = \dfrac{e^x + e^{-x}}{2}$.

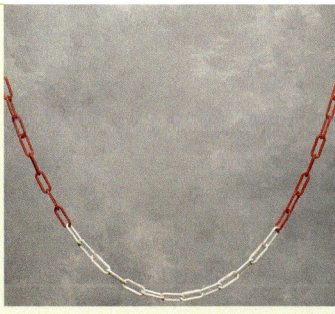

Man bezeichnet die Funktion mit dem Term $\frac{e^x + e^{-x}}{2}$ auch als **cosh** (cosinus hyperbolicus):
$\cosh(x) = \frac{e^x + e^{-x}}{2}$.

Für die Form einer an zwei Punkten im Koordinatensystem aufgehängten Kette oder eines Seils kann man allgemein den Ansatz $f(x) = \frac{1}{a}\cosh\big(a \cdot (x + b)\big) + c$ verwenden.

a) Zwischen den Punkten $P(-2\,|\,e + e^{-1})$ und $Q(2\,|\,e + e^{-1})$ ist ein Seil aufgehängt, das bis in den Punkt $T(0\,|\,2)$ durchhängt.
Begründen Sie, dass für $f(x)$ gilt: $b = 0$, $c = 0$ und $a = \frac{1}{2}$.

b) Berechnen Sie die Länge des Seils.

c) Betrachten Sie zum Vergleich den Verlauf des durchhängenden Seils zwischen den Punkten P und Q als Parabel. Berechnen Sie die Länge des so modellierten Seils zwischen P und Q.
Bestimmen Sie auch den prozentualen Abweichungsfehler dieser Berechnung von der Berechnung in Teilaufgabe b).

7.

Die Storebælt-Brücke in Dänemark

Die 18 km lange Brücke verläuft über den Großen Belt und verbindet Ost- und Westdänemark miteinander. Die Fahrbahn der Brücke wird durch Trageseile gehalten, die an den beiden Brückenständern (Pylonen) befestigt sind.
Der tiefste Punkt des Trageseils der Brücke befindet sich 77 m über der Wasseroberfläche, der höchste 254 m. Der waagerechte Abstand der Pylonen beträgt 1 624 m.

Zur Beschreibung der Trageseile und der Fahrbahn wählen wir ein Koordinatensystem, dessen Ursprung auf der Wasseroberfläche genau in der Mitte zwischen den Pylonen liegt.

a) Aufgrund der technischen Konstruktion weiß man:
- Die Trageseile zwischen den beiden Pylonen folgen dem Verlauf einer Parabel.
- Der Verlauf der Fahrbahn zwischen den Pylonen wurde als Ausschnitt eines Kreises vom Radius 45 km, dessen Mittelpunkt 44,928 km unter dem Ursprung des Koordinatensystems liegt, konstruiert.

Leiten Sie aus den Angaben her, dass
(1) $p(x) = 0{,}000268\,x^2 + 77$ den Verlauf eines Trageseils;
(2) $c(x) = \sqrt{45\,000^2 - x^2} - 44\,928$ den Verlauf der Fahrbahn
beschreibt.

b) Bestimmen Sie
(1) die Länge des Trageseils zwischen den Pylonen;
(2) die Länge der Fahrbahn zwischen den Pylonen.

c) Legen Sie den Berechnungen andere Modellannahmen zugrunde und berechnen Sie damit die Funktionsgleichungen für den Trageseil- sowie den Fahrbahnverlauf:
(1) Der Trageseilverlauf folgt einer Kettenlinie mit dem Ansatz $k(x) = \frac{1}{a}\cosh\big(a \cdot (x + b)\big) + c$;
(2) Der Verlauf der Fahrbahn ist parabelförmig mit dem Ansatz $d(x) = a\,x^2 + b\,x + c$

Bestimmen Sie unter diesen Modellannahmen die Länge des Trageseils sowie die Länge der Fahrbahn zwischen den Pylonen.

d) Vergleichen Sie die Ergebnisse aus den Teilaufgaben b) und c) miteinander.

2.5 Mittelwert der Funktionswerte einer Funktion

ZIEL

Der Mittelwert (das arithmetische Mittel) einer Anzahl von Daten wird berechnet, indem man alle Daten aufsummiert und durch die Anzahl der Daten dividiert.
Im Folgenden wird herausgearbeitet, wie ein Mittelwert definiert werden kann, falls die Daten durch eine Funktion f über einem Intervall [a; b] gegeben sind.

ZUM ERARBEITEN

→ **Mittleren Kraftstoffverbrauch eines Fahrzeugs bestimmen**

Der rechts abgebildete Graph zeigt den momentanen Kraftstoffverbrauch $\left(\text{in } \frac{l}{km}\right)$ eines Fahrzeugs zwischen 8 km und 15 km.
Dieser momentane Kraftstoffverbrauch kann gut durch den Graphen der Funktion f mit
$$f(s) = -0{,}0003125\,s^3 + 0{,}009375\,s^2 - 0{,}07875\,s + 0{,}3025$$
dargestellt werden.

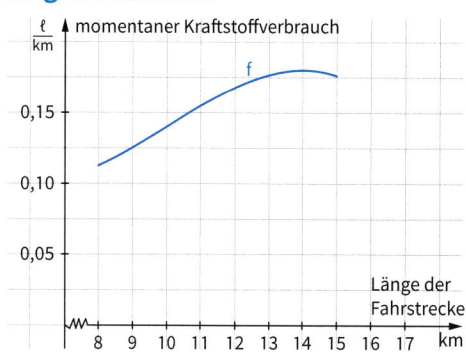

- *Ermitteln Sie, wie hoch der Kraftstoffverbrauch (in l) zwischen 8 km und 15 km insgesamt war. Deuten Sie das Ergebnis auch geometrisch am Graphen der Funktion.*

Wie viel Kraftstoff insgesamt zwischen 8 km und 15 km verbraucht wurde, können wir ermitteln, indem wir das folgende Integral z. B. mithilfe eines Rechners bestimmen:
$$\int_{8}^{15} f(s)\,ds \approx 1{,}089$$

Zwischen 8 km und 15 km der Fahrstrecke wurden insgesamt 1,089 l Kraftstoff verbraucht. Geometrisch gedeutet entspricht dieser Verbrauch dem orientierten Flächeninhalt der Fläche zwischen dem Graphen von f und der x-Achse im Intervall [8; 15], also dem Flächeninhalt der gefärbten Fläche rechts.

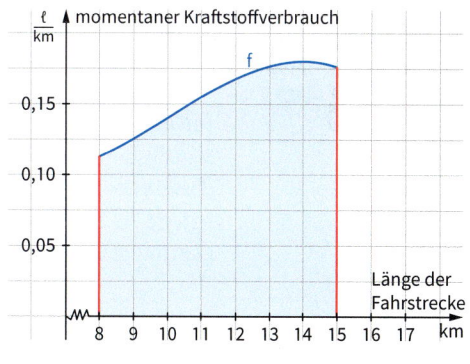

- *Angenommen, der momentane Kraftstoffverbrauch wäre für diese Fahrstrecke von 8 km bis 15 km konstant gewesen, wie hoch müsste er dann sein, damit für diese Fahrstrecke wiederum 1,089 l Kraftstoff verbraucht würden?*

Nimmt man an, dass der momentane Kraftstoffverbrauch zwischen 8 km und 15 km konstant m gewesen ist, dann ergibt sich der Verbrauch insgesamt aus dem Produkt $m \cdot (15 - 8)$.
Soll der Verbrauch insgesamt wieder 1,089 l betragen, so gilt $m \cdot (15 - 8) = 1{,}089$, also $m \approx 0{,}156$.
Bei einem konstanten momentanen Kraftstoffverbrauch von $0{,}156\,\frac{l}{km}$ während der Fahrt würden insgesamt 1,089 l Kraftstoff benötigt.
Das wäre genau soviel Kraftstoff wie bei der Fahrt mit unterschiedlichem momentanen Kraftstoffverbrauch.

■ *Zeichnen Sie Ihr Ergebnis für den konstanten momentanen Kraftstoffverbrauch zusammen mit dem Graphen für den tatsächlichen Verbrauch und erläutern Sie, warum man hier vom mittleren Kraftstoffverbrauch spricht.*

Der Graph zum konstanten momentanen Verbrauch von $0{,}156 \frac{l}{km}$ ist eine Gerade mit $y = 0{,}156$ parallel zur x-Achse. Der insgesamt verbrauchte Kraftstoff kann geometrisch als Flächeninhalt des Rechtecks zwischen der Geraden und der x-Achse im Intervall [8; 15] gedeutet werden. Der Flächeninhalt dieses Rechtecks und der Flächeninhalt zwischen dem Graphen von f und der x-Achse sind in diesem Intervall mit 1,089 Flächeneinheiten beide gleich groß.

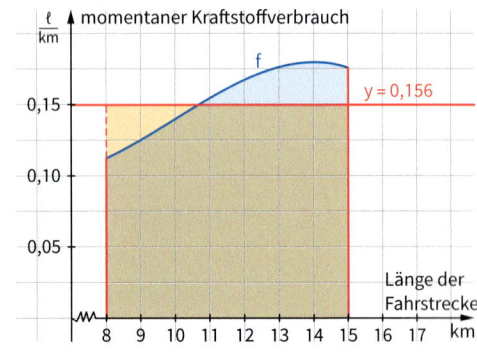

Bei einem konstanten momentanen Verbrauch von $0{,}156 \frac{l}{km}$ würde man insgesamt genau so viel Kraftstoff verbrauchen, wie bei allen momentanen Verbräuchen zusammen, die durch f(s) im Intervall [8; 15] gegeben sind.

Somit werden alle Verbräuche dieses Intervalls durch einen einzigen Wert repräsentiert, ähnlich wie beim arithmetischen Mittel von Daten. Deshalb ist es naheliegend, hier von einem mittleren Kraftstoffverbrauch zu sprechen.

■ *Geben Sie auch eine Formel für den oben berechneten Mittelwert m an, aus der hervorgeht, wie man den Wert von m aus der Funktion f und den Intervallgrenzen 5 und 8 erhält.*

Um m zu erhalten, haben wir zunächst das Integral $\int_{8}^{15} f(s)\,ds$ berechnet.

Aus der Annahme $m \cdot (15 - 8) = \int_{8}^{15} f(s)\,ds$ wurde dann der Wert für m bestimmt: $m = \frac{1}{15 - 8} \int_{8}^{15} f(s)\,ds$

INFORMATION

Mittelwert der Funktionswerte einer Funktion über einem Intervall

Man bestimmt den Mittelwert μ der Funktionswerte einer Funktion f über einem Intervall [a; b] so, dass das Rechteck über dem Intervall [a; b] mit der Höhe μ den gleichen orientierten Flächeninhalt hat wie die Summe der orientierten Flächeninhalte zwischen dem Graphen von f und der x-Achse über dem Intervall [a; b]:

$$\int_{a}^{b} f(x)\,dx = \mu \cdot (b - a)$$

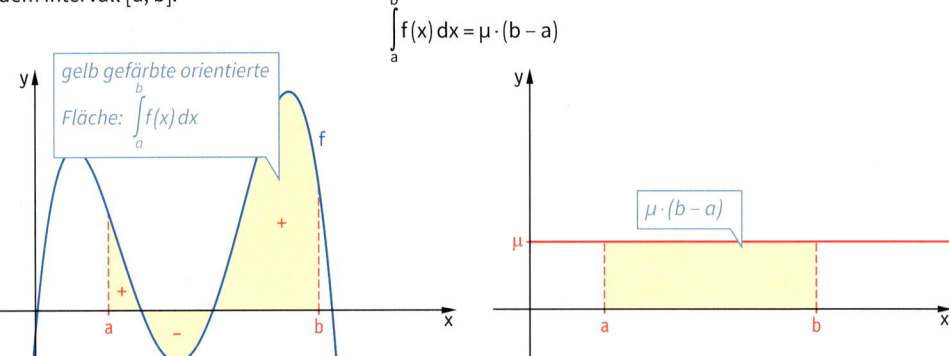

Den Mittelwert der Funktionswerte einer Funktion definiert man daher wie folgt:

Definition

Für eine Funktion f über dem Intervall [a; b] heißt die Zahl

$$\mu = \frac{1}{b - a} \cdot \int_{a}^{b} f(x)\,dx$$ **Mittelwert der Funktionswerte von f im Intervall [a; b].**

BEISPIEL

An einem warmen Sommertag in Frankfurt wurde zwischen 3 Uhr morgens und 23 Uhr abends der Temperaturverlauf aufgezeichnet.
Der Temperaturverlauf lässt sich gut durch den Graphen einer Funktion f mit $f(t) = 0,0005\,t^4 - 0,028\,t^3 + 0,35\,t^2 + 0,9\,t + 4$ modellieren.
Die mittlere Temperatur zwischen 3 Uhr und 23 Uhr wird nun aus der Funktion f, z. B. mithilfe eines Rechners bestimmt:

$$\frac{1}{23-3} \cdot \int_{3}^{23} f(t)\,dt \approx 20{,}781$$

Die mittlere Temperatur zwischen 3 Uhr und 23 Uhr in Dortmund betrug also etwa 20,8 °C.
Über dem Intervall [3; 23] kann man ein Rechteck mit der Höhe $y = 20{,}781$ in das Koordinatensystem einzeichnen. Der Flächeninhalt des Rechtecks ist genauso groß wie die Fläche zwischen dem Funktionsgraphen von f und der Zeitachse.

ZUM ÜBEN

Mittelwert der Funktionswerte einer ganzrationalen Funktion

1. Gegeben ist die Funktion f mit $f(x) = \dfrac{x(5-x)(x-15)}{12}$.

a) Zeichnen Sie den Graphen der Funktion f im Intervall [0; 15].
Schätzen Sie grafisch ab, an welcher Stelle auf der y-Achse der Mittelwert der Funktionswerte von f im Intervall [0; 15] liegt.

b) Berechnen Sie den Mittelwert der Funktionswerte zu f im Intervall [0; 15] und vergleichen Sie diesen mit Ihrer Schätzung aus Teilaufgabe a).

Beweise zu Aussagen über den Mittelwert der Funktionswerte einer Funktion

2. Begründen Sie den folgenden Satz.

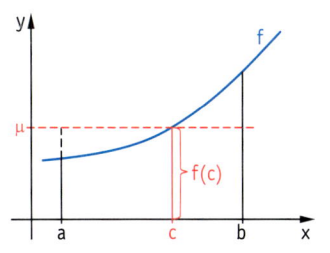

Satz: Mittelwertsatz der Integralrechnung
Hat eine Funktion f über dem Intervall [a; b] den Mittelwert μ und ist der Graph von f durchgehend gezeichnet, dann gibt es eine Stelle $c \in [a; b]$, sodass gilt:

$$f(c) = \mu = \frac{1}{b-a} \cdot \int_{a}^{b} f(x)\,dx$$

3. Gegeben ist eine Funktion f über dem Intervall [1; 3] und $\int_{1}^{3} f(x)\,dx = 10$. Der Graph von f über dem Intervall [1; 3] kann durchgehend gezeichnet werden.

a) Zeigen Sie, dass f den Wert 5 mindestens einmal im Intervall [1; 3] annimmt.

b) Zeigen Sie allgemein:
Ist μ der Mittelwert einer Funktion f im Intervall [a; b], so gilt $\int_{a}^{b} \big(f(x) - \mu\big)\,dx = 0$

4. Die Funktionswerte der Funktionen f_1 und f_2 haben über dem Intervall [a; b] den Mittelwert $\mu_1 = 2$ bzw. $\mu_2 = 5$. Berechnen Sie die Mittelwerte der angegebenen Funktionen.
(1) $g(x) = f_1(x) + 3$;   (2) $g(x) = 2 \cdot f_1(x) - f_2(x)$;   (3) $g(x) = 5 \cdot f_1(x) - 2 \cdot f_2(x)$

Mittelwert der Funktionswerte bei trigonometrischen Funktionen, Exponentialfunktionen und bei Funktionenscharen

5. Die an einem Tag zwischen 9 Uhr und 21 Uhr in einer Wetter-
    station gemessene Temperaturkurve ist annähernd durch die
    Funktion T mit $T(t) = 10 + 8 \cdot \sin\left(\frac{\pi}{12}t\right)$
    zum Zeitpunkt t (in Stunden) gegeben.
    Bestimmen Sie die mittlere Temperatur für diesen Zeitraum.

6. Betrachten Sie die Funktion f mit $f(x) = \sin(x) - \cos(x)$ im Intervall $[0; 2\pi]$. Bestimmen Sie den
    Mittelwert der Funktion in diesem Intervall. Erläutern Sie das Ergebnis am Graphen von f.

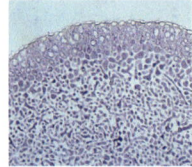

7. Das Wachstum einer Pilzkultur unter Laborbedingungen lässt sich näherungsweise durch die
    Funktion f mit $f(t) = \frac{1\,000}{1 + 499 \cdot 2^{-t}}$, $t \geq 0$, beschreiben.

    Dabei gibt t in Stunden die Zeit seit Beobachtungsbeginn an und $f(t)$ die Größe der zum Zeitpunkt t
    bedeckten Fläche in cm^2. Bestimmen Sie die mittlere Größe der von der Kultur innerhalb des Zeit-
    intervalls $[0; t]$ bedeckten Fläche. Welchen Wert erhält man für $t \to \infty$? Deuten Sie das Ergebnis am
    Graphen von f.

8. Gegeben ist die Funktionenschar f_k mit $f_k(x) = 2x^3 - kx^2 + 4x - 5$; $k \in \mathbb{R}$.
    a) Berechnen Sie die Mittelwerte der Funktionenschar f_k im Intervall $[-2; 2]$.
    b) Berechnen Sie den Parameter k so, dass der Mittelwert der Funktionenschar f_k über dem Intervall
        $[-2; 2]$ null ergibt.

Mittelwert der Funktionswerte einer modellierten Funktion

9. Im Laufe eines Jahres ändert sich die tägliche Sonnenscheindauer, d. h. die Zeitspanne zwischen
    Sonnenaufgang und -untergang. In unseren Breiten ist die Sonne am 21. Juni mit etwa 16,5 Stunden
    am längsten und am 21. Dezember mit 8 Stunden am kürzesten zu sehen. In der folgenden Tabelle ist
    für jeden Monat die Sonnenscheindauer für jeweils einen Tag angegeben.

Datum	21.01.	21.03.	21.05.	21.06.	21.07.	21.09.	21.11.
Sonnenscheindauer (in h)	8,7	12,2	15,9	16,5	15,7	12,3	8,6

Ermitteln Sie eine Funktion vom Typ $a \cdot \sin(bx + c) + d$, welche die Sonnenscheindauer in Abhängigkeit von der Zeit angibt. Bestimmen Sie dann die mittlere Sonnenscheindauer mithilfe dieser
Funktion. Vergleichen Sie das Ergebnis mit dem arithmetischen Mittel der Daten aus der Tabelle.

10. a) Berechnen Sie anhand des Diagramms die
        mittlere monatliche Regenmenge in Almeria
        in Südspanien. Mit wieviel Regen kann man
        im Mittel pro Tag in den Monaten Januar,
        Februar, März und April rechnen?
    b) Bestimmen Sie einen Näherungswert für die
        mittlere Jahrestemperatur,
        ▪ indem Sie die einzelnen Werte für die
          Temperatur aus dem Graphen ent-
          nehmen;
        ▪ indem Sie mithilfe eines Rechners eine
          geeignete Näherungsfunktion für die
          Temperaturfunktion finden.

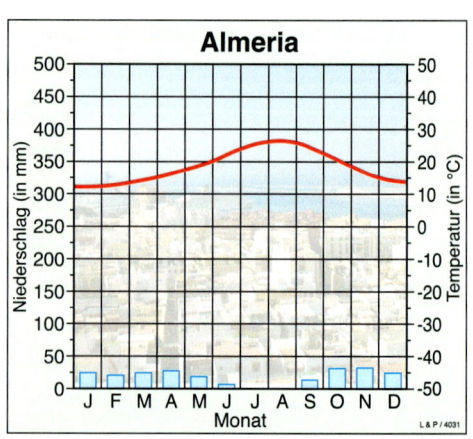

Das Wichtigste im Überblick

Fläche zwischen Funktionsgraph und x-Achse

Den Flächeninhalt A der Fläche zwischen dem Graphen der Funktion f und der x-Achse über dem Intervall [a; b], hier mit den Nullstellen x_1 und x_2 im Intervall [a; b], berechnet man folgendermaßen:

$$A = \left| \int_a^{x_1} f(x)\,dx \right| + \left| \int_{x_1}^{x_2} f(x)\,dx \right| + \left| \int_{x_2}^{b} f(x)\,dx \right|$$

Mithilfe eines Taschenrechners kann man den Flächeninhalt näherungsweise bestimmen, ohne die Nullstellen zu bestimmen:

$$A = \int_a^b |f(x)|\,dx.$$

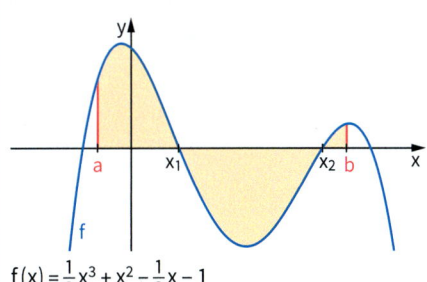

$$f(x) = \frac{1}{3}x^3 + x^2 - \frac{1}{3}x - 1$$

$$\int_{-2}^{1.5} \left(\left| \frac{1}{3}x^3 + x^2 - \frac{1}{3}x - 1 \right| \right) dx$$
$$2.338542075$$

Fläche zwischen zwei Funktionsgraphen

Die Graphen von f und g begrenzen über dem Intervall [a; b] eine Fläche, hier mit einer Schnittstelle bei x_1. Den Flächeninhalt dieser Fläche zwischen den Graphen von f und g kann man dann berechnen durch:

$$A = \int_a^{x_1} \big(f(x) - g(x) \big)\,dx + \int_{x_1}^{b} \big(g(x) - f(x) \big)\,dx$$

Dabei gilt $f(x) \geq g(x)$ in $[a; x_1]$ und $g(x) \geq f(x)$ in $[x_1; b]$.

Mit einem Rechner müssen keine Schnittstellen bestimmt werden. Man bestimmt den Flächeninhalt näherungsweise: $A = \int_a^b |f(x) - g(x)|\,dx$.

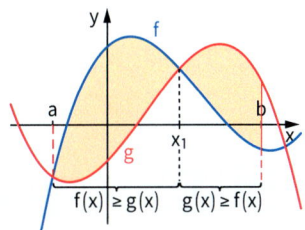

$$f(x) = \frac{1}{2}x^2 - x - \frac{1}{2}; \quad g(x) = \frac{1}{2}x^3 - x^2 - \frac{3}{2}x + 1$$

$$\int_{-1}^{3} \left(\left| f(x) - \left(\frac{1}{2}x^3 - x^2 - \frac{3}{2}x + 1 \right) \right| \right) dx$$
$$4$$

Uneigentliche Integrale
LK

Man spricht von einem **uneigentlichen Integral** einer Funktion f,
(1) wenn eine Integrationsgrenze eine Definitionslücke x_0 von f ist,
oder
(2) wenn eine Integrationsgrenze gegen plus bzw. minus Unendlich geht.

Man schreibt dafür:

$$(1) \quad \int_{x_0}^{b} f(x)\,dx = \lim_{a \to x_0} \int_a^b f(x)\,dx$$

$$(2) \quad \int_a^{\infty} f(x)\,dx = \lim_{b \to \infty} \int_a^b f(x)\,dx$$

Falls es keinen Grenzwert gibt, sagt man: Das uneigentliche Integral existiert nicht.

$$(1) \quad \int_0^2 \frac{1}{x^3}\,dx$$

$$\int_a^2 \frac{1}{x^3}\,dx = \left[\frac{-1}{2x^2} \right]_a^2$$
$$= -\frac{1}{8} + \frac{1}{2a^2}$$

Wenn $a \to 0$, dann
$-\frac{1}{8} + \frac{1}{2a^2} \to \infty$.

Das uneigentliche Integral existiert nicht.

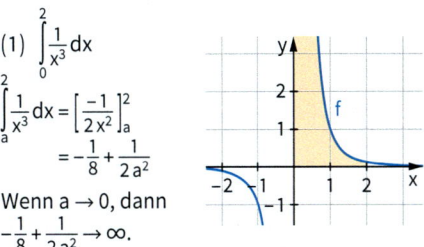

$$(2) \quad \int_a^0 e^x\,dx = [e^x]_a^0$$
$$= e^0 - e^a = 1 - e^a$$

Wenn $a \to -\infty$, dann $e^a \to 0$, also $1 - e^a \to 1$.

Es gilt: $\int_{-\infty}^{0} e^x\,dx = 1$

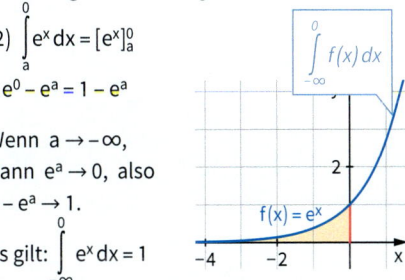

$$\int_{-\infty}^{0} f(x)\,dx$$

$$f(x) = e^x$$

Volumen eines Rotationskörpers

LK

Wahlthema GK

Rotiert die Fläche zwischen dem Graphen einer Funktion f und der x-Achse im Intervall $[a; b]$ um die x-Achse, so entsteht ein **Rotationskörper mit dem Volumen V**.

Es gilt:

$$V = \int_a^b \pi \cdot \big(f(x)\big)^2\, dx$$

Dabei ist $\pi \cdot \big(f(x)\big)^2$ der Flächeninhalt der Querschnittsfläche, die entsteht, wenn man den Rotationskörper senkrecht zur x-Achse an der Stelle x zerschneidet.

$f(x) = \frac{1}{8}x^3 - x + 2$

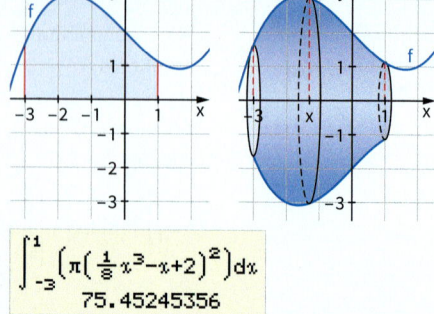

$$\int_{-3}^{1} \left(\pi \left(\tfrac{1}{8}x^3 - x + 2 \right)^2 \right) dx$$
$$75.45245356$$

Trapezsummenverfahren

LK

Wahlthema LK

Das Integral $\displaystyle\int_a^b f(x)\, dx$ kann näherungsweise durch eine Zerlegung des Intervalls $[a; b]$ in n gleich breite Teilintervalle mit der Breite $\Delta x = \frac{b-a}{n}$ berechnet werden: $\displaystyle\int_a^b \mathbf{f(x)\, dx}$

$$\approx \Delta x \cdot \frac{1}{2}\big(f(a) + 2 \cdot f(x_1) + \cdots + 2 \cdot f(x_{n-1}) + f(b)\big)$$

mit $x_0 = a$, $x_1 = a + \Delta x$, …, $x_n = a + n \cdot \Delta x$.

$f(x) = \frac{1}{8}(x^3 - 5x^2 + 3x + 12)$; $[0; 3]$

$n = 3$, $\Delta x = 1$

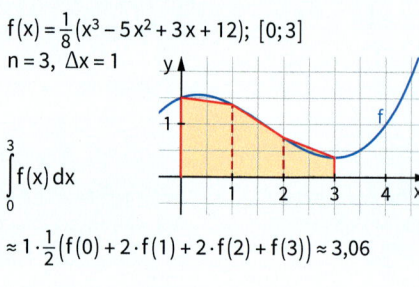

$\displaystyle\int_0^3 f(x)\, dx$

$\approx 1 \cdot \frac{1}{2}\big(f(0) + 2 \cdot f(1) + 2 \cdot f(2) + f(3)\big) \approx 3,06$

Keplersche Fassregel

LK

Wahlthema LK

Sind vom Graphen einer Funktion f drei Punkte $P_1\big(a \,|\, f(a)\big)$, $P_2\big(\frac{a+b}{2} \,\big|\, f\big(\frac{a+b}{2}\big)\big)$, $P_3\big(b \,|\, f(b)\big)$ bekannt, so gilt:

$$\int_a^b \mathbf{f(x)\, dx} \approx \frac{b-a}{6}\left(\mathbf{f(a)} + 4 \cdot \mathbf{f}\left(\frac{a+b}{2}\right) + \mathbf{f(b)}\right)$$

$f(x) = \sqrt{1 - x^2}$; $[0; 1]$

$f(0) = 1$; $f(0,5) = \frac{1}{2}\sqrt{3}$; $f(1) = 0$

$\displaystyle\int_0^1 \sqrt{1 - x^2}\, dx \approx \frac{1-0}{6}\left(1 + 4 \cdot \frac{1}{2}\sqrt{3} + 0\right) \approx 0,74$

Bogenlänge

LK

Wahlthema LK

Die **Bogenlänge** des Graphen von f über dem Intervall $[a; b]$ ist:

$$l = \int_a^b \sqrt{1 + \big(f'(x)\big)^2}\, dx$$

$f(x) = \sqrt{\left(x - \frac{4}{9}\right)^3}$; $[1; 4]$

$f'(x) = \frac{3}{2}\left(x - \frac{4}{9}\right)^{\frac{1}{2}}$

$l = \displaystyle\int_1^4 \sqrt{1 + \frac{9}{4}\left(x - \frac{4}{9}\right)}\, dx$

$= \displaystyle\int_1^4 \frac{3}{2}\sqrt{x}\, dx = \left[\sqrt{x^3}\right]_1^4$

$= 8 - 1 = 7$

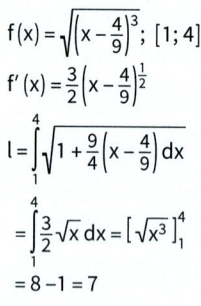
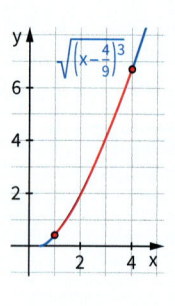

Mittelwert der Funktionswerte einer Funktion

LK

Für eine Funktion f über dem Intervall $[a; b]$ heißt die Zahl

$$\mu = \frac{1}{b-a}\int_a^b \mathbf{f(x)\, dx}$$

Mittelwert der Funktionswerte von f im Intervall $[a; b]$.

$f(x) = \frac{1}{2}x^3 - x + 1$; $[-1; 2]$

$\mu = \frac{1}{2-(-1)} \cdot \displaystyle\int_{-1}^{2}\left(\frac{1}{2}x^3 - x + 1\right) dx$

$\mu = \frac{1}{3} \cdot \left[\frac{1}{8}x^4 - \frac{1}{2}x^2 + x\right]_{-1}^{2} = 1,125$

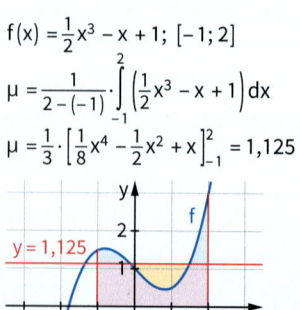

Klausurtraining

TEIL A

Lösen Sie die folgenden Aufgaben ohne Formelsammlung und ohne Taschenrechner.

1. Gegeben ist die Funktion f mit $f(x) = x - x^3$.

   a) Begründen Sie, dass Folgendes gilt: $\int_{-1}^{1} f(x)\,dx = 0$.

   b) Berechnen Sie den Flächeninhalt der Fläche, die der Graph von f mit der x-Achse einschließt.

2. Die Funktionen f mit $f(x) = \frac{3}{4}x^2$ und g mit $g(x) = -\frac{1}{4}x^2 + 4$
   schließen eine Fläche ein.

   a) Berechnen Sie die Schnittstellen und berechnen Sie den
   Flächeninhalt der eingeschlossenen Fläche.

   b) Der Graph der Funktion h mit $h(x) = \frac{1}{4}x^2 + 2$ verläuft ebenfalls durch die Schnittpunkte der Graphen von f und g. Untersuchen Sie, ob der Graph von h die eingeschlossene Fläche aus
   Teilaufgabe a) halbiert.

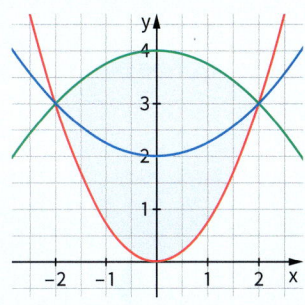

3. Für $k > 0$ ist die Funktion f_k gegeben durch $f_k(x) = x^3 - k^2 x$.
   Berechnen Sie k so, dass der Graph von f_k mit der x-Achse eine Fläche mit dem Inhalt 8 einschließt.

4. Bestimmen Sie für die Funktion f_k mit $f_k(x) = 0{,}5x^2 - k$ den Parameter $0 < k < 3$ so, dass gilt:
   Die Flächeninhalte der Flächen zwischen dem Graphen von f_k und der x-Achse über dem Intervall $[0; x_0]$
   und $[x_0; 3]$ sind gleich groß, dabei ist x_0 die positive Nullstelle von f_k.

5. a) Zeigen Sie, dass für beliebiges $b > 0$ die Flächeninhalte der
   gefärbten Flächen stets im Verhältnis $1:2$ stehen.

   b) Formulieren Sie das Ergebnis aus Teilaufgabe a) für eine beliebige Potenzfunktion f mit $f(x) = x^n$ mit $n \in \mathbb{N}$ allgemein.

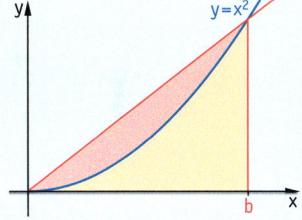

6. Betrachten Sie f mit $f(x) = x^2$ und die Gerade mit $y = a^2$ (siehe
   Grafik rechts). Wie verhält sich der Flächeninhalt des Dreiecks zum
   Inhalt der Fläche zwischen dem Graphen von f und der Geraden in
   Abhängigkeit von a? Berechnen Sie dieses Verhältnis.

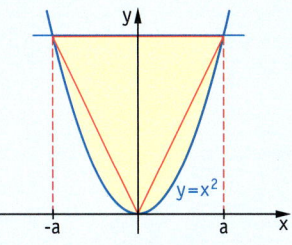

7. Gegeben ist die Funktion f mit $f(x) = 9 - x^2$.
   Zerlegen Sie die Fläche, die der Graph von f mit der x-Achse
   einschließt, so durch eine Parallele zur x-Achse, dass zwei Flächen
   mit demselben Flächeninhalt entstehen.
   Skizzieren Sie den Sachverhalt und geben Sie die Geradengleichung an.

LK 8. Gegeben ist die Funktion f mit $f(x) = x^{-5}$.

   Bestimmen Sie das Integral $\int_{a}^{\infty} f(x)\,dx$ für $a > 0$ in Abhängigkeit von a.

   Für welchen Wert von a gilt: $\int_{a}^{\infty} f(x)\,dx = 4$? Berechnen Sie diesen Wert.

TEIL B

Bei der Lösung dieser Aufgaben können Sie die Formelsammlung und einen Rechner verwenden.

9. Berechnen Sie den Flächeninhalt der Fläche, die von den Graphen der Funktionen f mit $f(x) = x - x^3$ und g mit $g(x) = -\frac{3}{2}x^2$ begrenzt wird.

10. a) Begründen Sie, dass der Graph der Funktion f mit
$f(x) = \sqrt{r^2 - x^2}$ der abgebildete Halbkreis um den Koordinatenursprung mit dem Radius r ist. Betrachten Sie dazu für einen beliebigen Punkt P(x|y) des Halbkreises das Dreieck mit den Punkten O(0|0), R(x|0) und P(x|y).

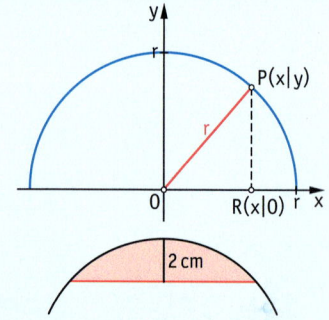

   b) Berechnen Sie für einen Kreis mit dem Radius 6 cm den Flächeninhalt eines Kreissegmentes der Höhe 2.

LK **11.** Ein Kühlbehälter für eine Flasche kann modelliert werden durch einen Rotationskörper, der durch Rotation der Fläche zwischen den Graphen der Funktionen f und g mit $f(x) = 1{,}1^x + 6$ und $g(x) = 1{,}1^x + 6{,}5$ über dem Intervall $[-25; 0]$ um die x-Achse entsteht (Einheit 1 cm), und durch einen zylinderförmigen Boden mit dem Radius r = 6,5 cm und der Höhe h = 0,5 cm.
Berechnen Sie das Fassungsvermögen sowie das Volumen des Körpers.

LK **12.** Eine zur y-Achse symmetrische Parabel verläuft durch die Punkte $P_1(2|4)$ und $P_2(0|2)$.
Die Fläche zwischen der Parabel und der x-Achse rotiert über dem Intervall $[-2; 2]$ um die x-Achse.
Berechnen Sie das Volumen des entstehenden Rotationskörpers.

LK **13.** Die Fläche, die der Graph von f mit $f(x) = x^3 - 3x$ mit der Tangente im Tiefpunkt des Graphen von f einschließt, rotiert um die Tangente im Tiefpunkt. Dabei entsteht ein zwiebelförmiger Körper. Berechnen Sie sein Volumen.

14. a) Schätzen Sie den Mittelwert der Funktionswerte der Sinusfunktion im Intervall $[0; \pi]$.
   b) Berechnen den Mittelwert der Funktionswerte der Sinusfunktion im Intervall $[0; \pi]$ und vergleichen Sie den Wert mit Ihrer Schätzung aus Teilaufgabe a).

15. Wahlthema Trapezverfahren
   a) Begründen Sie, das die Funktion f mit $f(x) = \sqrt{1 - x^2}$ im Intervall $[0; 1]$ einen Viertelkreis mit dem Radius 1 beschreibt.
   b) Bestimmen Sie mithilfe der Funktion f aus Teilaufgabe a) und mit dem Trapezverfahren einen Näherungswert für die Zahl π.

16. Wahlthema Trapezverfahren
Eine Stadt plant für ihren Park den Bau einer Skaterampe. Für die Abschätzung der Kosten sind die Breite und der Flächeninhalt der Querschnittsfläche der Rampe zu berücksichtigen.
Der erste Meter der Rampe besteht aus einer 1 m breiten Plattform, an die dann die 5 m lange Bahnkurve anschließt.
Die Bahnkurve der Rampe kann ungefähr durch den Graphen der Funktion f mit
$f(x) = \frac{4}{0{,}45x^2 + 1} - 0{,}2$ im Intervall von 1 m bis 6 m beschrieben werden, dabei werden x und f(x) in Meter angegeben.

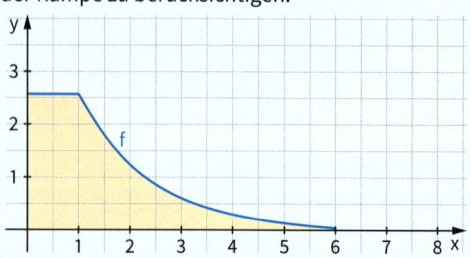

Bestimmen Sie näherungsweise den Flächeninhalt der gefärbten Querschnittsfläche der Rampe. Verwenden Sie für die Bestimmung der Fläche unter der Bahnkurve das Trapezsummenverfahren mit einer Zerlegung in fünf gleichbreite Teilintervalle.

Neue UN-Prognose: Weltbevölkerung wächst schneller als erwartet

Die Weltbevölkerung wird von heute fast 7,2 Milliarden Menschen bis zum Jahr 2050 auf voraussichtlich 9,6 Milliarden Menschen wachsen. Im Jahr 2100 würden dann 10,9 Milliarden Menschen auf der Erde leben. Mit dieser Projektion korrigieren die Vereinten Nationen (UN) ihre letzten Hochrechnungen aus dem Jahr 2011 um rund 250 Millionen Menschen nach oben. Einer der Gründe: Die Geburtenraten sinken weniger stark, als noch vor zwei Jahren angenommen.

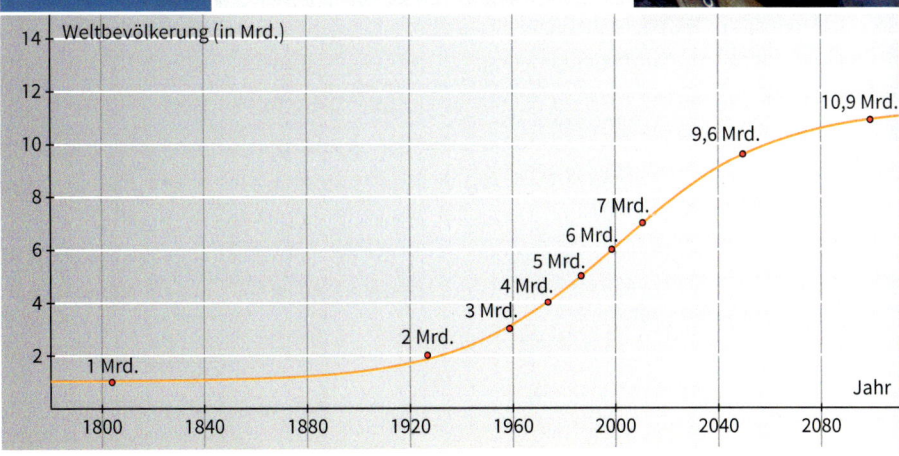

Nach einer neuen Prognose der Vereinten Nationen wächst die Weltbevölkerung schneller als erwartet.

Welche Aussagen kann man anhand der Grafik zur Entwicklung der Weltbevölkerung und zur Wachstumsgeschwindigkeit treffen?

In diesem Kapitel ...

... beschreiben Sie exponentielle Wachstumsvorgänge mithilfe von e-Funktionen;
... lernen Sie die natürliche Logarithmusfunktion kennen;
... rechnen Sie mit neuen Ableitungs- und Integrationsregeln;
... beschreiben Sie Wachstumsprozesse mithilfe der Modelle des begrenzten und logistischen Wachstums.

Noch fit in …
exponentiellem Wachstum?

Aktivieren

1. Zeichnen Sie den Graphen der Funktion f mit $f(x) = \left(\frac{3}{2}\right)^x$.

   a) Beschreiben Sie die Eigenschaften des Graphen von f.

   b) Zeichnen Sie in dasselbe Koordinatensystem die Graphen der Funktionen g mit $g(x) = \left(\frac{2}{3}\right)^x$ und h mit $h(x) = 2 \cdot \left(\frac{3}{2}\right)^x$ ein.

   Wie geht der Graph der Funktion g bzw. h jeweils aus dem Graphen der Funktion f hervor?

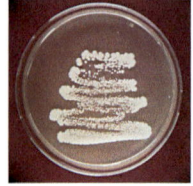

2. Eine Hefepilzkultur vervierfacht ihre Masse alle 2 Stunden. Zu Beginn sind 10 g Hefe vorhanden.

   a) Ermitteln Sie einen Funktionsterm für die Zuordnung *Zeit (in Stunden) → Masse (in g)*.

   b) Berechnen Sie die Masse der Hefepilzkultur nach vier Stunden.

   c) Nach welcher Zeit sind 60 g der Hefepilzkultur vorhanden?

Erinnern

Exponentielles Wachstum

Eine Funktion f mit $\mathbf{f(x) = a \cdot b^x}$ mit $a \in \mathbb{R}$, $b > 0$, $b \neq 1$ heißt **Exponentialfunktion zur Basis b** mit **Anfangswert** $a = f(0)$ und **Wachstumsfaktor** b.

Beim **exponentiellen Wachstum** werden in gleichen Zeitspannen c die zugehörigen Größen f(t) immer mit dem gleichen Faktor d multipliziert. Exponentielles Wachstum kann durch eine Funktion f mit $\mathbf{f(t) = a \cdot b^t}$ mit $b > 0$, $b \neq 1$ beschrieben werden. Dabei ist b der *Wachstumsfaktor zur Zeitspanne c = 1*.

$b > 1$: **exponentielle Zunahme**
Die Zeitspanne, in der sich ein Bestand jeweils verdoppelt, nennt man **Verdopplungszeit**.

$0 < b < 1$: **exponentielle Abnahme**
Die Zeitspanne, in der sich ein Bestand jeweils halbiert, nennt man **Halbwertszeit.**

$f(x) = 0,75 \cdot 1,2^x$
Anfangswert: $f(0) = 0,75$
Wachstumsfaktor: $b = 1,2$

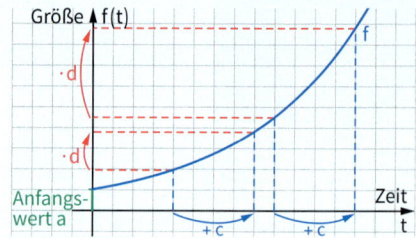

$f(x) = 0,75 \cdot 1,2^x$
$2 \cdot 0,75 = 0,75 \cdot 1,2^x$

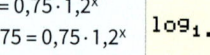

$h(x) = 2,4 \cdot 0,6^x$
$\frac{1}{2} \cdot 2,4 = 2,4 \cdot 0,6^x$

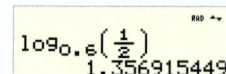

Eigenschaften der Exponentialfunktionen

Für jede Exponentialfunktion mit $y = b^x$ mit $b > 0$, $b \neq 1$ gilt: Wertebereich $\mathbb{R}^+ \setminus \{0\}$, also $f(x) > 0$.
Der Graph
- verläuft oberhalb der x-Achse und durch den Punkt **P (0|1)**;
- steigt für $b > 1$ und fällt für $0 < b < 1$;
- schmiegt sich für $b > 1$ dem negativen Teil und für $0 < b < 1$ dem positiven Teil der x-Achse an.
- Jedes Mal, wenn x um c wächst, wird der Funktionswert b^x mit dem Faktor b^c multipliziert.
- Die Graphen von $y = b^x$ und $y = \left(\frac{1}{b}\right)^x$ gehen durch Spiegelung an der y-Achse auseinander hervor.

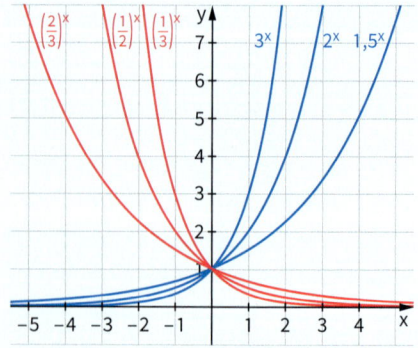

Der Graph der Funktion g mit **g (x) = a · bˣ** mit
b > 0, b ≠ 1, a ≠ 0 geht aus dem Graphen der Funktion f mit f (x) = bˣ durch **Strecken mit dem Faktor
| a |** in Richtung der y-Achse hervor.

- Der Graph verläuft durch den Punkt **S (0 | a)**.
- Falls a < 0 wird der Graph zusätzlich an der
  x-Achse gespiegelt.

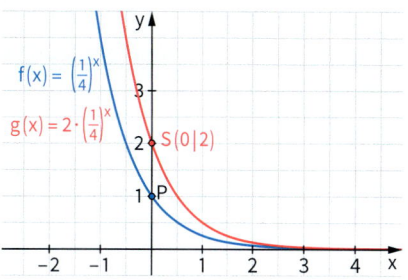

Der Graph der Funktion g mit **g (x) = bˣ⁺ᶜ** kann aus
dem Graphen von f mit f (x) = bˣ entstehen durch:

- Verschieben in Richtung der x-Achse um | c | Ein-
  heiten nach rechts, falls c < 0, oder nach links
  falls c > 0.

Oder durch:

- Strecken in Richtung der y-Achse mit dem
  Faktor **bᶜ**.

$$g(x) = 2 \cdot \left(\frac{1}{4}\right)^x = \left(\frac{1}{4}\right)^{-\frac{1}{2}} \cdot \left(\frac{1}{4}\right)^x = \left(\frac{1}{4}\right)^{x - \frac{1}{2}}$$

*Den Graphen von g erhält man entweder
durch Streckung des Graphen von f mit dem
Faktor $2 = \left(\frac{1}{4}\right)^{-\frac{1}{2}}$ oder durch eine Verschiebung des Graphen von f um $\frac{1}{2}$ nach rechts.*

Festigen

3. Bestimmen Sie eine Funktionsgleichung zur Beschreibung des Wachstumsprozesses.
  a) Ein Anfangsbestand von 40 wächst um 5 % pro Tag.
  b) Ein Anfangsbestand von 200 verringert sich jeweils in einem halben Jahr um 10 %.
  c) Ein Anfangsbestand von 4 drittelt sich alle 5 Stunden.

4. Bestimmen Sie die Gleichung einer Exponentialfunktion f mit f (x) = a · bˣ mit den vorgegebenen
Eigenschaften.
  a) Der Graph von f verläuft durch die Punkte P (1 | 12) und Q (2 | 9,6).
  b) Der Graph von f geht aus dem Graphen der Funktion g mit g (x) = 1,5ˣ durch Verschieben in
  Richtung der x-Achse um 1 Einheit nach links hervor.
  c) Der Graph von f geht aus dem Graphen der Funktion h mit h (x) = 3ˣ durch Strecken in Richtung
  der y-Achse mit dem Faktor 9 hervor.

5. Bestimmen Sie Funktionsgleichungen zu den
rechts dargestellten Graphen.

6. Das Cobalt-Nuklid ⁶⁰Co ist ein Betastrahler und
zerfällt mit einer Halbwertszeit von 5,27 Jahren.
Anfangs sind 3 mg vorhanden.
  a) Ermitteln Sie einen Funktionsterm für die
  Zuordnung *Zeit (in Jahren)* → *Masse (in mg)*.
  Zeichnen Sie den Graphen der Funktion.
  b) Wie viel Prozent der ursprünglichen Masse
  sind nach 1 Jahr noch vorhanden?
  c) Ermitteln Sie die Zeitspanne, nach der noch
  1 % der Ausgangssubstanz vorhanden ist.

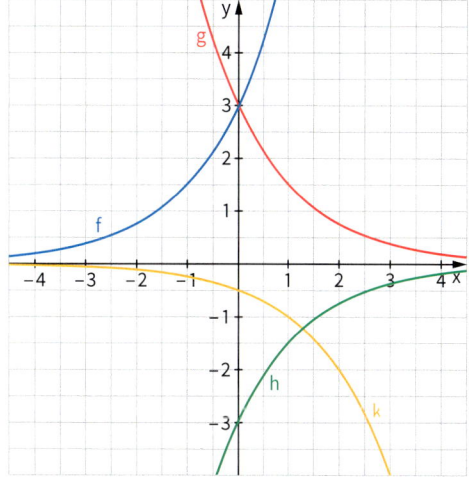

7. **a)** Berechnen Sie die durchschnittliche
  Änderungsrate der Funktion f
  mit f (x) = 1,5ˣ im Intervall [0; 4].
  b) Für welchen Wert von a besitzt die Funktion f mit f (x) = a · 2ˣ im Intervall [1; 4] eine durchschnittliche Änderungsrate von 14?

Noch fit in …
e-Funktionen und exponentiellem Wachstum?

Aktivieren

1. a) Zeichnen Sie den Graphen von f mit $f(x) = e^x$ und den Graphen von g mit $g(x) = e^{-x}$ in dasselbe Koordinatensystem. Beschreiben Sie den Verlauf der beiden Graphen. Wie geht der Graph von g aus dem Graphen von f hervor?
   b) Bilden Sie von beiden Funktionen die ersten beiden Ableitungen.
      Hinweis: Für $h(x) = b^x$ gilt $h'(x) = \ln(b) \cdot b^x$ und $e^{-x} = (e^{-1})^x$
   c) Stellen Sie im Punkt $P(1|f(1))$ bzw. $Q(1|g(1))$ die Gleichung der Tangente auf.

2. Die USA sind eines der größten Länder der Erde. Laut Wikipedia lebten in den USA im Jahr 2010 ca. 309 Mio. Einwohner. Das Bevölkerungswachstum betrug 0,75 % pro Jahr.
   a) Ermitteln Sie anhand dieser Daten die Einwohnerzahl der USA in den Jahren 2011 bis 2015.
   b) Beschreiben Sie die Bevölkerungsentwicklung durch eine Funktion mit der Basis e und zeichnen Sie den Graphen.
   c) Stellen Sie auch für die Wachstumsgeschwindigkeit eine Funktionsgleichung auf.

12458EX_2

Erinnern

EULER'sche Zahl e – e-Funktion und ihre Ableitung

Die **EULER'sche Zahl e** ist der Grenzwert

$$e = \lim_{n \to \infty} \left(1 + \frac{1}{n}\right)^n \approx 2{,}71828182845\ldots$$

$$\left(1 + \frac{1}{1000}\right)^{1000}$$
$$2{.}716923932$$

Die Exponentialfunktion f mit **$f(x) = e^x$** und $x \in \mathbb{R}$ wird **e-Funktion** genannt.
Für die e-Funktion gilt: **$f'(x) = e^x$**.
D. h. die e-Funktion stimmt mit ihrer Ableitung überein.

$f(x) = e^x$ $f'(x) = e^x$
$f(x) = 2e^x - 3x + 1$ $f'(x) = 2e^x - 3$

Weitere Eigenschaften der e-Funktion

- Der Graph von e^x verläuft durch $P(0|1)$.
- Definitionsbereich: $\mathbb{R}$; Wertebereich: $\mathbb{R}_+$.
- Der Graph ist streng monoton steigend.
- Je kleiner die x-Werte werden, desto näher verläuft der Graph an der x-Achse.

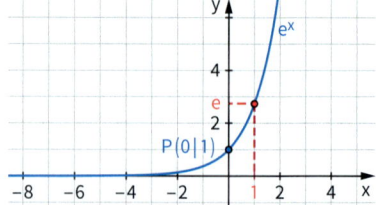

e als Basis beliebiger Exponentialfunktionen

Der **natürliche Logarithmus ln(b)** einer positiven Zahl b ist der Exponent, mit dem man e potenzieren muss, um b zu erhalten: **$e^{\ln(b)} = b$**.
Jede Exponentialfunktion f mit $f(x) = a \cdot b^x$ und $b > 0$ kann mit der Basis e geschrieben werden.
Es gilt: **$f(x) = a \cdot b^x = a \cdot e^{\ln(b) \cdot x}$**

$\ln(10) \approx 2{,}3026$, denn $e^{2{,}3026} \approx 10$

$f(x) = 4 \cdot 10^x = 4 \cdot \left(e^{\ln(10)}\right)^x \approx 4 \cdot e^{2{,}3 \cdot x}$

Die Ableitung f′ einer Exponentialfunktion f ist wieder eine Exponentialfunktion.
Für **f (x) = b^x** gilt:
f′(x) = c · b^x mit **c = f′(0) = ln (b)**.
Der Graph von f′ entsteht aus dem Graphen von f durch Streckung parallel zur y-Achse mit einem Faktor c. Dabei ist der Faktor c die Ableitung von f an der Stelle null.

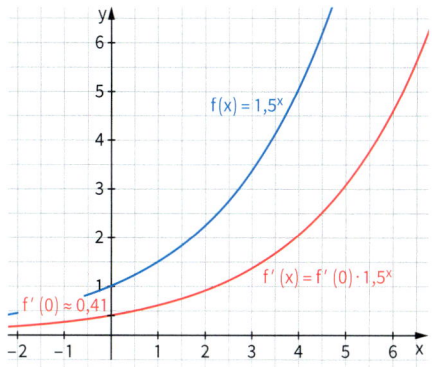

Allgemein gilt für f mit **f (x) = a · b^x** und b > 0:
f′(x) = a · ln (b) · b^x
Daraus ergibt sich für f mit $f(x) = a \cdot e^{k \cdot x + n}$
die Ableitung $f'(x) = a \cdot k \cdot e^{k \cdot x + n}$

$f(x) = 2{,}35 \cdot 0{,}67^x = 2{,}35 \cdot e^{\ln(0{,}67) \cdot x}$
$f'(x) = 2{,}35 \cdot \ln(0{,}67) \cdot 0{,}67^x \approx -0{,}941 \cdot 0{,}67^x$
$f(x) = -e^{2x+7}$
$f'(x) = -2\,e^{2x+7}$

Festigen

3. Schreiben Sie den Funktionsterm als Term mit der Basis e.
  a) $f(x) = 12{,}5 \cdot 1{,}04^x$ **b)** $f(x) = 8 \cdot 0{,}91^x$ **c)** $f(x) = 105 \cdot 0{,}875^x$ **d)** $f(x) = 450 \cdot 1{,}17^{2x}$

4. Bestimmen Sie die Lösungsmenge.
  a) $e^{2x} = 1$ **c)** $(e^{x+2}) \cdot (x-1)^2 = 0$ **e)** $\ln(2x) = 1$
  b) $e^{0{,}5x} = 2$ **d)** $\ln(x-3) = 1$ **f)** $\ln(x+3) = 0{,}5$

5. Zeichnen Sie den Graphen von f und geben Sie an, wie er aus dem Graphen der e-Funktion entsteht.
  a) $f(x) = 0{,}5 \cdot e^{x+1}$ **b)** $f(x) = -0{,}3 \cdot e^x$ **c)** $f(x) = e^x - 2$ **d)** $f(x) = e^{-x}$

6. Von einem Medikament baut der Körper stündlich 12 % des Wirkstoffes ab.
Ein Patient nimmt um 20 Uhr 2 mg dieses Wirkstoffes ein.
Berechnen Sie, welche Menge des Wirkstoffes nach 1; 2; 3; t Stunden noch vorhanden ist, und geben Sie eine Funktion zur Basis e an, die die Menge des Wirkstoffes zum Zeitpunkt t beschreibt.

7. Die Vermehrung einer Bakterienkultur kann durch den Funktionsterm $f(t) = 50 \cdot e^{0{,}025t}$ beschrieben werden, wobei t für die Zeit in Stunden steht. Ermitteln Sie die momentanen Wachstumsgeschwindigkeiten zu den folgenden Zeitpunkten:
  (1) t = 0   (2) t = 1,5   (3) t = 2   (4) t = 10

8. Der Graph einer Funktion f mit $f(x) = a \cdot e^{k \cdot x}$ verläuft durch die Punkte P und Q. Bestimmen Sie einen Funktionsterm.   **a)** P(0|2); Q(3|7,5)   **b)** P(−1|5,5), Q(2|1)

9. Das Wachstum einer Sonnenblume verläuft in den ersten 30 Tagen nahezu exponentiell. Nach 5 Tagen misst man eine Höhe von 10 cm, nach 20 Tagen eine Höhe von 25 cm. Stellen Sie mit diesen Daten eine Funktionsvorschrift der Form $f(x) = a \cdot e^{k \cdot x}$ auf. Wie groß ist das durchschnittliche Wachstum in den ersten 30 Tagen? Bestimmen Sie die momentane Wachstumsgeschwindigkeit zum Zeitpunkt x = 20.

10. Bilden Sie die erste Ableitung f′.
  a) $f(x) = -0{,}25 \cdot e^{2x}$ **b)** $f(x) = 2{,}1 \cdot e^{-4x}$ **c)** $f(x) = e^{4x+5}$ **d)** $f(x) = -e^{-x} + x$

11. Zeichnen Sie den Graphen von f mit $f(x) = 0{,}5 \cdot e^{-2x}$. Stellen Sie die Tangentengleichung an der Stelle x = −1 auf und zeichnen Sie die Tangente ein.

3.1   Wachstumsprozesse untersuchen

ZIEL

In diesem Abschnitt untersuchen Sie unterschiedliche exponentielle Wachstumsprozesse mithilfe der e-Funktion: Sie unterscheiden exponentielle Abnahme und Zunahme und arbeiten mit den Begriffen *Halbwertszeit* und *Verdoppelungszeit*.

ZUM ERARBEITEN   → **Exponentielle Abnahme**

Nach der Einnahme eines Medikaments wird der Wirkstoff des Medikaments vom Körper nach und nach wieder abgebaut.
Man geht davon aus, dass innerhalb einer festen Zeitspanne immer der gleiche Anteil der jeweils noch im Körper vorhandenen Wirkstoffmenge abgebaut wird.
Bei einem bestimmten Wirkstoff rechnet man damit, dass ein Patient in einer Stunde etwa 15 % des vorhandenen Wirkstoffs im Körper abbaut.

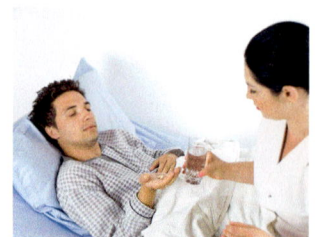

- *Beschreiben Sie die im Körper vorhandene Wirkstoffmenge für einen Patienten, der 10 mg des Wirkstoffs eingenommen hat, mithilfe einer e-Funktion. Zeichnen Sie auch den Graphen dieser Funktion.*

  Das Wachstum soll als eine Funktion f mit $f(t) = a \cdot e^{k \cdot t}$ beschrieben werden, mit der Zeit t in Stunden und der zum Zeitpunkt t im Körper vorhandenen Wirkstoffmenge $f(t)$.
  Beschreibt man das Wachstum zunächst in

  der Form $f(t) = a \cdot b^t$, so gilt $b = 1 - \frac{15}{100} = 0{,}85$, also

  $f(t) = 10 \cdot 0{,}85^t$, wegen $a = f(0) = 10$.
  Damit ergibt sich k aus $0{,}85 = e^k$ mit
  $k = \ln(0{,}85) \approx -0{,}1625$ für den Funktionsterm mit der e-Funktion

  $f(t) = 10 \cdot e^{\ln(0{,}85) \cdot t} \approx 10 \cdot e^{-0{,}1625t}$.

  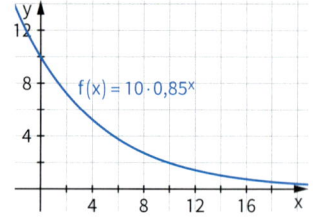

  Diese Funktion beschreibt die Wirkstoffmenge, die sich t Stunden nach der Einnahme von 10 mg des Wirkstoffs noch im Körper des Patienten befindet.

- *Untersuchen Sie rechnerisch, wann nur noch die Hälfte der eingenommen Wirkstoffmenge im Körper vorhanden ist.*
  Zeigen Sie dabei, dass die Zeit, nach der nur noch die Hälfte der Menge des Wirkstoffs vorhanden ist, unabhängig von der anfangs eingenommenen Wirkstoffmenge ist.

  Gesucht wird der Wert für t, für den gilt: $f(t) = 5$, also

  $10 \cdot e^{-0{,}1625 \cdot t} = 5.$ $\quad | : 10$

  $e^{-0{,}1625 \cdot t} = \frac{5}{10} = \frac{1}{2}$ $\quad | \ln(\ )$

  $-0{,}1625 \cdot t = \ln\left(\frac{1}{2}\right)$ $\quad | : (-0{,}1625)$

  $t = \dfrac{\ln\left(\frac{1}{2}\right)}{-0{,}1625} \approx 4{,}266.$ Nach ungefähr 4,266 Stunden (etwa 4 Stunden und

  16 Minuten) ist nur noch die Hälfte der Wirkstoffmenge im Körper des Patienten vorhanden.

  Um zu zeigen, dass diese Zeit nicht von der anfangs eingenommenen Wirkstoffmenge abhängt, rechnen wir allgemein mit einem beliebigen Anfangswert a. Gesucht wird die Zeit t, nach der

  $f(t) = \frac{a}{2}$ gilt. Gesucht ist also t mit $a \cdot e^{-0{,}1625 \cdot t} = \frac{a}{2}$.

  Daraus ergibt sich wie oben $e^{-0{,}1625 \cdot t} = \frac{1}{2}$ und somit ebenfalls $t = \dfrac{\ln\left(\frac{1}{2}\right)}{-0{,}1625} = \dfrac{\ln\left(\frac{1}{2}\right)}{k} \approx 4{,}266.$

ZUM ERARBEITEN

→ Exponentielle Zunahme

Bei einer bestimmten Grünalgenart nimmt die befallene Wasserfläche ungefähr um 4 % pro Woche zu.

▪ *Untersuchen Sie, nach welcher Zeit sich die befallene Fläche eines Badesees verdoppelt. Modellieren Sie dazu die Zunahme mithilfe der e-Funktion.*

Als Ansatz wählen wir eine Funktion f mit $f(t) = a \cdot e^{k \cdot t}$. Dabei beschreibt t die Zeit in Wochen und $f(t)$ die Größe der zum Zeitpunkt t von den Grünalgen befallenen Wasserfläche.
Beschreibt man das Wachstum zunächst in der Form $f(t) = a \cdot b^t$, so gilt $b = 1 + \frac{4}{100} = 1{,}04$, also
$f(t) = a \cdot 1{,}04^t$.
Damit ergibt sich k aus $1{,}04 = e^k$ mit $k = \ln(1{,}04) \approx 0{,}0392$ für den Funktionsterm
$f(t) = a \cdot e^{\ln(1{,}04) \cdot t} = a \cdot e^{0{,}0392 \cdot t}$.
Die wöchentliche Zunahme einer mit anfangs a Flächeneinheiten von Grünalgen bedeckten Wasserfläche kann also durch die Funktion f mit $f(t) = a \cdot e^{0{,}0392 \cdot t}$ modelliert werden.
Um zu berechnen, nach welcher Zeit sich eine befallene Fläche verdoppelt hat, müssen wir den Wert t bestimmen, für den gilt:

$$f(t_0 + t) = 2 \cdot f(t_0)$$

Dabei gibt $f(t_0)$ den Flächeninhalt der zum Zeitpunkt t_0 mit Algen bedeckten Wasserfläche an.

$$a \cdot e^{0{,}0392 \cdot (t_0 + t)} = 2 \cdot a \cdot e^{0{,}392 \cdot t_0}$$

$$a \cdot e^{0{,}0392 \cdot t_0} \cdot e^{0{,}0392 \cdot t} = 2 \cdot a \cdot e^{0{,}0392 \cdot t_0} \qquad \textcolor{red}{| : (a \cdot e^{0{,}0392 \cdot t_0})}$$

$$e^{0{,}0392 \cdot t} = 2 \qquad \textcolor{red}{| \ln(\ )}$$

$$0{,}0392 \cdot t = \ln(2) \qquad \textcolor{red}{| : 0{,}0392}$$

$$t = \frac{\ln(2)}{0{,}0392} = \frac{\ln(2)}{k} \approx 17{,}68.$$

Nach ungefähr 18 Wochen verdoppelt sich also die von Grünalgen bedeckte Wasserfläche.
Dieser Wert ist unabhängig vom Anfangswert a und unabhängig vom Zeitpunkt t_0, zu dem der Bestand betrachtet wird.

INFORMATION

Exponentielle Abnahme und Zunahme mithilfe der e-Funktion modellieren

Der Begriff exponentielles Wachstum wird als Oberbegriff für exponentielle Abnahme und exponentielle Zunahme verwendet.
Bei der Modellierung von Wachstumsprozessen wird häufig angegeben, dass es sich um eine Abnahme oder Zunahme um p % pro Zeiteinheit handelt, d. h. für den Term $f(t) = a \cdot b^t$ mit $b > 0$ gilt:

bei Abnahme: $b = 1 - \frac{p}{100} < 1$ bei Zunahme: $b = 1 + \frac{p}{100} > 1$.

Exponentielles Wachstum kann mithilfe einer Funktion f mit $f(t) = a \cdot e^{k \cdot t}$ beschrieben werden.
Dabei ist $f(0) = a$ der Anfangswert zum Zeitpunkt 0.

Für $k < 0$ beschreibt die Funktion eine **exponentielle Abnahme**.

Für $k > 0$ beschreibt die Funktion f eine **exponentielle Zunahme**.

Wird das exponentielle Wachstum mit dem Term $f(t) = a \cdot b^t$, $b > 0$ beschrieben, ergibt sich k aus dem Wachstumsfaktor $b = e^k$ mit $k = \ln(b)$.

BEISPIEL

Abnahme von 33 % pro Sekunde bei einem Anfangswert 9:

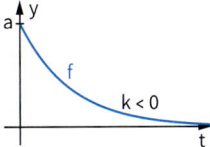

Abnahme: k < 0

$$f(t) = 9 \cdot \left(1 - \frac{33}{100}\right)^t = 9 \cdot 0{,}67^t$$
$$= 9 \cdot e^{\ln(0{,}67) \cdot t} \approx 9 \cdot e^{-0{,}4005 \cdot t}$$

BEISPIEL

Zunahme von 25 % pro Tag bei einem Anfangswert 2:

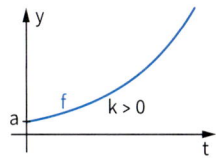

Zunahme: k > 0

$$f(t) = 2 \cdot \left(1 + \frac{25}{100}\right)^t = 2 \cdot 1{,}25^t$$
$$= 2 \cdot e^{\ln(1{,}25) \cdot t} \approx 9 \cdot e^{0{,}2231 \cdot t}$$

INFORMATION

Halbwertszeit – Verdopplungszeit

Bei exponentiellem Wachstum ist die Zeit stets gleich, in der sich ein Anfangswert halbiert (bei Abnahme) oder verdoppelt (bei Zunahme).

Für ein exponentielles Wachstum, das durch eine Funktion f mit $f(t) = a \cdot e^{k \cdot t}$ beschrieben wird, beträgt bei

- exponentieller Abnahme, also für $k < 0$, die **Halbwertszeit** oder Halbierungszeit $t_H = \dfrac{\ln\left(\frac{1}{2}\right)}{k}$

- exponentieller Zunahme, also für $k > 0$, die **Verdopplungszeit** $t_V = \dfrac{\ln(2)}{k}$.

Die Halbwertszeit oder der Verdopplungszeit eines Bestandes $f(t)$ ist dabei unabhängig vom Anfangswert a des Bestandes und unabhängig vom Zeitpunkt t, zu dem man den Bestand $f(t)$ betrachtet.

BEISPIEL

$$f(t) = 0,8 \cdot e^{-0,2t} \qquad t_H = \frac{\ln\left(\frac{1}{2}\right)}{-0,2} \approx 3,47$$

BEISPIEL

$$f(t) = 2,4 \cdot e^{0,6t} \qquad t_V = \frac{\ln(2)}{0,6} \approx 1,16$$

Wachstumsgeschwindigkeit exponentieller Prozesse – experimentelle Bestimmung von k

Durch die Beschreibung exponentiellen Wachstums mithilfe der e-Funktion können verschiedene Wachstumsprozesse und deren Wachstumsgeschwindigkeit besser miteinander verglichen werden. Denn für $\mathbf{f(t) = a \cdot e^{k \cdot t}}$ gilt $\mathbf{f'(t) = a \cdot k \cdot e^{k \cdot t} = k \cdot f'(t)}$.

Die Wachstumsgeschwindigkeit $f'(t)$ ist also proportional zum Bestand, da $\dfrac{f'(t)}{f(t)} = k$.

Diese Proportionalität kann auch für die experimentelle Bestimmung von k benutzt werden:
- Man bestimmt zu einem bestimmten Zeitpunkt t den Bestand f(t).
- Man misst ungefähr seine Wachstumsgeschwindigkeit f'(t).

BEISPIEL

Einem Patienten werden 28 mg eines Wirkstoffs verabreicht. Es wird gemessen, dass der Körper des Patienten zu diesem Zeitpunkt von diesem Wirkstoff ungefähr 7,6 mg pro Stunde abbaut.

Daraus ergibt sich $k = \dfrac{-7,6}{28} \approx -0,2714$ und somit $f(t) = 28 \cdot e^{-0,2714t}$ für die Funktion f, die ungefähr den Bestand an Wirkstoff im Körper des Patienten (in mg) für die Zeit t (in Stunden) beschreibt.

ZUM ÜBEN

1.

Wer nie sein Beef mit Salmonellen aß

München (dpa) – Kartoffel- und Geflügelsalate können bei Sommerpartys leicht zum Erreger für eine Salmonellenerkrankung werden. Salmonellen finden zwischen 15 und 45 Grad Celsius ideale Wachstumsvoraussetzungen. Die staatliche Beratung für Ernährung wies in München darauf hin, dass sich Salmonellen im lauwarmen Kartoffelsalat und nicht durchgarten Frikadellen von 800 Keimen in vier Stunden auf über drei Millionen vermehren.

Zubereitete Salate sollten unbedingt im Kühlschrank aufbewahrt und in Kühltaschen zur Party transportiert werden. Kartoffel- und Meeresfrüchtesalate sollten schnell abkühlen und in kleinen Mengen aufgeteilt in den Kühlschrank gestellt werden.

a) Beschreiben Sie das Anwachsen der Salmonellen-Anzahl durch eine Exponentialfunktion mit e als Basis und 800 als Anfangswert.

b) Berechnen Sie, wann 1 600, 3 200, 6 400 Salmonellen vorhanden sind. Was fällt auf?

c) Beweisen Sie Ihre Vermutung aus Teilaufgabe b).

2. Über die Atmung und die Haut sowie durch das Trinken von Wasser und die Nahrungsaufnahme nehmen wir täglich radioaktive Stoffe auf, die sich im menschlichen Körper ablagern. Das radioaktive Iod-Isotop ^{131}I lagert sich fast ausschließlich in der Schilddrüse ab und kann Schilddrüsen-Krebs auslösen. Pro Tag zerfallen ca. 8,3 % der aktuellen Masse.
   Von einem Menschen wurden 0,5 mg Iod-Isotop ^{131}I aufgenommen.
   a) Geben Sie einen Funktionsterm der Exponentialfunktion an, die diesen Zerfallsprozess beschreibt. Verwenden Sie zur Beschreibung die Basis e.
   b) Wie lange dauert es, bis noch 320 µg vorhanden sind? $\boxed{1\,\mu g = 10^{-6}\,g \ \ (\mu g\text{: Mikrogramm})}$
   c) Ermitteln Sie, wie lange es dauert, bis die Iodmenge (1) 0,25 mg (2) 0,125 mg beträgt. Was fällt auf?
   d) Beweisen Sie Ihre Vermutung aus Teilaufgabe c).

3. In einer Stadt gibt es eine Rattenplage. Anhand von Stichproben schätzt man den Bestand derzeit auf 3 500 Tiere. Aufgrund der Bedingungen in der Kanalisation der Stadt geht man davon aus, dass die momentane Wachstumsgeschwindigkeit zu Beginn bei 200 Tieren pro Tag liegt.
   Modellieren Sie das Wachstum der Population mithilfe einer e-Funktion.
   Wie lange dauert es nach diesem Modell, bis mehr als 50 000 Tiere in der Stadt leben? Berechnen Sie.

   BEISPIEL

   > Wachstum einer Insektenpopulation: Der Bestand zu Beobachtungsbeginn beträgt 75 Insekten. Die momentane Wachstumsgeschwindigkeit zu Beginn liegt bei 7 Insekten pro Tag.
   > - Modellieren Sie das Insektenwachstum mithilfe einer e-Funktion.
   > $f(t) = 75 \cdot e^{k \cdot t}$, da $f(0) = 75$.
   > $f'(t) = 75 \cdot k \cdot e^{k \cdot t}$, also ist $f'(0) = 75 \cdot k$.
   >   Aus der Gleichung $7 = 75 \cdot k$ folgt: $k \approx 0{,}09333$.
   >   Der Funktionsterm lautet also: $f(t) = 75 \cdot e^{0{,}09333 \cdot t}$
   > - Wann wird die Anzahl der Insekten 200 übersteigen? Berechnen Sie.
   > $$f(t) > 200$$
   > $$75 \cdot e^{0{,}09333 \cdot t} > 200 \qquad |:75$$
   > $$e^{0{,}09333 \cdot t} > \tfrac{8}{3} \qquad |\ln(\ )$$
   > $$0{,}09333\,t > \ln\left(\tfrac{8}{3}\right) \qquad |:0{,}09333$$
   > $$t > 10{,}51.$$
   >   Nach 10,51 Tagen ist die Insektenpopulation auf über 200 Insekten angestiegen.

4. Milch der Güteklasse 1 enthält etwa 20 000 Keime von Milchsäure-bakterien (Laktobazillen) pro ml Milch. In warmer Umgebung (20 °C bis 30 °C) nimmt die Zahl der Keime exponentiell zu.
   Nach 5 Stunden sind bereits ca. 140 000 Keime pro ml vorhanden. Milch wird sauer, wenn sie etwa 1 000 000 Keime pro ml enthält. Berechnen Sie, wann die Milch sauer wird.

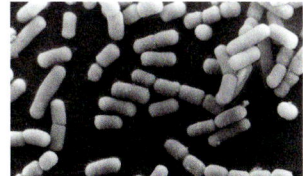

 CAS

5. Ein exponentieller Wachstumsprozess wird durch eine Funktion f mit $f(t) = a \cdot e^{k \cdot t}$ mit $k > 0$ beschrieben.
   a) Erklären Sie den Einfluss des Parameters a auf den Graphen von f.
   Wählen Sie dazu in jeder Gruppe einen festen Wert für k und zeichnen Sie jewells für verschiedene Werte von a den zugehörigen Graphen.
   b) Welchen Einfluss hat eine Veränderung von a auf die Verdoppelungszeit bzw. Halbierungszeit des Wachstumsprozesses?

   LK

   c) Untersuchen Sie, wie man die Wachstumskonstante k verändern muss, damit die Verdoppelungs-zeit nur noch halb so groß ist. Wählen Sie dazu (in jeder Gruppe) einen festen Wert für a und zeich-nen Sie jeweils für verschiedene Werte von k den zugehörigen Graphen.

6.

Am 11. März 2011 ereignete sich vor der Ostküste der japani-
schen Hauptinsel Honshu das bis dahin schwerste Erdbeben
in Japan. Das Beben und der dadurch verursachte Tsunami
verwüsteten weite Gebiete im Osten Japans und führten zu einer enormen Zahl an Opfern. Am Kernkraftwerksstandort Fu-
kushima kam es zum fast vollständigen Ausfall der Stromver-
sorgung von 4 der insgesamt 6 Reaktorblöcke und damit zum
schwersten Reaktorunfall nach Tschernobyl. In den ersten
Tagen nach dem Unfall gelangten dabei erhebliche Mengen

radioaktiver Stoffe in die Atmosphäre. Am höchsten waren die Werte in unmittelbarer Umgebung
zum AKW. Auf einer Fläche von ca. 1800 km² wurden über $300 \frac{\text{kBq}}{\text{m}^2}$ Cäsium 137 festgestellt. Der
höchste Wert wurde mit bis zu $14\,000 \frac{\text{kBq}}{\text{m}^2} = 14\,000\,000 \frac{\text{Bq}}{\text{m}^2}$ in Minami Machi (Futaba Gun) gemessen.

> *1 Becquerel (Bq)
> = 1 radioaktiver
> Zerfall pro Sekunde*

Das Cäsium-Isotop ^{137}Cs hat eine Halbwertszeit von 30 Jahren.
Als „unverseucht" gelten Gebiete mit einer Bodenbelastung unter $35\,000 \frac{\text{Bq}}{\text{m}^2}$.

Bestimmen Sie, wann das Gebiet mit der schlimmsten Verseuchung wieder bewohnbar sein wird.

LK

7. Das Cäsium-Isotop
^{137}Cs kommt aus-
schließlich als Spalt-
produkt bei Kernre-
aktionen vor. Es wird
von Menschen über
die Luft, über Pflanzen
und ganz besonders
über Milch und Fleisch
aufgenommen. Das
Cäsium-Isotop ^{137}Cs
hat eine Halbwertszeit
von 30 Jahren.

> **Becquerel (Bq)**,
> nach dem Physiker
> Antoine HENRI BEC-
> QUEREL benannte
> Einheit der Aktivität
> radioaktiver Stoffe:
> $1\,\text{Bq} = 1\,\text{s}^{-1}$ bedeutet
> 1 radioaktiver Zer-
> fall pro Sekunde.

Radioaktive Substanzen zerfallen so, dass für
die Halbierung einer vorhandenen Menge der
Substanz stets die gleiche Zeitspanne nötig
ist, unabhängig von der Größe der vorhandenen Menge. Diese Zeitspanne nennt man
Halbwertszeit. Der radioaktive Zerfall ist ein
exponentieller Abnahmeprozess. In der Physik wird dieser Prozess
mit dem folgenden Zerfallsgesetz aus einer Formelsammlung beschrieben: $N = N_0 \cdot e^{-\lambda t}$
Dabei ist N die zum Zeitpunkt t vorhandene Menge der radioaktiven Substanz, N_0 ist die Menge, die zum Beobachtungsbeginn
$t = 0$ vorhanden ist, λ ist eine stoffspezifische Zerfallskonstante.

> *$1\,\mu g = 10^{-6}\,g$
> (μg: Mikrogramm)*

a) Ermitteln Sie das Zerfallsgesetz für eine Menge von 100 μg ^{137}Cs.

b) Will man die Menge an ^{137}Cs zu einem bestimmten Zeitpunkt t experimentell bestimmen, so wird
im Experiment die Zerfallsgeschwindigkeit in Bequerel (Zerfälle pro Sekunde) bestimmt. Erläutern
Sie, warum es möglich ist, mithilfe der Zerfallsgeschwindigkeit die Menge der zu diesem Zeitpunkt
vorhandenen radioaktiven Isotope zu bestimmen. Vergleichen Sie dazu N(t) und N′(t).

8. Fällt ein Lichtstrahl ins Wasser, so nimmt seine Lichtstärke pro Meter Wassertiefe um 8 % ab.

a) Wie viel Prozent der Lichtstärke an der Wasseroberfläche hat das Licht noch in 3 m Wassertiefe?

b) In welcher Tiefe beträgt die Lichtstärke nur noch die Hälfte der Lichtstärke an der Wasseroberfläche?

BEISPIEL

Der Luftdruck nimmt mit zunehmender Höhe exponentiell ab und zwar 1,3 % pro 100 m Höhe.
Auf Meereshöhe beträgt er 1013 hPa

- Wie viel Prozent des Luftdrucks auf Meereshöhe hat die Luft in einer Höhe von 7500 m?
  $f(x) = 1\,013 \cdot 0{,}987^x = 1\,013 \cdot e^{\ln(0{,}987) \cdot x}$, mit x in 100 m und f(x) in hPa
  $f(75) = 1\,013 \cdot e^{-0{,}9814} = 1\,013 \cdot 0{,}374789$
  In 7500 m Höhe beträgt der Luftdruck ≈ 37,5 % des Drucks auf Meereshöhe.

- In welcher Höhe beträgt der Luftdruck nur noch die Hälfte des Drucks auf Meereshöhe?
  $1\,013 \cdot e^{-0{,}013 \cdot x} = 0{,}5 \cdot 1\,013$. Damit ist $t_H = \frac{\ln(0{,}5)}{-0{,}013} = 53{,}32$.

  In 5332 m Höhe ist der Luftdruck nur halb so groß wie auf Meereshöhe.

9. Nehmen Sie Stellung.

> Ahmet: „Jod 131 hat eine Halbwertszeit von 8 Tagen."
> Ana-Maria: „Was heißt das?"
> Ahmet: „Nach 8 Tagen ist nur noch die Hälfte des strahlenden Materials vorhanden."
> Ana-Maria: „Dann ist nach 16 Tagen alles verschwunden!"

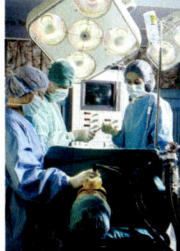

10. Einem Patienten wird vor einer langwierigen Operation ein Medikament für die Vollnarkose injiziert, das mit einer Halbwertszeit von 50 min abgebaut wird.

a) Ein Patient erhält 30 Minuten vor der Operation 5 mg dieses Medikaments.
Welche Menge ist bei Operationsbeginn noch vorhanden?

b) Eine Stunde nach der ersten Injektion erhält der Patient eine zweite Dosis von 5 mg. Er beginnt aufzuwachen, wenn höchstens noch 1 mg dieses Medikaments im Körper vorhanden ist. Wann ist dies der Fall?

11.

Radiocarbon-Methode (^{14}C-Methode)

Wichtiges Verfahren zur Altersbestimmung in der Archäologie und Geologie. Es beruht auf dem radioaktiven Zerfall des Kohlenstoffisotops ^{14}C, das mit einer Halbwertszeit von 5730 Jahren zerfällt. Lebende Organismen enthalten einen bestimmten Anteil von ^{14}C, der durch ständigen Ausgleich mit der Umgebung stabil bleibt und gleich der bekannten, im Wesentlichen konstanten ^{14}C-Konzentration in der Natur ist. Mit dem Absterben eines Organismus wird der Kohlenstoffaustausch unterbunden und das im Organismus vorhandene ^{14}C zerfällt unaufhörlich. Der Prozentsatz des noch vorhandenen ^{14}C lässt einen Rückschluss auf das Alter eines Fundes zu.

Am 19. September 1991 fand ein deutsches Ehepaar beim Bergsteigen am Hauslabjoch eine Gletschermumie, die als „Ötzi" weltweit berühmt wurde. In der Kleidung von Ötzi fand man Gräser, die noch ca. 53 % der ursprünglichen ^{14}C-Menge enthielten.
Zu welcher Zeit lebte Ötzi?

12. Überprüfen Sie die Meldung aus dem Jahr 2006.

> Umgerechnet etwa 1,7 Millionen Euro fordert ein pensionierter Offizier von der britischen Regierung. Sein Urururgroßvater, der als Korporal an der Schlacht von Waterloo teilgenommen hatte, habe nach dem Sieg nicht das versprochene Handgeld von 20 englischen Pfund erhalten. Inzwischen hätten sich diese 20 Pfund seit der Schlacht im Jahr 1815 auf rund 1,4 Millionen Pfund (rund 1,7 Millionen Euro) vermehrt, wenn man von einer Verzinsung von 6 % ausgeht.

13. Wie beurteilen Sie die Formulierung der Aussagen des nebenstehenden Textes? Geben Sie diesen Sachverhalt in einer mathematisch korrekten Darstellung wieder.

Weltbevölkerung

Unter der Weltbevölkerung versteht man die geschätzte Anzahl der Menschen, die zu einem bestimmten Zeitpunkt auf der Erde lebten bzw. leben (werden). Bei einem Wachstum von ca. 80 Millionen Menschen pro Jahr umfasst die Weltbevölkerung im Mai 2020 ca. 7,76 Milliarden Menschen. Man kann zurzeit weiterhin von einem exponentiellen Wachstum ausgehen.

14. Nach Einführung eines neuen Handys veröffentlicht die herstellende Firma in den ersten drei Jahren regelmäßig die Verkaufszahlen. Die Tabelle gibt die Anzahl der insgesamt verkauften Handys in diesem Zeitraum an.

Quartal	Stückzahl (in Tausend)	Quartal	Stückzahl (in Tausend)
1	110	7	698
2	155	8	932
3	203	9	1261
4	279	10	1708
5	385	11	2305
6	514	12	3111

a) Zeichnen Sie die Daten in ein Koordinatensystem.

 b) Ermitteln Sie mithilfe des **ExpReg**-Befehls des Taschenrechners (exponentielle Regression) eine Exponentialfunktion f mit $f(x) = a \cdot b^x$, die diese Daten modelliert. Schreiben Sie den Funktionsterm zur Basis e und zeichnen Sie den Graphen in dasselbe Koordinatensystem.

c) Berechnen Sie mithilfe der Exponentialfunktion aus Teilaufgabe b) die Verkaufszahlen für die nächsten 4 Quartale.

d) Die Firma veröffentlicht ein Jahr später ihre Verkaufszahlen. Vergleichen Sie diese mit den Werten, die Sie in Teilaufgabe c) ermittelt haben, und erklären Sie, wie der Unterschied zustande kommen könnte.

Quartal	Stückzahl (in Tausend)
13	3754
14	4112
15	4408
16	4880

Diese Gleichung heißt **Differenzialgleichung des exponentiellen Wachstums.** LK

15. a) Zeigen Sie: Für jede Funktion f mit $f(t) = a \cdot e^{k \cdot t}$, die einen exponentiellen Wachstumsprozess beschreibt, gilt: $\mathbf{f'(t) = k \cdot f(t)}$.
Dies bedeutet, dass die Ableitung f′ bis auf einen Faktor k mit der Funktion f übereinstimmt. Die momentane Änderungsrate ist also *proportional zum aktuellen Bestand f(t)*.

b) In einem Labor wird das Anwachsen einer Insektenpopulation untersucht. Im ersten Jahr wächst die Population so, dass zu jedem Zeitpunkt t (t in Monaten) die Wachstumsgeschwindigkeit 15 % des vorhandenen Bestandes pro Monat ist. Geben Sie die Differenzialgleichung des Wachstumsprozesses an. Zeigen Sie, dass die Funktionsgleichung gegeben ist durch $f(t) = 38 \cdot e^{0,15 \cdot t}$, für den Fall, dass zu Beginn der Beobachtung 38 Insekten vorhanden waren.

16. Koch-Kurve

1904 konstruierte der schwedische Mathematiker Helge von Koch (1870 – 1924) einen Streckenzug, der als „mathematisches Monster" in die Geschichte der Mathematik einging.

Bei der Konstruktion verfährt man folgendermaßen:
Man beginnt mit einer geraden Linie der Länge a. Hier ist z. B. a = 9 cm.
1. Schritt: Man zerlegt diese Linie in drei gleich lange Liniensegmente.
2. Schritt: Man ersetzt das

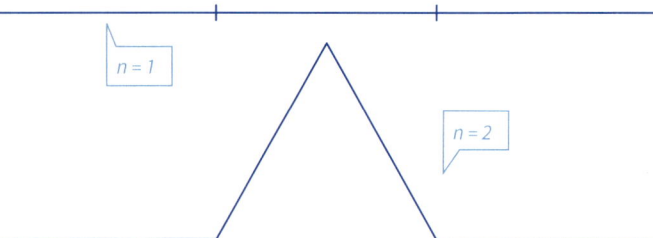

mittlere Segment durch ein gleichseitiges Dreieck, dessen Grundseite man entfernt.

a) Zeichnen Sie für n = 3 die Kurve, die entsteht, wenn man die beiden oben dargestellten Schritte für jedes der vier entstandenen Teilstücke wiederholt.

b) Geben Sie die Länge der Kurve nach 4, 40, 400 Teilschritten an.

c) Zeigen Sie, dass es sich bei den Kurvenlängen um exponentielles Wachstum handelt. Bestimmen Sie, nach wie vielen Schritten die entstehende Kurve länger als der Erdumfang (ca. 40 000 km) ist.

Helge von Koch (1870 – 1924) Die Koch-Kurve entsteht, wenn man sich die Konstruktion unendlich oft durchgeführt denkt. Diese Kurve ist ein sogenanntes **Fraktal**, bei dem jeder noch so kleine Ausschnitt aussieht wie die gesamte Figur.

3.2 Kettenregel – Lineare Substitution

EINSTIEGSAUFGABE
OHNE LÖSUNG

→ **Verketten von e-Funktion und linearer Funktion**

Die Funktionen f und g mit $f(x) = e^x$ und $g(x) = 3x - 2$ können auf zweierlei Weise miteinander *verkettet* werden, indem die Reihenfolge, mit der diese Funktionen nacheinander ausgeführt werden, wechselt: $x \to f(x) \to g\big(f(x)\big)$ oder $x \to g(x) \to f\big(g(x)\big)$.
Man erhält so: (1) $h_1(x) = e^{3x-2}$ und (2) $h_2(x) = 3 \cdot e^x - 2$
- Zeichnen Sie die Graphen für die Funktionen h_1 und h_2 mit einem Funktionenplotter.
- Erstellen Sie für die Funktionen h_1 und h_2 jeweils eine Wertetabelle und erläutern Sie daran, was die unterschiedliche Reihenfolge der Verkettung bewirkt.

EINSTIEGSAUFGABE
MIT LÖSUNG

→ **Verketten von Funktionen**

Beim Berechnen des Terms e^{x^2} ist durch die Vorrangregeln für die Potenz- und Punktrechnung nicht festgelegt, ob man erst x^2 oder erst e^x berechnet.
Untersuchen Sie, ob und, wenn ja, wie sich die Funktionen f mit $f(x) = e^{(x^2)}$ und g mit $g(x) = (e^x)^2$ unterscheiden. Erläutern Sie dazu, wie die Funktionen f und g jeweils aus der e-Funktion und der Quadratfunktion hervorgehen.

LÖSUNG

(1) Beim Term $e^{(x^2)}$ muss zu jeder Zahl für x zunächst das Quadrat berechnet und dann anschließend e damit potenziert werden.

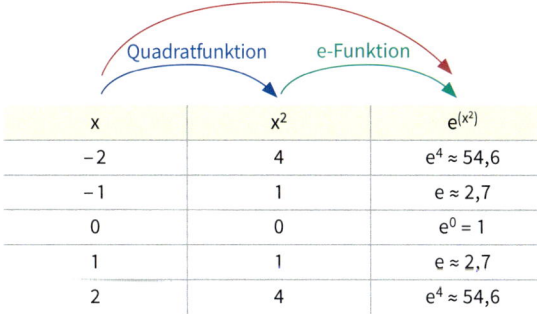

x	x^2	$e^{(x^2)}$
-2	4	$e^4 \approx 54{,}6$
-1	1	$e \approx 2{,}7$
0	0	$e^0 = 1$
1	1	$e \approx 2{,}7$
2	4	$e^4 \approx 54{,}6$

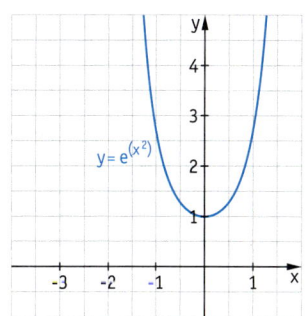

(2) Beim Term $(e^x)^2$ muss zu jeder Zahl für x zunächst die Potenz e^x berechnet und dann der erhaltene Wert quadriert werden.

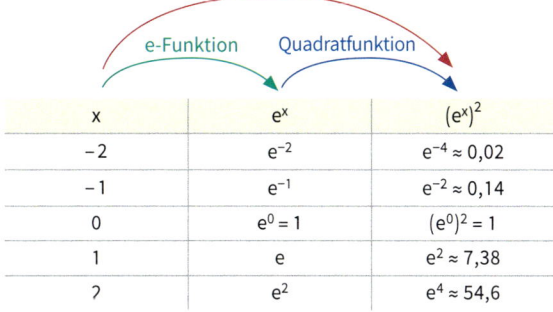

x	e^x	$(e^x)^2$
-2	e^{-2}	$e^{-4} \approx 0{,}02$
-1	e^{-1}	$e^{-2} \approx 0{,}14$
0	$e^0 = 1$	$(e^0)^2 = 1$
1	e	$e^2 \approx 7{,}38$
2	e^2	$e^4 \approx 54{,}6$

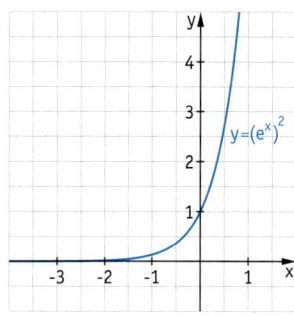

Die beiden Funktionen f und g unterscheiden sich durch die Reihenfolge, in der die e-Funktion und die Quadratfunktion nacheinander ausgeführt werden.
- Bei der Funktion f mit $f(x) = e^{(x^2)}$ wird zuerst das Quadrat von x gebildet und anschließend wird die Basis e mit x^2 potenziert. Also: $x \to x^2 \to e^{(x^2)}$
- Bei der Funktion g mit $g(x) = (e^x)^2$ wird zuerst die Basis e mit x potenziert und anschließend wird das Quadrat von e^x gebildet. Also: $x \to e^x \to (e^x)^2$

Vorrangregel für mehrfaches Potenzieren

Um Klammern einzusparen, vereinbaren wir: $a^{b^c} = a^{(b^c)}$

Sofern Klammern keine andere Reihenfolge vorschreiben, wird die Berechnung also mit dem am weitesten oben stehenden Exponenten begonnen.

Verketten von Funktionen

Definition

Die **Verkettung** f von zwei Funktionen u und v ist die Funktion mit dem Term $f(x) = u(v(x))$.

Man erhält sie folgendermaßen:

Man wendet auf x zuerst die Funktion v an und erhält einen Zwischenwert $v(x)$.

Auf diesen Zwischenwert wird dann die Funktion u angewendet: $f(x) = u(v(x))$

Diese Funktion f mit $f(x) = u(v(x))$ ist nur dann definiert, wenn u an der Stelle $v(x)$ definiert ist.

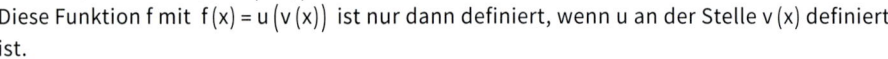

Die Funktion v nennt man auch *innere Funktion* und die Funktion u *äußere Funktion*.

Gegeben sind die Funktionen u und v mit $v(x) = 2x - 1$ mit $x \in \mathbb{R}$ sowie $u(x) = x^2$ und $x \in \mathbb{R}$. Dann ist die Verkettung $f(x) = u(v(x)) = (2x - 1)^2$ für alle $x \in \mathbb{R}$.

Die Funktion f mit $f(x) = (x^2 + 2x - 4)^{15}$ kann als Verkettung der Funktionen u und v mit $u(x) = x^{15}$ und $v(x) = x^2 + 2x - 4$ aufgefasst werden.

Ableitung verketteter Funktionen – Kettenregel

Satz: Kettenregel

Ist f eine verkettete Funktion mit $\mathbf{f(x) = u(v(x))}$ mit den Ableitungen v′ der inneren Funktion und u′ der äußeren Funktion, dann gilt:

$$\mathbf{f'(x) = v'(x) \cdot u'(v(x))}$$

Da der Faktor $v'(x)$ die Ableitung der *inneren* Funktion v ist, gilt folgende Merkregel:

f′(x)	=	v′(x)	·	u′(v(x))
Ableitung der Gesamtfunktion	=	innere Ableitung	·	äußere Ableitung

$f(x) = e^{x^2}$
$v(x) = x^2,\ v'(x) = 2x$
$u(x) = e^x,\ u'(x) = e^x,$
$u'(v(x)) = e^{x^2}$
$f'(x) = v'(x) \cdot u'(v(x))$
$ = 2x \cdot e^{x^2}$

$g(x) = (e^x)^2$
$v(x) = e^x,\ v'(x) = e^x$
$u(x) = x^2,\ u'(x) = 2x,$
$u'(v(x)) = 2e^x$
$g'(x) = v'(x) \cdot u'(v(x))$
$ = e^x \cdot 2e^x = 2(e^x)^2$

$h(x) = \sqrt{x^2 + 1}$
$v(x) = x^2 + 1,\ v'(x) = 2x$
$u(x) = \sqrt{x},\ u'(x) = \dfrac{1}{2\sqrt{x}},$
$u'(v(x)) = \dfrac{1}{2\sqrt{x^2 + 1}}$
$h'(x) = v'(x) \cdot u'(v(x))$
$ = 2x \cdot \dfrac{1}{2\sqrt{x^2 + 1}}$
$ = \dfrac{x}{\sqrt{x^2 + 1}}$

Begründung der Kettenregel

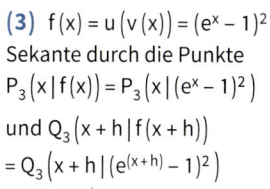

Wir verzichten auf einen genauen Beweis.

Gegeben ist die Funktion f mit $f(x) = (e^x - 1)^2$. Dabei ist die innere Funktion v mit $v(x) = e^x - 1$ und die äußere Funktion u mit $u(x) = x^2$. Nach der Kettenregel lautet die Ableitung
$$f'(x) = v'(x) \cdot u'(v(x)) = e^x \cdot 2 \cdot (e^x - 1)$$

Man betrachtet nun Steigungsdreiecke von Sekanten an die Graphen von v, u und f sowie die zugehörigen Differenzenquotienten.

(1) $v(x) = e^x - 1$
Sekante durch die Punkte
$P_1(x \mid u(x)) = P_1(x \mid e^x - 1)$
und $Q_1(x + h \mid u(x + h))$
$= Q_1(x + h \mid e^{(x+h)} - 1)$

(2) $u(x) = x^2$
Sekante durch die Punkte
$P_2(v(x) \mid u(v(x)))$
$= P_2(e^x - 1 \mid (e^x - 1)^2)$ und
$Q_2(v(x + h) \mid u(v(x + h)))$
$= Q_2(e^{x+h} - 1 \mid (e^{(x+h)} - 1)^2)$

(3) $f(x) = u(v(x)) = (e^x - 1)^2$
Sekante durch die Punkte
$P_3(x \mid f(x)) = P_3(x \mid (e^x - 1)^2)$
und $Q_3(x + h \mid f(x + h))$
$= Q_3(x + h \mid (e^{(x+h)} - 1)^2)$

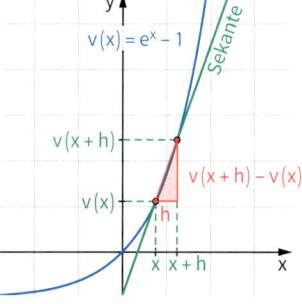

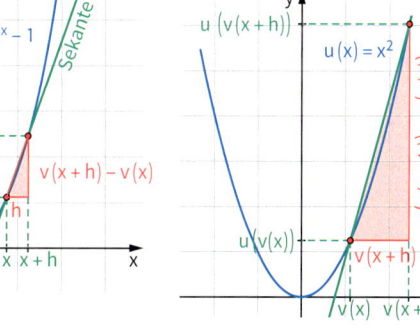

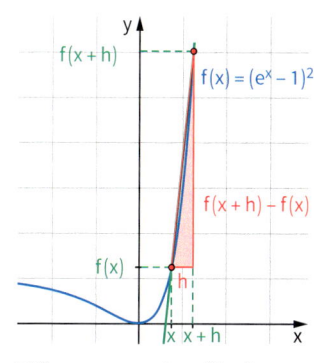

Differenzenquotient für die Stellen x und x + h:
$$\frac{v(x + h) - v(x)}{h}$$

Differenzenquotient für die Stellen v(x) und v(x + h):
$$\frac{u(v(x + h)) - u(v(x))}{v(x + h) - v(x)}$$

Differenzenquotient für die Stellen x und x + h:
$$\frac{f(x + h) - f(x)}{h}$$
$$= \frac{u(v(x + h)) - u(v(x))}{h}$$

Der Differenzenquotient aus (3) ist das Produkt der Differenzenquotienten aus (1) und (2):
$$\frac{f(x + h) - f(x)}{h} = \frac{u(v(x + h)) - u(v(x))}{h} = \frac{v(x + h) - v(x)}{h} \cdot \frac{u(v(x + h)) - u(v(x))}{v(x + h) - v(x)}$$

$\downarrow$ für $h \to 0$ $=$ $\downarrow$ für $h \to 0$ $\downarrow$ für $h \to 0$

$f'(x)$ $=$ $v'(x)$ $\cdot$ $u'(v(x))$.

Damit gilt also: $f'(x) = v'(x) \cdot u'(v(x)) = e^x \cdot 2 \cdot (e^x - 1)$.

WEITERFÜHRENDE AUFGABE

1. Integration durch lineare Substitution

a) Zeigen Sie mithilfe des Hauptsatzes der Differenzial- und Integralrechnung, dass folgende Integrationsregel für linear verkettete Funktionen gilt:

Satz: Integration durch lineare Substitution

Ist F eine Stammfunktion der Funktion f, so ist: $\int_a^b f(mx + n)\,dx = \frac{1}{m}[F(mx + n)]_a^b$ mit $m \neq 0$

---

b) Berechnen Sie das Integral mithilfe der obigen Regel:

(1) $\int_{-1}^{1,5} e^{3x+2}\,dx$

(2) $\int_{-1}^{3} -e^{\frac{1}{5} \cdot x + 4}\,dx$

(3) $\int_0^{\pi} \sin(3x + 1)\,dx$

ÜBUNGSAUFGABEN

Verkettungen angeben

2. Bestimmen Sie, soweit möglich,
(1) die Verkettung f mit $f(x) = u\big(v(x)\big)$;
(2) die Verkettung g mit $g(x) = v\big(u(x)\big)$ der Funktionen v und u.

  a) $v(x) = e^x;\ x \in \mathbb{R}$
     $u(x) = \sqrt{x};\ x \in \mathbb{R}^+$

  b) $v(x) = x^2 + 3;\ x \in \mathbb{R}$
     $u(x) = \sqrt{x};\ x \in \mathbb{R}^+$

  c) $v(x) = e^x;\ x \in \mathbb{R}$
     $u(x) = \frac{1}{x};\ x \in \mathbb{R} \setminus \{0\}$

3. Zerlegen Sie die angegebene Funktion f in Teilfunktionen v und u so, dass gilt: $f(x) = u\big(v(x)\big)$

  a) $f(x) = e^{2x-1};\ x \in \mathbb{R}$
  c) $f(x) = \cos \frac{1}{x};\ x \in \mathbb{R} \setminus \{0\}$
  e) $f(x) = \frac{1}{3x-5}$

  b) $f(x) = \sqrt{3x-2};\ x \geq \frac{2}{3}$
  d) $f(x) = (x^3 - 2x^2 + 5)^{21}$
  f) $f(x) = 5^{3x-4}$

Verkettete Funktionen und ihre Teilfunktion

4. Zeichnen Sie den Graphen zu $f(x) = e^{1-x^2}$.
Beschreiben Sie Eigenschaften des Graphen und begründen Sie diese am Funktionsterm.

5. Zeigen Sie, dass sich die Verkettung $f(x) = g(e^x)$ mit $g(x) = x^2 - 3x$ als Summe von Exponentialfunktionen darstellen lässt. Zeichnen Sie den Graphen.
Ermitteln Sie die Nullstelle und das Minimum des Graphen von $f(x)$ exakt.

6. Untersuchen Sie, ob die Abbildung des Graphen rechts den
wesentlichen Verlauf des Graphen zu $f(x) = e^{x^2-x}$ wiedergibt.

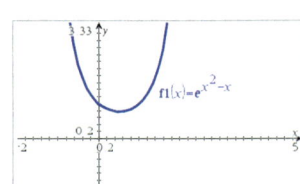

Ableitungen mit der Kettenregel bestimmen

7. Bestimmen Sie die Ableitung einmal mithilfe der Kettenregel und
zum anderen nach einer Termumformung. Vergleichen Sie die Ergebnisse.

  a) $f(x) = (3x^2 + 1)^2$
  b) $f(x) = (e^x - 1)^2$
  c) $f(x) = (e^x + e^{-x})^2$

8. Bestimmen Sie die Ableitung einer Exponentialfunktion mit dem Funktionsterm $f(x) = b^x$ für eine
beliebige Basis $b > 0$, $b \neq 1$ mithilfe der Kettenregel.

9. Leiten Sie ab. Geben Sie eine geeignete Definitionsmenge für f an.

  a) $f(x) = e^{4x+5}$
  c) $f(t) = e^{\sqrt{t}}$
  e) $f(x) = 9 \cdot \sin(x^2)$

  b) $f(x) = e^{x^2-x}$
  d) $f(x) = \sqrt{x^2 + x}$
  f) $f(x) = e^{\cos(x)}$

 10. Elli hat bei ihren Hausaufgaben nicht alles richtig gemacht. Korrigieren Sie.

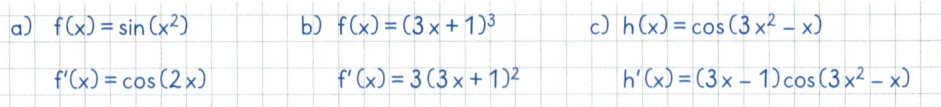

a) $f(x) = \sin(x^2)$	b) $f(x) = (3x+1)^3$	c) $h(x) = \cos(3x^2 - x)$
$f'(x) = \cos(2x)$	$f'(x) = 3(3x+1)^2$	$h'(x) = (3x-1)\cos(3x^2 - x)$

11. Bestimmen Sie die Ableitung. Geben Sie eine geeignete Definitionsmenge für f an.

  a) $f(x) = (x-2)^2$
  d) $f(x) = \left(2 + \frac{1}{x}\right)^2$
  g) $f(x) = (2x^2 + x - 1)^4$

  b) $f(x) = (2x^3 + 1)^2$
  e) $f(x) = 2 \cdot (3x - 2)^3$
  h) $f(x) = \frac{1}{1 + e^x}$

  c) $f(x) = (\sqrt{x} + 1)^2$
  f) $f(x) = \sqrt{x^2 - 4}$
  i) $f(x) = \frac{3}{4x + e^x}$

12. Bilden Sie die erste und die zweite Ableitung der Funktion.

  a) $f(x) = 2 \cdot e^{x-1}$
  b) $f(x) = k \cdot k^x - k^{-x}$
  c) $v(t) = (t + 5)^x$

13. Bilden Sie die n-te Ableitung von f.

   a) $f(x) = 2^x$ **c)** $f(x) = 2^{kx} + x^n$

   b) $f(x) = b^x$ **d)** $f(x) = (3 - 2x)^n$

> BEISPIEL
>
> $f(x) = e^{3x};\ f'(x) = 3 \cdot e^{3x};\ f''(x) = 3 \cdot 3 \cdot e^{3x}$
> $f''(x) = 3 \cdot 3 \cdot 3 \cdot e^{3x} = 3^3 \cdot e^{3x}$
> ...
> $f^{(n)}(x) = \underbrace{3 \cdot 3 \cdot 3 \cdot \ldots \cdot 3}_{\text{n-Faktoren}} \cdot e^{3x} = 3^n \cdot e^{3x}$

14. a) Bestimmen Sie die Ableitung der Funktionen f, g und h mit $f(x) = \sin(e^{2x-1})$, $g(x) = \sin(\sqrt{3^x})$ und $h(x) = \dfrac{1}{e^{2x-1} + 4}$.

   b) Geben Sie für die Ableitung einer Funktion vom Typ $f(x) = u\big(v(w(x))\big)$ eine Regel an.

Integrale und Flächen berechnen

15. a) Zeigen Sie: Die Funktion F mit $\mathbf{F(x) = \dfrac{a}{\ln(b)} \cdot b^x}$ ist eine Stammfunktion von f mit $\mathbf{f(x) = a \cdot b^x}$.

   b) Berechnen Sie damit die folgenden Integrale.

$$(1)\ \int_0^4 3^x\,dx \qquad (2)\ \int_1^5 1{,}6^x\,dx \qquad (3)\ \int_0^3 2 \cdot 1{,}05^x\,dx$$

16. Berechnen Sie das Integral.

$$\textbf{a)}\ \int_1^{\ln(2)} (e^x + 1)\,dx \qquad \textbf{b)}\ \int_0^{\ln(3)} (e^{2x} - x)\,dx \qquad \textbf{c)}\ \int_1^2 \left(e^{\frac{x}{2}} - \ln(2)\right)dx$$

17. Ermitteln Sie Funktionen, die die angegebene Ableitung haben.

   a) $f'(x) = 4 \cdot e^{4x}$ **d)** $f'(x) = 2x\cos(x^2)$

   b) $f'(x) = e^{2x}$ **e)** $f'(x) = x^2\sin(x^3)$

   c) $f'(x) = 4x \cdot e^{x^2}$ **f)** $f'(x) = \dfrac{2x}{x^2 + 1}$

> BEISPIEL
>
> $f'(x) = \dfrac{x}{2} \cdot e^{x^2}$
> $g(x) = e^{x^2}$ hat die Ableitung $g'(x) = 2x \cdot e^{x^2}$
> $f(x) = \dfrac{1}{4}e^{x^2}$ hat die Ableitung $f'(x) = \dfrac{1}{4} \cdot 2x \cdot e^{x^2}$
> $\qquad\qquad = \dfrac{x}{2}e^{x^2}$

18. Bestimmen Sie den Flächeninhalt der Fläche, die von den Graphen von f mit $f(x) = 2^x$ und den Geraden mit den Gleichungen $x = 0$ sowie $y = 5$ eingeschlossen wird.

19. Untersuchen Sie, ob man der unbegrenzten Fläche unter dem Graphen der Exponentialfunktion von f mit $f(x) = \left(\dfrac{1}{2}\right)^x$ im 1. Quadranten einen endlichen Flächeninhalt zuordnen kann.

Vernetzte Aufgaben

20. Gegeben ist die Funktion f mit $f(x) = x + e^{-\frac{1}{2}x}$.

   a) Bestimmen Sie den Tiefpunkt des Funktionsgraphen von f.

   b) Begründen Sie, dass sich der Graph von f der Gerade mit der Gleichung $y = x$ annähert.

+ 21. In den Schnittpunkten des Graphen der Funktion f mit $f(x) = x^2$ mit dem Einheitskreis (Mittelpunkt $M(0|0)$ und Radius $r = 1$) sind die Tangente an den Graphen und den Einheitskreis gezeichnet.

   a) Wo schneiden diese Tangenten (1) die x-Achse, (2) die y-Achse?

   b) Die vier Tangenten schließen ein Viereck ein. Bestimmen Sie dessen Flächeninhalt.

+ 22. An den Graphen von f mit $f(x) = \sqrt{x^3 + 5}$ sollen an den Stellen 1 und –1 die Tangenten gelegt werden. Berechnen Sie den Schnittpunkt der beiden Tangenten.

23. Eine Skischanze kann näherungsweise durch den Graphen der Funktion f mit $f(x) = 30\,e^{-\frac{x}{12}}$ mit $0 \le x \le 38$ dargestellt werden. Zeichnen Sie den Graphen. Direkt nach dem Absprung fliegt ein Springer für kurze Zeit auf der Tangente an den Graphen von f an der Absprungstelle $x = 38$. Bestimmen Sie die Gleichung dieser Tangente.

Blickpunkt:
Verkettungen von Funktionen – Umkehrfunktionen

Verkettung von Funktionen

Eine Funktion kann man als „Maschine" auffassen, in die man Zahlen eingibt und die dann Zahlen ausgibt. Die genaue Funktionsweise der Maschine kann dabei bekannt sein, muss es aber nicht.

Die Funktion f mit $f(x) = x^2$ ist zum Beispiel eine „Quadriermaschine", d. h. sie bildet zu jeder Zahl, die man eingibt, die Quadratzahl.

Es ist möglich, solche Maschinen hintereinander zu schalten. Dabei wird der Ausgang einer Maschine mit dem Eingang einer anderen verbunden.

Im Beispiel rechts ist die „Quadriermaschine" x^2 mit der „Verdreifachungs-maschine" $3\,x$ verbunden.

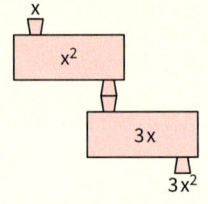

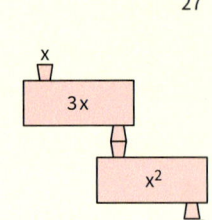

In der Mathematik nennt man diesen Vorgang **Verkettung von Funktionen**.

Mathematisch gesehen hat man die Funktion f mit $f(x) = x^2$ mit der Funktion g mit $g(x) = 3\,x$ verkettet.

Es gilt: $g(f(x)) = g(x^2) = 3\,x^2$

Man kann aber auch umgekehrt verketten:

$f(g(x)) = f(3\,x) = (3\,x)^2 = 9\,x^2$

Im Allgemeinen erhält man also je nach Reihenfolge der Verkettung unterschiedliche Funktionsterme für die verkettete Funktion.

Beim Term $3\,x^2$ muss zu jeder Zahl x zunächst das Quadrat berechnet werden und dann mit drei multipliziert werden.

Beim Term $9\,x^2$ muss jede Zahl x zunächst mit drei multipliziert werden. Danach wird das Ergebnis quadriert.

x	x^2	$3\,x^2$
Quadratfunktion	Verdreifachungsfunktion	
−2	4	12
−1	1	3
0	0	0
1	1	3
2	4	12

x	$3\,x$	$(3\,x)^2 = 9\,x^2$
Verdreifachungsfunktion	Quadratfunktion	
−2	−6	36
−1	−3	9
0	0	0
1	3	9
2	6	36

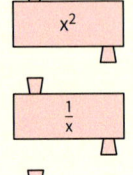

1. Bilden Sie mit dem links abgebildeten „Maschinenpark" Verkettungen von Funktionen. Untersuchen Sie, bei welchen Verkettungen es auf die Reihenfolge der Verkettung ankommt.

2. Ole und Maria spielen folgendes Spiel:
- Ole verkettet zwei der links abgebildeten Funktionen, sagt aber nicht welche.
- Maria gibt Zahlen in die Verkettung ein und Ole nennt ihr die Zahl, die am Ausgang der Verkettung erscheint.
- Maria soll mit möglichst wenigen Versuchen den Term der verketteten Funktion finden.

Maria hat folgende Daten gesammelt: Aus einer 1 wurde eine 0,5, aus einer 4 wurde 0,125, aus einer −2 wurde −0,25. Welche Verkettung hat Ole gewählt?

3. Definieren Sie einen eigenen „Maschinenpark" und spielen Sie das Spiel aus Aufgabe 2 in Ihrem Kurs.

Umkehrbarkeit einer Funktion – Umkehrfunktion

Abgebildet ist jeweils ein Ausschnitt aus dem Pfeildiagramm und aus der Wertetabelle einer Funktion.

$f(x) = 2^x$ $g(x) = x^2$

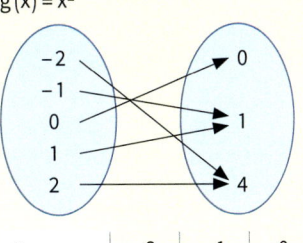

x	−2	−1	0	1	2
y = f(x)	0,25	0,5	1	2	4

x	−2	−1	0	1	2
y = g(x)	4	1	0	1	4

Kehrt man die Richtung der Zuordnungspfeile um bzw. vertauscht in der Wertetabelle die y-Werte mit den y-Werten,

> *Eine Zuordnung ist eine **Funktion**, wenn jedem x-Wert des Definitionsbereichs genau ein Wert des Wertebereichs zugeordnet wird.*

- so entsteht wiederum eine Funktion, die sogenannte *Umkehrfunktion* von f. Diese Funktion wird mit f^{-1} bezeichnet.

- so entsteht *keine* neue Funktion, da z. B. der Zahl 4 zwei Werte zugeordnet werden, nämlich 2 und − 2.

4. Zeichnen Sie einen Ausschnitt des Pfeildiagramms und erzeugen Sie einen Ausschnitt der Wertetabelle von f^{-1}.

5. Schränken Sie den Definitionsbereich von g so ein, dass eine Umkehrfunktion existiert. Um welche Funktion handelt es sich bei der gesuchten Umkehrfunktion?

INFORMATION

Umkehrfunktion

> **Definition**
> Kehrt man bei einer Funktion f die Zuordnungsrichtung um, so erhält man die umgekehrte Zuordnung. Ist diese wieder eine Funktion, so heißt die ursprüngliche Funktion f **umkehrbar**. Die neue Funktion heißt **Umkehrfunktion von f**. Sie wird mit f^{-1} bezeichnet.

Verkettet man eine Funktion mit ihrer Umkehrfunktion, erhält man die sogenannte *identische Abbildung* y = x, also eine Funktion, die jeden Eingabewert unverändert lässt. Es gilt also
$f\left(f^{-1}(x)\right) = x$; bzw. $f^{-1}\left(f(x)\right) = x$.

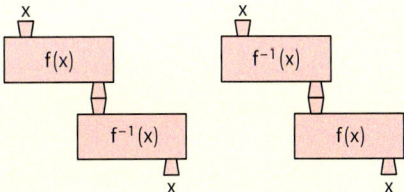

Vom Graphen von f zum Graphen der Umkehrfunktion f^{-1}

Man erhält die Wertetabelle einer Umkehrfunktion f^{-1}, indem man in der Wertetabelle von f die x-Werte mit den y-Werten vertauscht.
Ist $P\left(x \mid f(x)\right)$ ein Punkt des Graphen von f, so erhält man einen Punkt P^{-1} auf dem Graphen von f^{-1}, indem man die Koordinaten von P vertauscht: $P^{-1}\left(f(x) \mid x\right)$

6. Begründen Sie, dass das Vertauschen der Koordinaten eines Punktes dasselbe ist wie das Spiegeln des Punktes an der Hauptwinkelhalbierenden mit der Gleichung y = x.

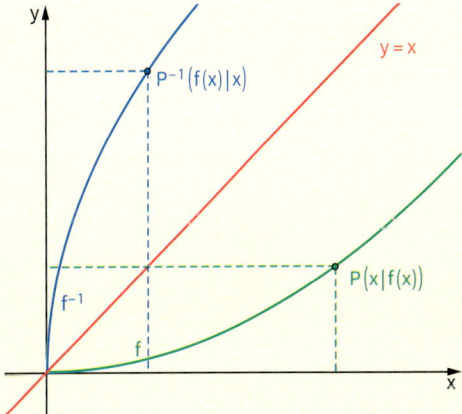

Umkehren von Exponentialfunktionen

Durch Umkehren der Exponentialfunktion f mit
$f(x) = 2^x$ gewinnen wir eine neue Funktion.
Ihren Graphen kann man durch Spiegeln von f an
der Hauptwinkelhalbierenden zeichnen.
Diese Funktion nennt man die *Logarithmusfunktion zur Basis 2*.
Man schreibt $f^{-1}(x) = \log_2(x)$.

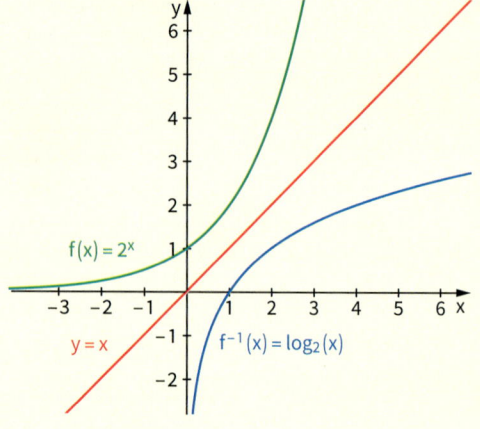

Genauso definiert man die Umkehrfunktion für beliebige Exponentialfunktionen:

> **Definition**
>
> Spiegelt man den Graphen von f mit $f(x) = b^x$ an der Hauptwinkelhalbierenden, so erhält man
> den Graphen der Umkehrfunktion f^{-1}.
> Diese Funktion hat den Funktionsterm $f^{-1}(x) = \log_b(x)$ und wird als **Logarithmusfunktion zur
> Basis b** bezeichnet.

Verkettet man eine Exponentialfunktion und die zu ihr gehörende Logarithmusfunktion, erhält man
die sogenannte *identische Abbildung* $y = x$, die Funktion, die jeden Eingabewert unverändert lässt.
Es gilt also $b^{\log_b(x)} = \log_b(b^x) = x$

> *$\log_b(x)$ ist der Exponent, mit dem man die Basis b*
> *potenzieren muss, um den Wert x zu erhalten: $b^{\log_b(x)} = x$*

BEISPIEL

> Zur Exponentialfunktion f mit $f(x) = 3^x$ gehört die Umkehrfunktion $f^{-1}(x) = \log_3(x)$.
> Es gilt $f\left(f^{-1}(x)\right) = 3^{\log_3(x)} = x$ sowie $f^{-1}\left(f(x)\right) = \log_3(3^x) = x$.

Ableitung von Umkehrfunktionen

Mithilfe der Kettenregel kann man die Ableitung der Umkehrfunktion allgemein bestimmen:
$f\left(f^{-1}(x)\right) = x$

$\left[f\left(f^{-1}(x)\right)\right]' = 1$ Funktionen auf den beiden Seiten der Gleichung ableiten

$f^{-1\,\prime}(x) \cdot f'\left(f^{-1}(x)\right) = 1$ Kettenregel anwenden

$f^{-1\,\prime}(x) = \dfrac{1}{f'\left(f^{-1}(x)\right)}$ Gleichung nach der Ableitung $f^{-1\,\prime}$ auflösen

7.   **a)** Begründen Sie dieses Ergebnis geometrisch mithilfe der Steigungsdreiecke von Tangenten an den
Graphen von f und von f^{-1}, wie bei der Ableitung der ln-Funktion in Abschnitt 3.1.2.

     b) Bestimmen Sie mithilfe der Regel oben für f mit $f(x) = x^3$ die Ableitung der Umkehrfunktion f^{-1}
mit $f^{-1}(x) = \sqrt[3]{x}$.

     c) Schränkt man den Definitionsbereich der Sinusfunktion auf das Intervall $\left[-\frac{\pi}{2}; \frac{\pi}{2}\right]$ ein, so ist die
Sinusfunktion umkehrbar.
Die Umkehrfunktion nennt man $\sin^{-1}$ oder
Arcussinus: $\arcsin(x)$.

Zeigen Sie: $\arcsin(x)' = \dfrac{1}{\sqrt{1-x^2}}$.

Hinweis: Nach dem Satz des Pythagoras gilt:
$\cos^2(x) + \sin^2(x) = 1^2$ und damit
$\cos(x) = \sqrt{\left(1 - \sin^2(x)\right)}$.

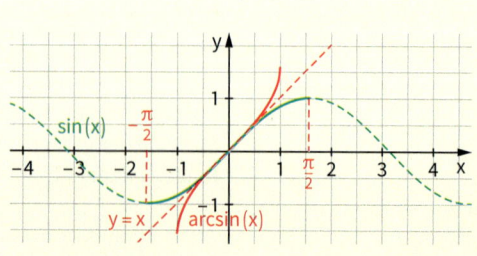

3.3 Die natürliche Logarithmusfunktion

EINSTIEGSAUFGABE
OHNE LÖSUNG

→ **Umkehrfunktion der e-Funktion**

- Zeichnen Sie mit einem Funktionenplotter den Graphen der e-Funktion und betrachten Sie die zugehörige Wertetabelle im Intervall $[-3; 5]$.
- Zeichnen Sie den Graphen der *Umkehrfunktion* der e-Funktion, indem Sie die x-Werte und die Funktionswerte vertauschen.
- Bestimmen Sie Definitions- und Wertebereich für die e-Funktion und für ihre Umkehrfunktion. Vergleichen Sie.

EINSTIEGSAUFGABE
MIT LÖSUNG

→ **Natürlicher Logarithmus**

a) Zeichnen Sie den Graphen der e-Funktion. Ermitteln Sie am Graphen ungefähr, an welchen Stellen die e-Funktion die Funktionswerte $\frac{1}{4}, \frac{1}{2}$, 1, 2, e, 3, 4, 5 annimmt. Überprüfen Sie durch Rechnung.

b) Zeichnen Sie den Graphen der *Umkehrfunktion* der e-Funktion, die *natürliche Logarithmusfunktion*, indem Sie die x-Werte mit den y-Werten vertauschen. Begründen Sie am Graphen, dass die natürliche Logarithmusfunktion die Umkehrfunktion der e-Funktion ist.

c) Bestimmen Sie Definitions- und Wertebereich für die e-Funktion und für ihre Umkehrfunktion. Vergleichen Sie.

LÖSUNG

a) Am Graphen können wir die jeweilige Stelle ungefähr ablesen.
So finden wir z. B. für $e^x = 3$ die Stelle $x \approx 1,1$.

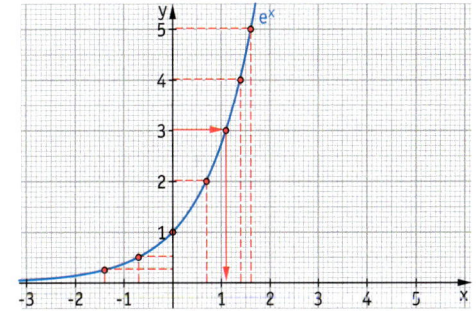

$x \approx$	$-1,4$	$-0,7$	0	0,7	1	1,1	1,4	1,6
$y = e^x$	$\frac{1}{4}$	$\frac{1}{2}$	1	2	e	3	4	5

Wir wissen, dass die Gleichung $y = e^x$ die Lösung $x = \ln(y)$ hat.
Damit können wir die abgelesenen Werte rechnerisch überprüfen:

Für $y = e^x = \frac{1}{4}$ gilt: $x = \ln\left(\frac{1}{4}\right) \approx -1,386 \approx -1,4$.

Ebenso erhalten wir z. B. für $y = e^x = \frac{1}{2}$: $x = \ln\left(\frac{1}{2}\right) \approx -0,693147 \approx -0,7$.

$x = \ln(y)$	$\ln\left(\frac{1}{4}\right)$ $\approx -1,386$	$\ln\left(\frac{1}{2}\right)$ $\approx -0,693$	$\ln(1)$ $= 0$	$\ln(2)$ $\approx 0,693$	$\ln(e)$ $= 1$	$\ln(3)$ $\approx 1,099$	$\ln(4)$ $\approx 1,386$	$\ln(5)$ $\approx 1,609$
$y = e^x$	$\frac{1}{4}$	$\frac{1}{2}$	1	2	e	3	4	5

Die durch Rechnung ermittelten Werte stimmen gut mit den abgelesenen Werten überein.

b) Eine Vertauschung der x-und y-Werte liefert wieder eine eindeutige Zuordnung, die Umkehrfunktion der e-Funktion.

x	$\frac{1}{4}$	$\frac{1}{2}$	1	2	$e \approx 2,718$	3	4	5
$y = \ln(x)$	$\approx -1,386$	$\approx -0,693$	0	$\approx 0,693$	1	$\approx 1,099$	$\approx 1,386$	$\approx 1,609$

Damit können wir den Graphen der natürlichen Logarithmusfunktion näherungsweise zeichnen.
Die Umkehrfunktion ist die natürliche Logarithmusfunktion, da für alle Werte von x und y mit $y = e^x$ gilt: $x = \ln(y)$
Der Graph entsteht durch Spiegelung des Graphen der e-Funktion an der Winkelhalbierenden, der Geraden mit der Gleichung $y = x$.

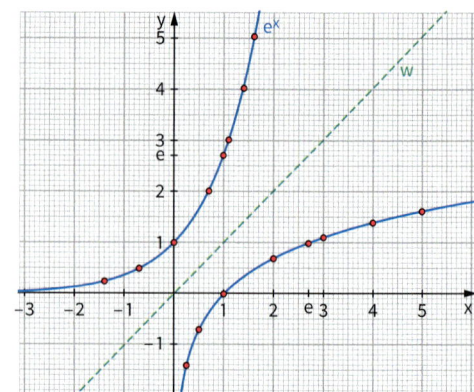

c) Die e-Funktion hat den Definitionsbereich $\mathbb{R}$ und den Wertebereich $\mathbb{R}^+\backslash\{0\}$.
Bei der Umkehrfunktion werden die x-Werte mit den y-Werten getauscht. Damit werden auch der Definitionsbereich und der Wertebereich getauscht.
Also ist der Definitionsbereich der natürlichen Logarithmusfunktion $\mathbb{R}^+\backslash\{0\}$ und der Wertebereich ist $\mathbb{R}$.

Die ln-Funktion

Definition

Die Funktion f mit $\mathbf{f(x) = \ln(x)}$ mit $x > 0$ nennt man **natürliche Logarithmusfunktion**.

Eine Zuordnung ist eine **Funktion**, wenn es sich um eine eindeutige Zuordnung handelt, d.h. wenn jedem Wert des Definitionsbereichs *genau ein* Wert des Wertebereichs zugeordnet wird.

Kann man bei einer Funktion f die x-Werte mit den y-Werten vertauschen, sodass dadurch wieder eine eindeutige Zuordnung entsteht, so heißt diese umgekehrte Zuordnung *Umkehrfunktion von f*.
Der Graph der Umkehrfunktion geht durch Spiegelung an der Geraden zu $y = x$ aus dem Graphen der Funktion f hervor.
Die ln-Funktion ist die Umkehrfunktion der e-Funktion. Es gilt:
$e^{\ln(x)} = x$ für $x > 0$
$\ln(e^x) = x$ für alle $x \in \mathbb{R}$.
Insbesondere gilt: $\ln(e) = 1$ und $\ln(1) = 0$.

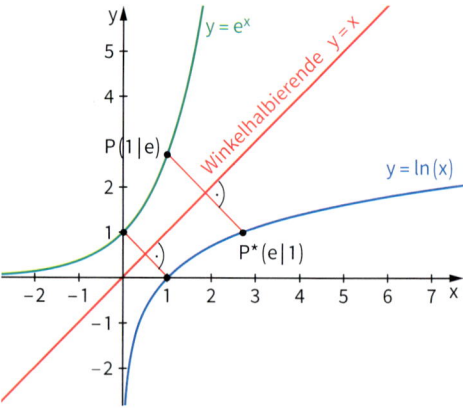

Der Graph der natürlichen Logarithmusfunktion entsteht durch Spiegelung des Graphen der e-Funktion an der Winkelhalbierenden mit der Gleichung $y = x$.

Weitere Eigenschaften der ln-Funktion

- Die natürliche Logarithmusfunktion ist als Umkehrung der e-Funktion für alle positiven reellen Zahlen definiert: Definitionsbereich $D = \mathbb{R}^+\backslash\{0\}$.
- Jede reelle Zahl kommt als Funktionswert vor, also ist der Wertebereich $\mathbb{R}$.
- Die natürliche Logarithmusfunktion hat eine Nullstelle bei $x_0 = 1$.
- Für $x < 1$ sind die Funktionswerte negativ, für $x > 1$ sind sie positiv.
- Je kleiner die x-Werte werden, je näher sie also bei 0 liegen, desto näher verläuft der Graph an der (negativen) y-Achse: Für $x \to 0$ gilt $\ln(x) \to -\infty$.
- Der Graph ist streng monoton steigend: Je größer die x-Werte sind, desto größer werden auch die y-Werte. Die Funktionswerte wachsen unbeschränkt.

WEITERFÜHRENDE AUFGABEN

1. Ableitung der natürlichen Logarithmusfunktion

Jana hat den Graphen der Ableitungsfunktion von $f(x) = \ln(x)$ durch grafisches Differenzieren gezeichnet und Aische hat die Wertetabelle der Ableitung mithilfe der numerischen Ableitung des Rechners bestimmt.

Sie stellen fest, dass gilt:

$f'(2) = \frac{1}{2}$, $f'(3) = \frac{1}{3}$, $f'(4) = \frac{1}{4}$, ...

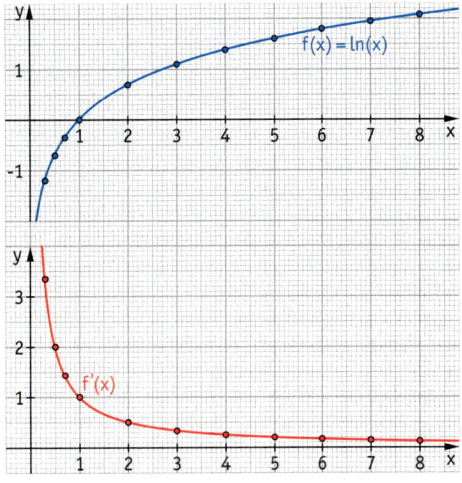

Sie vermuten daher folgenden Satz:

Satz: Ableitung des natürlichen Logarithmus

Die Funktion f mit $f(x) = \ln(x)$ hat für alle $x > 0$ die Ableitung $f'(x) = \frac{1}{x}$.

---

a) Überprüfen Sie die Vermutung mithilfe ihres Rechners für weitere Stellen x.

b) Begründen Sie diesen Satz, indem Sie mithilfe der Grafik rechts von der *Ableitung der e-Funktion* an der Stelle $\ln(x)$ auf die *Ableitung der ln-Funktion* an der Stelle x schließen.

Nutzen Sie dabei die Kongruenz der beiden Steigungsdreiecke.

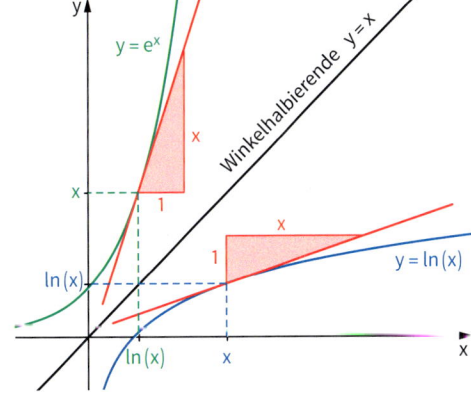

2. Stammfunktion von f mit $f(x) = \frac{1}{x}$

a) Berechnen Sie das Integral $\int_{1}^{5} \frac{1}{x}\, dx$ mithilfe einer Stammfunktion.

b) Begründen Sie:

Für $x \neq 0$ ist $F(x) = \ln(|x|)$ eine Stammfunktion zu

$f(x) = \frac{1}{x}$.

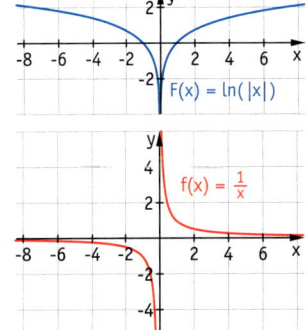

c) Für welchen Wert b gilt $\int_{1}^{b} \frac{1}{x}\, dx = 1$?

ÜBUNGSAUFGABEN

Graphen von ln-Funktionen

3. Zeichnen Sie den Graphen der Funktion f und beschreiben Sie, wie er aus dem Graphen der natürlichen Logarithmusfunktion entsteht.

a) $f(x) = \ln(x) + 1$ **c)** $f(x) = \ln(x+1)$ **e)** $f(x) = 2 \cdot \ln(x)$ **g)** $f(x) = \ln(2x)$ **i)** $-\ln(x)$

b) $f(x) = \ln(x) - 3$ **d)** $f(x) = \ln(x-3)$ **f)** $f(x) = \ln\left(\frac{1}{3}x\right)$ **h)** $f(x) = \frac{1}{3}\ln(x)$ **j)** $\ln(-x)$

4. Bestimmen Sie mögliche Funktionsterme zu den Graphen rechts und überprüfen Sie das Ergebnis mit einem Funktionenplotter.

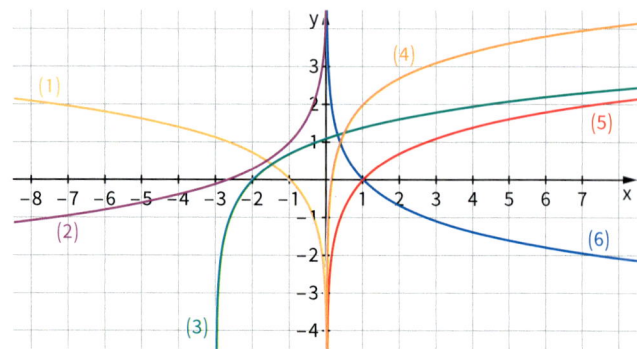

Grundeigenschaft der ln-Funktion:
Jedes Mal, wenn x mit dem Faktor s multipliziert wird, addieren sich die entsprechenden Funktionswerte:
$\ln(x \cdot s) = \ln(x) + \ln(s)$

5. a) Zeichnen Sie den Graphen der natürlichen Logarithmusfunktion und beschreiben Sie seinen Verlauf.

b) Verdeutlichen Sie die Logarithmengesetze durch Zahlenbeispiele am Graphen.

> **Logarithmengesetze**
> (1) $\ln(x \cdot y) = \ln(x) + \ln(y)$;
> (2) $\ln\left(\frac{x}{y}\right) = \ln(x) - \ln(y)$;
> (3) $\ln(x^t) = t \cdot \ln(x)$

c) Zeigen Sie die Gültigkeit der Logarithmengesetze (2) und (3) wie im Beispiel.

> BEISPIEL LOGARITHMENGESETZ (1)
>
> $e^{\ln(x \cdot y)} = x \cdot y = e^{\ln(x)} \cdot e^{\ln(y)} = e^{\ln(x) + \ln(y)}$
>
> Also gilt:
> $\ln(x \cdot y) = \ln(x) + \ln(y)$

Wachstumsverhalten der ln-Funktion

6. Zeichnen Sie mithilfe eines Funktionenplotters die Graphen von f mit $f(x) = \ln(x)$ und g mit $g(x) = \sqrt[4]{x}$.

Für welche Werte von x liegen die Funktionswerte von f oberhalb der Funktionswerte von g?

Beschreiben Sie das Wachstumsverhalten der beiden Graphen für $x \to \infty$.

7. Untersuchen Sie das Verhalten von f für $x \to 0$ bzw. $x \to \infty$.

a) $f(x) = x \cdot \ln(x)$ für $x \to 0$ und $x > 0$ **b)** $f(x) = \frac{\ln(x)}{x}$ für $x \to \infty$

Terme vereinfachen – Umkehrfunktionen

8. Vereinfachen Sie folgende Terme:

a) $\ln(e^2)$ **c)** $\ln(\sqrt{e})$ **e)** $\ln\left(\frac{e^2}{k}\right)$ **g)** $e^{\ln(3)}$

b) $\ln\left(\frac{1}{e^2}\right)$ **d)** $\ln(\sqrt[3]{e})$ **f)** $\ln(2 \cdot e^3)$ **h)** $e^{-\ln(2)}$

> BEISPIEL
>
> $\ln(4\,e^2) = \ln(4) + \ln(e^2)$
> $= \ln(4) + 2 \cdot \ln(e)$
> $= \ln(4) + 2$

9. Fassen Sie zusammen.

a) $\ln(x) + \ln(7)$

b) $\ln(x) - \ln(2)$

c) $\ln(x) - 3$

d) $5 \cdot \ln(x)$

e) $4 \cdot \ln(x^2)$

f) $2 \cdot \ln(x) + \ln(3)$

BEISPIEL

$\ln(x) + \ln(2)$
$= \ln(x \cdot 2)$
$= \ln(2x)$

10. Skizzieren Sie den Graphen der Umkehrfunktion und bestimmen Sie deren Funktionsterm.

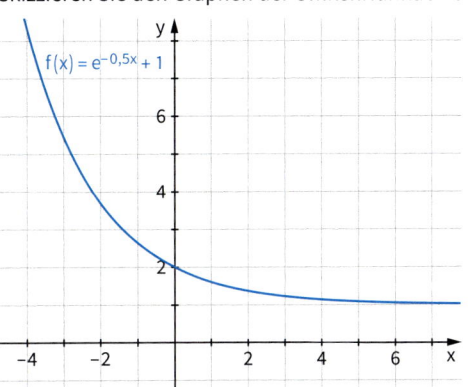

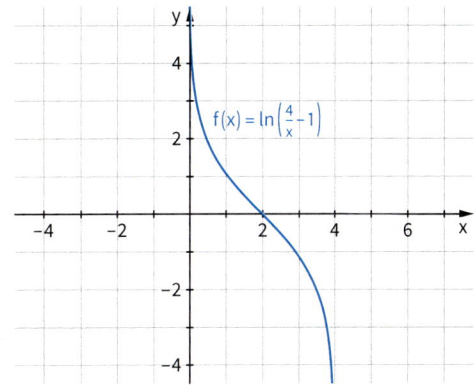

11. Berechnen Sie den Inhalt der vom Graphen der ln-Funktion, den Koordinatenachsen und der Geraden $y = 1$ begrenzten Fläche. Spiegeln Sie dazu die Fläche an der Winkelhalbierenden $y = x$ und berechnen Sie den Flächeninhalt mithilfe der Umkehrfunktion.

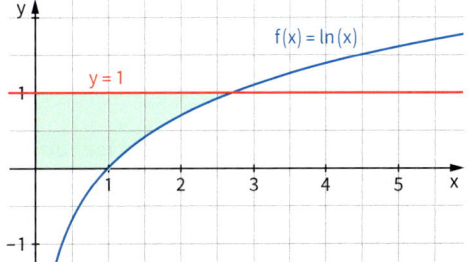

Ableitungen und Tangentengleichungen bestimmen

12. Rechts sehen Sie einen Weg zur Bestimmung der Ableitung des natürlichen Logarithmus. Erläutern Sie.

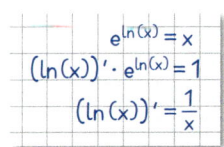

$$e^{\ln(x)} = x$$
$$(\ln(x))' \cdot e^{\ln(x)} = 1$$
$$(\ln(x))' = \frac{1}{x}$$

13. Bestimmen Sie die Ableitung.

a) $f(x) = 2 \cdot \ln(x)$, $x > 0$

b) $f(x) = -0,5 \cdot \ln(x) + 3$, $x > 0$

c) $f(x) = \ln(-x)$, $x < 0$

d) $f(x) = \ln(3x)$, $x > 0$

e) $f(x) = \ln\left(\frac{1}{x}\right)$, $x > 0$

f) $f(x) = \ln(x^4)$

14. Bestimmen Sie für die ln-Funktion die Tangentengleichungen an den Stellen $x = 1$ und $x = e$. Berechnen Sie auch den Schnittpunkt der beiden Tangenten.

15. An welchem Punkt ist die Tangente an den Graphen der natürlichen Logarithmusfunktion parallel zur Geraden mit der Gleichung $2x - 3y + 7 = 0$? Bestimmen Sie die Gleichung der Tangente.

Integrale und Flächen berechnen

16. Berechnen Sie folgende Integrale.

a) $\int_{1}^{5} \frac{1}{x} dx$

b) $\int_{-4}^{-2} \frac{1}{x} dx$

c) $\int_{2}^{5} \frac{2}{x} dx$

d) $\int_{1}^{4} \left(x^2 - \frac{1}{x}\right) dx$

17. Untersuchen Sie, ob das uneigentliche Integral existiert.

a) $\int_0^1 \frac{1}{x}\,dx$ **b)** $\int_1^\infty \frac{1}{x}\,dx$

Vernetzte Aufgaben

18. Bestimmen Sie den Definitionsbereich und bilden Sie die Ableitung.
- **a)** $f(x) = \ln(2x-4)$
- **b)** $f(x) = \ln(1-x^2)$
- **c)** $f(x) = \ln(e^x - 3)$
- **d)** $f(x) = \left(\ln(x)\right)^2$
- **e)** $f(x) = \sqrt{\ln(x-4)}$
- **f)** $f(x) = \ln\left(\cos(x)\right)$

19. a) Zeigen Sie: Für g mit $g(x) = \ln\left(f(x)\right)$ und $f(x) > 0$ gilt: $g'(x) = \dfrac{f'(x)}{f(x)}$.

b) Erläutern Sie die Formel für das „logarithmische Integrieren":

$$\int_a^b \frac{f'(x)}{f(x)}\,dx = \left[\ln\left(|f(x)|\right)\right]_a^b + c \quad \text{mit } f(x) \neq 0.$$

20. Gegeben ist die Funktion f mit $f(x) = \ln(x^2 + 1)$.
- **a)** Bestimmen Sie die Steigung des Graphen an den Stellen -1 und $+1$.
- **b)** Geben Sie für die Stellen -1 und $+1$ die Tangentengleichungen an und zeigen Sie, dass die beiden Tangenten orthogonal zueinander sind.
- **c)** Die beiden Tangenten aus Teilaufgabe b) schließen mit der x-Achse ein Dreieck ein. Berechnen Sie seinen Flächeninhalt.

21. Gegeben sind die Funktionen f und g mit $f(x) = e^x$ und $g(x) = \dfrac{1}{x}$.
- **a)** Bestimmen Sie näherungsweise den Schnittpunkt der beiden Graphen.
- **b)** Berechnen Sie den Flächeninhalt, den die beiden Graphen über dem Intervall $[-2, 2]$ oberhalb der x-Achse einschließen.

22. a) Zeigen Sie: Die Funktionen f mit $f(x) = \left(\ln(x)\right)^2$ und g mit $g(x) = x \cdot \left(\ln(x)\right)^2$ haben einen gemeinsamen Tiefpunkt bei $T(1|0)$.
- **b)** Weisen Sie durch Rechnung nach, dass G mit $G(x) = 0{,}5 \cdot x^2 \cdot \left(\ln(x)\right)^2 + \left(0{,}5 - \ln(x)\right)$ eine Stammfunktion von g ist.
- **c)** Berechnen Sie mithilfe von Teilaufgabe b) das uneigentliche Integral $\lim\limits_{k\to 0} \int_k^e x \cdot (\ln(x))^2\,dx$ und deuten Sie das Ergebnis geometrisch.

23. Eine Tulpenvase hat einen unteren Durchmesser von 8 cm, einen oberen Durchmesser von 20 cm und eine Höhe von 19 cm.
Modellieren Sie den Rand mithilfe einer geeigneten Exponentialfunktion und berechnen Sie das Fassungsvermögen der Vase.

24. Berechnen Sie das Volumen des Körpers, der durch Rotation des Graphen zu $f(x) = \dfrac{1}{\sqrt{x}}$ um die x-Achse für $1 \le x \le 5$ entsteht.

25. Die Tangente an der Stelle -1 an den Graphen zu $y = 3^x$ schließt mit den beiden Koordinatenachsen ein Dreieck ein.
- **a)** Berechnen Sie den Flächeninhalt dieses Dreiecks.
- **b)** Der Graph zu $y = 3^x$ schließt mit der Sekante an den Graphen über dem Intervall $[-2; 0]$ mit dem Graphen ein Flächenstück ein.
Skizzieren Sie den Sachverhalt und berechnen Sie den Flächeninhalt dieser Fläche.

3.4 Begrenztes Wachstum

EINSTIEGSAUFGABE
OHNE LÖSUNG

→ **Saft erwärmt sich auf Raumtemperatur**

Eine Flasche Saft wurde in einem Kühlschrank auf 7 °C abgekühlt. Sie wird aus dem Kühlschrank herausgenommen und in ein Zimmer mit 24 °C Raumtemperatur gestellt.

Bei der Erwärmung der Flüssigkeit beträgt die Temperaturzunahme pro Minute zu jedem Zeitpunkt jeweils 10 % der Differenz zwischen Raumtemperatur und der augenblicklichen Temperatur der Flüssigkeit.

- Der Temperaturverlauf der Erwärmung des Saftes in Abhängigkeit von der Zeit kann als Graph dargestellt werden. Erstellen Sie aus den obigen Informationen für die ersten 15 Minuten eine Skizze des Graphen.
- Zeigen Sie, dass die Funktion T mit $T(t) = 24 - 17 \cdot e^{-0,1t}$ (mit t Zeit in Minuten nach der Entnahme des Getränks aus dem Kühlschrank und $T(t)$ Temperatur in °C) zu den oben angegebenen Informationen zum Erwärmungsprozess passt. Geben Sie wesentliche Eigenschaften des Funktionsgraphen an.
- Bestimmen Sie, wann der Saft mit 23,9 °C beinahe Raumtemperatur erreicht hat.

EINSTIEGSAUFGABE
MIT LÖSUNG

NEWTON'sches Abkühlungsgesetz
Die Abkühlungsgeschwindigkeit ist proportional zur Temperaturdifferenz.

→ **Begrenzte Abnahme**

Frisch aufgebrühter 80 °C heißer Kaffee wird in einem 20 °C warmen Raum stehengelassen. In jedem Moment beträgt die Abkühlung 15 % der noch vorhandenen Temperaturdifferenz zur Raumtemperatur $\left(\text{in } \frac{°C}{min}\right)$. *Momentangeschwindigkeit*

a) Modellieren Sie anhand einer groben Skizze mithilfe einer e-Funktion den Temperaturverlauf für die Temperatur in Abhängigkeit von der Zeit t.
   Kontrollieren Sie Ihren Funktionsterm anhand der gegebenen Information zur Abkühlungsgeschwindigkeit.

b) Ermitteln Sie, wann der Kaffee eine angenehme Trinktemperatur von 45 °C aufweist.

LÖSUNG

a) Die Kaffeetemperatur wird sich zunächst schnell und dann immer langsamer der Raumtemperatur annähern, sie aber theoretisch nie erreichen. Der Graph sieht aus wie der einer exponentiellen Abnahme, der um 20 nach oben verschoben wurde:

$$f(t) = a \cdot e^{kt} + 20$$

Aus der Anfangsbedingung $f(0) = 80$ folgt wegen $e^{k \cdot 0} = 1$ sofort:

$$a = 60$$

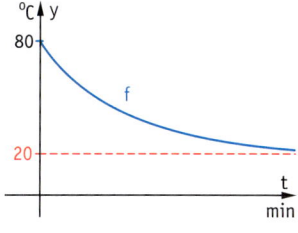

Damit lautet der Funktionsterm für die Temperatur in Abhängigkeit von der Zeit:

$$f(t) = 60 \cdot e^{kt} + 20$$

Die Abkühlungsgeschwindigkeit ist proportional zur Differenz zwischen Kaffee-Temperatur und Raumtemperatur, also zu $60 \cdot e^{kt}$ mit dem Proportionalitätsfaktor $-0,15$:

Also $k = -0,15$ und folglich $f(t) = 60 \cdot e^{-0,15t} + 20$.

$$f'(t) = k \cdot 60 \cdot e^{kt} = (-0,15) \cdot (f(t) - 20)$$
$$= (-0,15) \cdot 60 \cdot e^{kt}$$

Abkühlungsgeschwindigkeiten sind negativ

Zur Kontrolle der Abkühlungsgeschwindigkeit bilden wir die Ableitung:

$$f'(t) = 60 \cdot e^{-0,15t} \cdot (-0,15)$$
$$= (60 \cdot e^{-0,15t} + 20 - 20) \cdot (-0,15)$$
$$= \underbrace{(f(t) - 20)} \cdot (-0,15)$$

Temperaturdifferenz zur Raumtemperatur

b) Zu lösen ist die Gleichung $f(t) = 45$, also $45 = 60 \cdot e^{-0,15t} + 20$.
Dies kann auf mehreren Wegen geschehen:

algebraisch

$$45 = 60 \cdot e^{-0,15t} + 20 \quad | -20$$
$$25 = 60 \cdot e^{-0,15t} \quad | :60$$
$$\frac{5}{12} = e^{-0,15t} \quad | \ln$$
$$\ln\left(\frac{5}{12}\right) = -0,15\,t \quad | :(-0,15)$$
$$t = \frac{\ln\left(\frac{5}{12}\right)}{-0,15} \approx 5,836\dots$$

numerisch mit den Taschenrechner

```
RAD
60*e⁻·¹⁵ˣ+20=45
```
```
SOLUTION              ↑
X=5.836458245
L - R =0
```

Nach knapp 6 Minuten hat der Kaffee somit die Temperatur von 45 °C erreicht.

Begrenztes Wachstum

Bei vielen Zu- oder Abnahmeprozessen im Alltag oder in der Natur ist der Zunahme oder der Abnahme eines Bestands eine natürliche Grenze gesetzt, die man **Sättigungsgrenze** oder auch *Kapazität* nennt. Solche Prozesse bezeichnet man als *begrenzte Zunahme* oder als *begrenzte Abnahme*, falls gilt:
Die Wachstumsgeschwindigkeit $f'(t)$ eines Bestands $f(t)$ ist proportional zur Differenz aus Sättigungsgrenze S und aktuellem Bestand: $f'(t) = k \cdot (S - f(t))$ mit $k > 0$

Der Bestand $f(t)$ nähert sich dann exponentiell an die Sättigungsgrenze S an:
$f(t) = S + (f(0) - S)e^{-kt}$ mit einem konstanten Faktor $k > 0$.

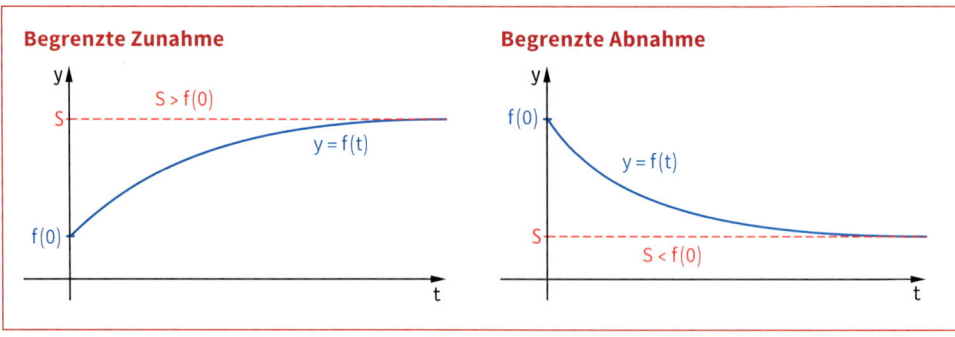

Die Zunahme bzw. die Abnahme verläuft zu Beginn sehr schnell. Mit fortlaufendem Prozess wird sie immer langsamer. Je geringer der Abstand zur Sättigungsgrenze ist, desto geringer ist die Geschwindigkeit der Zunahme bzw. Abnahme.

BEISPIEL

In einer Gemeinde mit 5 000 Internetanschlüssen stellen die Nutzer ihre Anschlüsse schrittweise auf DSL um.
Die Funktion f gibt näherungsweise die Zahl der DSL-Anschlüsse in Monaten nach Beginn der Umstellung an:
$f(t) = 5\,000 - 4\,840 \cdot e^{-0,1 \cdot t}$ mit $t > 0$
sowie dem konstanten Faktor $k = 0,1$ und der Sättigungsgrenze $S = 5\,000$.

BEISPIEL

Pilze, die im Dörrautomaten getrocknet werden, verlieren dabei erheblich an Gewicht. Die Funktion f gibt näherungsweise das Gewicht der Pilze (in % des Ausgangsgewichtes) in Minuten nach Beginn der Trockenzeit an:
$f(t) = 6 + 94 \cdot e^{-0,2 \cdot t}$ mit dem konstanten Faktor $k = 0,2$ und der Sättigungsgrenze $S = 6$.

Es gilt:
$$f'(t) = 484 \cdot e^{-0,1 \cdot t}$$
$$= 0,1 \cdot \left(5\,000 - \left(5\,000 - 4\,840 \cdot e^{-0,1 \cdot t}\right)\right)$$
$$= 0,1 \cdot \left(5\,000 - f(t)\right)$$
Die Zunahme verlangsamt sich zunehmend, je näher die Werte in der Nähe der Sättigungsgrenze 5 000 liegen.

Es gilt:
$$f'(t) = -18,8 \cdot e^{-0,2 \cdot t}$$
$$= 0,2 \cdot \left(6 - \left(6 + 94 \cdot e^{-0,2 \cdot t}\right)\right)$$
$$= 0,2 \cdot \left(6 - f(t)\right)$$
Die Abnahme verlangsamt sich zunehmend, je näher die Werte in der Nähe der Sättigungsgrenze 6 liegen.

Wachstumsprozesse – Modellierung und Modellkritik

Drei Typen von Wachstumsprozessen haben Sie bislang kennengelernt:

- *lineares Wachstum* $f(t) = k \cdot t + a$:
  Die Änderungsrate ist konstant: $f'(t) = k$.
- *exponentielles Wachstum* $f(t) = a \cdot e^{k \cdot t}$:
  Die Änderungsrate ist proportional zum Bestand: $f'(t) = k \cdot f(t)$ (siehe Seite 86 und 90).
- *beschränktes Wachstum* $f(t) = S + \left(f(0) - S\right) \cdot e^{-k \cdot t}$, *mit* $k > 0$:
  Die Änderungsrate ist proportional zur Differenz zwischen Sättigungsgrenze und Bestand:
  $f'(t) = k \cdot \left(S - f(t)\right)$.

Bei all diesen Wachstumsprozessen handelt es sich um **mathematische Modellierungen** eines Wachstumsvorgangs in der Realität. Ein solches Modell kann die Wirklichkeit nicht vollständig, sondern nur in Teilaspekten darstellen. Ein mathematisches Modell kann als Versuch zur Darstellung der Wirklichkeit gute Dienste leisten, indem man damit Vorhersagen über zukünftige Entwicklungen treffen kann. Diese müssen aber

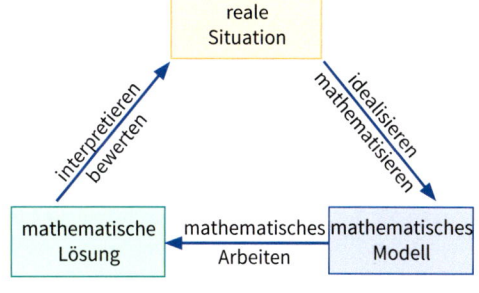

immer wieder mit der realen Entwicklung verglichen werden. Weichen die Prognosen von den tatsächlich beobachteten Erscheinungen ab, sollte der Modellansatz verändert werden.

Bei der Beschreibung eines Wachstumsprozesses entscheidet man sich im ersten Schritt begründet für eines der Wachstumsmodelle. Im Laufe der Arbeit mit dem Modell müssen dann alle Konstanten und Beziehungen zwischen einzelnen Faktoren vielfach überprüft und neu angesetzt werden, um zu einem Modell zu gelangen, dass die beobachtete Wirklichkeit möglichst treffend beschreibt. Stellt sich dabei heraus, dass dies aufgrund der Modellannahmen nicht mehr angemessen der Fall ist, muss ggf. auch ein anderes Wachstumsmodell gewählt werden.

Hinweis: Obwohl die meisten Größen in der Realität nur „diskrete" Werte annehmen (z. B. gibt es keine halben Menschen oder Atome), beschreibt man sie im Modell stets kontinuierlich. Die mathematische Lösung muss dann der realen Situation angepasst gerundet werden.

ÜBUNGSAUFGABEN   **Verschiedene Wachstumsprozesse beschreiben**

 1. Erläutern Sie an selbst gewählten Beispielen für die drei Typen von Wachstumsprozessen
(1) lineares Wachstum; (2) exponentielles Wachstum und (3) beschränktes Wachstum
die mathematische Modellierung dieser Prozesse.
Gehen Sie dabei auch auf die Änderungsraten, also auf die Wachstumsgeschwindigkeiten, ein.
Untersuchen Sie, woran man erkennen kann, welches dieser drei Modelle einen Wachstumsprozess am besten beschreibt.

Begrenzte Abnahme und begrenzte Zunahme

2. Pilze können in Dörrautomaten getrocknet werden und verlieren dabei erheblich an Gewicht.
Dies zeigt die folgende Messung:

Trockenzeit t (in min)	0	1	4	6	9	12	14	20
Gewicht (in % des Anfangsgewichtes)	100	83	54	39	22	19	14	8

Das Gewicht eines Pilzes sinkt auch bei längerer Trocknung nicht unter 6 % seines Anfangsgewichts.

a) Stellen Sie die Daten grafisch dar. Welches Wachstumsmodell kann benutzt werden?
Begründen Sie Ihre Wahl.

b) Ermitteln Sie anhand geeigneter Wertepaare den Funktionsterm einer Funktion, welche den
Gewichtsverlauf bei diesem Modell näherungsweise beschreibt.
Zeichnen Sie den Funktionsgraphen in das Koordinatensystem aus Teilaufgabe a).

3. Peter mischt seinen Milchkaffee immer aus gleichen Teilen Kaffee und Milch. Nachdem er den Kaffee
frisch aufgebrüht hat, schwankt er zwischen folgenden Möglichkeiten, das Getränk abkühlen zu
lassen:

- Er gibt in den Kaffee, der noch eine Temperatur von 90 °C hat, sofort die entsprechende Menge
Milch, die er aus dem Kühlschrank holt (8 °C). Dann lässt er den Milchkaffee bei einer Zimmer-
temperatur von 22 °C zum weiteren Abkühlen stehen.
- Er lässt den Kaffee zuerst 5 Minuten lang bei Zimmertemperatur abkühlen und mischt danach mit
Milch.

Man kann davon ausgehen, dass sowohl Kaffee als auch Milchkaffee so abkühlen, dass die
Abkühlungsgeschwindigkeit 15 % der Temperaturdifferenz zwischen der Temperatur der Flüssigkeit
und der Zimmertemperatur pro Minute beträgt.
Welche Temperatur hat der Milchkaffee jeweils nach weiteren 5 Minuten?

4. Eine heiße Flüssigkeit wird bei einer konstanten Umgebungstemperatur von 20 °C abgekühlt.
Die Geschwindigkeit der Temperaturabnahme kann durch eine Funktion a mit $a\,(t) = -69 \cdot k \cdot e^{-k \cdot t}$
näherungsweise beschrieben werden.

a) Um welche Form von Abkühlungsprozess handelt es sich? Begründen Sie Ihre Antwort.

b) Wie hoch war die Temperatur zu Beginn der Messung?

c) 3 Minuten nach Messbeginn hatte die Flüssigkeit eine Temperatur von 73 °C.
Zu welchem Zeitpunkt nimmt die Temperatur erstmals um weniger als 1 Grad pro Minute ab?

5.

Brutaler Mord vor Nachtclub

Hamburg (dpa, 11.7.) Mitten in einer lauen Hochsommernacht
trifft die Polizei vor einem stadtbekannten Nachtclub auf das
Opfer eines grausigen Verbrechens. Der einschlägig bekannte
Zuhälter Brillanten-Ede liegt tot auf dem Bürgersteig – erschla-
gen mit einer Sektflasche. Der Gerichtsmediziner erscheint um

Mitternacht und misst die Körpertemperatur der Leiche: 30,5 °C. Die Spurensicherung benötigt
für ihre Tätigkeit am Tatort geschlagene 2 Stunden und stellt beim Abtransport der Leiche
eine Körpertemperatur von 24,5 °C fest. Die Lufttemperatur betrug in diesem Zeitraum nahezu
konstant 20 °C. Zeugenvernehmungen in dem Nachtclub ergeben, dass Edes Ex-Frau Sissi am
Abend im Nachtclub zu Gast war und sichtlich erregt wüste Morddrohungen gegen ihren früheren Ehemann ausstieß. Sie verließ die Bar um Viertel nach 11 volltrunken ohne Begleitung.
Auch für die Zeit danach kann Sissi wegen eines Filmrisses kein Alibi nachweisen.

**NEWTON'sches
Abkühlungsgesetz**
Die Abkühlungs-
geschwindigkeit
ist proportional zur
Temperaturdifferenz.

Gerichtsmediziner bestimmen den Todeszeitpunkt unter anderem mithilfe des NEWTON'schen
Abkühlungsgesetzes. Untersuchen Sie, ob Sissi als Tatverdächtige in Frage kommt.
Nehmen Sie kritisch zur vorgenommenen Modellierung Stellung.

6. Milch mit einer Temperatur von 6 °C wird aus dem Kühlschrank genommen und in einen 25 °C warmen Raum gestellt.
In jedem Moment erwärmt sie sich pro Minute um 12 % der noch herrschenden Temperaturdifferenz zur Raumtemperatur. Ermitteln Sie

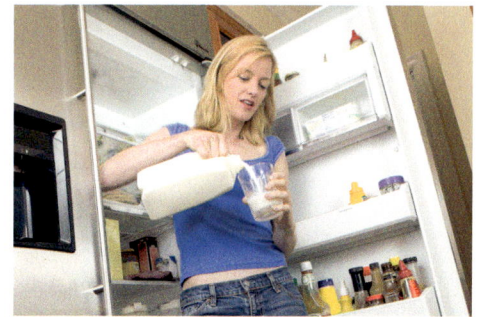

(1) eine Gleichung für die Erwärmungsgeschwindigkeit,
(2) einen Term für die Temperatur in Abhängigkeit von der Zeit.

7. Eine Materialprobe wird in einem Labor erhitzt.
Die Erwärmung wird durch die Funktion f mit $f(t) = 70 - 50 \cdot e^{-0,2t}$ und $t > 0$ beschrieben werden.
Dabei wird t in Minuten und $f(t)$ in Grad Celsius angegeben.

a) Skizzieren Sie die Graphen von f und f′.

b) Zu welcher Zeit ist die Geschwindigkeit, mit der sich die Probe erwärmt, am größten, und wie groß ist sie dann?

c) Berechnen Sie die Durchschnittstemperatur der ersten 10 Minuten.

d) Nach welcher Zeit hat sich die Probe auf die Hälfte ihrer Endtemperatur erwärmt?

e) Nach welcher Zeit hat sich die anfängliche Erwärmungsgeschwindigkeit halbiert?

8. Die Temperatur eines Kaffees wird durch die Funktion f mit $f(t) = a + b \cdot e^{-k \cdot t}$ beschrieben (t in Minuten und $f(t)$ in °C).

a) Zeigen Sie, dass $f(t) = 21 + 59\,e^{-0,13t}$ ist, wenn die Anfangstemperatur des Kaffees 80 °C, die Temperatur nach 10 Minuten 37,1 °C und der Abkühlungsfaktor $k = 0,13$ beträgt.

b) Der Kaffee gilt als trinkbar, wenn seine Temperatur auf 45 °C gesunken ist.
Berechnen Sie, wie lange man mindestens warten muss, bis man ihn trinken kann.

c) Berechnen Sie f′(10) und interpretieren Sie den Wert im Sachzusammenhang.

d) Begründen Sie anhand des Funktionsterms, welche Grenztemperatur der Kaffee für $t \to \infty$ hat.

e) Wie verändert sich der Abkühlungsfaktor k im Term von $f(t)$, wenn man den Kaffee in einen Isolierbecher und nicht wie in Teilaufgabe a) in einer Tasse abkühlen lässt? Geben Sie eine genaue Begründung.

9. In einem Naturschutzgebiet versucht man, eine fast ausgestorbene Tierart wieder anzusiedeln. Dazu wird eine Gruppe von 12 Tieren in der Natur ausgesetzt. Zwei Jahre später werden bereits 18 Tiere gezählt. Naturschützer gehen davon aus, dass das Naturschutzgebiet maximal 80 Tieren Lebensraum bieten kann.

a) Geben Sie eine Schätzung ab, wann etwa 90 % des maximalen Bestands erreicht sein könnten. Begründen Sie die Wahl Ihres Modells.

b) Wann ist die momentane Wachstumsrate bei diesem Modell am größten?

c) Nehmen Sie kritisch Stellung zu der von Ihnen vorgenommenen Modellierung.

10. Die Körpertemperatur eines Patienten mit Fieber wird gemessen, sie beträgt 40 °C. Der Patient erhält ein fiebersenkendes Mittel, das die Körpertemperatur nach Wirkungseintritt zu jedem Zeitpunkt stündlich um 80 % der Differenz zur normalen Körpertemperatur von 36,8 °C erniedrigt.
Die Wirkung des Mittels setzt eine halbe Stunde nach der Eingabe ein.
Zeichnen Sie den Graphen der Körpertemperatur nach dem Wirkungseintritt des Medikaments.
Wann ist die Körpertemperatur erstmals um 1° niedriger, als sie es ohne Medikament wäre?

f **11.** Ein begrenzter Wachstumsprozess mit dem Anfangswert 850 kann durch die Gleichung $f'(t) = 0{,}05 \cdot (2000 - f(t))$ beschrieben werden. Überprüfen Sie nebenstehende Lösung.

> $f'(t) = 0{,}05 \cdot (2000 - f(t))$
> Anfangswert: $f(0) = 850$
> Lösung der Differenzialgleichung:
> $f(t) = 2000 - 850 \cdot e^{-0{,}05 \cdot t}$

Vernetzte Aufgaben

12. Der Öltank eines Einfamilienhauses mit einem Fassungsvermögen von 1 500 l wird gefüllt.
Die vorhandene Ölmenge während des Füllvorgangs kann durch die Funktion f mit
$f(t) = 1\,500 - 900 \cdot e^{-0{,}01\,t}$ beschrieben werden, mit $t \geq 0$, t in Minuten und f(t) in Litern.
a) Zeigen Sie, dass die Flüssigkeitsmenge im Tank stets zunimmt.
b) Wann ist der Tank zur Hälfte gefüllt?
c) Bestimmen Sie die mittlere Ölzufuhr in der ersten Stunde des Füllvorgangs.
d) Aus Sicherheitsgründen darf der Öltank nur zu 90 % des Fassungsvermögens gefüllt werden. Wird diese Vorschrift eingehalten?

13. Einer Patientin wird ein Medikament durch eine Tropfinfusion zugeführt.
Die Wirkstoffmenge erhöht sich mit jedem Tropfen, aber zugleich beginnen Nieren und Leber, die Substanz wieder auszuscheiden.
Die Wirkstoffmenge im Blut lässt sich beschreiben durch die Funktion f mit $f(t) = 80 - 80 \cdot e^{-0{,}05\,t}$
mit t in Minuten seit Infusionsbeginn und f(t) in Milligramm.
a) Skizzieren Sie die Graphen von f und f′ im Intervall [0; 150] und interpretieren Sie ihren Verlauf im Sachzusammenhang.
b) Zu welchem Zeitpunkt beträgt die momentane Änderungsrate der Wirkstoffmenge im Blut $1\,\frac{mg}{min}$?
c) In welchem 15-Minuten-Zeitraum ändert sich die Wirkstoffmenge um 30 mg?
d) Zeigen Sie, dass f die *Differentialgleichung* $f'(t) = 0{,}05 \cdot (80 - f(t))$ erfüllt.
Erläutern Sie diese Gleichung im Sachzusammenhang.
Geben Sie auch die Bedeutung des Faktors 0,05 an.
e) Nach 4 Stunden wird der Tropf abgesetzt. Der Abbau des Medikamentes erfolgt danach mit exponentiellem Zerfall mit einer Halbwertszeit von 5 Stunden.
Bestimmen Sie eine neue Funktionsgleichung, die die Wirkstoffmenge im Körper beschreibt.

14.

Für die Behandlung von Krankheiten ist eine quantitativ ausreichende und qualitativ hochwertige medizinische Versorgung besonders bedeutsam. Die medizinische Versorgung hat sich in den letzten Jahren ständig verbessert. Rein rechnerisch entfielen im Jahr 2004 auf jede berufstätige Ärztin und jeden berufstätigen Arzt 269 Einwohner gegenüber 616 im Jahr 1970.

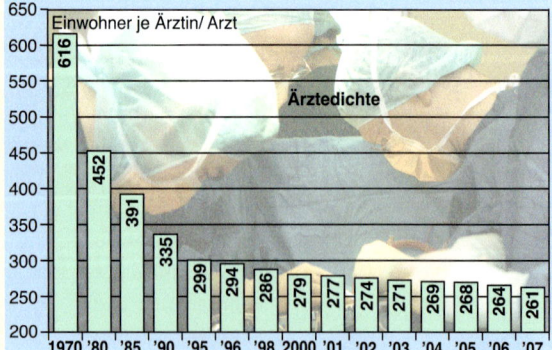

a) Gehen Sie von einem exponentiellen Wachstum aus und bestimmen Sie anhand der Daten für 1970 und 2004 eine passende Funktion.
Berechnen Sie damit die Anzahl der Einwohner je Ärztin / Arzt für 2007, 2015 und für 2020.
b) Gehen Sie von einem begrenzten Wachstum mit der Sättigungsgrenze S = 200 Einwohner je Ärztin / Arzt aus und bestimmen Sie anhand der Daten für 1970 und 2004 eine passende Funktion.
Berechnen Sie damit die Anzahl der Einwohner je Ärztin / Arzt für 2007, 2015 und für 2020.
c) Vergleichen Sie die beiden Modelle aus den Teilaufgaben a) und b) miteinander.
Welches Modell beschreibt die Entwicklung der Anzahl der Einwohner je Ärztin / Arzt besser?

3.5 Logistisches Wachstum

→ **Wachstumsverhalten von Fichten**

Der nebenstehende Graph zeigt den jährlichen Höhenzuwachs einer Fichte, die zu Beobachtungsbeginn 58 cm hoch war. Fichten können bis zu 30 Meter hoch werden.

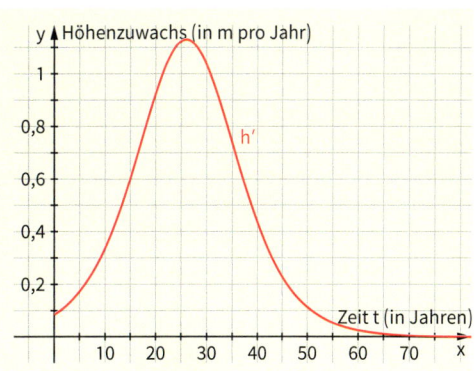

- Begründen Sie, dass der Graph die Ableitung der Funktion h darstellt, welche jedem Zeitpunkt t (in Jahren nach Beobachtungsbeginn) die Höhe der Fichte (in m) zuordnet.
- Skizzieren Sie einen Graphen für die Funktion h. *Tipp:* Beachten Sie, dass Fichten bis zu 30 m hoch werden können.

Zeigen Sie, dass die Funktion h mit $h(t) = \dfrac{17,4}{0,58 + 29,42 \cdot e^{-0,151 \cdot t}}$ die oben genannten Eigenschaften des Wachstums der Fichte erfüllt.

Ermitteln Sie den Zeitpunkt, an dem die Fichte 90 % ihrer Endhöhe erreicht hat.

→ **Stammdurchmesser – logistisches Wachstum**

Das Alter eines Baumes lässt sich bei den meisten Baumarten näherungsweise anhand des Stammdurchmessers bestimmen. Für Rotbuchen wurden folgende Daten gemessen.

Alter (in Jahren)	0	20	40	60	80	100	120	150
Durchmesser (in m)	0,06	0,15	0,35	0,7	1	1,3	1,4	1,48

a) Zeigen Sie, dass die Funktion f mit $f(t) = 0,063 \cdot e^{0,041 \cdot t}$ die Entwicklung des Durchmessers in den ersten 60 Jahren gut modelliert.

Übertragen Sie die Messwerte in ein Koordinatensystem und begründen Sie, dass die Funktion f das Wachstum im weiteren Verlauf nicht mehr gut beschreibt.

b) Die Funktion g mit $g(t) = \dfrac{15}{10 + 240 \cdot e^{-0,05t}} = \dfrac{1,5}{1 + 24 \cdot e^{-0,05t}}$ ist ein weiteres Modell zur Beschreibung der Zunahme des Stammdurchmessers. Zeichnen Sie den Graphen von g in das Koordinatensystem. Beurteilen Sie die Güte der Modellierungsfunktion g für den gesamten Zeitraum.

Wie groß wird der Stammdurchmesser nach diesem Modell maximal?

c) Zu welchem Zeitpunkt wächst nach diesem Modell der Stammdurchmesser am schnellsten? Wie groß ist er zu diesem Zeitpunkt?

LÖSUNG

a) Wir berechnen die Funktionswerte von f mit einem Rechner.

Die Werte stimmen in den Jahren bis 60 Jahre gut mit

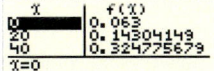 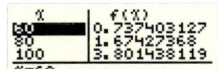 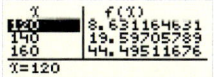

den angegebenen Messwerten überein. Die Exponentialfunktion f mit $f(t) = 0,063 \cdot e^{0,041 \cdot t}$ modelliert also das Wachstum des Stammes für den Zeitraum von 0 bis 60 recht gut.

Zeichnen wir die Messwerte für den Zeitraum von 0 bis 150 Jahren in ein Koordinatensystem ein und dazu die ersten Funktionswerte von f, stellen wir fest, dass bereits ab $t = 80$ die Funktionswerte viel größer sind als die gemessenen Werte.

Das Modell des exponentiellen Wachstums passt für den Zeitraum von 60 bis 150 Jahren nicht mehr, da der Stammdurchmesser in diesem Zeitraum immer langsamer wächst und seine Größe nach oben begrenzt ist. Hier müsste sich das Modell eines begrenzten Wachstums anschließen.

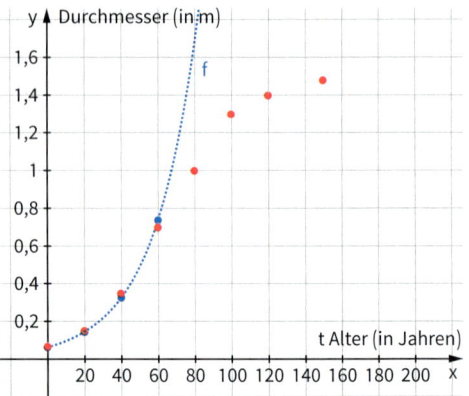

b) Zeichnen wir den Graphen der Funktion g mit $g(t) = \dfrac{1,5}{1 + 24 \cdot e^{-0,05 \cdot t}}$, sehen wir, dass der Graph von g auch für $t > 60$ nahe bei den Messpunkten liegt. Das Wachstum des Graphen von g ist nicht unbegrenzt, sondern die Funktionswerte sind beschränkt. Mithilfe der Funktion g lässt sich das Stammwachstum also sehr gut modellieren.

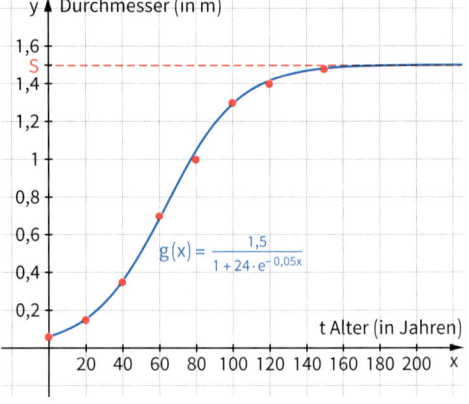

Die Größe des Stammdurchmessers nähert sich immer mehr einer Grenze S an. Für S gilt:

$$S = \lim_{t \to \infty} f(t) = \lim_{t \to \infty} \frac{1,5}{1 + 24 \cdot e^{-0,05 \cdot t}} = 1,5,$$

da $\lim\limits_{t \to \infty} e^{-0,05 \cdot t} = 0$.

Die Größe des Stammdurchmessers kann nach diesem Modell maximal 1,5 m betragen.

c) Die größte Wachstumsgeschwindigkeit liegt im Wendepunkt des Graphen von g vor.

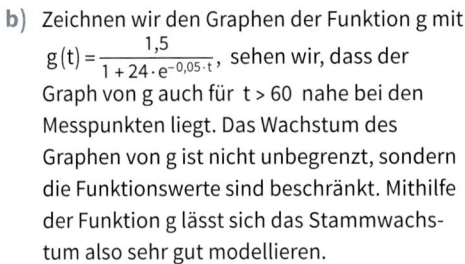
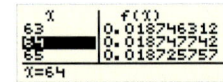

Um diesen zu bestimmen, lassen wir uns im Rechner die Wertetabelle der Ableitungsfunktion g′ anzeigen und suchen nach dem größten Wert der Ableitung. Ungefähr bei $t = 64$ hat die Ableitungsfunktion g′ ihr Maximum von ca. $0,1875 \frac{m}{Jahr}$.

Zum Zeitpunkt $t = 64$ hat die Rotbuche einen Durchmesser von ungefähr $f(64) \approx 0,758\,m = 75,8\,cm$.

Die größte Wachstumsgeschwindigkeit liegt also bei $y \approx \dfrac{1,5}{2} = \dfrac{S}{2}$.

INFORMATION

Logistisches Wachstum

Wachstumsprozesse, die anfangs nahezu exponentiell und gegen Ende wie begrenztes Wachstum mit einer Sättigungsgrenze S verlaufen, kommen in der Realität häufig vor. Für die Wachstumsgeschwindigkeit f′(t) eines solchen Wachstumsprozesses gilt:

PIERRE-FRANÇOIS VERHULST (1804 – 1849), belgischer Mathematiker, entwickelte das Modell des logistischen Wachstums aus den Bevölkerungsdaten der USA in den Jahren 1790 bis 1840.

■　Zu Beginn ist die Wachstumsgeschwindigkeit f′(t) *proportional zu f(t)*, also $f'(t) = k_1 \cdot f(t)$, wie beim exponentiellen Wachstum.

■　Am Ende ist sie *proportional zur Differenz* zur Sättigungsgrenze $S - f(t)$, also $f'(t) = k_2 \cdot (S - f(t))$, wie beim begrenzten Wachstum.

Will man die Wachstumsgeschwindigkeit einheitlich beschreiben, so liegt es nahe, eine Proportionalität zu dem Produkt von f(t) und $(S-f(t))$ anzunehmen:
$$f'(t) = k \cdot f(t) \cdot (S - f(t))$$
Ein Wachstum mit dieser Eigenschaft bezeichnet man als **logistisches Wachstum**.

Die Gleichung $f'(t) = k \cdot f(t) \cdot (S - f(t))$ heißt **Differenzialgleichung** des logistischen Wachstums.

Logistisches Wachstum

Ein Wachstumsprozess, dessen Wachstumsgeschwindigkeit f'(t) proportional zum Produkt aus dem Bestand f(t) und der Differenz zur Sättigungsgrenze S – f(t) ist, also

$$f'(t) = k \cdot f(t) \cdot (S - f(t)),$$ heißt **logistisches Wachstum**.

Es wird beschrieben durch eine Funktion f mit einem Term der Form

$$f(t) = \frac{S}{1 + \left(\frac{S}{f(0)} - 1\right) e^{-kSt}}.$$

Logistisches Wachstum ist durch eine s-förmige Wachstumskurve gekennzeichnet.
Viele leistungsfähige Taschenrechner oder CAS-Rechner haben Regressionsbefehle, um zu gegebenen Daten eine logistische Wachstumsfunktion zu ermitteln.

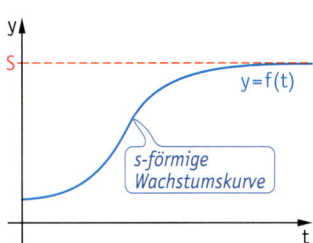

BEISPIEL

Der tägliche Höhenzuwachs einer Sonnenblume verläuft nach dem Modell des logistischen Wachstums. Zu Beginn der Messung ist die Sonnenblume 0,2 m hoch, nach 100 Tagen misst man 1,2 m. Die Grenzhöhe wird mit 1,8 m angegeben.

Allgemeiner Ansatz für die Funktion f: $f(t) = \frac{S}{1 + \left(\frac{S}{f(0)} - 1\right) \cdot e^{-k \cdot S \cdot t}}$, mit t in Tagen

Mit $f(0) = 0,2$ und $S = 1,8$ gilt: $f(t) = \frac{1,8}{1 + (9-1)e^{-1,8k \cdot t}}$.

$f(100) = 1,2$, also: $1,2 = \frac{1,8}{1 + 8 \cdot e^{-180k}}$ $| \cdot (1 + 8 \cdot e^{-180k})$ $| : 1,2$

$1 + 8 \cdot e^{-100k} = 1,5$

$e^{-180k} = \frac{1}{16}$ $| \ln()$

$-180k = \ln\left(\frac{1}{16}\right)$ und damit $k \approx 0,0154$, also $-k \cdot S \approx -0,02773$.

Die Funktionsgleichung lautet also: $f(t) \approx \frac{1,8}{1 + 8 \cdot e^{-0,02773 \cdot t}}$.

WEITERFÜHRENDE AUFGABE

1. Verschiedene Funktionsterme für logistisches Wachstum

In Formelsammlungen und auch bei verschiedenen grafikfähigen Taschenrechnern wird der Funktionsterm für logistisches Wachstum auf verschiedene Weise notiert.

(1) $f(t) = \frac{S}{1 + \left(\frac{S}{f(0)} - 1\right) e^{-kSt}}$

(2) $f(t) = \frac{f(0) \cdot S}{f(0) + (S - f(0)) e^{-kSt}}$

(3) $f(t) = \frac{f(0) \cdot S \cdot e^{kSt}}{f(0) e^{kSt} + S - f(0)}$

(4) $f(t) = S - \frac{(S - f(0)) S}{f(0) e^{kSt} + S - f(0)}$

Zeigen Sie, dass man jeden Term in einen der anderen Terme überführen kann.
Erläutern Sie die Vorteile der einzelnen Schreibweisen.
Bei welchem Term lässt sich die Sättigungsgrenze gut ablesen?
Wo kann man den Anfangswert leicht ermitteln?

INFORMATION

Wendepunkt beim logistischen Wachstum

Für den Wendepunkt beim logistischen Wachstum gilt folgender Satz.

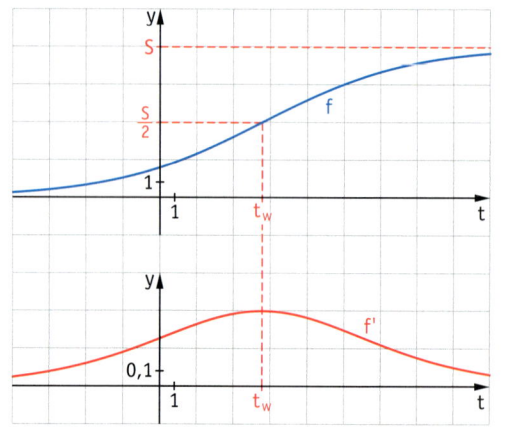

Satz

Beim logistischen Wachstum liegt die größte Wachstumsgeschwindigkeit dort vor, wo der Bestand $f(t)$ gerade die halbe Sättigungsgrenze S erreicht hat.
Das ist zum Zeitpunkt

$$t = \frac{\ln\left(\frac{S}{f(0)} - 1\right)}{k \cdot S} \quad \text{der Fall.}$$

Dort liegt der Wendepunkt des Graphen.

BEISPIEL

Der Höhenzuwachs einer Sonnenblume, die zu Beginn der Messung 0,2 m hoch war, kann durch die Funktion f mit $f(t) = \dfrac{1,8}{1 + 8 \cdot e^{-0,02773 \cdot t}}$ mit t in Tagen und $f(t)$ in m beschrieben werden.

Für den Wendepunkt t_w gilt dann:

$$t_w = \frac{\ln\left(\frac{1,8}{0,2} - 1\right)}{0,02773} = \frac{\ln(8)}{0,02773} \approx 75$$

$$f(75) = \frac{1,8}{1 + 1} = \frac{1,8}{2} = 0,9$$

+ Grenzfälle beim logistischen Wachstum

Wir haben gesehen, dass logistisches Wachstum zu Beginn fast wie exponentielles Wachstum und am Ende fast wie begrenztes Wachstum aussieht.
Wir wollen dies am Term der Wachstumsfunktion untersuchen.

- Für $t \to \infty$ wird im Funktionsterm in der Form (4)

$$f(t) = S - \frac{(S - f(0))S}{f(0)\,e^{kSt} + S - f(0)}$$

aus der weiterführenden Aufgabe 2 der Term $f(0)\,e^{kSt}$ immer größer, sodass er den 2. Summanden $S - f(0)$ überwiegt.
Man kann näherungsweise für $t \to \infty$ schreiben:

$$f(t) \approx S - \frac{(S - f(0))S}{f(0)\,e^{kSt}} = S - \frac{(S - f(0))S}{f(0)}\,e^{-kSt}$$

Dies ist aber der Term für ein begrenztes Wachstum mit Proportionalitätsfaktor k S zur Wachstumsgeschwindigkeit. Dieser Proportionalitätsfaktor folgt auch aus $f'(t) = k \cdot f(t)\big(S - f(t)\big) \approx k \cdot S\big(S - f(t)\big)$ für $t \to \infty$.

- Für $t \to -\infty$ wird im Funktionsterm in der Form (3)

$$f(t) = \frac{f(0) \cdot S \cdot e^{kSt}}{f(0)\,e^{kSt} + S - f(0)}$$

im Nenner der Summand $f(0)\,e^{kSt}$ beliebig klein, d. h. für $t \to -\infty$ gilt näherungsweise:

$$f(t) \approx \frac{f(0)S\,e^{kSt}}{S - f(0)} = \frac{f(0)S}{S - f(0)}\,e^{kSt}$$

Dies ist aber der Term für exponentielles Wachstum mit dem Proportionalitätsfaktor k S. Dieser Proportionalitätsfaktor ergibt sich auch aus $f'(t) = k\,f(t)\big(S - f(t)\big) \approx k\,f(t)(S - 0) = k\,S\,f(t)$ für $t \to -\infty$.

ÜBUNGSAUFGABEN   **Modellierung mit logistischem Wachstum (in Anwendungen)**

2. In den letzten Jahren hat die Verkehrsleistung des Luftverkehrs ständig zugenommen, wie die nebenstehende Grafik zeigt.

   a) Erläutern Sie die verwendete Einheit *Personen-Kilometer* der Verkehrsleistung.

   b) Entwerfen Sie zwei verschiedene Modelle, mit denen Sie die Entwicklung zwischen 1976 und 2007 annähernd beschreiben können, und geben Sie anhand dieser Modelle eine Prognose zur Verkehrsleistung im Jahr 2020 ab.

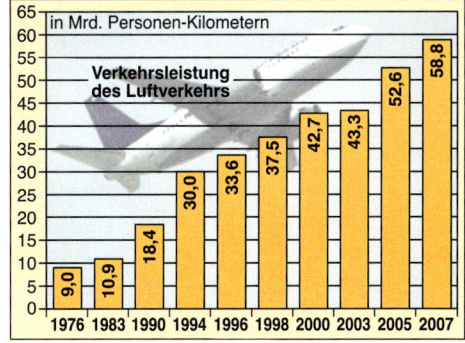

   c) Welche Gesamtverkehrsleistung (in Milliarden Personen-Kilometern) erwarten Sie anhand Ihrer Modelle für den Zeitraum zwischen 2003 und 2020?
   Nehmen Sie dabei auch kritisch Stellung zu Ihren Modellannahmen.

3.
Weltenergieverbrauch –
dramatischer Anstieg bis 2030

Allem Energiesparen zum Trotz: Der Verbrauch an Öl, Gas und Kohle nimmt weltweit dramatisch zu. Die Europäische Union hat Prognosen für das Jahr 2030 vorgelegt. Nach dem Szenario, mit dem heutige Trends fortgerechnet werden, steigt der Energieverbrauch bis dahin um fast 50 Prozent – bezogen auf das Vergleichsjahr 1990.

a)

Jahr	1960	1970	1980	1990	1996	2003
Welt-Energieverbrauch (in Mrd. t SKE)	4,66	7,866	10,416	12,636	13,515	15,20

Steinkohleeinheiten   (nach „Yearbook of World Energy Statistics, UN")

   Überprüfen Sie die Prognose der EU für das Jahr 2030. Begründen Sie die Wahl des von Ihnen verwendeten Modells. Erläutern Sie die in der Tabelle verwendete Einheit SKE. Welche Gründe spielen für den dramatischen Anstieg des weltweiten Energieverbrauchs eine Rolle?

b) Nach einer Studie aus dem Jahr 2005 betragen die Energiereserven, die sich unter heutigen oder in naher Zukunft zu erwartenden Bedingungen technisch und wirtschaftlich abbauen lassen, etwa 960 Mrd. Tonnen SKE. In welchem Jahr wären diese Reserven nach Ihrem Modell aufgebraucht?

4. Untersuchen Sie, ob man das Anwachsen der Anzahl der Mobil-Telefone näherungsweise durch logistisches Wachstum beschreiben kann.
   Welche durchschnittlichen Handy-Anzahlen pro Einwohner würden sich ergeben?
   Untersuchen Sie diese Fragestellung für Deutschland und weltweit.

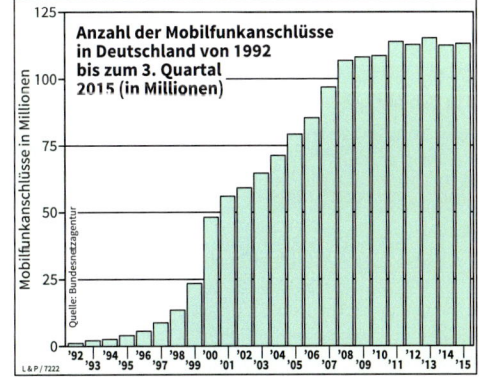

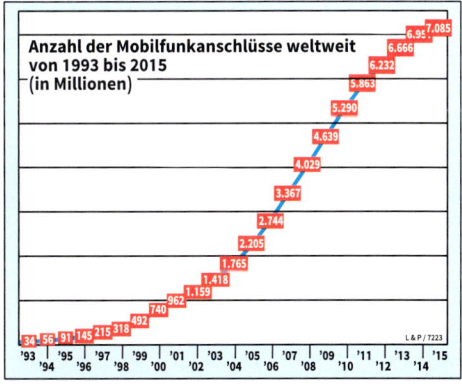

CAS   **5.**

Bevölkerungsentwicklung

Derzeit leben mehr als 7,3 Milliarden Menschen auf der Erde. Obwohl die deurchschnittliche Anzahl der Kinder pro Frau im weltweiten Durschschnitt bereits seit Jahrzehnten sinkt, wächst die Weltbevölkerung weiter: auf voraussichtlich 8,5 Milliarden Menschen im Jahr 2030 und auf 9,7 Milliarden Menschen im Jahr 2050.

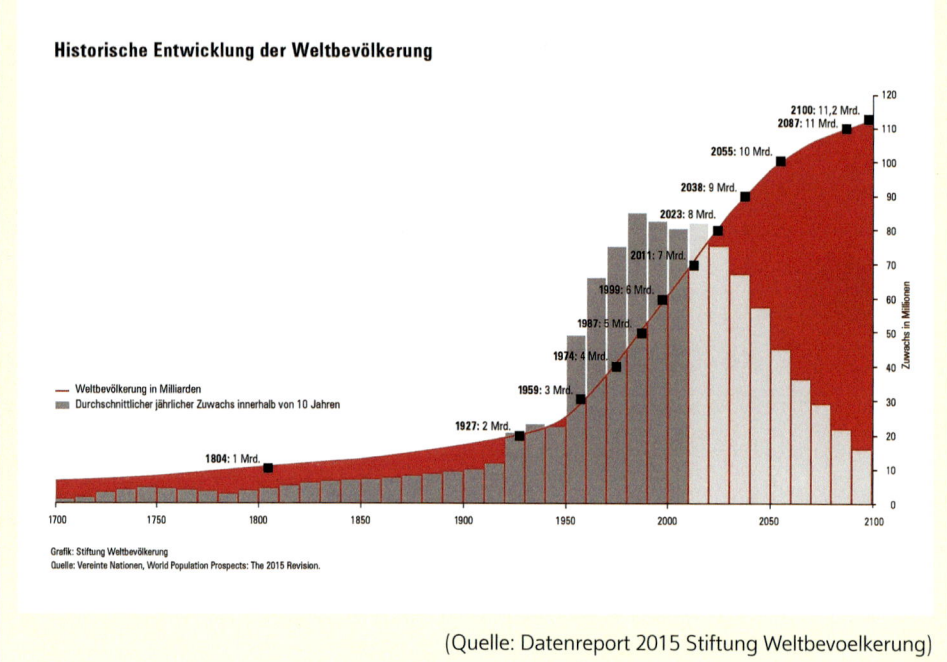

(Quelle: Datenreport 2015 Stiftung Weltbevoelkerung)

a) Erläutern Sie die Form der Darstellung der Daten in der Grafik oben. Stellen Sie dann die Daten zur Entwicklung der Weltbevölkerung in einem geeigneten Koordinatensystem mit einem Rechner grafisch dar.

b) Beschreiben Sie die Entwicklung ab der Mitte des 20. Jahrhunderts mithilfe eines exponentiellen Wachstumsmodells. Nutzen Sie dazu den Regressions-Befehl Ihres Rechners. Überprüfen Sie mit diesem Modell die Prognose der Deutschen Stiftung Weltbevölkerung für das Jahr 2050.

c) Lässt sich mit diesem Modell auch die Entwicklung der Weltbevölkerung vor 1950 gut beschreiben? Wann beginnt nach diesem Modell die Menschheitsgeschichte? Nehmen Sie zu diesem Ergebnis Stellung.

d) Geben Sie ein zweites Modell an, mit dem Sie die Entwicklung der Weltbevölkerung im Zeitraum von 1950 bis 2005 möglichst gut beschreiben können. Nutzen Sie dazu den Regressionsbefehl Ihres Rechners.
Welche Prognose erhalten Sie bei diesem Modell für das Jahr 2050?

6.   5 Schülerinnen verbreiten an einer Schule mit 620 Schülerinnen und Schülern ein Gerücht, das sich zunächst annähernd exponentiell ausbreitet mit einem Zuwachs von 20 % pro Minute.
Wann kennen mindestens 580 Schülerinnen und Schüler das Gerücht?
Erläutern Sie den Ansätze von Parmi rechts und führen Sie die Rechnung zu Ende.

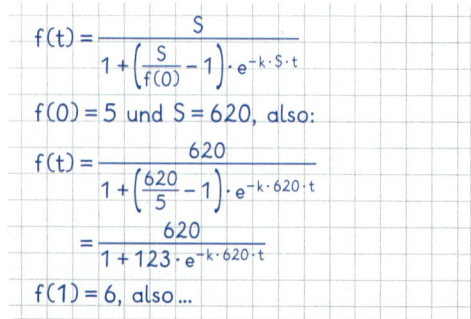

$$f(t) = \frac{S}{1 + \left(\frac{S}{f(0)} - 1\right) \cdot e^{-k \cdot S \cdot t}}$$

$f(0) = 5$ und $S = 620$, also:

$$f(t) = \frac{620}{1 + \left(\frac{620}{5} - 1\right) \cdot e^{-k \cdot 620 \cdot t}}$$

$$= \frac{620}{1 + 123 \cdot e^{-k \cdot 620 \cdot t}}$$

$f(1) = 6$, also ...

Wachstumsgeschwindigkeit und Wendepunkt beim logistischen Wachstum

7. Rechts sehen Sie den Graphen einer Funktion w, die näherungsweise den jährlichen Höhenzuwachs einer Fichte beschreibt.
Die Fichte war zu Beobachtungsbeginn 1 m hoch, ihre maximale Höhe beträgt 50 m.

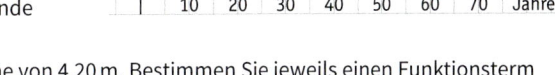

a) Skizzieren Sie den Graphen der Funktion h, welche die Höhe h (t) der Fichte zum Zeitpunkt t (in Jahren ab dem Beobachtungsbeginn) angibt.

b) Welches Wachstumsmodell wird zugrunde gelegt?

c) Nach 10 Jahren hat die Fichte eine Höhe von 4,20 m. Bestimmen Sie jeweils einen Funktionsterm für die Funktion h und die Funktion w.

8. Das Wachsen einer Fichte kann mit dem Modell logistischen Wachstums beschrieben werden. Für die Höhe h (t) (in Meter) in Abhängigkeit von der Zeit t (in Jahren) gilt:

$$h(t) = \frac{80}{1 + 39\,e^{-0,1\,t}}$$

a) Ermitteln Sie ohne Verwendung eines CAS einen Term für die Wachstumsgeschwindigkeit. Stellen Sie diese auch grafisch dar.

b) Bestimmen Sie, wann die Wachstumsgeschwindigkeit maximal ist. Dokumentieren Sie Ihren Lösungsweg.

c) Interpretieren Sie das Ergebnis von Teilaufgabe b) am Graphen von h.

9. Beweisen Sie, dass der Wendepunkt einer logistischen Wachstumsfunktion zugleich ihr Symmetriezentrum ist, wenn man $\mathbb{R}$ als Definitionsmenge zugrunde legt.

Differenzialgleichung des logistischen Wachstums

10. In den Teichen einer Fischzuchtanlage werden zu Beginn des Jahres 2016 ca. 1 200 Fische gezählt.

a) Solange sich die Fische ungestört vermehren können, kann die Entwicklung des Fischbestandes durch die Gleichung $f'(t) = 0,015 \cdot f(t) \cdot (4000 - f(t))$, mit t in Jahren ab 2006, beschrieben werden.
Wie viele Fische sind 4 Jahre später vorhanden?
Von welchem maximalen Bestand kann man ausgehen?

b) Beschreiben Sie die weitere Entwicklung des Fischbestandes bis zum Jahr 2025, wenn ab 2020 am Ende jeden Jahres 300 Fische abgefischt werden.

11. a) Zeigen Sie ohne Verwendung eines CAS, dass die Funktion zu $f(t) = \frac{15}{1 + 5\,e^{-30t}}$ eine Lösung der Gleichung $f'(t) = 2 \cdot f(t)\,(15 - f(t))$ ist.

b) Beweisen Sie, dass die in der Information auf Seite 113 angegebene logistische Wachstumsfunktion eine Lösung der zugehörigen Differenzialgleichung ist.

Das Wichtigste im Überblick

Ableitung und Stammfunktion der e-Funktion

Für die e-Funktion mit $f(x) = e^x$ gilt: $\mathbf{f'(x) = e^x}$, d. h. die e-Funktion stimmt mit ihrer Ableitung überein. Jede Funktion F mit $\mathbf{F(x) = e^x + c}$ mit $c \in \mathbb{R}$ ist eine **Stammfunktion** der e-Funktion f mit $\mathbf{f(x) = e^x}$.

$f(x) = 2\,e^x - 3\,x + 1 \qquad f'(x) = 2\,e^x - 3$

$F(x) = 2\,e^x - \dfrac{3}{2}\,x^2 + x + c$

Ableitung und Stammfunktion einer Exponentialfunktion

Für eine Exponentialfunktion f mit
$\mathbf{f(x) = a \cdot b^x = a \cdot e^{\ln(b) \cdot x}}$ gilt:
$\mathbf{f'(x) = a \cdot \ln(b) \cdot b^x}$
$\mathbf{F(x) = \dfrac{a}{\ln(b)} \cdot b^x}$

$f(x) = 4 \cdot 10^x$
$f'(x) = 4 \cdot \ln(10) \cdot 10^x$
$F(x) = \dfrac{4}{\ln(10)} \cdot 10^x$

---

ln-Funktion
LK

Die Funktion f mit $\mathbf{f(x) = \ln(x)}$ mit $x > 0$ nennt man **natürliche Logarithmusfunktion**.

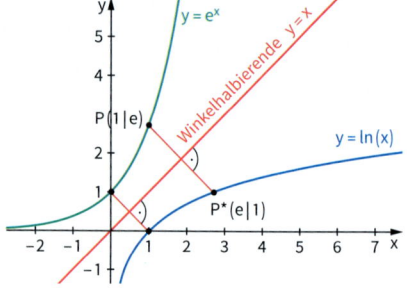

Ableitung der ln-Funktion
LK

Für die Logarithmusfunktion f mit $\mathbf{f(x) = \ln(x)}$ mit $x > 0$ gilt: $\mathbf{f'(x) = \dfrac{1}{x}}$

Stammfunktion von $f(x) = \dfrac{1}{x}$
LK

Für die Funktion f mit $f(x) = \dfrac{1}{x}$ und $x \neq 0$ gilt:
$\mathbf{F(x) = \ln(|x|)}$

Kettenregel

innere Ableitung mal äußere

Ist f eine verkettete Funktion mit $\mathbf{f(x) = u\big(v(x)\big)}$ mit den Ableitungen v' der inneren Funktion und u' der äußeren Funktion, dann gilt:
$\mathbf{f'(x) = v'(x) \cdot u'\big(v(x)\big)}$

$f(x) = e^{3x^2 - 2}$
$u(x) = e^x,\ u'(x) = e^x$
$v(x) = 3x^2 - 2,\ v'(x) = 6x$
$f'(x) = 6x \cdot e^{3x^2 - 2}$

Integration durch lineare Substitution

Ist F eine Stammfunktion der Funktion f, so gilt:
$\displaystyle\int_a^b f(mx + n)\,dx = \dfrac{1}{m}\big[F(mx+n)\big]_a^b$ mit $m \neq 0$.

$\displaystyle\int_1^2 (5x + 7)^3\,dx = \dfrac{1}{5}\Big[\dfrac{1}{4}(5x+7)^4\Big]_1^2$

Exponentielle Abnahme und Zunahme mithilfe der e-Funktion

Exponentielles Wachstum kann mithilfe einer Funktion f mit $\mathbf{f(t) = a \cdot e^{k \cdot t}}$ beschrieben werden. Dabei ist $f(0) = a$ der Anfangswert zum Zeitpunkt null.

- Für $\mathbf{k > 0}$ beschreibt die Funktion f eine **exponentielle Zunahme** mit der **Verdopplungszeit** $t_V = \dfrac{\ln(2)}{k}$.

- Für $\mathbf{k < 0}$ beschreibt die Funktion eine **exponentielle Abnahme** mit der **Halbwertszeit** $t_H = \dfrac{\ln\left(\frac{1}{2}\right)}{k}$.

Differenzialgleichung des exponentiellen Wachstums

Die Wachstumsgeschwindigkeit $\mathbf{f'(t) = a \cdot k \cdot e^{k \cdot t}}$ ist proportional zum Bestand: $\mathbf{f'(t) = k \cdot f(t)}$

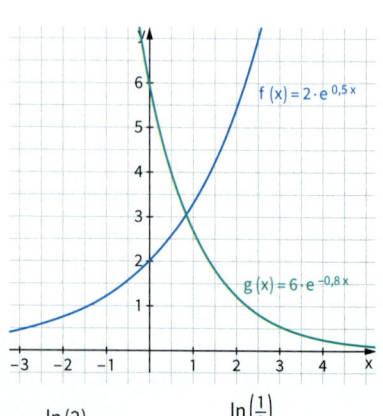

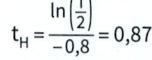

$t_V = \dfrac{\ln(2)}{0{,}5} = 1{,}39 \qquad t_H = \dfrac{\ln\left(\frac{1}{2}\right)}{-0{,}8} = 0{,}87$

Begrenztes
Wachstum
 LK

Differenzialgleichung des
begrenzten Wachstums

Der Zunahme oder Abnahme eines Bestandes ist
häufig eine natürliche Grenze gesetzt, die man
Sättigungsgrenze nennt.
Die Wachstumsgeschwindigkeit $f'(t)$ eines Bestandes
$f(t)$ ist proportional zur Differenz aus Sättigungsgrenze und aktuellem Bestand:

$f'(t) = k \cdot (S - f(t))$ mit $k > 0$

Der Bestand $f(t)$ nähert sich dann exponentiell an
die Sättigungsgrenze S an:

$f(t) = S + (f(0) - S)\, e^{-kt}$ mit konstantem Faktor $k > 0$.

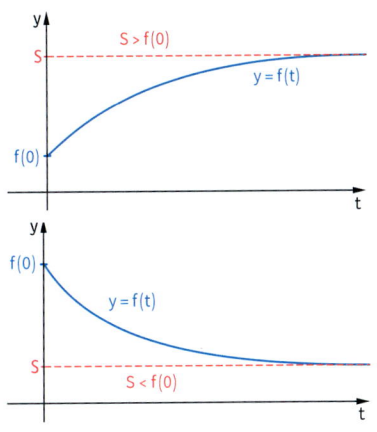

Logistisches
Wachstum   LK

Differenzialgleichung des
logistischen Wachstums

Ein Wachstumsprozess, dessen Wachstumsgeschwindigkeit $f'(t)$ proportional zum Produkt aus
dem Bestand $f(t)$ und der Differenz zur Sättigungs-
grenze $S - f(t)$ ist, also $f'(t) = k \cdot f(t) \cdot (S - f(t))$, heißt
logistisches Wachstum.
Es wird beschrieben durch eine Funktion f mit einem
Term der Form $f(t) = \dfrac{S}{1 + \left(\dfrac{S}{f(0)} - 1\right) e^{-kSt}}$.

Die größte Wachstumsgeschwindigkeit liegt dort
vor, wo der Bestand $f(t)$ gerade die halbe Sättigungsgrenze S erreicht hat.

Das ist zum Zeitpunkt $t_W = \dfrac{\ln\left(\dfrac{S}{f(0)} - 1\right)}{k \cdot S}$ der Fall.

Dort liegt der Wendepunkt des Graphen.

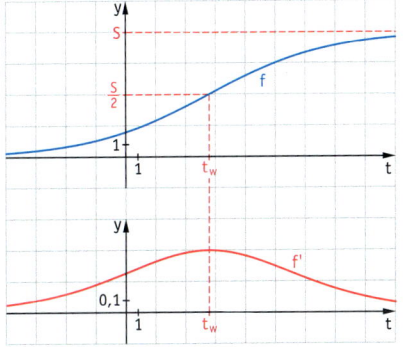

Klausurtraining

TEIL A

Lösen Sie die folgenden Aufgaben ohne Formelsammlung und ohne Taschenrechner.

1. Bilden Sie die 1. Ableitung und vereinfachen Sie diese soweit wie möglich.

    a) $f(x) = 4 \cdot e^{2 - \frac{3}{4} \cdot x}$ **c)** $f(x) = e^{-2x} + 5 \cdot \sqrt{3x}$ LK **e)** $f(x) = \ln(x^2)$

    b) $f(x) = (x^2 + 3) \cdot e^{1 - 2x}$ LK **d)** $f(x) = \ln(2x + 1),\ x > -\dfrac{1}{2}$ **f)** $f(x) = e^x \cdot \sin(x)$

2. Berechnen Sie das Integral.

    a) $\displaystyle\int_0^2 (e^x + e^{-x})\, dx$ **b)** $\displaystyle\int_0^2 e^{1 + 2x}\, dx$ LK **c)** $\displaystyle\int_0^2 \dfrac{4}{2x + 1}\, dx$ **d)** $\displaystyle\int_{-1}^1 \dfrac{1}{3} e^{3x}\, dx$

3. Beschreiben Sie, wie der Graph der Funktion g mit $g(x) = 1 - e^{-x}$ aus dem Graphen der Funktion f
    mit $f(x) = e^x$ hervorgeht? Skizzieren Sie die beiden Graphen.

4. Gegeben ist der Graph der Funktion f mit $f(x) = 5 - e^x$.

   a) Begründen Sie den Verlauf des Graphen, indem Sie das Verhalten für $x \to \infty$ und für $x \to -\infty$ untersuchen und die Schnittpunkte des Graphen mit den Koordinatenachsen bestimmen.

   b) Der Graph und die Koordinatenachsen begrenzen eine Fläche. Berechnen Sie den Flächeninhalt.

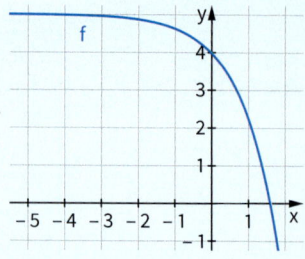

TEIL B

Bei der Lösung dieser Aufgaben können Sie die Formelsammlung und den Rechner verwenden.

5. Für Forschungszwecke werden in einem Labor Fliegen gezüchtet.

Zu Beginn sind ca. 50 Fliegen vorhanden, die sich anfangs exponentiell vermehren.

   a) Nach 8 Tagen sind schätzungsweise 300 Fliegen vorhanden. Wie lange dauert es nach diesem Modell, bis ca. 1 000 Fliegen vorhanden sind?

   b) Nach 10 Tagen werden 60 % des Bestands für einen Versuch entnommen. Wie lange dauert es ab diesem Zeitpunkt, bis der ursprüngliche Bestand zum Zeitpunkt t = 10 wieder erreicht wird, wenn in der Zwischenzeit keine weiteren Fliegen entnommen werden?

   c) In einem anderen Labor beginnt man zur gleichen Zeit mit einem Anfangsbestand von 80 Fliegen. Hier zeigt sich ein tägliches prozentuales Wachstum von 18 %. Stellen Sie einen Funktionsterm für das Wachstum auf und berechnen Sie den Zeitpunkt, an dem der Bestand an Fliegen in den beiden Laboren gleich groß ist.

   d) In einem dritten Labor beschreibt die Funktion h mit $h(t) = 1000 \cdot e^{-0,25t}$ den Bestand von Fruchtfliegen nach t Tagen. Erläutern Sie die Situation in diesem Labor. Bestimmen Sie die Wachstumsgeschwindigkeit nach t Tagen und interpretieren Sie das Ergebnis.

6. Ein Karpfenteich hat Platz für höchstens 2 000 Karpfen, zu Beginn befinden sich 500 Karpfen darin. Diese vermehren sich jährlich um 10 % der Differenz zwischen aktuellem und maximal möglichem Bestand.

   a) Ermitteln Sie eine Funktion für den Bestand in den nächsten Jahren. Zeichnen Sie den Graphen.

   b) Wann leben 1 900 Karpfen in dem Teich?

   c) Nach 3 Jahren werden 400 Karpfen abgefischt. Beschreiben Sie die weitere Entwicklung des Bestandes.

7. Der Bestand einer Population von Walen wird in regelmäßigen Abständen von Tierschützern beobachtet und geschätzt. Dabei ergaben sich für die Jahre zwischen 2000 und 2009 folgende Bestände:

Jahr	2000	2001	2002	2003	2004	2005	2006	2007	2008	2009
Anzahl der Wale	430	500	590	720	850	1020	1200	1440	1720	2030

   a) Welche Funktion beschreibt den Bestand an Walen ab 2000, wenn man exponentielles Wachstum voraussetzt? Wie groß ist nach diesem Modell der Bestand im Jahr 2020?

   b) Aufgrund des begrenzten Nahrungsangebots ist es sinnvoll, langfristig von einem logistischen Wachstumsprozess auszugehen. Geben Sie an, auf wie viele Wale die Population bei einem logistischen Modell höchstens anwachsen kann.

In welchem Jahr ist die momentane Wachstumsrate am größten?

   c) Aufgrund klimatischer Veränderungen wird das Nahrungsangebot immer knapper. Ein meeresbiologisches Institut geht deshalb davon aus, dass sich die Entwicklung des Bestands besser durch die Differenzialgleichung $f'(t) = 0,174 \cdot f(t) - 0,0000029 \cdot \left(f(t)\right)^2$ mit t in Jahren ab 2009 beschreiben lässt. Ermitteln Sie den Walbestand mit diesem Modell für das Jahr 2020, welche Höchstzahl für den Walbestand erwarten Sie?

   d) Zeichnen Sie die Graphen der drei verschiedenen Wachstumsfunktionen aus den obigen Teilaufgaben in ein gemeinsames Koordinatensystem. Vergleichen Sie die Modelle miteinander.

Verknüpfungen von Funktionen – Funktionenscharen

Die Borreliose ist eine Infektionskrankheit, die von Zecken übertragen wird. Zecken sind blutsaugende Parasiten, die von Gras oder Büschen aus auf Menschen oder Tiere gelangen.

Haustiere, wie Hunde und Katzen, können vorbeugend durch ein Medikament geschützt werden, das über die Haut aufgenommen wird. Die Aufnahme des Wirkstoffs im Körper einer Katze bzw. eines Hundes über die Haut dauert etwa 2 Tage, danach beginnt der Abbau. Beim Hund wird alle 4 Wochen eine Impfung empfohlen, bei der Katze alle 2 Wochen.

Aufnahme und Abbau des Wirkstoffs bei einem Hund bzw. einer Katze können durch die abgebildeten Funktionsgraphen beschrieben werden. Beschreiben Sie deren Verlauf im Zusammenhang mit dem oben geschilderten Sachverhalt.

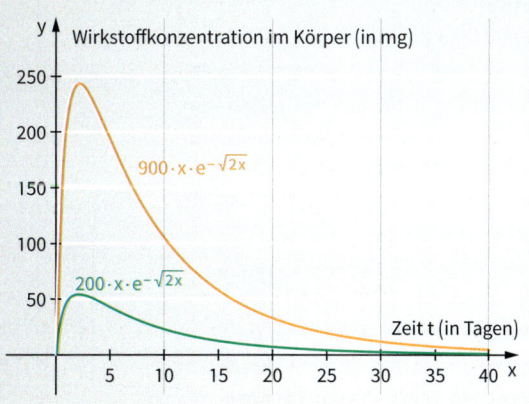

In diesem Kapitel ...

... verknüpfen Sie e-Funktionen mit ganzrationalen Funktionen und untersuchen die Eigenschaften dieser zusammengesetzten Funktionen;

... lernen Sie weitere Ableitungsregeln kennen;

... bearbeiten Sie Sachsituationen mithilfe von zusammengesetzten Funktionen;

... untersuchen Sie Funktionenscharen;

... lernen Sie verschiedene Verfahren der Approximation von Funktionen kennen.

Noch fit …
in Funktionsuntersuchungen?

Aktivieren

1. Die Abbildung rechts zeigt den Graphen der Ableitungsfunktion f′ einer Funktion f in einem Intervall. Nennen Sie die Bereiche, in denen der Graph von f streng monoton wachsend bzw. streng monoton fallend ist. An welchen Stellen hat er Extrempunkte?
Skizzieren Sie einen möglichen Graphen von f.

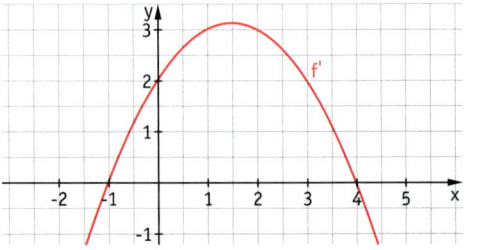

2. Unten sind die Graphen der Funktionen zu

$f(x) = \frac{1}{3}x^3 - 2x$, $g(x) = \frac{1}{2}x^4 - 4x^2 + 3$ und $h(x) = \frac{1}{5}x^5 - \frac{3}{4}x^4$ abgebildet.

Ordnen Sie diese Funktionen den Graphen zu.
Begründen Sie Ihre Entscheidung am Funktionsterm.

(1)
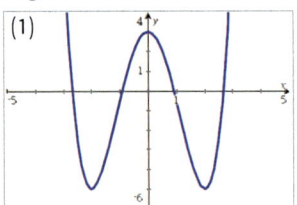

(2)
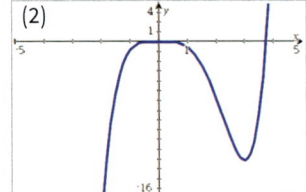

(3)
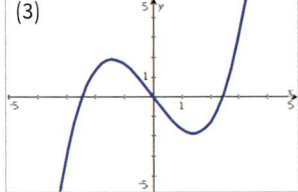

Erinnern

Globalverlauf

Bei einer ganzrationalen Funktion f mit
$f(x) = a_n x^n + a_{n-1} x^{n-1} + \ldots + a_1 x + a_0$ mit $a_n \neq 0$,
ist der Summand $a_n x^n$ **für das Verhalten von f(x) für $x \to \infty$** bzw. **$x \to -\infty$** entscheidend.

$f(x) = \frac{1}{16}x^3 - 3x$

Entscheidend ist der Summand $\frac{1}{16}x^3$.

Für $x \to \infty$ gilt: $f(x) \to \infty$
Für $x \to -\infty$ gilt: $f(x) \to -\infty$

Symmetrie des Funktionsgraphen

Der Graph einer Funktion f ist **achsensymmetrisch zur y-Achse**, falls gilt: **$f(-x) = f(x)$.**
Enthält der Funktionsterm einer ganzrationalen Funktion nur Potenzen von x mit **geraden Exponenten**, so ist der Graph von f **achsensymmetrisch zur y-Achse**.

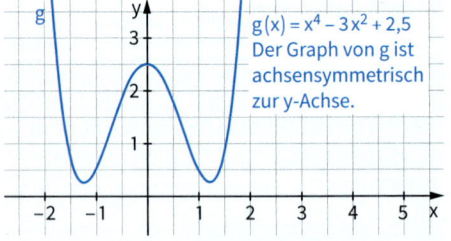

$g(x) = x^4 - 3x^2 + 2,5$
Der Graph von g ist achsensymmetrisch zur y-Achse.

Der Graph einer Funktion f ist **punktsymmetrisch zum Koordinatenursprung**, falls gilt: **$f(-x) = -f(x)$.**
Enthält der Funktionsterm einer ganzrationalen Funktion nur Potenzen von x mit **ungeraden Exponenten**, so ist der Graph von f **punktsymmetrisch zum Koordinatenursprung**.

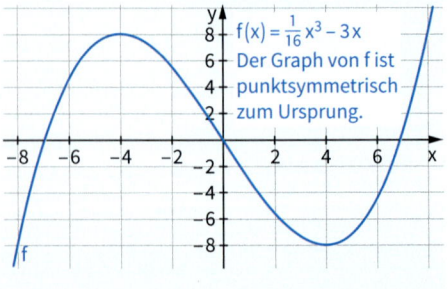

$f(x) = \frac{1}{16}x^3 - 3x$
Der Graph von f ist punktsymmetrisch zum Ursprung.

Nullstellen ganzrationaler Funktionen

Ist x_1 eine **Nullstelle** einer ganzrationalen Funktion f n-ten Grades, so gilt:

f(x) = (x − x₁) · g(x).

Dabei ist g ein Polynom (n − 1)-ten Grades.

$(x − x_1)$ nennt man **Linearfaktor**.

Für eine ganzrationale Funktion f vom Grad n gilt:

(1)   f hat **höchstens n Nullstellen**.

(2)   Ist der **Grad** von f **ungerade**, so hat f **mindestens eine Nullstelle.**

$$f(x) = \frac{1}{16}x^3 − 3x = 0$$

$$\frac{1}{16}x(x^2 − 48) = 0$$

also:

$$x_1 = 0 \text{ oder } x_2 = \sqrt{48} \text{ oder } x_3 = −\sqrt{48}$$

$$f(x) = \frac{1}{16}x \cdot \left(x − \sqrt{48}\right) \cdot \left(x + \sqrt{48}\right)$$

Der Graph einer ganzrationalen Funktion f verläuft in der Nähe einer n-fachen Nullstelle prinzipiell so wie der Graph einer entsprechenden Potenzfunktion g mit $g(x) = k \cdot x^n$ in der Nähe der Stelle 0.

Einfache Nullstelle: *Doppelte Nullstelle:*   *Dreifache Nullstelle:*

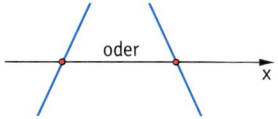 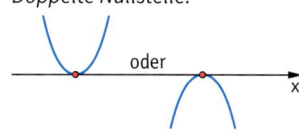 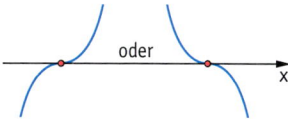

Monotonie

Eine Funktion f heißt in einem Intervall **streng monoton wachsend**, wenn für beliebige Stellen x_1, x_2 aus dem Intervall gilt: Wenn $x_2 > x_1$, dann ist $f(x_2) > f(x_1)$.

Eine Funktion f heißt in einem Intervall **streng monoton fallend**, wenn für beliebige Stellen x_1, x_2 aus dem Intervall gilt: Wenn $x_2 > x_1$, dann ist $f(x_2) < f(x_1)$.

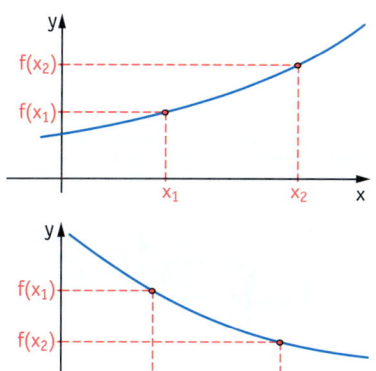

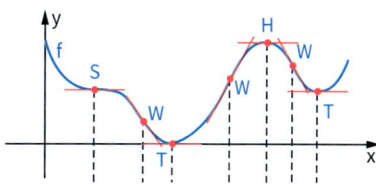

Extrempunkte und Sattelpunkte

Hochpunkte H, **Tiefpunkte T** und **Sattelpunkte S** erkennt man an einer waagerechten Tangente. In einem **Wendepunkt W** durchsetzt die Tangente den Graphen. Sattelpunkte sind Wendepunkte mit waagerechter Tangente.

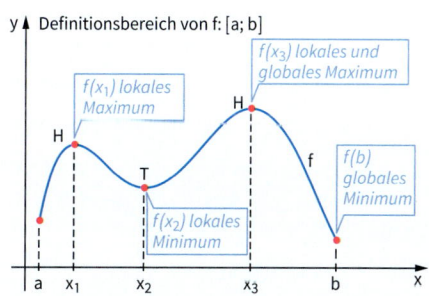

Lokale, globale und Randextrema

Den Funktionswert an einem Hochpunkt bezeichnet man als **lokales Maximum**. Der größte Funktionswert im Definitionsbereich heißt **globales Maximum**. Entsprechend definiert man ein **lokales Minimum** und ein **globales Minimum** von f. Ein globales Extremum an einer Randstelle des Definitionsbereiches heißt **Randextremum**. In der Abbildung ist das globale Minimum f(b) ein Randextremum.

Monotonie und Extrempunkte

Gegeben ist eine in einem Intervall I definierte Funktion f.

(1) Wenn **f′(x) > 0**
für alle x aus dem Intervall I gilt,
dann ist die Funktion f im Intervall I
streng monoton wachsend.

(2) Wenn **f′(x) < 0**
für alle x aus dem Intervall I gilt,
dann ist die Funktion f im Intervall I
streng monoton fallend.

Der Wechsel der strengen Monotonie einer Funktion erfolgt in den **Extrempunkten** (Hoch- oder Tiefpunkten) des Funktionsgraphen.

Hinreichendes Kriterium für Extremstellen

Die Nullstellen der Ableitungsfunktion f′, an denen ein Vorzeichenwechsel erfolgt, sind die Extremstellen von f. Es gilt:

(1) Ist **f′(x_E) = 0** und **f″(x_E) < 0**, so hat f
an der Stelle x_E einen **Hochpunkt**.

(2) Ist **f′(x_E) = 0** und **f″(x_E) > 0**, so hat f
an der Stelle x_E einen **Tiefpunkt**.

Alternativ kann auch mit dem Vorzeichenwechselkriterium von f′ argumentiert werden.

Links- und Rechtskurve, Wendepunkte

Gegeben sind eine Funktion f und ihre zweite Ableitung f″ im Intervall I.

(1) Ist f″(x) > 0 für alle x ∈ I, so bildet
der Graph von f im Intervall I eine **Linkskurve**.

(2) Ist f″(x) < 0 für alle x ∈ I, so bildet der Graph
von f im Intervall I eine **Rechtskurve**.

In einem **Wendepunkt** geht der Graph einer Funktion von einer Linkskurve in eine Rechtskurve über oder umgekehrt.

- Die Steigung des Graphen von f ist in einem Wendepunkt extremal.
- In einem Wendepunkt durchsetzt die Wendetangente den Graphen der Funktion.
- Ein Sattelpunkt ist ein Wendepunkt mit wagerechter Tangente.

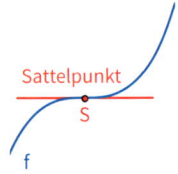

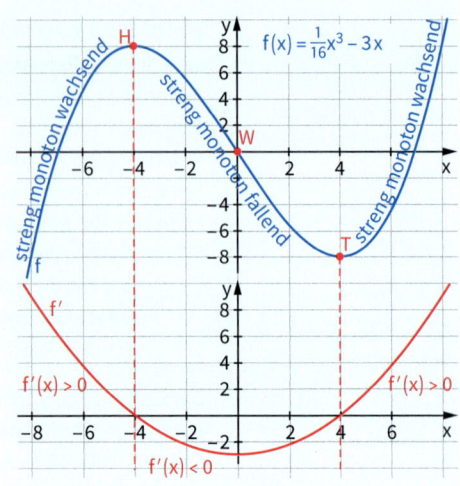

$f(x) = \frac{1}{16}x^3 - 3x$ $f'(x) = \frac{3}{16}x^2 - 3$

$\frac{3}{16}x^2 - 3 = 0$, also $x_1 = -4$ oder $x_2 = 4$

$f''(-4) = -\frac{3}{2} < 0$

also: $H(-4|8)$

$f''(4) = \frac{3}{2} > 0$,

also: $T(4|-8)$

Da der Graph von f′ eine nach oben geöffnete Parabel mit den Nullstelle −4 und 4 ist, liegt bei −4 ein VZW von + nach − vor, also H(−4|8).

Und bei 4 liegt ein VZW von − nach + vor, also T(4|8).

$f(x) = \frac{1}{16}x^3 - 3x$ $f''(x) = \frac{3}{8}x$

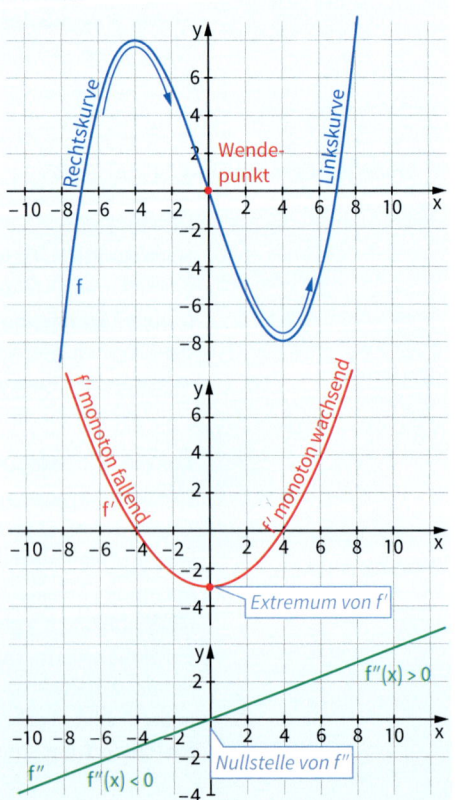

Hinreichendes Kriterium für Wendestellen

Die Nullstellen der zweiten Ableitung f″, an denen ein Vorzeichenwechsel erfolgt, sind die Wendestellen von f.

$f''(x) = \frac{3}{8}x = 0$, also: $x = 0$

$f'''(x) = \frac{3}{8} \neq 0$, also: $W(0|0)$

Für eine Funktion f und ihre zweite Ableitung f″ gilt: Ist **f″(x_W) = 0** und **f‴(x_W) ≠ 0**, so hat f an der Stelle x_W eine **Wendestelle**.

Alternativ kann auch mit dem Vorzeichenwechselkriterium von f″ argumentiert werden.

Festigen

3. Bestimmen Sie den Globalverlauf der Funktion f.

a) $f(x) = x^4 + 3x^2 - 2$
b) $f(x) = 2x^3 + x$
c) $f(x) = -x^6 + x^4 - 2x^2$
d) $f(x) = -2x^5 + x^3 + 4x$
e) $f(x) = 2x^7 + x - 3$
f) $f(x) = -3x^8 + x^4 + x$

4. Untersuchen Sie, ob der Funktionsgraph symmetrisch zur y-Achse oder punktsymmetrisch zum Ursprung ist.

a) $f(x) = \frac{1}{2}x^5 - x^3 + x$
b) $f(x) = -x^4 + 2x^2 + 1$
c) $f(x) = x^5 + x^2$
d) $f(x) = 3x^3 + x$
e) $f(x) = x^3 - x - 1$
f) $f(x) = x^6 - 2x^4$

5. Ermitteln Sie rechnerisch die Nullstellen der Funktion f.

a) $f(x) = x(x - 4)(x^2 - 4)$
b) $f(x) = x(x^2 + 1{,}5x - 1)$
c) $f(x) = (x - 1)(x^2 + 2x + 2)$
d) $f(x) = 2x^3 + 2x^2 - 12x$
e) $f(x) = 2x^5 - 4x^3$
f) $f(x) = 8x^4 + 6x^2 - 54$

6. Geben Sie einen möglichen Funktionsterm für die Funktion f an.

a) f ist eine ganzrationale Funktion 4. Grades ohne Nullstellen.
b) f ist eine ganzrationale Funktion 3. Grades mit genau drei Nullstellen.
c) f ist eine ganzrationale Funktion mit den Nullstellen –4 und 5 und einer weiteren Nullstelle.

7. Verena hat mit ihrem Rechner die angegebenen Nullstellen der Funktion f gefunden. Überprüfen Sie, ob sie alle Nullstellen gefunden hat. Bestimmen Sie gegebenenfalls die weiteren Nullstellen.

a) $f(x) = x^3 - x^2 - \frac{1}{4}x + \frac{1}{4}$; Nullstellen: $-\frac{1}{2}$

b) $f(x) = 2x^4 - 26x^2 + 72$; Nullstellen: $-3; -2$

8. Ermitteln Sie mögliche Funktionsterme zu den Funktionsgraphen. Erläutern Sie Ihre Überlegungen.

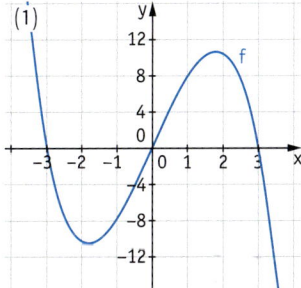 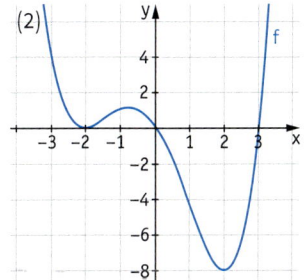 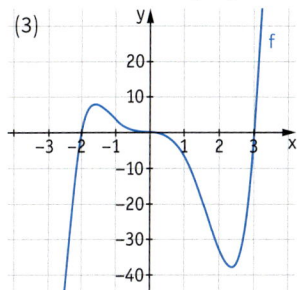

9. Skizzieren Sie den Graphen der Funktion f.

a) $f(x) = (x + 5)^2 \cdot (x - 1) \cdot (x + 2)^3$
b) $f(x) = (x - 2)^2 \cdot x \cdot (x + 2)^2$
c) $f(x) = -(x + 1) \cdot x \cdot (x - 3)^4$
d) $f(x) = -2(x - 3)^2 \cdot x^4 \cdot (x + 3)^3$

10. Ordnen Sie den Abbildungen die Funktionsterme zu.
Entscheiden Sie auch, ob der Verlauf des Graphen im Wesentlichen vollständig zu sehen ist.

(1) $f(x) = x^4 - 33x^2 + 90$ (2) $g(x) = 0,1x^5 - 1,1x^3 + x$ (3) $h(x) = x^3 + x^2 - 9x - 9$

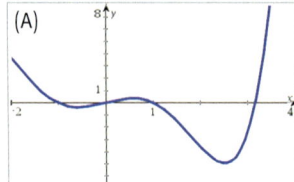 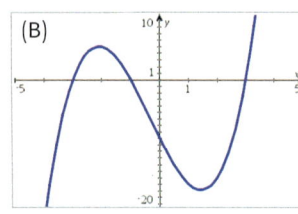 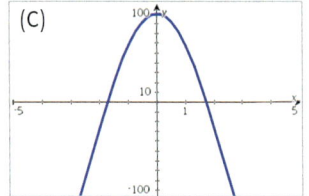

11. Die nebenstehende Abbildung zeigt den Graphen der Ableitungsfunktion f′ einer Funktion f.

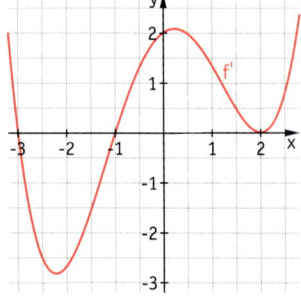

a) Geben Sie die Intervalle an, in denen die Funktion f streng monoton steigend bzw. streng monoton fallend ist.

b) Schließen Sie vom Verlauf des Graphen von f′ und von der Lage der Nullstellen der Ableitungsfunktion f′ auf die Lage und die Art der Extremstellen von f.

c) Skizzieren Sie einen möglichen Funktionsgraphen von f.

12. Der Graph einer ganzrationalen Funktion f verläuft durch die Punkte P (1 | 2) und Q (6 | 8).
Skizzieren Sie einen möglichen Graphen von f so, dass der Graph zwischen den Punkten P und Q

a) einen globalen Tiefpunkt besitzt;

b) einen lokalen Tiefpunkt und einen globalen Hochpunkt besitzt;

c) einen Sattelpunkt und einen globalen Tiefpunkt besitzt;

d) sein Monotonieverhalten von streng monoton wachsend in streng monoton fallend ändert;

e) eine dreifache Nullstelle besitzt.

13. Rechts ist der Graph einer ganzrationalen Funktion f im Intervall [−4,5; 5,5] dargestellt. Untersuchen Sie, ob die folgenden Aussagen richtig oder falsch oder nicht entscheidbar sind. Begründen Sie jeweils Ihre Entscheidung.

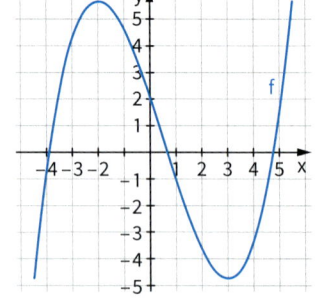

(1) Die Funktion f ist im Intervall]−2; 3[streng monoton fallend.

(2) Im Intervall]−3; 0[gilt: f′(x) > 0.

(3) Der Grad der Funktion f ist 3.

(4) Es gilt: f′(3) = 0.

(5) Der Graph der Ableitungsfunktion f′ verläuft im Intervall [−4; −3] unterhalb der x-Achse.

14. Die Abbildung zeigt den Graphen einer ganzrationalen Funktion 4. Grades.

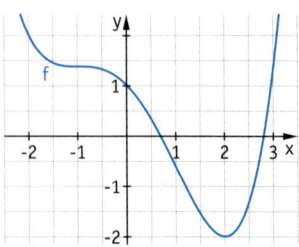

a) Sind in der Abbildung alle Punkte mit waagerechter Tangente zu sehen?
Begründen Sie Ihre Entscheidung.

b) Skizzieren Sie den Graphen der Ableitungsfunktion f′.
Erläutern Sie Ihr Vorgehen.

15. Ermitteln Sie rechnerisch die Koordinaten der Extrem- und Wendepunkte des Funktionsgraphen der Funktion f. Weisen Sie auch die Art der Extrema nach.

a) $f(x) = x^5 - 4x^2$ b) $f(x) = \frac{1}{3}x^3 + x^2 + 4x$ c) $f(x) = x^3 - x - 1$

16. a) Ermitteln Sie die Intervalle, in denen die Funktion f mit $f(x) = x^3 - \frac{9}{4}x^2 - 3x$ streng monoton wachsend bzw. streng monoton fallend ist. An welchen Stellen hat der Funktionsgraph Extrempunkte? Um welche Art von Extrempunkten handelt es sich?

b) Berechnen Sie die Koordinaten der Wendepunkte des Funktionsgraphen.

c) Bestimmen Sie die Nullstellen des Graphen von f und skizzieren Sie den Funktionsgraphen.

17. Von einer Funktion f ist die Ableitungsfunktion f′ mit $f'(x) = -\frac{1}{2}x^2 + x + \frac{3}{2}$ bekannt. Der Graph von f verläuft durch den Punkt $P(0|-2)$.

a) Bestimmen Sie die Lage und Art der Extremstellen von f und skizzieren Sie den Funktionsgraphen.

b) Geben Sie einen Funktionsterm der Funktion f an.

c) Welche Koordinaten hat der Wendepunkt des Funktionsgraphen?

18. Gegeben ist die Funktion f mit $f(x) = x^3 - 4x^2 + 4x$.

a) Bestimmen Sie eine Gleichung der Tangente im Ursprung.

b) Es gibt einen Punkt des Graphen, in dem die Tangente parallel zur Tangente im Ursprung ist. Berechnen Sie die Koordinaten dieses Punktes.

19. Ermitteln Sie rechnerisch eine Gleichung der Tangente an den Graphen der Funktion f mit $f(x) = \frac{2}{x^2}$ im Punkt $P(1|f(1))$.

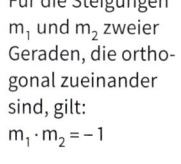
Für die Steigungen m_1 und m_2 zweier Geraden, die orthogonal zueinander sind, gilt:
$m_1 \cdot m_2 = -1$

20. Gegeben ist die Funktion f mit $f(x) = \frac{1}{6}x^3 - \frac{1}{4}x^2 - 3x + 1$.

a) Bestimmen Sie die Punkte des Graphen von f mit waagerechter Tangente.

b) Ermitteln Sie eine Gleichung der Tangente t an den Graphen von f im Punkt $P(2|f(2))$.

c) Der Graph von f hat im Punkt P eine Normale n. Dies ist eine Gerade, die orthogonal zur Tangente im Punkt P verläuft. Ermitteln Sie eine Gleichung der Normalen n.

21. In einer Kleinstadt wird der Ausbruch einer Salmonelleninfektion festgestellt. Die Anzahl der Erkrankten kann näherungsweise durch die Funktion f mit $f(x) = -\frac{1}{25}x^3 + x^2$ für $0 \le x \le 25$ mit x in Tagen beschrieben werden.

a) Skizzieren Sie den Graphen von f.

b) Ermitteln Sie rechnerisch, wie viele Personen am 6. Tag erkrankt sind.

c) Weisen Sie rechnerisch nach, dass am 25. Tag keine Person mehr erkrankt ist.

d) Berechnen Sie, an welchem Tag die meisten Personen erkrankt sind. Um wie viele Personen handelt es sich?

e) Berechnen Sie, wann die Zunahme an erkrankten Personen am größten, wann am kleinsten ist.

f) An welchen Tagen betrug die Erkrankungsrate 7 Personen pro Tag?

22. Durch effektives Düngen kann man den Ertrag von Erdbeerpflanzen deutlich steigern. Überdüngen führt jedoch zu verringerten Erträgen. Die Funktion f mit $f(x) = -\frac{1}{8}x^3 + \frac{3}{4}x^2 + 8$ beschreibt für $0 \le x \le 7$ (x Düngermenge in Dezitonnen) den Ertrag (in Tonnen) pro Hektar.

a) Skizzieren Sie den Graphen von f im angegebenen Intervall.

b) Welchen Ertrag erzielt man auf einem ungedüngten Feld?

c) Berechnen Sie, bei welcher Düngermenge man den maximalen Ertrag erzielt. Wie hoch ist dieser?

d) Bei welcher Düngermenge wird der größte Ertragszuwachs erreicht?

e) Ermitteln Sie die Düngermenge, bei der nur noch der gleiche Ertrag wie auf dem ungedüngten Feld erreicht wird.

4.1 Verknüpfungen von e-Funktionen mit ganzrationalen Funktionen

4.1.1 Summe und Differenz von Funktionen

EINSTIEGSAUFGABE
OHNE LÖSUNG

→ **Funktionen addieren**

Wählen Sie aus jedem „Topf" eine Funktion aus und bilden Sie die Summe der beiden gewählten Funktionen.

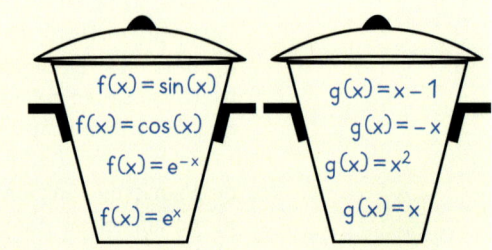

- Ermitteln Sie den ungefähren Verlauf des Graphen der Funktion h mit $h(x) = f(x) + g(x)$ aus den Verläufen der Graphen der gewählten Funktionen f und g.
- Untersuchen Sie wesentliche Eigenschaften der Funktion h, wie Schnittpunkte mit den Koordinatenachsen, Globalverlauf $\left(\text{also das Verhalten von } f(x) \text{ für } x \to +\infty \text{ und } x \to -\infty\right)$ und Extrema, indem Sie die bekannten Eigenschaften der beiden gewählten Funktionen f und g berücksichtigen.

EINSTIEGSAUFGABE
MIT LÖSUNG

→ **Summe von Funktionen**

Die Funktion f mit $f(x) = \frac{1}{2} \cdot e^{-x} + x - 1$ soll auf wesentliche Eigenschaften wie den Globalverlauf, Nullstellen und Extremstellen untersucht werden.

Skizzieren Sie dazu zunächst die Graphen der beiden Teilfunktionen f_1 und f_2 mit $f_1(x) = \frac{1}{2} \cdot e^{-x}$ und $f_2(x) = x - 1$ und erläutern Sie, wie Sie den Graphen von f skizzieren können.

Gehen Sie von den bekannten Eigenschaften der beiden Teilfunktionen aus und ermitteln Sie hieraus wesentliche Eigenschaften von f.

LÖSUNG

- Wir erhalten aus den beiden Graphen von f_1 und f_2 den Graphen von f, indem wir an jeder Stelle x zum Funktionswert $f_1(x)$ den Funktionswert $f_2(x)$ addieren, also $f(x) = f_1(x) + f_2(x)$.
  Die Abbildung rechts zeigt, wie man an besonderen Stellen Punkte des Graphen von f besonders leicht finden kann.

- An den Stellen x_1 und x_2 haben wir *Nullstellen* von f ermittelt. Weitere Nullstellen von f kann es nicht geben.

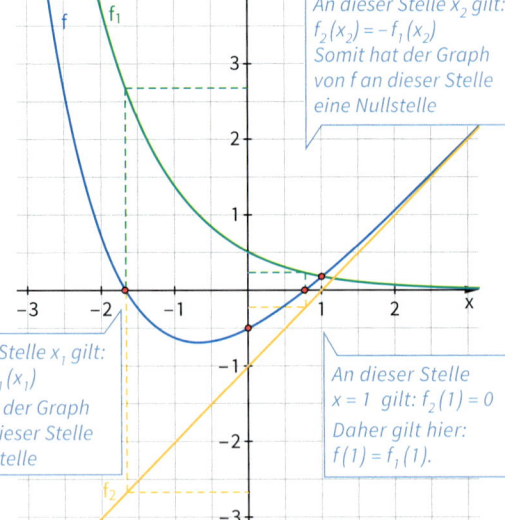

An dieser Stelle x_2 gilt: $f_2(x_2) = -f_1(x_2)$ Somit hat der Graph von f an dieser Stelle eine Nullstelle

An dieser Stelle x_1 gilt: $f_2(x_1) = -f_1(x_1)$ Somit hat der Graph von f an dieser Stelle eine Nullstelle

An dieser Stelle $x = 1$ gilt: $f_2(1) = 0$ Daher gilt hier: $f(1) = f_1(1)$.

Für $x < x_1$ oder für $x_2 < x < 1$ sind zwar die Funktionswerte von f_2 negativ, aber betragsmäßig immer kleiner als die Funktionswerte von f_1.

Für $x > 1$ sind die Funktionswerte beider Teilfunktionen positiv.

- Für $x \to \infty$ gilt: $f_1(x) \to 0$ und $f(x) \approx f_2(x)$, also $f(x) \to \infty$ für $x \to \infty$.
  Für $x \to -\infty$ gilt: Die Funktionswerte von f_1 sind für $x < x_1$ betragsmäßig größer als die Funktionswerte von f_2. Die Exponentialfunktion f_1 ist somit entscheidend für die Funktionswerte von f im negativen Bereich. Demnach gilt: $f(x) \to \infty$ für $x \to -\infty$.

- Aufgrund des Globalverlaufs muss der Graph von f mindestens einen Tiefpunkt besitzen.
  Ob mehr als ein Extrempunkt vorhanden ist, müssen wir mithilfe der Ableitung von f untersuchen.
  Die Ableitungsfunktion f' mit $f'(x) = -\frac{1}{2} \cdot e^{-x} + 1$ hat $x = -\ln(2)$ als einzige Nullstelle (mit Vorzeichenwechsel). Der Graph von f hat also nur einen Extrempunkt und zwar den Tiefpunkt $T\left(-\ln(2) \mid -\ln(2)\right)$.

INFORMATION

Summe von Funktionen – Überlagerung von Funktionsgraphen

Wenn der Term einer Funktion f die Summe der Terme zweier einfacher Funktionen f_1 und f_2 ist, so kann man den ungefähren Verlauf des Graphen von f aus den Verläufen der Graphen zu f_1 und f_2 ermitteln. Für jeden Funktionswert von f gilt: $f(x) = f_1(x) + f_2(x)$.
Man kann somit den Graphen von f aus den beiden Graphen von f_1 und f_2, wie im Beispiel rechts dargestellt, durch Überlagerung bestimmen.
Folgende Eigenschaften der beiden Teilfunktionen f_1 und f_2 sind bei der Untersuchung der Summenfunktion besonders hilfreich:

BEISPIEL

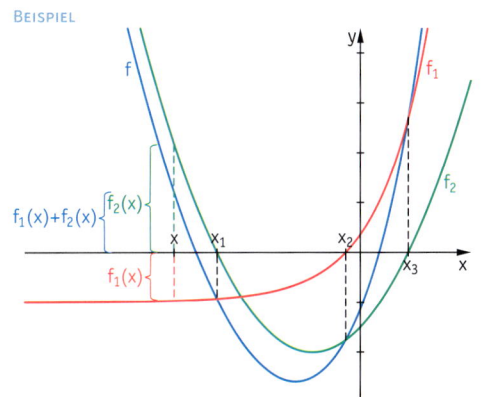

Nullstellen einer Teilfunktion

- An der Nullstelle einer Teilfunktion haben der Graph von f und der Graph der anderen Teilfunktion einen gemeinsamen Punkt.

Globalverlauf

- Sind die Vorzeichen der Funktionswerte der Teilfunktionen in einem Intervall beide positiv, so verläuft der Graph von f in diesem Intervall oberhalb der beiden Graphen der Teilfunktionen f_1 und f_2.

- Sind die Vorzeichen der Funktionswerte der Teilfunktionen in einem Intervall beide negativ, so verläuft der Graph von f in diesem Intervall unterhalb der beiden Graphen der Teilfunktionen.

- Sind die Vorzeichen der Funktionswerte der Teilfunktionen in einem Intervall voneinander verschieden, so verläuft der Graph von f in diesem Intervall zwischen den beiden Graphen der Teilfunktionen.

BEISPIEL

- Der Graph von f_1 hat eine Nullstelle bei x_2, also haben die Graphen von f und f_2 hier einen gemeinsamen Punkt.
  Der Graph von f_2 hat zwei Nullstellen bei x_1 und x_3, also haben die Graphen von f und f_1 hier jeweils einen gemeinsamen Punkt.

- Für $x > x_3$ gilt:
  $f_1(x) > 0$ und $f_2(x) > 0$, und damit
  $f(x) > f_1(x)$ und $f(x) > f_2(x)$.

- Für $x_1 < x < x_2$ gilt:
  $f_1(x) < 0$ und $f_2(x) < 0$, und damit
  $f(x) < f_1(x)$ und $f(x) < f_2(x)$.

- Für $x_2 < x < x_3$ gilt:
  $f_1(x) > 0$ und $f_2(x) < 0$, und damit
  $f_2(x) < f(x) < f_1(x)$.
  Für $x < x_1$ gilt:
  $f_1(x) < 0$ und $f_2(x) > 0$, und damit
  $f_1(x) < f(x) < f_2(x)$.

Näherungsfunktion – Asymptote

Nähert sich der Graph einer Funktion f für $x \to \infty$ oder für $x \to -\infty$ dem Graphen einer Funktion a an, so nennt man die Funktion a Näherungsfunktion von f.

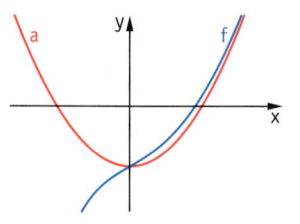

Definition
Eine Funktion a heißt **Näherungsfunktion** einer Funktion f, falls für $x \to \infty$ gilt:
$$f(x) - a(x) \to 0$$
Entsprechend definiert man den Begriff der Näherungsfunktion im Fall $x \to -\infty$.

Ist die Näherungsfunktion a eine lineare Funktion, so bezeichnet man die Gerade zu $y = a(x)$ auch als **Asymptote** von f.

- Ist die Steigung einer Asymptote 0, so spricht man von einer **waagerechten Asymptote**.
- Ist die Steigung der Asymptote ungleich 0, so spricht man von einer **schrägen Asymptote**.
- Ist f die Summe zweier Teilfunktionen, von denen eine die x-Achse als Asymptote hat, so ist die andere Teilfunktion Näherungsfunktion der Summenfunktion f.

BEISPIEL

Zu f mit $f(x) = e^{-x} - 1$ gehört die Näherungsfunktion a mit $a(x) = -1$ für $x \to \infty$.
Ihr Graph ist eine *waagerechte* Asymptote, da der Graph von a die Steigung 0 hat.

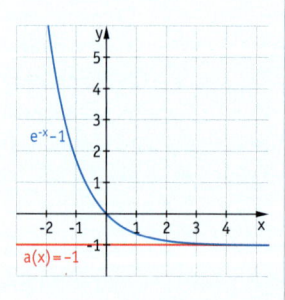

BEISPIEL

Zu f mit $f(x) = e^x - x$ gehört die Näherungsfunktion a mit $a(x) = -x$ für $x \to -\infty$. Ihr Graph ist eine *schräge* Asymptote, da a linear ist und eine von 0 verschiedene Steigung hat.

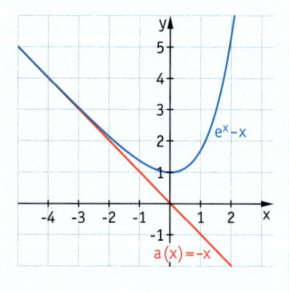

BEISPIEL

Zu f mit $f(x) = e^{-x} + x^2$ gehört die Näherungsfunktion a mit $a(x) = x^2$ für $x \to \infty$.
e^{-x} hat für $x \to \infty$ die x-Achse als Asymptote, daher ist $a(x) = x^2$ die Näherungsfunktion von f für $x \to \infty$.

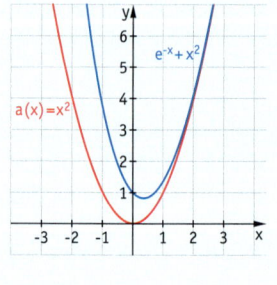

WEITERFÜHRENDE AUFGABE

1. Differenz von Funktionen

Skizzieren Sie den Verlauf des Graphen zu $f(x) = e^x - x^2$ mithilfe von Teilfunktionen. Schreiben Sie dazu den Funktionsterm als Summe.
Geben Sie Eigenschaften der Funktion an.

ÜBUNGSAUFGABEN

Überlagerung von Funktionsgraphen

2. Skizzieren Sie den Graphen von f mithilfe der Teilfunktionen.

(1) $f(x) = e^x + e^{-x}$ (2) $f(x) = e^x - e^{-x}$ (3) $f(x) = e^{-x} - e^x$

 3. Skizzieren Sie den Graphen von f.

a) $f(x) = \sin(x) - \cos(x)$ **b)** $f(x) = 2^x + x$ **c)** $f(x) = 0{,}5^x - x$ **d)** $f(x) = \cos(x) + e^x$

4. Unten abgebildet sehen Sie die Graphen zweier Funktionen. Skizzieren Sie hieraus den Graphen der Summe der beiden Funktionen.

a)
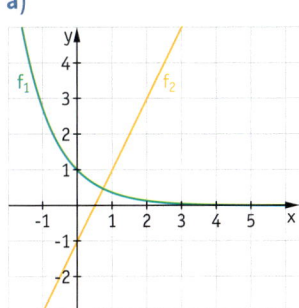

b)
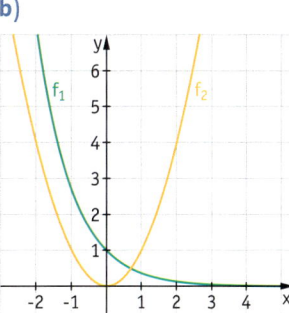

c)
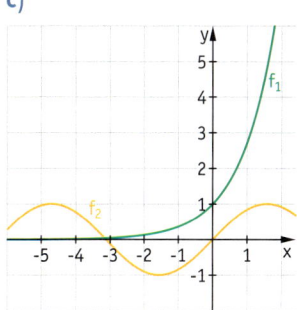

Näherungsfunktionen bestimmen

5. Untersuchen Sie den Globalverlauf des Graphen von f. Untersuchen Sie auch, ob f eine Näherungsfunktion hat. Bei welchen Funktionen liegt eine schräge Asymptote vor?

a) $f(x) = 2x - e^x$ **b)** $g(x) = e^x - e^{-x}$ **c)** $h(x) = 7x + 3 - e^{-x}$ **d)** $k(x) = x^2 + e^{-x}$

6. Skizzieren Sie den Verlauf des Graphen und nennen Sie Eigenschaften und Näherungsfunktionen.

a) $f(x) = e^x + \frac{1}{2}x$ **c)** $f(x) = e^x - \frac{1}{2}x - 3$ **e)** $f(x) = e^{-x} - \frac{1}{2}x^2$

b) $f(x) = e^x - x + 1$ **d)** $f(x) = e^{-x} + \frac{1}{4}x^2$ **f)** $f(x) = \sin(x) - e^{-x}$

Nullstellen bestimmen

7. a) Skizzieren Sie die Graphen von f_1 und f_2 mit $f_1(x) = e^x$ und $f_2(x) = -x^2$. Ermitteln Sie den Graphen von f mit $f(x) = e^x - x^2$ durch Überlagerung der Graphen der Teilfunktionen.

b) Untersuchen Sie den Graphen von f auf den Globalverlauf sowie mithilfe eines WTR auf Nullstellen und Wendepunkte.

> BEISPIEL
>
> Die Nullstelle von $f(x) = e^x + x$ kann man nicht algebraisch ermitteln. Eine Näherungslösung lässt sich mit einem WTR bestimmen, wenn man weiß, in welchem Bereich sich die Nullstelle ungefähr befindet. Hilfreich ist ein Blick in die Wertetabelle der Funktion. Gibt man zur Lösung der
>
> Gleichung $f(x) = 0$ im WTR z. B. $x = -1$ oder 1 als Anfangswert an, so erhält man die Lösung $x \approx -0,57$.

8. Untersuchen Sie den Graphen von f mit $f(x) = \frac{1}{2}e^x - x^2$ auf Nullstellen.

|LK| **9. a)** Bestimmen Sie mithilfe eines WTR die genaue Lage des Hochpunktes im abgebildeten Graphen von f mit $f(x) = e^x - x^4$. Begründen Sie durch Untersuchung des Globalverlaufs, dass die Abbildung nicht alle Extrempunkte der Funktion zeigt. Bestimmen Sie den fehlenden Tiefpunkt mithilfe eines WTR.

b) Bestimmen Sie die Wendepunkte des Graphen von f.

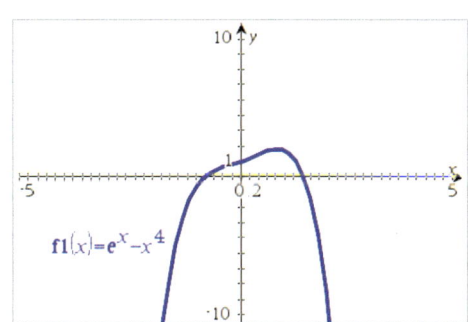

4.1.2   Produkte von Funktionen – Wachstumsvergleich – Produktregel

EINSTIEGSAUFGABE
OHNE LÖSUNG

→ **Produkte von Funktionen untersuchen**

- Gegeben sind die Graphen der Funktionen f, g und h mit $f(x) = x - 2$, $g(x) = e^x$ und $h(x) = (x - 2) \cdot e^x$.
  Vergleichen Sie die Graphen und machen Sie Aussagen über die Eigenschaften der drei Funktionen und deren Zusammenhang. Betrachten Sie hierzu Nullstellen, gemeinsame Punkte, Vorzeichenbereiche und das Verhalten der Funktionen für $x \to \infty$ und $x \to -\infty$.

- Stellen Sie analoge Überlegungen für eine selbst gewählte Funktion an, deren Term in der Form $p(x) \cdot e^x$ dargestellt werden kann, wobei $p(x)$ für eine quadratische Funktion steht.

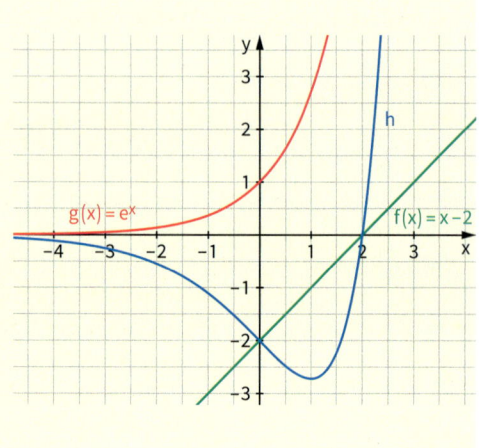

EINSTIEGSAUFGABE
MIT LÖSUNG

→ **Eigenschaften eines Produkts von Funktionen ermitteln**

Gegeben sind die Funktionen f_1, f_2 und f mit $f_1(x) = x^2 - 1$, $f_2(x) = e^{-x}$ und $f(x) = (x^2 - 1) \cdot e^{-x}$.

a) Zeichnen Sie die Graphen der drei Funktionen. Vergleichen Sie die Graphen von f_1 und f_2 mit dem Graphen von f. Schließen Sie hierzu mithilfe von f_1 und f_2 auf wesentliche Eigenschaften von f.

b) Ermitteln Sie den Einfluss der Funktionen f_1 und f_2 auf das Verhalten von f für $x \to \infty$ und $x \to -\infty$, indem Sie für f_1, f_2 und f geeignete Wertetabellen erstellen und miteinander vergleichen.

LÖSUNG

a) f_1 hat für $x = -1$ eine Nullstelle, daher gilt $f(-1) = 0$. An der Stelle $x_1 = -\sqrt{2}$ hat f_1 den Funktionswert 1, daher haben dort die Graphen von f_2 und f einen gemeinsamen Punkt. An der Stelle $x = 0$ hat f_2 den Funktionswert 1, daher haben dort die Graphen von f_1 und f einen gemeinsamen Punkt.

f_1 hat für $x = 1$ eine Nullstelle, daher gilt $f(1) = 0$. An der Stelle $x_2 = \sqrt{2}$ hat f_1 den Funktionswert 1, daher haben dort die Graphen von f_2 und f einen gemeinsamen Punkt.

f_1 hat keine weiteren Nullstellen und $f_2(x) \neq 0$ für alle x, daher sind $x = -1$ und $x = 1$ die einzigen Nullstellen von f.

Für $x < -1$ und $x > 1$ haben sowohl f_1 als auch f_2 positive Funktionswerte, daher gilt dort auch $f(x) > 0$. Für $-1 < x < 1$ haben f_1 und f_2 Funktionswerte mit unterschiedlichen Vorzeichen, also sind die Funktionswerte von f dort negativ.

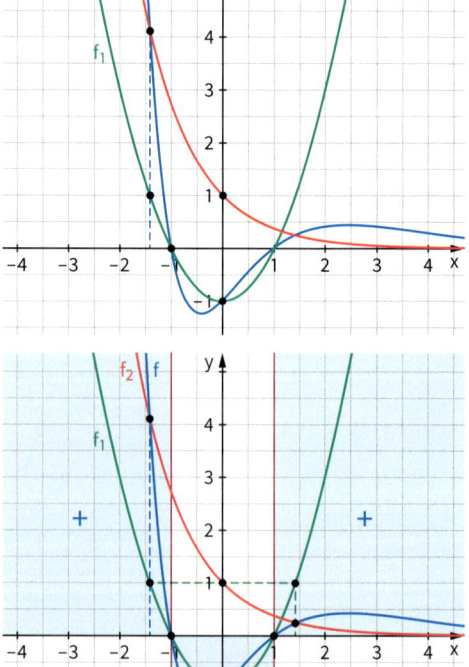

b) Die Wertetabelle zeigt die Funktionswerte der drei Funktionen für immer größer werdende bzw. immer kleiner werdende x-Werte.

Wir erkennen, dass für $x \to -\infty$ sowohl f_1 als auch f_2 unbeschränkt groß werden, daher strebt auch f gegen $+\infty$ für $x \to -\infty$.

Für $x \to +\infty$ geht f_1 gegen $+\infty$, aber f_2 strebt gegen 0. Wie die Wertetabelle zeigt, strebt auch f gegen 0 für $x \to +\infty$.

x	$f_1(x) = x^2 - 1$	$f_2(x) = e^{-x}$	$f(x) = (x^2 - 1) \cdot e^{-x}$
−100	9999	$32{,}69 \cdot 10^{43}$	$2{,}69 \cdot 10^{47}$
−50	2499	$5{,}18 \cdot 10^{21}$	$1{,}29 \cdot 10^{25}$
−10	99	22026,465	2180620,1
0	−1	1	−1
10	99	0,000045	0,004495
50	2499	$1{,}93 \cdot 10^{-22}$	$4{,}82 \cdot 10^{-19}$
100	9999	$3{,}72 \cdot 10^{-44}$	$3{,}72 \cdot 10^{-40}$

Wir vermuten, dass das Verhalten des Faktors e^{-x} das Verhalten von $f(x) = (x^2 - 1) \cdot e^{-x}$ für $x \to +\infty$ stärker beeinflusst als der quadratische Faktor $(x^2 - 1)$.

INFORMATION

Strategien bei der Untersuchung eines Produkts zweier Funktionen

Ist der Term einer Funktion f das Produkt zweier Funktionsterme $f_1(x)$ und $f_2(x)$, gilt also $f(x) = f_1(x) \cdot f_2(x)$, so kann man mithilfe der folgenden Überlegungen wesentliche Eigenschaften von f erschließen:

BEISPIEL

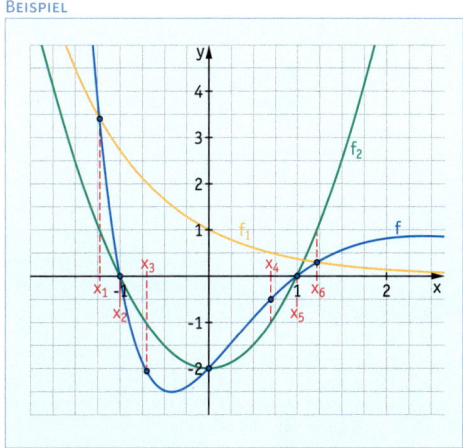

Nullstellen

Jede Nullstelle einer Teilfunktion ist auch Nullstelle der Funktion f.

BEISPIEL

In der Abbildung oben sind x_2 und x_5 die Nullstellen von f_2 und somit auch von f.

Vorzeichenbereiche

- Haben beide Teilfunktionen an einer Stelle x Funktionswerte mit gleichem Vorzeichen, so ist der Funktionswert von f dort positiv.

BEISPIEL

Für alle $x < x_2$ und alle $x > x_5$ gilt: $f(x) > 0$.

- Haben beide Teilfunktionen an einer Stelle x Funktionswerte mit unterschiedlichem Vorzeichen, so ist der Funktionswert von f dort negativ.

BEISPIEL

Für $x_2 < x < x_5$ gilt: $f(x) < 0$.

Punkte, die man leicht finden kann

- Hat eine Teilfunktion an einer Stelle den Funktionswert 1, so hat die Funktion f an dieser Stelle denselben Funktionswert wie die andere Teilfunktion. Der Graph von f berührt oder schneidet dort also den Graphen der anderen Teilfunktion.

BEISPIEL

Es gilt: $f_2(x_1) = 1$ und $f_2(x_6) = 1$. Bei x_1 und x_6 haben die Graphen von f_1 und von f also je einen gemeinsamen Punkt.
Es gilt: $f_1(0) = 1$. An der Stelle 0 hat der Graph von f_2 also einen gemeinsamen Punkt mit dem Graphen von f.

- Hat eine Teilfunktion an einer Stelle den Funktionswert -1, so nimmt die Funktion f an dieser Stelle den Funktionswert der anderen Teilfunktion mit umgekehrtem Vorzeichen an. Man erhält den Punkt des Graphen von f, indem man den Punkt des Graphen der anderen Teilfunktion an der x-Achse spiegelt.

> Es gilt: $f_2(x_3) = -1$ und $f_2(x_4) = -1$, und somit: $f(x_3) = -f_1(x_3)$ und $f(x_4) = -f_1(x_4)$.

INFORMATION

Wachstumsverhalten von e-Funktionen und Potenzfunktionen

Für $x \to \infty$ gilt sowohl $x^n \to \infty$ als auch $e^x \to \infty$, dennoch gilt folgender Satz:

Satz

Für jede natürliche Zahl n gilt:

(1) $x^n \cdot e^{-x} \to 0$ für $x \to \infty$ (2) $x^n \cdot e^x \to 0$ für $x \to -\infty$

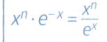
$x^n \cdot e^{-x} = \dfrac{x^n}{e^x}$

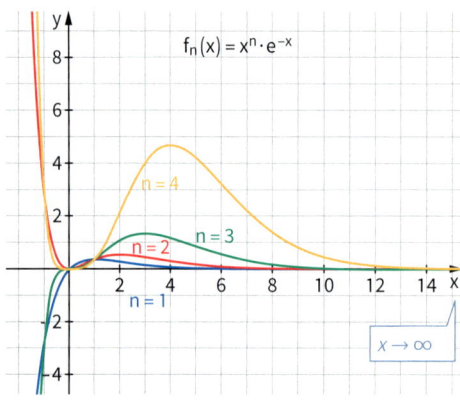

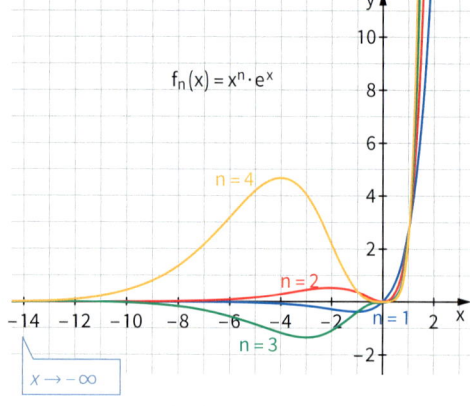

Es gilt also $x^n \cdot e^{-x} = \dfrac{x^n}{e^x} \to 0$ für $x \to \infty$, obwohl $x^n \to \infty$ und $e^x \to \infty$ gilt.

Man sagt deshalb: Die e-Funktion „wächst schneller" gegen ∞ als jede Potenzfunktion.

INFORMATION

Produktregel

Möchte man eine Funktion ableiten, deren Funktionsterm das Produkt zweier Funktionen u und v ist, benötigt man dazu die Produktregel.

Satz: Produktregel

Wenn die Funktionen u und v die Ableitungen u′ und v′ haben, so hat die Funktion f mit

$f(x) = u(x) \cdot v(x)$

die Ableitung $f'(x) = u'(x) \cdot v(x) + u(x) \cdot v'(x)$

Wir schreiben kurz: $(u \cdot v)' = u' \cdot v + u \cdot v'$

> Die Ableitung der Funktion f mit $f(x) = (2x+1) \cdot e^{-x}$ soll berechnet werden.
> Setzt man $u(x) = 2x+1$ und $v(x) = e^{-x}$,
> dann gilt: $u'(x) = 2$ und $v'(x) = -e^{-x}$.
> Somit ergibt sich: $f'(x) = u'(x) \cdot v(x) + u(x) \cdot v'(x) = 2 \cdot e^{-x} + (2x+1) \cdot (-e^{-x})$
> $$= e^{-x} \cdot (2 + (2x+1) \cdot (-1))$$
> $$= e^{-x} \cdot (1 - 2x)$$

ÜBUNGSAUFGABEN

Produkte von Funktionen – Eigenschaften der Graphen

1. Ermitteln Sie Eigenschaften des Graphen von f
   mithilfe geeigneter Teilfunktionen.
   Skizzieren Sie auch den Graphen.

   a) $f(x) = x^2 \cdot e^x$ **c)** $f(x) = (x^2 - x)\, e^{-x}$

   b) $f(x) = (2x - 1)\, e^{-x}$ **d)** $f(x) = (x + 1)\, e^{2x}$

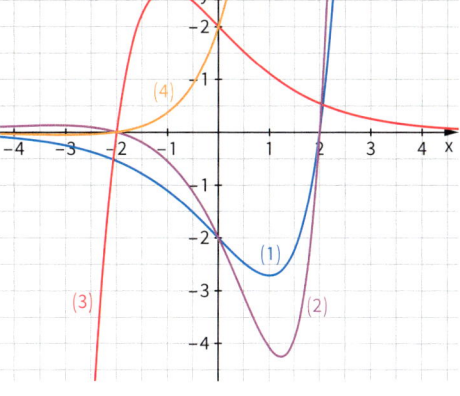

2. Ordnen Sie die Graphen rechts den Funktionstermen zu und begründen Sie Ihre Entscheidung.

   $f_1(x) = (x - 2)\, e^x$ $f_2(x) = (x + 2)\, e^{-x}$

   $f_3(x) = \left(\dfrac{x^2}{2} - 2\right) e^x$ $f_4(x) = (x + 2)\, e^x$

3. Gegeben sind die Funktionen f_1, f_2 und f_3 mit $f_1(x) = x \cdot e^x$, $f_2(x) = x^2 \cdot e^x$ und $f_3(x) = x^3 \cdot e^x$ sowie ihre
   drei Graphen.

   a) Ordnen Sie die Graphen den Funktionen zu und begründen Sie Ihre Zuordnung. Achten Sie insbesondere auf das Verhalten der Funktionen an den Nullstellen.

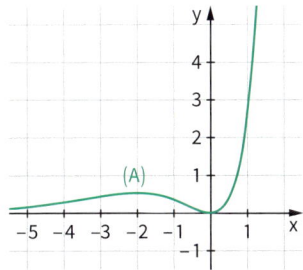 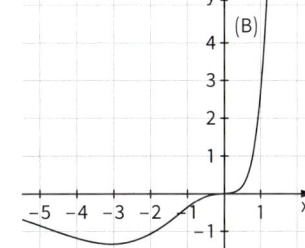 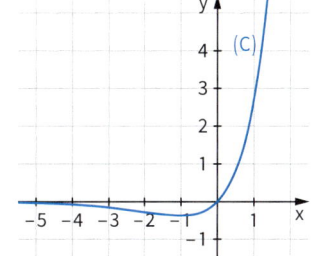

   b) Untersuchen Sie das Verhalten der Funktionen f_1, f_2 und f_3 für $x \to \infty$ und für $x \to -\infty$
   mithilfe von geeigneten Wertetabellen.
   Äußern Sie eine Vermutung über das Verhalten von $x^n \cdot e^x$ für $x \to \infty$ und für $x \to -\infty$.

4. Gegeben sind die Funktionen f_1, f_2 und f_3 mit $f_1(x) = x \cdot e^{-x}$, $f_2(x) = x^2 \cdot e^{-x}$ und $f_3(x) = x^3 \cdot e^{-x}$ sowie ihre
   drei Graphen.

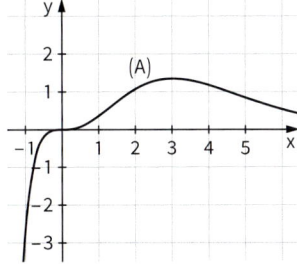 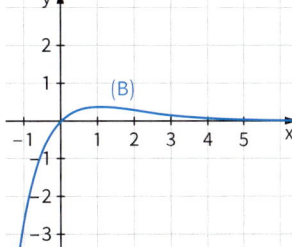 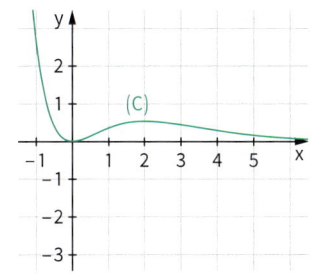

   a) Ordnen Sie die Graphen den Funktionen zu und begründen Sie Ihre Zuordnung.
   Achten Sie insbesondere auf das Verhalten der Funktionen an den Nullstellen.

   b) Untersuchen Sie das Verhalten der Funktionen f_1, f_2 und f_3 für $x \to \infty$ und für $x \to -\infty$
   mithilfe von geeigneten Wertetabellen.
   Äußern Sie eine Vermutung über das Verhalten von $x^n \cdot e^{-x}$ für $x \to \infty$ und für $x \to -\infty$.

5. Untersuchen Sie das Verhalten der Funktion f.

   a) $f(x) = \dfrac{x^2}{e^x}$ für $x \to \infty$ **c)** $f(x) = 50 \cdot x^2 \cdot e^{-0.5 \cdot x}$ für $x \to \infty$

   b) $f(x) = \dfrac{x^3}{e^x}$ für $x \to -\infty$ **d)** $f(x) = \dfrac{e^x - 1}{x}$ für $x \to 0$

Aspekte von Funktionsuntersuchungen – Produktregel

6. Bilden Sie die erste Ableitung.

a) $f(x) = (5x - 2) \cdot e^{-x}$ **d)** $f(x) = x^2 \cdot e^{2x} - 3x + 5$ **g)** $f(x) = (2x + 1) \cdot e^{x^2 + 1}$

b) $f(x) = (x^2 + 1) \cdot e^{2x + 1}$ **e)** $f(x) = x^2 \cdot (e^x + e^{-x})$ **h)** $f(x) = x^3 \cdot e^{1 - x^2}$

c) $f(x) = 10 \cdot x^2 \cdot e^{-0,2x}$ **f)** $f(x) = (2x + 1) \cdot e^{1 - x}$ **i)** $f(x) = \sqrt{2x + 1} \cdot e^{-x^2}$

7. Ermitteln Sie die erste, zweite und dritte Ableitung von f.
Erläutern Sie, welchen Vorteil es hat, wenn man vor jeder höheren
Ableitung zuerst ausklammert, wie im Beispiel rechts für die erste
Ableitung dargestellt.

a) $f(x) = (2x - 3) \cdot e^x$ **c)** $f(x) = (5x^2 + 1) \cdot e^{-x}$

b) $f(x) = (x^2 + 1) \cdot e^x$ **d)** $f(x) = 5 \cdot x^2 \cdot e^{-\frac{1}{4}x}$

BEISPIEL

$$f(x) = (3x^2 - 5) \cdot e^x$$
$$f'(x) = 6x \cdot e^x + (3x^2 - 5) \cdot e^x$$
$$= (3x^2 + 6x - 5) \cdot e^x$$

$\boxed{f}$ **8.** Sebastian hat bei seinen Hausaufgaben einige Ableitungen berechnet.
Kontrollieren Sie, ob er alles richtig gemacht hat, und korrigieren Sie seine Ergebnisse falls nötig.

a) $f(x) = x \cdot e^{2x}$ b) $f(x) = (x^2 + 3) \cdot e^x$ c) $f(x) = 4 \cdot e^{2x + 1}$
$f'(x) = e^{2x} + x \cdot e^2$ $f'(x) = 2x \cdot e^x + (x^2 + 3) \cdot e^x$ $f'(x) = 4 \cdot e^{2x + 1} + 4 \cdot e^{2x + 1} \cdot 2$

9. Eine Funktion f ist gegeben durch $f(x) = (x^2 - 8) \cdot e^x$.

a) Untersuchen Sie das Verhalten von f für $x \to \infty$ und für $x \to -\infty$.
Berechnen Sie die Koordinaten der Hoch- und Tiefpunkte des Graphen.

b) Skizzieren Sie den Graphen von f sowie die Graphen der beiden Teilfunktionen.

10. Gegeben ist die Funktion f mit $f(x) = 4x \cdot e^{-0,5 \cdot x}$.

a) Geben Sie die Nullstelle der Funktion an und untersuchen Sie das Verhalten von f für $x \to \infty$
und $x \to -\infty$.
Berechnen Sie die Koordinaten des Wendepunktes des Graphen.

b) Die Wendetangente des Graphen und die beiden Koordinatenachsen begrenzen ein Dreieck.
Berechnen Sie den Flächeninhalt dieses Dreiecks.

Stammfunktionen von Produkten – Koeffizientenvergleich

11. Bestimmen Sie die erste und die zweite Ableitung der Funktion f.
Welche Regelmäßigkeit vermuten Sie? Wie müsste die 3. und die 4. Ableitung von f lauten?
Können Sie auch eine Stammfunktion von f angeben?
Erläutern Sie Ihr Vorgehen und überprüfen Sie Ihre Ergebnisse.

a) $f(x) = (x - 5) \cdot e^x$ **b)** $f(x) = (x + 1) \cdot e^x$ **c)** $f(x) = (x + 3) \cdot e^{-x}$

12. Wenn der Term einer Funktion f als Produkt aus einem Polynom und dem Faktor $e^{mx + n}$ gebildet ist, kann man den Term einer Stammfunktion von f durch *Koeffizientenvergleich* ermitteln. Führen Sie für die folgenden Funktionen die Integration durch Koeffizientenvergleich wie im Beispiel durch.

BEISPIEL

Integration durch Koeffizientenvergleich
$f(x) = x^2 \cdot e^x$. Für die Ableitung von f gilt
$f'(x) = 2x \cdot e^x + x^2 \cdot e^x = (2x + x^2) \cdot e^x$.
Daher kann man annehmen, dass auch der Term einer
Stammfunktion F von f sich als Produkt von e^x und einem
Polynom 2. Grades schreiben lässt.
$F(x) = (ax^2 + bx + c) \cdot e^x$
Die Ableitung von F muss dann mit f übereinstimmen.
$F'(x) = (2ax + b) \cdot e^x + (ax^2 + bx + c) \cdot e^x$
$= (a \cdot x^2 + (2a + b) \cdot x + (b + c)) \cdot e^x$

FORTSETZUNG AUF DER NÄCHSTEN SEITE

a) $f(x) = x \cdot e^x$
b) $f(x) = x^2 \cdot e^{-x}$
c) $f(x) = (x^2 + 3x) \cdot e^{0,5x}$
d) $f(x) = x \cdot e^{-2x+7}$
e) $f(x) = (x^3 - 2x) \cdot e^x$
f) $f(x) = (x^2 + 1) \cdot e^{-2x}$

Der Vergleich der Koeffizienten mit denjenigen von
$f(x) = (1 \cdot x^2 + 0 \cdot x + 0) \cdot e^x$ ergibt das folgende
Gleichungssystem: $\begin{vmatrix} a & = 1 \\ 2a + b & = 0 \\ b + c & = 0 \end{vmatrix} \Leftrightarrow \begin{vmatrix} a = & 1 \\ b = & -2 \\ c = & 2 \end{vmatrix}$, somit ergibt
sich $F(x) = (x^2 - 2x + 2) \cdot e^x$.
Die Probe durch Ableiten zeigt:
$F'(x) = (2x - 2) \cdot e^x + (x^2 - 2x + 2) \cdot e^x = x^2 \cdot e^x$

LK 13. Zeigen Sie allgemein: Der Term der Ableitung einer Funktion f mit $f(x) = p(x) \cdot e^{mx+b}$, wobei p(x) ein Polynom vom Grad n ist, lässt sich darstellen als $q(x) \cdot e^{mx+b}$, wobei q(x) ebenfalls ein Polynom vom Grad n ist.

Argumentieren und Begründen

14. Gegeben sind die Funktionen f und g durch
$f(x) = -20 \cdot x \cdot e^x$ bzw. $g(x) = 10 \cdot x^2 \cdot e^x$.
   a) Welcher Graph gehört zu welcher Funktion? Begründen Sie Ihre Antwort.
   b) Untersuchen Sie, ob der Hochpunkt des Graphen (1) und der Wendepunkt des Graphen (2) auf einen Punkt fallen.

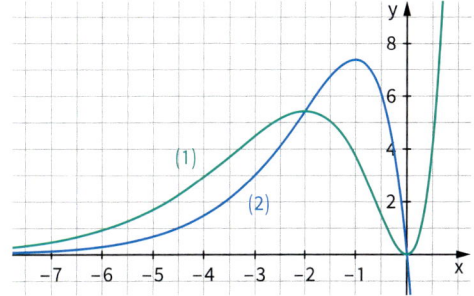

15. Ordnen Sie die Funktionsterme und die Graphen einander zu.
Begründen Sie Ihre Zuordnung mit mindestens zwei Argumenten.

(1) $f(x) = (x-1)^2 \cdot e^x$ (2) $g(x) = (x-1) \cdot e^x$ (3) $h(x) = (1-x) \cdot e^x$ (4) $i(x) = (x-1) \cdot e^{-x}$

(A)
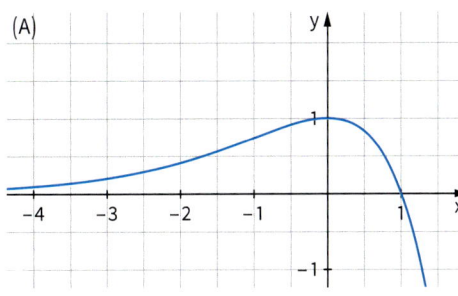

(B)
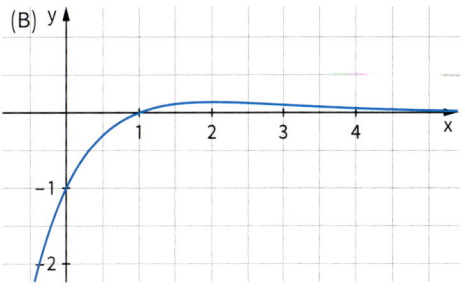

(C)
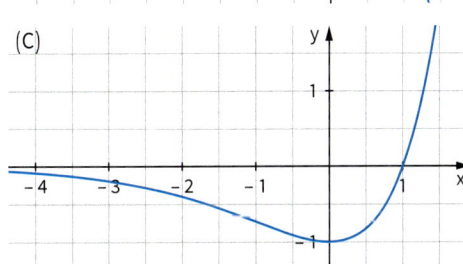

(D)
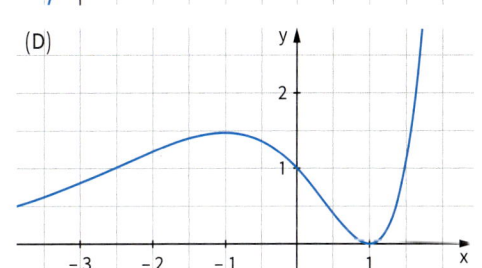

+ 16. Untersuchen Sie den Verlauf des Graphen der Funktion f mithilfe der Graphen der beiden Teilfunktionen und bilden Sie die 1. Ableitung von f.
   a) $f(x) = x \cdot \cos(x)$ b) $f(x) = x^2 \cdot \sin(x)$

4.2   Zusammengesetzte Funktionen in Anwendungen

→ **Fieberverlauf mit einer e-Funktion beschreiben**

Die Fieberkurve eines Patienten kann näherungsweise durch den Graphen der Funktion f mit
$f(t) = 36{,}7 + 2\,t \cdot e^{-0{,}2 \cdot t}$ beschrieben werden.
Dabei gibt t die Anzahl der Stunden seit Beginn
der Erkrankung und $f(t)$ die Körpertemperatur in
Grad Celsius an.

- Verschaffen Sie sich einen Überblick über
  den Verlauf des Fiebers innerhalb der ersten
  24 Stunden.
- Berechnen Sie, wann die Körpertemperatur am höchsten ist. Wie hoch ist diese Temperatur?
- Zu welchem Zeitpunkt geht das Fieber am schnellsten zurück?
  Bestimmen Sie, wann das Fieber nach dem Höchststand erstmals unter 38 °C sinkt.
- Welche Körpertemperatur hat der Patient nach diesem Modell, wenn das Fieber vollständig
  abgeklungen ist?

→ **Mit e-Funktionen reale Situationen beschreiben**

Ansturm beim Revierderby

Am Freitagabend fand das Revierderby Borussia
Dortmund gegen Schalke 04 statt. Das Dortmunder Stadion mit seinen 80645 Plätzen war
natürlich auch in diesem Jahr wieder ausverkauft.
Die Stadioneingänge wurden bereits um 18 Uhr
geöffnet, damit die Fans rechtzeitig zum Spielbeginn um 20:30 Uhr auf ihren Plätzen waren.

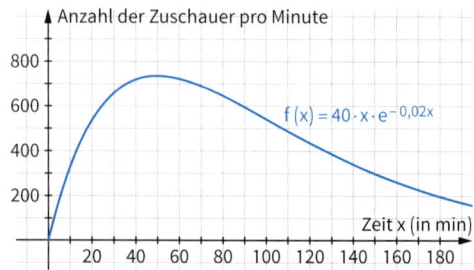

Der Ansturm der Fans an den Eingängen kann näherungsweise durch die Funktion f mit
$f(x) = 40 \cdot x \cdot e^{-0{,}02 \cdot x}$ beschrieben werden. Dabei wird x in Minuten seit der Öffnung der Eingänge um
18.00 Uhr und $f(x)$ in Zuschauer pro Minute gemessen.

a) Skizzieren Sie den Graphen von f. Beschreiben Sie den Verlauf in Worten.

b) Berechnen Sie den Zeitpunkt, an dem der Zuschauerandrang am größten war. Wie viele
Zuschauerinnen und Zuschauer kamen zu diesem Zeitpunkt pro Minute an den Eingängen an?

c) Bestimmen Sie, wie viele Personen nach diesem Modell um 20:30 Uhr im Stadion waren.

d) Für wie realistisch halten Sie dieses Modell?

LÖSUNG

a) Am Graphen der Funktion f erkennen wir:
In der ersten halben Stunde nach Öffnung
der Eingänge steigt der Andrang stark
an, der Höchststand ist nach etwa 50 min
erreicht. Danach nimmt der Andrang all-
mählich ab.
Nach diesem Modell kommen bei Spielbeginn, also bei x = 150, immer noch circa 300
Zuschauer pro Minute an den Eingängen an.

$f(x) = 40 \cdot x \cdot e^{-0{,}02x}$

b) Zur Bestimmung der Extremstellen einer Funktion benötigen wir die erste Ableitung f'.
Mit der Produktregel und der Kettenregel können wir die Ableitung bestimmen:
$f(x) = u(x) \cdot v(x)$ mit $u(x) = 40x$ und $v(x) = e^{-0{,}02 \cdot x}$
Es gilt:
$u'(x) = 40$ und $v'(x) = -0{,}02 \cdot e^{-0{,}02 \cdot x}$
$f'(x) = 40 \cdot e^{-0{,}02 \cdot x} + 40x \cdot (-0{,}02 \cdot e^{-0{,}02 \cdot x})$ *Kettenregel*
$\quad = 40 \cdot \left(e^{-0{,}02 \cdot x} + x \cdot e^{-0{,}02 \cdot x} \cdot (-0{,}02)\right)$
$\quad = 40 \cdot (1 - 0{,}02 \cdot x) \cdot e^{-0{,}02 \cdot x}$
Aus $f'(x) = 0$ erhalten wir
$1 - 0{,}02 \cdot x = 0$ und somit
$\qquad x = 50$.
An der Stelle $x = 50$ liegt ein Vorzeichenwechsel von Plus nach Minus von f' vor.
Der Zuschauerandrang ist also 50 Minuten nach Öffnung der Eingänge um 18:50 Uhr am größten.
Es gilt: $f(50) \approx 735{,}8$. Der maximale Ansturm betrug circa 736 Zuschauerinnen und Zuschauer pro Minute.

c) Die Gesamtzahl der Zuschauer, die bis 20:30 Uhr, also 150 min nach Öffnung der Eingänge, Einlass ins Stadion gefunden hatten, bestimmen wir nach diesem Modell durch $\int_{0}^{150} f(x)\,dx$. Wir gehen dabei davon aus, dass um 18 Uhr das Stadion leer war.

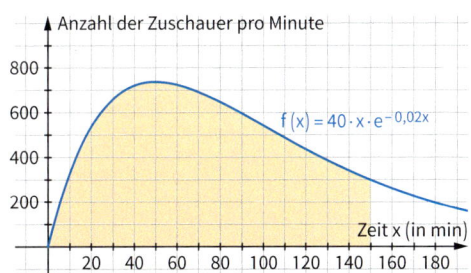

Wir können dieses Integral nicht exakt berechnen, aber mithilfe eines Rechners einen Näherungswert bestimmen.
Es waren bei Spielbeginn ca. 80 085 Personen im Stadion.

d) Das Fassungsvermögen des Dortmunder Stadions wird mit 80 645 Personen angegeben, was mit dem in c) errechneten Näherungswert gut übereinstimmt.
Der größere Teil der Plätze besteht aus Sitzplätzen.
Es ist deshalb nicht unrealistisch, dass an einem Freitagabend unmittelbar vor Spielbeginn der Andrang noch groß ist. Für die Sitzplatz-Karteninhaber besteht keine Notwendigkeit, frühzeitig ins Stadion zu kommen, um sich einen guten Platz reservieren zu können.
Es ist auch möglich, dass nach dem Spielbeginn (also für $x > 150$) immer noch Personen in das Stadion kommen. Nach diesem Modell wäre das Stadion allerdings bereits zwei Minuten nach Spielbeginn (also für $x = 152$) mit 80 674 Personen mehr als ausverkauft. Das Modell ist deshalb nur für $x \le 150$, also bis zum Spielbeginn, sinnvoll.

INFORMATION

Typische Aufgabenstellungen bei komplexen Anwendungssituationen

Viele Probleme in Wirtschaft, Technik und Wissenschaft, vor allem bei Wachstumsprozessen, können nur durch die Entwicklung von mathematischen Modellen erfolgreich untersucht und gelöst werden.
Zur Beschreibung solcher Problemstellungen werden häufig e-Funktionen verwendet. Es tauchen dabei immer wieder ähnliche Fragestellungen auf.
Bei den Fragestellungen muss man grundsätzlich zwei Fälle unterscheiden:
In der Aufgabe kann
(1) der Bestand bzw. die Ausgangsfunktion f oder
(2) die Änderungsrate $g = f'$ gegeben sein.

(1) Die folgende Tabelle zeigt typische Aufgaben- und Fragestellungen und ihre Lösungen bei Wachstumsprozessen, falls der **Bestand** bzw. die **Ausgangsfunktion f** gegeben ist.

BEISPIEL

Aufgabenstellung

In einem Forschungslabor wird die Vermehrung von Bazillen untersucht. Die Ergebnisse zeigen, dass sich diese Ausbreitung näherungsweise durch die Funktion f mit $f(x) = 1{,}3 \cdot x \cdot e^{-0{,}04 \cdot x} + 0{,}27$ beschreiben lässt, mit $x \geq 0$ in Stunden ab Beobachtungsbeginn und $f(x)$ in Millionen Bazillen.

Überblick über die Entwicklung gewinnen
Skizzieren Sie den Graphen und beschreiben Sie den Verlauf in Worten.

Graph zeichnen und seine Eigenschaften beschreiben

Zu Beginn der Beobachtung waren ca. 0,27 Millionen Bazillen vorhanden. Die Anzahl an Bazillen nimmt etwa 25 Stunden lang zu und hat dann ihren Höchststand erreicht. Danach nimmt die Anzahl ständig ab. Nach ca. 50 Stunden verlangsamt sich die Abnahme.

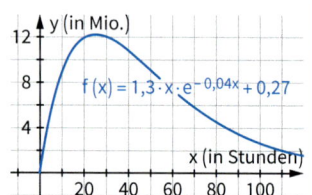

Berechnen Sie den Zeitpunkt, an dem der Höchststand (Tiefststand) des Prozesses erreicht ist.
Wie viele Bazillen sind zu diesem Zeitpunkt vorhanden?

Hochpunkt bzw. Tiefpunkt des Graphen berechnen

$f'(x) = 1{,}3 \cdot \left(1 \cdot e^{-0{,}04x} + x \cdot (-0{,}04) \cdot e^{-0{,}04x}\right) = 1{,}3 \cdot (1 - 0{,}04 \cdot x) \cdot e^{-0{,}04 \cdot x}$

Aus $f'(x) = 0$ erhält man $1 - 0{,}04 \cdot x = 0$ und damit die Lösung $x_e = 25$. f' hat an der Stelle x_e einen Vorzeichenwechsel von + nach –, somit hat f an der Stelle x_e ein Maximum.

$f(25) \approx 12{,}23$

Es sind dann ca. 12,2 Millionen Bazillen vorhanden.

Wann ist die momentane Änderungsrate/Wachstumsgeschwindigkeit am größten bzw. am kleinsten? Berechnen Sie.
Zu welchem Zeitpunkt nimmt der Bestand am stärksten ab? Berechnen Sie.

Wendepunkt des Graphen mit positiver bzw. negativer Steigung berechnen

$f''(x) = 1{,}3 \cdot \left(-0{,}04 \cdot e^{-0{,}04 \cdot x} + (1 - 0{,}04 \cdot x) \cdot (-0{,}04) \cdot e^{-0{,}04 \cdot x}\right)$

$\qquad = 1{,}3 \cdot (-0{,}08 + 0{,}0016 \cdot x) \cdot e^{-0{,}04 \cdot x}$

Aus $f''(x) = 0$ erhält man $-0{,}08 + 0{,}0016\,x = 0$ und damit die Lösung $x_w = 50$ mit einem Vorzeichenwechsel von f''. Somit ist die Stelle $x_w = 50$ Wendestelle des Graphen von f. Zudem gilt wegen $f'(50) < 0$, dass der Graph von f an der Stelle 50 monoton fallend ist. Der Bestand nimmt also nach 50 Stunden am stärksten ab.

Wann hat der Bestand den Wert a erreicht? In welchem Zeitraum ist der Bestand größer als a?
In welchem Zeitintervall sind mehr als 5 Millionen Bazillen vorhanden?

Gesuchten x-Wert für $f(x) = a$ mithilfe der Wertetabelle bestimmen

Die Gleichung $f(x) = 5$ kann nicht exakt, sondern nur mithilfe von Näherungsverfahren oder einem Rechner gelöst werden.

Rechner-Lösung:

Man sucht in der Wertetabelle die beiden x-Werte, für die ungefähr $f(x) = 5$ gilt. Hier findet man die beiden Werte 4 und 76.

Dann kann man mithilfe des **num-Solv**-Befehls des Rechners die beiden numerischen Lösungen der Gleichung $f(x) = 5$ suchen,

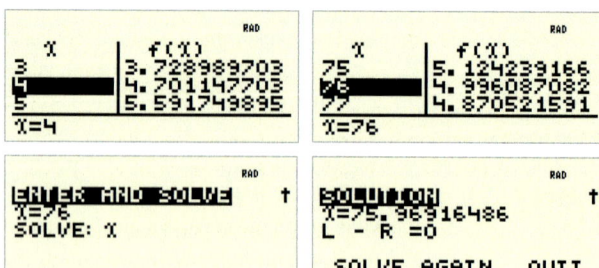

indem man nacheinander die Werte $x = 4$ und dann $x = 76$ als Startwert, in deren Nähe sich die gesuchte Lösung befindet, eingibt. Man erhält $x_1 \approx 4{,}33$; $x_2 \approx 75{,}97$.

Etwa zwischen der 4. und der 76. Stunde sind mehr als 5 Millionen Bazillen vorhanden.

(2) Ist bei einem Wachstumsprozess mit der Funktion f die **momentane Änderungsrate** gegeben, so tauchen auch hier häufig ähnliche Fragestellungen wie in der vorhergehenden Tabelle auf: Beschreibung des Verlaufs, Zeitpunkt der maximalen oder minimalen momentanen Änderungsrate, usw. Zusätzlich gibt es aber auch Fragestellungen, bei denen von der Änderungsrate auf den Bestand zu schließen ist.

BEISPIEL

Ob eine momentane Änderungsrate angegeben ist, erkennt man bei Kontext-Aufgaben oft an der Angabe der Einheit von f(x):
Beispiele
dm pro Jahr;
kg pro Stunde;
$\frac{m^3}{min}$;
$kw = \frac{kWh}{h}$

Aufgabenstellung

Das Höhenwachstum eines Baumes kann durch die Funktion f mit $f(x) = 3{,}5 \cdot x \cdot e^{-0{,}28 \cdot x}$ beschrieben werden, mit x in Jahren ab Messbeginn und f(x) Höhenwachstum in dm pro Jahr. Bei Messbeginn ist der Baum 1,7 m hoch.

Wie groß ist der Bestand nach einem gegebenen Zeitraum?

Bestimmen Sie welche Höhe der Baum nach 20 Jahren erreicht hat.

- **Integral über die Funktion f im angegebenen Zeitraum berechnen oder bestimmen.**
- **Anfangswert berücksichtigen.**

$$h = 17 + \int_0^{20} f(x)\, dx$$
$$\approx 17 + 43{,}55 = 60{,}55$$

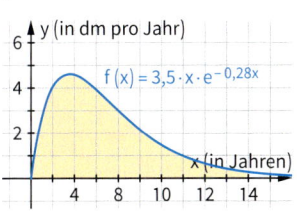

Nach 20 Jahren ist der Baum ca. 60,55 dm, also ca. 6 m, hoch.

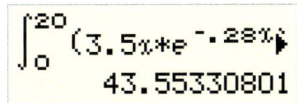

Wann hat der Bestand den Wert a erreicht?

Nach wie viel Jahren hat der Baum eine Höhe von 40 dm erreicht?

- **Bestandsfunktion mithilfe der Integralfunktion I von f unter Berücksichtigung des Anfangswertes bestimmen.**
- **Gesuchte Zeit mithilfe der Wertetabelle der Bestandsfunktion finden.**

Wertetabelle von

$$F(x) = 17 + I_0(x) = 17 + \int_0^x f(t)\, dt$$

anzeigen und x-Wert für $F(x) \approx 40$ bestimmen: $x \approx 6{,}2$
Nach knapp 6,2 Jahren hat der Baum eine Höhe von 40 dm = 4 m erreicht.

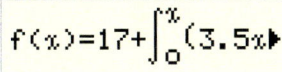

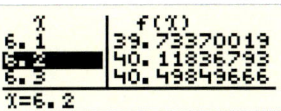

ÜBUNGSAUFGABEN   **1.** Die Konzentration des Wirkstoffs eines Medikamentes im Blut eines Patienten kann näherungsweise durch eine Funktion f mit $f(t) = 3 \cdot t \cdot e^{-0{,}25 \cdot t}$ beschrieben werden.
Dabei wird t in Stunden seit der Einnahme und f(t) in $\frac{mg}{l}$ (Milligramm pro Liter) gemessen.

a) Zeichnen Sie den Graphen von f im Intervall [0; 15] und beschreiben Sie den zeitlichen Verlauf der Konzentration. Nach welcher Zeit erreicht die Konzentration ihren höchsten Wert? Berechnen Sie. Wie groß ist die maximale Konzentration?

b) Der Wirkstoff ist nur wirksam, solange seine Konzentration im Blut mindestens $2\frac{mg}{l}$ beträgt.

Bestimmen Sie die Wirkungsdauer näherungsweise zeichnerisch. Überprüfen Sie Ihr Ergebnis mit dem Taschenrechner.

c) Berechnen Sie den Zeitpunkt, an dem die Konzentration am stärksten abnimmt.

Ab diesem Zeitpunkt nimmt die Konzentration des Wirkstoffs linear ab. Die lineare Abnahme wird durch die Tangente an den Graphen von f an diesem Zeitpunkt beschrieben.
Wann ist nach diesem Modell der Wirkstoff vollständig abgebaut? Berechnen Sie.

LK **2.** Ein Grippevirus breitet sich in einer Großstadt schnell aus. Die momentane Erkrankungsrate wird modellhaft beschrieben durch die Funktion f mit $f(t) = 250 \cdot t^2 \cdot e^{-0,25 \cdot t}$ mit $t \geq 0$.

Dabei ist t die Zeit in Tagen seit Beginn der ersten Meldungen und $f(t)$ die Anzahl der Neuerkrankungen pro Tag.

a) Beschreiben Sie den Verlauf der Krankheitswelle. Berechnen Sie, wann die meisten Personen erkranken. Begründen Sie, dass ab diesem Zeitpunkt die momentane Erkrankungsrate rückläufig ist. Wann nimmt sie am stärksten ab?

b) Bestimmen Sie, wie viele Personen nach 14 Tagen insgesamt neu erkrankt sind.

Die Funktion F mit $F(t) = (a \cdot t^2 + b \cdot t + c) \cdot e^{-0,25 \cdot x}$ ist eine Stammfunktion zu f. Bestimmen Sie mithilfe des Koeffizientenvergleichs diese Stammfunktion F von f.

Weisen Sie nach, dass die Gesamtzahl der Erkrankten nach diesem Modell unter 35 000 bleiben wird.

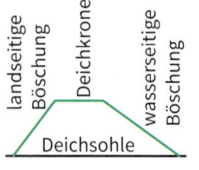

3. Der Graph der Funktion f mit $f(x) = 2,4 \cdot x^2 \cdot e^{-0,5 \cdot x}$ beschreibt im Intervall [0; 15] das Profil eines Deichquerschnitts, mit x und $f(x)$ in Metern. Die Deichsohle liegt im Querschnitt auf der x-Achse.

a) Zeichnen Sie das Profil des Deichquerschnitts.

Welche Seite des Deichs ist die dem Wasser zugewandte Seite? Begründen Sie.

b) Bestimmen Sie die Höhe des Deichs.

c) Zeigen Sie, dass das maximale Gefälle der Böschung auf der Wasserseite nicht größer als 45 % ist.

d) Es ist geplant, die Deichkrone auf einer Höhe von 4,50 m abzutragen, um darauf einen Radweg anzulegen. Bestimmen Sie die Breites dieses Radwegs.

e) Untersuchen Sie, wie viel Kubikmeter Erde dazu auf einer Länge von einem Kilometer abgetragen werden müssen.

LK **4.**

Das Kyoto-Protokoll von 1997 schreibt verbindliche Ziele für eine Verringerung des Ausstoßes von Treibhausgasen vor. So sollten z. B. die Industrieländer den Ausstoß von Kohlendioxid (CO_2) um jährlich durchschnittlich 5,25 % gegenüber dem Stand von 1990 reduzieren. Auf der UN-Klimakonferenz in Quatar im Jahr 2012 wurde die Verlängerung des Kyoto-Protokolls bis zum Jahr 2020 beschlossen.

Eine UN-Kommission hat zwei verschiedene Szenarien A und B für die Entwicklung der weltweiten CO_2-Emissionen entworfen:

Das Szenario A kann durch den Graphen der Funktion f mit $f(t) = 0,024 \cdot t^2 \cdot e^{-0,019 \cdot t} + 7$ beschrieben werden. Dabei wird t in Jahren ab dem Jahr 1950 $(t = 0)$ gemessen, $f(t)$ gibt die jährliche CO_2-Emission zum Zeitpunkt t (in Milliarden Tonnen pro Jahr) an.

a) In welchem Jahr würde nach diesem Modell die größte CO_2-Emission stattfinden? Berechnen Sie. Bestimmen Sie, ab welchem Jahr sich der jährliche Ausstoß auf weniger als die Hälfte des maximalen Ausstoßes verringern würde.

b) Wie viele Tonnen CO_2 werden nach diesem Szenario in den Jahren 2000 bis 2020 insgesamt ausgestoßen?

Das optimistischere Szenario B kann ebenfalls näherungsweise durch den Graphen einer Funktion g der Form $g(t) = a \cdot t^2 \cdot e^{-\frac{1}{45} \cdot t} + 7$ beschrieben werden. Dabei entspricht wiederum $t = 0$ dem Jahr 1950.

c) Dieses Modell geht davon aus, dass der maximale Ausstoß von ca. 31 Milliarden Tonnen im Jahr 2040 erreicht wird.

Bestimmen Sie damit den Parameter a von Szenario B.

d) Wie viele Tonnen CO_2 könnten in den Jahren 2020 bis 2050 vermieden werden, wenn statt der Entwicklung von Szenario A eine Reduzierung der CO_2-Emission gemäß Szenario B umgesetzt werden könnte?

CAS

5.

Die Golden-Gate-Bridge war nach ihrer Erbauung im Jahr 1937 mehr als 25 Jahre lang die längste Brücke der Welt. Die beiden Hauptkabel sind an der Spitze der beiden Pfeiler in 152 m Höhe über der Straße befestigt, der tiefste Punkt jedes der beiden Kabel befindet sich in ca. 20 m Höhe über der Straße.

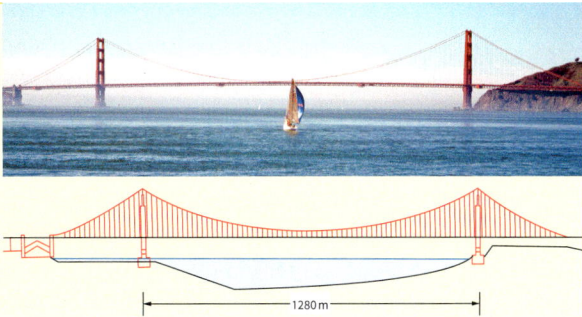

1280 m

Die Hauptkabel der Brücke bilden eine Parabel, da die Fahrbahn gleichmäßig an den Seilen hängt und damit vertikale Kräfte auf die Kabel einwirken. Einer Kettenlinie folgen nur frei hängende Seile und Ketten.

a) Beschreiben Sie die Lage des Kabels zwischen den beiden Pfeilern mit x, f(x) in m durch eine Parabel. Legen Sie den Koordinatenursprung in die Mitte zwischen den Pfeilern auf Fahrbahnhöhe.

b) Die Lage des Kabels zwischen den Pfeilern wird nun durch eine sogenannte Kettenlinie $g(x) = 10 \cdot \left(e^{0,004245\,x} + e^{-0,004245\,x}\right)$ modelliert werden. Stellen Sie die Graphen von f und g in einem gemeinsamen Koordinatensystem grafisch dar.
In welchem Bereich steigt die Parabel schneller als die Kettenlinie? Wie groß ist jeweils die Steigung an der Pfeilerspitze?

c) Bestimmen Sie, an welcher Stelle der Unterschied zwischen den beiden Kurven am größten ist.

6. Für eine Kinovorführung, die um 21 Uhr beginnt, werden in einem Filmpalast die Kassen um 19:30 Uhr geöffnet. Die Anzahl der ankommenden Personen pro Minute kann modellhaft beschrieben werden durch die Funktion f mit $f(x) = 0,05 \cdot x^2 \cdot e^{-0,064 \cdot x}$.
Dabei ist x die Zeit in Minuten seit 19:30 Uhr und f(x) die Anzahl der ankommenden Personen pro Minute.
Vor 19:30 Uhr befinden sich noch keine Besucher an den Kassen.

a) Skizzieren Sie den Graphen von f. Beschreiben Sie den Verlauf in Worten.

b) Wann kommen die meisten Besucher pro Minute zum Kartenschalter, wie viele sind das? Berechnen Sie. Bestimmen Sie, ab wann weniger als drei Personen pro Minute zum Kino kommen.

c) Bestimmen Sie die Anzahl der Personen, die sich zu Beginn der Vorführung im Kino befinden.

CAS

7. Aus einem Staubecken, das ca. 150 000 m³ Wasser fasst, wird zur Reparatur des Staudamms das Wasser vollständig abgelassen.
Nach erfolgter Reparatur wird wieder Wasser eingelassen, die momentane Wasserzuflussrate kann durch die Funktion w mit $w(t) = 67\,200 \cdot e^{0,112 \cdot t} \cdot \left(3 + e^{0,112 \cdot t}\right)^{-2}$ näherungsweise beschrieben werden, mit t in Tagen ab Füllbeginn und w(t) in m³ pro Tag.

a) Bestimmen Sie den Zeitpunkt, an dem die Zuflussrate maximal ist. Wie viel m³ pro Tag fließen zu diesem Zeitpunkt in den Stausee?

b) Geplant ist, dass das Staubecken nach 100 Tagen wieder vollständig gefüllt ist. Ist dieser Plan realistisch?

c) Als das Staubecken zur Hälfte gefüllt ist, beschließt man, ab sofort das Becken mit der konstanten Zuflussrate von 1 250 m³ pro Tag zu füllen. Wie lange dauert nun der gesamte Füllvorgang?

8. Gegeben ist die Funktion f mit $f(x) = 4 \cdot (x + 1) \cdot e^{-\frac{1}{4}x}$.

   a) Untersuchen Sie den Graphen der Funktion f auf Nullstellen, Extrem- und Wendepunkte sowie das Verhalten für $x \to \pm\infty$.

   b) Ein Designer entwirft am Computer ein Modell einer Blumenvase. Der Innenraum der Vase soll ein Rotationskörper sein, der durch Drehung des Graphen der Funktion f im Intervall [0; 10] entsteht, mit x und $f(x)$ in cm.
Bestimmen Sie das Volumen des Innenraums der Vase.
Wie viel Wasser befindet sich in der Vase, wenn sie bis auf 3 cm unterhalb des oberen Randes gefüllt wird?

   c) Welchen Durchmesser hat der Innenraum an seiner breitesten Stelle, welchen Durchmesser hat er an der Öffnung der Vase?

9. Die Erdölfördermenge eines Staates kann ab dem Jahr 2001 näherungsweise durch die Funktion f mit $f(x) = (150 - 3 \cdot x) \cdot e^{0,06 \cdot x}$ beschrieben werden, mit x in Jahren ab 2001 und $f(x)$ Fördermenge zum Zeitpunkt x in 10^8 Tonnen Erdöl.

   a) Skizzieren Sie den Graphen im Intervall [0; 50] und beschreiben Sie den Verlauf in Worten.

   b) Berechnen Sie das Jahr, in dem die Fördermenge maximal ist. Wie viele Tonnen Erdöl werden in diesem Jahr gefördert?
Berechnen Sie den Zeitpunkt, an dem die Fördermenge den maximalen Zuwachs erfährt.

   c) Bestimmen Sie, in welchem Zeitraum mehr als $200 \cdot 10^8$ Tonnen Erdöl jährlich gefördert werden.

   d) Berechnen Sie den Gesamtförderzeitraum nach diesem Modell.
Bestimmen Sie, wie viele Tonnen Erdöl in diesem Zeitraum gefördert werden.

LK **10.** Eine Forschungsgruppe untersucht die Entwicklung des Fischbestandes in einem See. Zu Beginn der Untersuchung leben im See geschätzt 2 Millionen Fische.
Aufgrund ihrer Untersuchungen beschreiben die Forscher die Änderungsrate des Bestandes durch eine Funktion f mit $f(x) = e^x \cdot (1 + e^x)^{-2}$, $x \geq 0$, mit x in Jahren seit Untersuchungsbeginn und $f(x)$ in Millionen pro Jahr.

   a) Skizzieren Sie den Graphen von f für $0 \leq x \leq 6$.
Untersuchen Sie das Verhalten von f für $x \to \infty$.
Weisen Sie nach, dass f für $x > 0$ monoton abnimmt. Bedeutet dies, dass der Fischbestand abnimmt? Begründen Sie Ihre Antwort.

   b) Weisen Sie nach, dass die Funktion F mit $F(x) = -(1 + e^x)^{-1}$ eine Stammfunktion von f ist.
Welcher Fischbestand ist zwei Jahre nach Beginn der Untersuchung zu erwarten?
Welcher Fischbestand ist langfristig zu erwarten?

LK **11.** In einem Forschungslabor wird die Ausbreitung von Bazillen untersucht. Die Ergebnisse zeigen, dass sich diese Ausbreitung näherungsweise durch die Funktion f mit $f(t) = 3 \cdot e^{-\frac{1}{4}t^2 + 8t - 63}$, mit t in Stunden ab Beobachtungsbeginn und $f(t)$ in Millionen Bazillen, beschreiben lässt.

   a) Skizzieren Sie den Graphen von f in den ersten 20 Stunden. Bestimmen Sie den Zeitraum, in dem mehr als 4 Millionen Bazillen vorhanden sind.
Nach wie viel Stunden ist der maximale Bestand erreicht? Wie groß ist er?

   b) Zu welchem Zeitpunkt wächst der Bestand am schnellsten? Bestimmen Sie die momentane Änderungsrate zu diesem Zeitpunkt.
Was gibt die momentane Änderungsrate für diesen Sachzusammenhang an?

   c) Bestimmen Sie den Zeitpunkt, ab dem es noch eine Stunde bis zur Verdoppelung des Bestandes dauert.

4.3 Aspekte von Funktionsuntersuchungen mit e-Funktionen

EINSTIEGSAUFGABE
OHNE LÖSUNG

→ **Konzentration im Blut**

Gegeben ist die Funktion f mit $f(x) = 3 \cdot x \cdot e^{-\frac{1}{2}x}$.

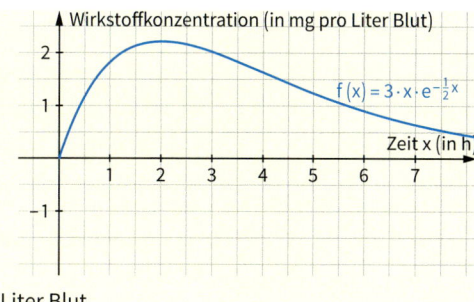

- Die nebenstehende Abbildung zeigt den Graphen von f. Beschreiben Sie seinen Verlauf und geben Sie die wesentlichen Eigenschaften von f an.
- Die Funktion f beschreibt den Verlauf der Konzentration eines Wirkstoffs im Blut mit x in Stunden ab der Einnahme und $f(x)$ in mg pro Liter Blut.
- Zu welchem Zeitpunkt ist die Konzentration am höchsten und wie hoch ist die maximale Konzentration? Zu welchem Zeitpunkt ist der Abbau am stärksten?
- Das Medikament wirkt bei einer Wirkstoffkonzentration von mindestens 0,75 mg pro Liter. Bestimmen Sie die Wirkungsdauer.

EINSTIEGSAUFGABE
MIT LÖSUNG

→ **Verkehrsaufkommen vor einem Grenzübergang**

Gegeben ist die Funktion f mit $f(x) = 20 \cdot x^2 \cdot e^{-\frac{1}{5}x}$.

a) Anhand des gezeichneten Graphen rechts können wir schon wesentliche Eigenschaften des Graphen erkennen.

- Es ist keine Symmetrie des Graphen erkennbar.
- Für $x \to \infty$ gilt $f(x) \to 0$.
- Die Funktion hat an der Stelle $x = 0$ eine Nullstelle.
- Etwa an der Stelle $x = 0$ könnte ein Tiefpunkt des Graphen liegen, etwa an der Stelle $x = 10$ ein Hochpunkt.
- Zwei Wendestellen liegen vermutlich in den Intervallen [2; 4] bzw. [16; 19].

Überprüfen Sie diese Vermutungen rechnerisch am Funktionsterm.

b) Die Funktion F mit $F(x) = (a \cdot x^2 + b \cdot x + c) \cdot e^{-\frac{1}{5}x}$ ist eine Stammfunktion zu f. Berechnen Sie die Koeffizienten a, b und c.

c) An einem Grenzübergang wird über einen Zeitraum von 24 Stunden die Anzahl der ankommenden Fahrzeuge registriert. Die momentane Änderungsrate kann näherungsweise durch die Funktion f beschrieben werden, mit x in Stunden ab Messbeginn und $f(x)$ in Fahrzeuge pro Stunde.

Erläutern Sie, wann die momentane Änderungsrate am größten ist. Wie groß ist sie dann und was gibt sie an?

Wie viele Fahrzeuge kommen in den ersten acht Stunden ab Messbeginn am Grenzübergang an?

d) Die momentane Abfertigungsrate am Grenzübergang ist auf 150 Fahrzeuge pro Stunde begrenzt. Wann beginnen sich die Fahrzeuge am Grenzübergang zu stauen?

Wie viele Fahrzeuge stauen sich nach diesem Modell maximal vor der Grenze?

LÖSUNG

a) **Symmetrie**

Es gilt: $f(-x) = 20 \cdot x^2 \cdot e^{\frac{1}{5}x}$, und damit gilt: $f(-x) \neq f(x)$ und auch $f(-x) \neq -f(x)$. Der Graph von f ist also weder achsensymmetrisch zur y-Achse noch punktsymmetrisch zum Ursprung.

Globalverlauf

- Für $x \to \infty$ gilt: $x^2 \to \infty$ und $e^{-\frac{1}{5} \cdot x} = \frac{1}{e^{\frac{1}{5} \cdot x}} \to 0$, da $e^{\frac{1}{5} \cdot x} \to \infty$ für $x \to \infty$.

  Somit gilt $f(x) = 20 \cdot x^2 \cdot e^{-\frac{1}{5} \cdot x} = \frac{20 x^2}{e^{\frac{1}{5} \cdot x}} \to 0$, da die e-Funktion schneller als jede Potenzfunktion gegen ∞ wächst.

- Für $x \to -\infty$ gilt: $x^2 \to \infty$ und $e^{-\frac{1}{5} \cdot x} \to \infty$. Somit gilt $f(x) = 20 \cdot x^2 \cdot e^{-\frac{1}{5} \cdot x} \to \infty$.

Nullstelle

$x = 0$ ist eine doppelte Nullstelle von f.

Extrempunkte

Mögliche Extremstellen sind unter den Nullstellen von f′ zu suchen.

$f'(x) = 20 \cdot \left(2x \cdot e^{-\frac{1}{5} \cdot x} + x^2 \cdot \left(-\frac{1}{5}\right) \cdot e^{-\frac{1}{5} \cdot x}\right) = 20 \cdot \left(-\frac{1}{5} \cdot x^2 + 2x\right) \cdot e^{-\frac{1}{5} \cdot x}$

Die Gleichung $f'(x) = 0$ hat die beiden Lösungen $x_1 = 0$ und $x_2 = 10$.

Wir prüfen mit dem f″-Kriterium, ob an diesen Stellen tatsächlich Extrempunkte vorliegen.

$f''(x) = 20 \cdot \left(\frac{1}{25} \cdot x^2 - \frac{4}{5} \cdot x + 2\right) \cdot e^{-\frac{1}{5} \cdot x}$

$f''(0) = 40 > 0$, also hat der Graph bei $x_1 = 0$ einen Tiefpunkt.

$f''(10) = -40 \cdot e^{-2} < 0$, also hat der Graph bei $x_2 = 10$ einen Hochpunkt.

$f(0) = 0;\ f(10) = 2\,000 \cdot e^{-2} \approx 270,7$

Der Graph hat die Extrempunkte $T(0|0)$ und $H(10|\approx 270,7)$.

Wendepunkte

Mögliche Wendestellen sind unter den Nullstellen von f″ zu suchen.

Die Gleichung $f''(x) = 0$ hat die Lösungen $x_3 = 10 - \sqrt{50} \approx 2,9$ und $x_4 = 10 + \sqrt{50} \approx 17,1$.

Da beide Lösungen einfache Nullstellen von f″ sind, liegt an beiden Stellen ein Vorzeichenwechsel von f″ vor. Somit sind $W_1(2,9|94,2)$ und $W_2(17,1|191,3)$ die Wendepunkte des Funktionsgraphen.

b) Wenn F eine Stammfunktion zu f ist, dann gilt: $F'(x) = f(x)$.

Für F mit $F(x) = (a \cdot x^2 + b \cdot x + c) \cdot e^{-\frac{1}{5}x}$ gilt:

$F'(x) = (2a \cdot x + b) \cdot e^{-\frac{1}{5}x} + (a \cdot x^2 + b \cdot x + c) \cdot e^{-\frac{1}{5}x} \cdot \left(-\frac{1}{5}\right)$

$\qquad = \left(-\frac{1}{5}a \cdot x^2 + \left(2a - \frac{1}{5}b\right) \cdot x + b - \frac{1}{5}c\right) \cdot e^{-\frac{1}{5}x}$ Durch *Koeffizientenvergleich* mit

$f(x) = 20 \cdot x^2 \cdot e^{-\frac{1}{5}x}$ erhalten wir

$\left| \begin{array}{rcl} -\frac{1}{5}a & & = 20 \\ 2a - \frac{1}{5}b & & = 0 \\ b - \frac{1}{5}c & & = 0 \end{array} \right.$

mit der Lösung $a = -100,\ b = -1000,\ c = -5000$.

F mit $F(x) = (-100 x^2 - 1000 x - 5000) \cdot e^{-\frac{1}{5}x} = -100 \cdot (x^2 + 10x + 50) \cdot e^{-\frac{1}{5}x}$ ist eine Stammfunktion zu f.

c) Die momentane Änderung ist maximal, wenn f maximal ist, also nach 10 Stunden. Sie beträgt zu diesem Zeitpunkt ca. 271 Fahrzeuge pro Stunde und gibt damit den Andrang von Fahrzeugen am Grenzübergang an.

Anzahl der Fahrzeuge, die in den ersten acht Stunden ankommen:

$\int_0^8 f(x)\,dx = \left[-100 \cdot (x^2 + 10x + 50) \cdot e^{-\frac{1}{5}x}\right]_0^8$

$\qquad = -100 \cdot \left[(64 + 80 + 50) \cdot e^{-\frac{8}{5}} - 50\right] = -100 \cdot \left(194 \cdot e^{-\frac{8}{5}} - 50\right) \approx 1\,083,2$

In den ersten acht Stunden kommen ca. 1 083 Fahrzeuge an.

d) Die Fahrzeuge beginnen sich zu stauen, wenn die momentane Änderungsrate größer als 150 Fahrzeuge pro Stunde ist: $20 \cdot x^2 \cdot e^{-\frac{1}{5}x} = 150$

Mithilfe des Gleichungslösers des Rechners finden wir die Lösungen $x_1 \approx 4,1$ und $x_2 \approx 19,8$.

Die Fahrzeuge beginnen sich also nach ca. 4 Stunden zu stauen.

Maximale Staulänge:

$$\int_{4,1}^{19,8} \left(f(x) - 150\right) dx = \left[-100 \cdot \left(x^2 + 10x + 50\right) \cdot e^{-\frac{1}{5}x} - 150x\right]_{4,1}^{19,8} \approx -4\,190,12 - (-5363,29) \approx 1\,173,22$$

Im Stau befinden sich nach knapp 20 Stunden maximal 1 173 Fahrzeuge.

INFORMATION

Aspekte der Untersuchung einer Funktion

		BEISPIELE
Definitionsbereich	Untersuchen, ob es Werte gibt, für die der Funktionsterm nicht definiert ist.	Die Funktion f mit $f(x) = \sqrt{x} \cdot e^x$ hat den Definitionsbereich $D = \{x \in \mathbb{R} \mid x \geq 0\}$, da $\sqrt{x}$ nur für $x \geq 0$ definiert ist.
Symmetrie	Prüfen, ob $f(-x) = f(x)$ oder $f(-x) = -f(x)$ gilt.	$f(x) = e^x + e^{-x}$ Es gilt $f(-x) = e^{-x} + e^x = f(x)$, also ist der Graph von f achsensymmetrisch zur y-Achse.
Globalverlauf	Das Verhalten von $f(x)$ für $x \to \infty$ und für $x \to -\infty$ untersuchen. Merkregel: Die e-Funktion wächst schneller gegen ∞ als jede Potenzfunktion.	$f(x) = -x^2 \cdot e^x$ Für $x \to \infty$ gilt: $-x^2 \to -\infty$ und $e^x \to \infty$. Somit gilt $f(x) = -x^2 \cdot e^x \to -\infty$ Für $x \to -\infty$ gilt: $-x^2 \to -\infty$ und $e^x \to 0$. Somit gilt $f(x) = -x^2 \cdot e^x \to 0$, da die e-Funktion für $x \to -\infty$ schneller gegen 0 strebt als $-x^2$ gegen $-\infty$ fällt.
Nullstellen	Die Gleichung $f(x) = 0$ lösen. Den Funktionsterm wenn möglich faktorisieren; evtl. Gleichung durch Substitution lösen.	$f(x) = e^{2x} - e^x - 6$ Lösen mithilfe der Substitution $e^x = u$. $e^{2x} = (e^x)^2 = u^2$ Die quadratische Gleichung $u^2 - u - 6 = 0$ hat die Lösungen $u_1 = -2$ und $u_2 = 3$ Rücksubstitution: $e^x = -2$ hat keine Lösung. $e^x = 3$, also ist $x = \ln(3) \approx 1,1$ die einzige Nullstelle von f.
Extremstellen	Ableitung bilden und soweit wie möglich faktorisieren. Die Gleichung $f'(x) = 0$ lösen und mithilfe des Vorzeichenwechselkriteriums oder des f''-Kriteriums prüfen, welche Lösungen Extremstellen liefern.	$f(x) = x^2 \cdot e^{-\frac{1}{4}x}$ $f'(x) = 2x \cdot e^{-\frac{1}{4} \cdot x} + x^2 \cdot \left(-\frac{1}{4}\right) \cdot e^{-\frac{1}{4} \cdot x}$ $= x \cdot \left(2 - \frac{1}{4}x\right) \cdot e^{-\frac{1}{4} \cdot x} = 0$ Lösungen: $x_1 = 0$ und $x_2 = 8$ Da beide Stellen einfache Nullstellen von f' sind, liegt an beiden Stellen ein Vorzeichenwechsel von f' vor, also liegen hier Extremstellen von f.
Wendestellen	Die Gleichung $f''(x) = 0$ lösen und mithilfe des Vorzeichenwechsels von f'' prüfen, welche Lösungen Wendestellen liefern.	$f''(x) = \left(2 - \frac{1}{2}x\right) \cdot e^{-\frac{1}{4}x} + \left(2x - \frac{1}{4}x^2\right)\left(-\frac{1}{4}\right) \cdot e^{-\frac{1}{4}x}$ $= \left(2 - \frac{1}{2}x - \frac{1}{2}x + \frac{1}{16}x^2\right) \cdot e^{-\frac{1}{4}x}$ $= \left(2 - x + \frac{1}{16}x^2\right) \cdot e^{-\frac{1}{4}x} = 0$ Lösungen: $x_1 = 8 - 4 \cdot \sqrt{2}$ und $x_2 = 8 + 4 \cdot \sqrt{2}$ Da beides einfache Nullstellen von f'' sind, liegt an beiden Stellen ein Vorzeichenwechsel vor.

Einzelaspekte von Funktionsuntersuchungen bearbeiten

1. Der Graph der Funktion f mit $f(x) = 1 + e^{\frac{1}{2}x}$ schneidet die y-Achse im Punkt M.
Bestimmen Sie den Flächeninhalt des Dreiecks, das von der Tangente und der Normalen in M sowie der x-Achse gebildet wird.

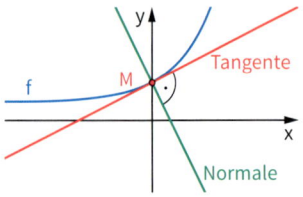

2. Gegeben ist die Funktion f mit $f(x) = 5 \cdot (x+1) \cdot e^{-\frac{x}{2}}$.
    a) Bestimmen Sie die Nullstellen und das Verhalten von f für $x \to \infty$ und $x \to -\infty$.
        Skizzieren Sie damit ohne weitere Rechnung einen möglichen Graphen von f.
    b) Bestimmen Sie die Gleichung der Wendetangente.
    c) Bestimmen Sie durch Koeffizientenvergleich von F′ und f eine Stammfunktion F mit $F(x) = (ax^2 + bx + c) \cdot e^{-\frac{x}{2}}$.
    d) Berechnen Sie den Flächeninhalt der Fläche, die vom Graphen von f und den Koordinatenachsen eingeschlossen wird.

> **BEISPIEL ZU b)**
>
> **Wendetangente bestimmen**
> $g(x) = \dfrac{x}{e^x} = x \cdot e^{-x}$ $g'(x) = (1-x) \cdot e^{-x}$
> $g''(x) = (x-2) \cdot e^{-x}$
>
> Der Graph von g hat den Wendepunkt
> $W\left(2 \mid \dfrac{2}{e^2}\right)$ und es gilt: $m = g'(2) = -\dfrac{1}{e^2}$.
>
> Wendetangente: $y = -\dfrac{1}{e^2} \cdot x + b$.
>
> Da W auf der Tangente liegt, gilt
> $\dfrac{2}{e^2} = -\dfrac{1}{e^2} \cdot 2 + b$, also $b = \dfrac{4}{e^2}$

3. Gegeben ist die Funktion f mit $f(x) = e^{2x} - 6 \cdot e^x + 5$.
    a) Untersuchen Sie den Funktionsgraphen von f auf Schnittpunkte mit den Koordinatenachsen und auf Extrempunkte.
        Bestimmen Sie das Verhalten von f für $x \to \infty$ und $x \to -\infty$.
        Zeichnen Sie den Graphen.
    b) Der Graph von f und die x-Achse schließen eine Fläche ein. Berechnen Sie den Flächeninhalt dieser Fläche.

4. Die Funktionen f und g sind gegeben durch $f(x) = (x-1) \cdot e^{x+1}$ und $g(x) = e^{x+1}$.
    a) Ermitteln Sie, in welchem Punkt S sich die beiden Graphen von f und g schneiden.
    b) Die Graphen von f und g schneiden aus einer Parallelen zur y-Achse, die links vom Schnittpunkt S liegt, eine Strecke aus.
        Skizzieren Sie den Sachverhalt.
        Bestimmen Sie die Lage der Parallelen so, dass die Länge dieser Strecke maximal wird.

5. Gegeben ist die Funktion f mit $f(x) = 10x \cdot e^{-x}$.
    a) Begründen Sie, dass der Graph von f immer unterhalb der Geraden mit der Gleichung $y = 4$ liegt.
    b) Die Wendetangente des Graphen bildet zusammen mit den beiden Koordinatenachsen ein Dreieck.
        Berechnen Sie den Flächeninhalt dieses Dreiecks.

6. Die Funktion f ist gegeben durch $f(x) = x + e^{1-x}$.
    a) Zeigen Sie, dass der Funktionsgraph zwar einen Extrempunkt, aber keinen Wendepunkt besitzt.
    b) Begründen Sie, dass der Graph von f immer oberhalb der 1. Winkelhalbierenden mit der Gleichung $y = x$ verläuft und sich dieser Geraden für $x \to \infty$ immer mehr annähert.
    c) Der Funktionsgraph, die 1. Winkelhalbierende, die y-Achse und die Gerade $x = u$ $(u > 0)$ begrenzen einen Fläche.
        Berechnen Sie den Inhalt $A(u)$ dieser Fläche.
        Untersuchen Sie, wie sich $A(u)$ für $u \to \infty$ verhält.

Zusammengesetzte Exponentialfunktionen in Sachzusammenhängen untersuchen

7. Gegeben ist die Funktion f mit $f(x) = \frac{1}{4} \cdot (e^x + e^{-x})$.

   a) Untersuchen Sie den Funktionsgraphen auf Symmetrie und bestimmen Sie die Koordinaten des Tiefpunktes. Zeichnen Sie den Graphen
   Der Graph der Funktion f beschreibt für $-3 \le x \le 3$ den Querschnitt eines Abwasserkanals mit x und f(x) in Meter. Bestimmen Sie die Tiefe des 6 m breiten Abwasserkanals.

   b) Im Kanal steht das Wasser 3 m hoch.
   Bestimmen Sie das Wasservolumen in einem 100 m langen geraden Kanalstück.

   c) Da die Kanalwände an den Rändern sehr steil sind, will man sie für $x > 1{,}5$ und $x < -1{,}5$ abflachen. Die Kanalbreite von 6 m soll erhalten bleiben, die Kanaltiefe aber auf 3,5 m reduziert werden.
   Dazu wird der Querschnitt für $-3 \le x \le -1{,}5$ und $1{,}5 \le x \le 3$ durch zwei Geradenstücke symmetrisch zur y-Achse gebildet. Bestimmen Sie die Gleichungen der beiden Geraden.
   Wie groß wäre nach diesem Plan das Wasservolumen in einem 100 m langen geraden Kanalstück, wenn das Wasser im Kanal 3 m hoch steht?

   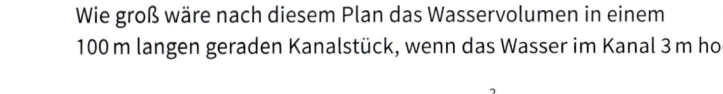

8. Gegeben ist die Funktion f mit $f(x) = 2 \cdot (x + 2) \cdot e^{-\frac{2}{3}x}$.

   a) Berechnen Sie die Schnittpunkte mit den Koordinatenachsen sowie die Extrem- und die Wendepunkte des Funktionsgraphen.
   Untersuchen Sie das Verhalten von f für $x \to \infty$ und für $x \to -\infty$. Skizzieren Sie den Graphen von f.

   b) Der Querschnitt eines Deichs kann für $-2 \le x \le 6$ näherungsweise durch den Graphen von f dargestellt werden, mit x und f(x) in m. Die Deichsohle liegt auf der x-Achse. Bestimmen Sie die Höhe des Deichs. Welches ist die Landseite, welches die Wasserseite des Deichs? Begründen Sie Ihre Meinung.

   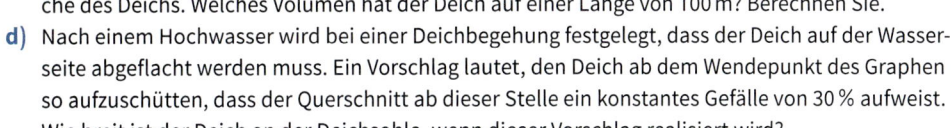

   c) Die Funktion F mit $F(x) = (a \cdot x + b) \cdot e^{-\frac{2}{3}x}$ ist eine Stammfunktion zu f. Ermitteln Sie die Koeffizienten a und b. Berechnen Sie den Inhalt der Querschnittsfläche des Deichs. Welches Volumen hat der Deich auf einer Länge von 100 m? Berechnen Sie.

   d) Nach einem Hochwasser wird bei einer Deichbegehung festgelegt, dass der Deich auf der Wasserseite abgeflacht werden muss. Ein Vorschlag lautet, den Deich ab dem Wendepunkt des Graphen so aufzuschütten, dass der Querschnitt ab dieser Stelle ein konstantes Gefälle von 30 % aufweist. Wie breit ist der Deich an der Deichsohle, wenn dieser Vorschlag realisiert wird?

 9. Gegeben ist die Funktion f mit $f(x) = -0{,}0065 \cdot e^{0{,}6 \cdot x} + 1{,}3 \cdot e^{0{,}3 \cdot x}$.

   a) Bestimmen Sie Koordinaten der Schnittpunkte des Funktionsgraphen mit den Koordinatenachsen sowie seiner Extrem- und Wendepunkte.
   Bestimmen Sie das Verhalten von f für $x \to \infty$ bzw. für $x \to -\infty$.

   b) Der Graph von f schließt mit den Koordinatenachsen eine Fläche ein.
   Bestimmen Sie den Inhalt dieser Fläche.

   c) Die Funktion f beschreibt modellhaft die Entwicklung einer Population von Stechmückenlarven in einem Sumpfgebiet im Frühjahr mit x in Tagen und f(x) In Millionen Stechmückenlarven.
   Zum Zeitpunkt $x = 0$ wurde damit begonnen, mit einem biologischen Wirkstoff Mückenlarven zu töten. Wie viele Stechmückenlarven waren nach diesem Modell zu diesem Zeitpunkt vorhanden?

   d) Trotz des Einsatzes des biologischen Wirkstoffs wächst die Population der Mückenlarven zunächst weiter. Zu welchem Zeitpunkt wuchs die Population am stärksten? Wann war die maximale Anzahl von Mückenlarven erreicht? Welche Bedeutung hat die Nullstelle von f für die Entwicklung der Population?

Lokale Linearisierung mithilfe der Tangente

 10. a) Die Funktion f mit $f(x) = -x^3 - 2x + 6$ wird für $x \geq 1$ durch eine lineare Funktion ersetzt, deren Graph die Tangente an den Graphen von f an der Stelle $x = 1$ ist. Ermitteln Sie die Nullstelle der linearen Funktion.

b) Die Funktion f mit $f(x) = x - 5 + \sin(x)$ hat im Intervall $\left[\frac{3}{2}\pi;\, 2\pi\right]$ eine Nullstelle. Um diese Nullstelle näherungsweise zu bestimmen, wird der Graph von f durch die Tangente an den Graphen an der Stelle $x = 2\pi$ ersetzt. Bestimmen Sie mithilfe dieses Verfahrens einen Näherungswert für die Nullstelle von f.

c) Die Funktion f mit $f(x) = 2 + 4 \cdot e^{-\frac{1}{2}x}$ beschreibt einen Wachstumsprozess. Ermitteln Sie die die Stelle x_0, an der

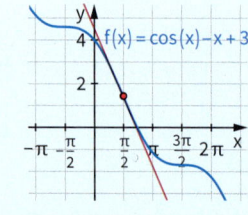

BEISPIEL

Lokale Linearisierung einer Funktion
Um die Nullstelle von f mit $f(x) = \cos(x) - x + 3$ näherungsweise zu bestimmen, wird der Funktionsgraph durch die Tangente an den Graphen an der Stelle $x = \frac{\pi}{2}$ ersetzt.
$f'(x) = -\sin(x) - 1$;
$f'\left(\frac{\pi}{2}\right) = -\sin\left(\frac{\pi}{2}\right) - 1 = -2$; $f\left(\frac{\pi}{2}\right) = 3 - \frac{\pi}{2}$
Tangentengleichung $y = -2x + c$, also
$3 - \frac{\pi}{2} = -2 \cdot \frac{\pi}{2} + c$ bzw. $c = 3 + \frac{\pi}{2}$
Tangente: $y = -2x + 3 + \frac{\pi}{2}$
Nullstelle: $x = \frac{3}{2} + \frac{\pi}{4} \approx 2{,}29$

die momentane Änderungsrate $-\frac{2}{e^2}$ beträgt. Ab der Stelle x_0 wird die Funktion f durch eine lineare Funktion g ersetzt, deren Graph die Steigung $-\frac{2}{e^2}$ hat. Ermitteln Sie einen Funktionsterm von g.

 11. Während eines lange andauernden heftigen Schneefalls kann in einem Skigebiet die momentane Änderungsrate der Schneehöhe näherungsweise durch die Funktion f mit $f(x) = 3 \cdot x \cdot e^{-\frac{1}{4}x}$ beschrieben werden $\left(0 \leq x \leq 10 \text{ in Stunden ab Beginn des Schneefalls um 8 Uhr, } f(x) \text{ in } \frac{cm}{h}\right)$.

a) Zeichnen Sie den Graphen für $-1 \leq x \leq 12$ und bestimmen Sie die maximale Änderungsrate der Schneehöhe. Zu welchem Zeitpunkt ist dieser Wert erreicht? Ermitteln Sie den Zeitraum, in dem die momentane Änderungsrate mindestens $2\,\frac{cm}{h}$ beträgt.

b) Um 8 Uhr betrug die Schneehöhe 120 cm. Berechnen Sie, wie hoch der Schnee um 12 Uhr liegt. Zeigen Sie hierzu, dass die Funktion F mit $F(x) = -12 \cdot (x + 4) \cdot e^{-\frac{1}{4}x}$ eine Stammfunktion zu f ist.

c) Zu welchem Zeitpunkt x_0 ist der Abnahme der momentanen Änderungsrate am größten? Ab diesem Zeitpunkt x_0 lässt der Schneefall stark nach. Die momentane Änderungsrate kann nun besser durch eine lineare Funktion beschrieben werden, deren Graph die Tangente an den Graphen von f an der Stelle x_0 ist. Wie lange wird es nach diesem Modell noch dauern, bis kein Schnee mehr fällt?

 **12.** Ein Wassertank hat ein Fassungsvermögen von 550 Liter. Die Wassermenge zum Zeitpunkt t kann beschrieben werden durch die Funktion f mit $f(t) = 520 - 280 \cdot e^{-\frac{1}{15}t}$. (t in Minuten ab Beobachtungsbeginn, f(t) in Liter)

a) Wie viel Wasser ist bei Beobachtungsbeginn im Wassertank? Wie lange dauert es, bis der Tank zu drei Viertel seines Fassungsvermögens gefüllt ist? Zeigen Sie, dass die Wassermenge im Tank ständig zunimmt. Bedeutet dies, dass das Fassungsvermögen des Tanks auf Dauer nicht ausreicht? Begründen Sie.

b) Nach 15 Minuten wird der Zufluss gestoppt und ein Abfluss geöffnet. Die momentane Abflussrate beträgt 0,5 % der vorhandenen Wassermenge pro Minute. Geben Sie eine Funktion g an, die den Wasserstand zum Zeitpunkt t (t ab Beobachtungsbeginn) während des Abflusses beschreibt. Wie lange dauert es, bis die Wassermenge bei Beobachtungsbeginn wieder erreicht ist?

c) Der Tank soll nun vollständig geleert werden. Dazu wird 40 min nach Beobachtungsbeginn der Abfluss geändert. Er kann nun durch eine lineare Funktion beschrieben werden, deren Steigung der momentanen Abflussrate zum Zeitpunkt der Änderung entspricht. Wie lange dauert es bis zur vollständigen Leerung des Tanks?

4.4 Untersuchung von Funktionenscharen – Wahlthema

4.4.1 Funktionenscharen ganzrationaler Funktionen

EINSTIEGSAUFGABE
OHNE LÖSUNG

→ **Funktionen auf gemeinsame Eigenschaften untersuchen**

Arbeiten Sie in Viergruppen. Jedes Gruppenmitglied untersucht eine der folgenden Funktionen:

$f_1(x) = -x^3 + x$ $f_2(x) = -x^3 + 2x$ $f_3(x) = -x^3 + 3x$ $f_4(x) = -x^3 + 4x$

Stellen Sie anschließend in Ihrer Gruppe Ihre Ergebnisse vor. Arbeiten Sie Gemeinsamkeiten der Funktionen heraus. Formulieren Sie schließlich Verallgemeinerungen Ihrer Ergebnisse und begründen Sie diese.

EINSTIEGSAUFGABE
MIT LÖSUNG

→ **Eine Funktion mit einem Parameter untersuchen**

a) Rechts sehen Sie die Graphen der Funktionen zu
$f_1(x) = x(x - 1)^2$, $f_2(x) = x(x - 2)^2$ und $f_3(x) = x(x - 3)^2$.
Beschreiben Sie diese. Formulieren Sie Vermutungen.

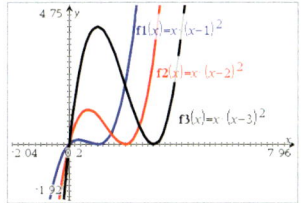

b) Diese Funktionen haben alle die Form $f_a(x) = x(x - a)^2$ mit einem Parameter a > 0. Bestimmen Sie den Globalverlauf, die Nullstellen und die Extrempunkte dieser Funktionen.

LK

c) Betrachten Sie die Hochpunkte aller Graphen der Funktionen aus Teilaufgabe b). Alle diese Hochpunkte liegen auf einer Kurve, die man als Graph einer Funktion auffassen kann. Bestimmen Sie deren Funktionsgleichung.

LÖSUNG

a) Alle drei Graphen haben denselben Globalverlauf und gehen durch den Ursprung. Die zweite Nullstelle der drei Graphen ist eine doppelte Nullstelle bei 1 bzw. 2 bzw. 3. Außerdem haben alle Graphen zwischen den beiden Nullstellen einen Hochpunkt.

b) **Globalverlauf**
Allgemein gilt:
$f_a(x) = x(x - a)^2 \to \infty$ für $x \to \infty$ und $f_a(x) \to -\infty$ für $x \to -\infty$

Nullstellen
$f_a(x) = 0$, also $x(x - a)^2 = 0$
$x = 0$ oder $(x - a)^2 = 0$, also $x = 0$ oder $x = a$.
Die Funktion f_a hat somit an der Stelle 0 eine einfache und an der Stelle a eine doppelte Nullstelle, also eine Nullstelle ohne Vorzeichenwechsel. Aus dem Globalverlauf einer ganzrationalen Funktion 3. Grades geht hervor, dass bei der doppelten Nullstelle ein Tiefpunkt liegt.

Extrempunkte
Zum Berechnen der Extrempunkte benötigt man die 1. Ableitung. Zum Bilden der Ableitung wird der Funktionsterm zunächst ausmultipliziert:
$f_a(x) = x(x - a)^2 = x(x^2 - 2ax + a^2) = x^3 - 2ax^2 + a^2x$.
Daraus ergibt sich: $f_a'(x) = 3x^2 - 4ax + a^2$.
An den Extremstellen hat die 1. Ableitung den Wert 0:
$f_a'(x) = 0$, also $3x^2 - 4ax + a^2 = 0$, also $x = \frac{a}{3}$ oder $x = a$.
Wegen der Nullstellen und des Globalverlaufs muss an der Stelle a ein Tiefpunkt und an der Stelle $\frac{a}{3}$ ein Hochpunkt vorliegen. Der Tiefpunkt hat die Koordinaten $T_a(a \mid 0)$.
Für den Hochpunkt muss noch die y-Koordinate berechnet werden: $f_a\left(\frac{a}{3}\right) = \frac{a}{3}\left(\frac{a}{3} - a\right)^2 = \frac{4}{27}a^3$
Der Hochpunkt des Graphen zur Funktion f_a hat die Koordinaten $H_a\left(\frac{a}{3} \mid \frac{4}{27}a^3\right)$.

c) Der Hochpunkt hat in Abhängigkeit vom Parameter a die Koordinaten $x = \frac{a}{3}$ und $y = \frac{4}{27}a^3$.

Um eine Funktionsgleichung für den Graphen zu bestimmen, auf dem die Hochpunkte liegen, suchen wir eine Vorschrift, wie man die y-Koordinate aus der x-Koordinate berechnen kann. Da diese Vorschrift unabhängig vom Parameter a sein muss, formen wir die Gleichung für die x-Koordinate zunächst nach a um: $x = \frac{a}{3}$ liefert $a = 3x$.

Diesen Term für a setzen wir dann in die Gleichung für die y-Koordinate ein: $a = 3x$, also $y = \frac{4}{27}(3x)^3 = 4x^3$. Somit liegen alle Hochpunkte auf dem Graphen der Funktion zu $y = 4x^3$, der sogenannten *Ortskurve* der Hochpunkte.

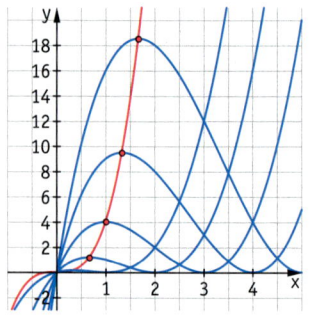

INFORMATION

Funktionenschar

Ein Funktionsterm, der neben einer Funktionsvariablen (z. B. der Variablen x) noch einen Parameter (z. B. die Variable a oder t) enthält, definiert mehrere Funktionen zugleich: Zu jeder zulässigen Wahl des Parameters a gehört ein Funktionsterm $f_a(x)$. Die Menge aller dieser Funktionen bezeichnet man als **Funktionenschar**.

BEISPIEL

BEISPIEL

$$f_a(x) = \frac{1}{2}(x-a)^2 + \frac{1}{2}a, \ a \in \mathbb{R}$$

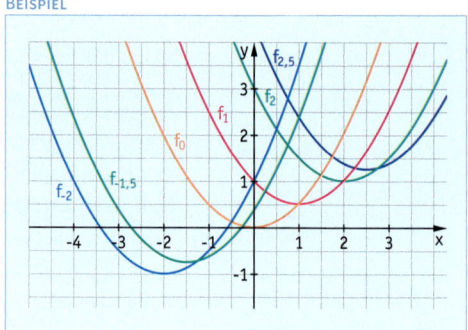

Auch in der Praxis haben viele Funktionen einen ähnlichen Verlauf und unterscheiden sich nur durch einen (z. B. temperatur- oder materialabhängigen) Parameter. Die Abbildung zeigt sogenannte Heizkennlinien für eine Heizungsanlage. Diese geben jeweils die Heizwassertemperatur (in °C) in Abhängigkeit von der Außentemperatur (in °C) für verschiedene Einstellungen (Skalenwerte) an der Anlage an. Zugrunde liegt hier eine Parabelschar. Die Untersuchung solcher Funktionenscharen liefert Bedingungen bezüglich des Scharparameters.

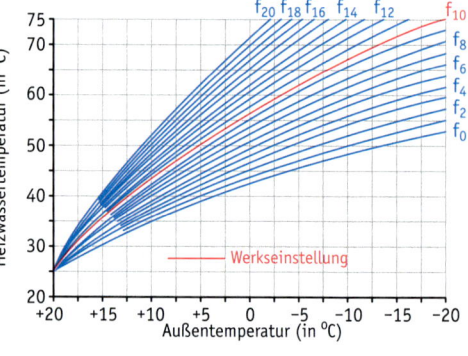

In der Praxis können außerdem einschränkende Bedingungen an den Scharparameter geknüpft sein (hier $0 \le a \le 20$).

LK

Ortskurve

Einen Graphen, auf dem alle Hochpunkte einer Funktionenschar liegen, bezeichnet man als *Ortskurve der Hochpunkte*. Entsprechend kann man auch für andere markante Punkte, wie z. B. für Wendepunkte, eine **Ortskurve** definieren.

Statt Ortskurve verwendet man oft auch den Begriff Ortslinie.

Vorgehen zum Bestimmen einer Ortskurve

Die Koordinaten für die betrachteten Punkte werden in Abhängigkeit vom Parameter bestimmt.
- Die Gleichung für die x-Koordinate wird nach dem Parameter aufgelöst.
- Damit wird der Parameter in der Gleichung für die y-Koordinate ersetzt.
- Die entstandene Gleichung beschreibt die Ortskurve.

LK

BEISPIEL

$f_a(x) = \frac{1}{2}x \cdot (a-x)^2 = \frac{1}{2}x^3 - ax^2 + \frac{1}{2}a^2x$, $a \in \mathbb{R}$

Die Graphen von f_a haben die einfache Nullstelle $x = 0$ und einen Extrempunkt auf der x-Achse an der Stelle $x = a$. Der Punkt $W\left(\frac{2}{3}a \,\middle|\, \frac{1}{27}a^3\right)$ ist der Wendepunkt des Graphen von f_a.

Bestimmung der *Ortskurve der Wendepunkte* aller Graphen

- Man löst die Gleichung $x = \frac{2}{3}a$ nach a auf und erhält $a = \frac{3}{2}x$.

- Dies setzt man in die Gleichung $y = \frac{1}{27}a^3$ ein und erhält $y = \frac{1}{27} \cdot \left(\frac{3}{2}x\right)^3 = \frac{1}{8}x^3$.

- Die Ortskurve der Wendepunkte ist der Graph zu $g(x) = \frac{1}{8}x^3$.

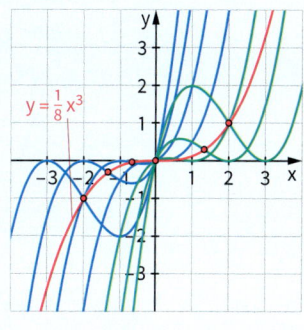

WEITERFÜHRENDE AUFGABE   LK

1. Klassifikation der Funktionen einer Schar

Betrachten Sie die Funktionenschar mit dem Term $f_a(x) = x(x^2 - a)$ für $a \in \mathbb{R}$. Je nach dem Wert für den Parameter a sehen die Graphen verschieden aus. Untersuchen Sie die verschiedenen Fälle und geben Sie in einer Übersicht an, welche Formen von Graphen möglich sind.

ÜBUNGSAUFGABEN

Untersuchung von Eigenschaften in Abhängigkeit von einem Parameter

2. Untersuchen Sie die Anzahl der Wendestellen der Funktion f_t in Abhängigkeit von t.

a) $f_t(x) = t \cdot x^4 + 4x^3 + 2x^2$

b) $f_t(x) = \frac{1}{20}x^5 - \frac{3t-1}{6} \cdot x^3$

3. Gegeben ist eine Funktion f_a mit $f_a(x) = x^4 - (a+1) \cdot x^2 + a$ mit $a \in \mathbb{R}$. Untersuchen Sie die Anzahl der Extrempunkte des Funktionsgraphen in Abhängigkeit von a.

4. Gegeben ist eine Funktion f_a mit $f_a(x) = a \cdot x^2 - 3a \cdot x + 1$.

a) Bestimmen Sie die Gleichung der Tangente an den Graphen von f an der Stelle $x_0 = 1$.

b) Für welchen Wert von a geht diese Tangente durch den Ursprung? Berechnen Sie.

BEISPIEL

$f(x) = \frac{1}{3}x^4 + (t-2) \cdot x^2$

Die Wendestellen sind unter den Nullstellen von f″ zu suchen.

Aus $f''(x) = 4x^2 + 2t - 4 = 0$ erhalten wir $x_{1,2} = \pm\sqrt{1 - \frac{t}{2}}$.

Die Diskriminante $D = 1 - \frac{t}{2}$ entscheidet über die Anzahl der Lösungen.

- Ist $D = 0$, also $t = 2$, könnte es genau eine Wendestelle, nämlich bei $x = 0$, geben. Der Graph von f mit $f(x) = \frac{1}{3}x^4$ hat aber bei $x = 0$ einen Tiefpunkt.

- Ist $D > 0$, also $t < 2$, kann es zwei Wendestellen geben: $x_1 = \sqrt{1 - \frac{t}{2}}$ und $x_2 = -\sqrt{1 - \frac{t}{2}}$
  Für $f'''(x) = 8x$ gilt: $f'''(x_1) \neq 0$ und $f'''(x_2) \neq 0$. Daher hat f bei x_1 und x_2 zwei Wendestellen.

- Ist $D < 0$, also für $t > 2$, hat f keine Wendestellen.

5. Gegeben ist eine Funktion f_a mit $f_a(x) = x^3 - 2 \cdot (a-1) \cdot x^2 + (1 - 2 \cdot a) \cdot x$.

a) Untersuchen Sie die Anzahl der Nullstellen der Funktion in Abhängigkeit von a.

b) Begründen Sie ohne weitere Rechnung: In den Fällen, in denen f genau zwei Nullstellen hat, liegt ein Extrempunkt des Graphen auf der x-Achse.

6. Gegeben ist die Funktion f_t mit $f_t(x) = t \cdot x^3 - 3x^2 + 9x$.

a) Ermitteln Sie die Anzahl der Nullstellen von f_t in Abhängigkeit von t.

b) Bestimmen Sie den Wert von t so, dass der Graph von f einen Wendepunkt an der Stelle $x = 3$ hat.

7. Gegeben ist eine Funktion f_t mit $f_t(x) = -\frac{1}{2}x^3 + \frac{3t}{2}x^2$. Die drei Bilder zeigen die Graphen für verschiedene Werte von t. Bestimmen Sie diesen Wert für jeden Graphen. Begründen Sie dies mithilfe der Lage der Hochpunkte von f.

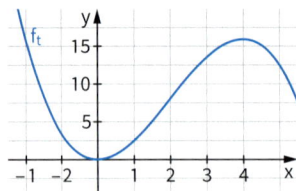 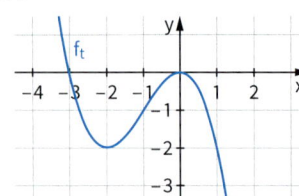 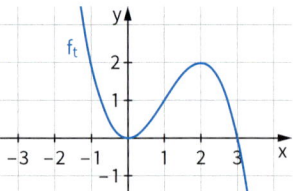

8. Untersuchen Sie die Anzahl der Extremstellen der Funktion f_a mit $f_a(x) = x^3 - 5x^2 + 2ax$ in Abhängigkeit von a.

LK

9. Geben Sie jeweils eine Funktionenschar an, zu der die folgenden Funktionsgraphen gehören.

    a)   b)   c)

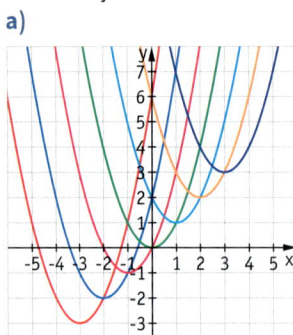 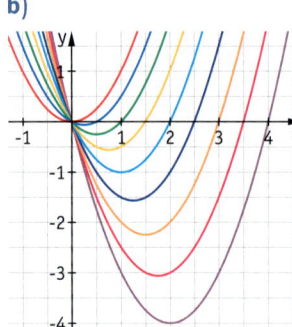 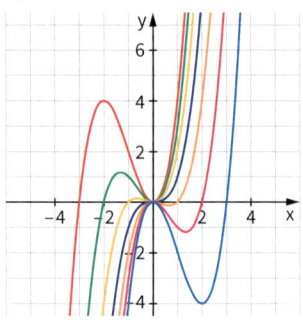

Funktionenscharen – Ortskurven

LK

10. Gegeben sind die Funktionen f_a mit $f_a(x) = x^2 + ax + a$, $a \in \mathbb{R}$.
    a) Untersuchen Sie die Graphen der Funktionen f_a auf Extrempunkte. Skizzieren Sie den Graphen für $a = -2$, für $a = 0$ und für $a = 2$.
    b) Zeigen Sie, dass alle Extrempunkte der Graphen der Funktionenschar f_a auf der Parabel mit $y = -x^2 - 2x$ liegen.
    c) Berechnen Sie die Werte von a, für die der Extrempunkt des Graphen von f_a oberhalb der x-Achse liegt.

LK

11. Gegeben sind die Funktionen f_k mit $f_k(x) = x^4 - kx^2$, $k \in \mathbb{R}$.
    a) Untersuchen Sie die Graphen der Funktionen f_k auf Extrem- und Wendepunkte. Skizzieren Sie den Graphen für $k = -2$ und für $k = 2$.
    b) Bestimmen Sie für $k > 0$ die Ortskurve der Tiefpunkte aller Funktionsgraphen.
    c) Es sind $x_e \neq 0$ eine Extremstelle und x_w eine Wendestelle von f_k für $k > 0$.
        Zeigen Sie: Das Verhältnis $\frac{x_e}{x_w}$ hängt nicht von k ab. Was bedeutet diese Aussage?

LK

12. Gegeben ist die Funktionenschar f_k mit $f_k(x) = (x^2 - 1) \cdot (x - k)$, $k \in \mathbb{R}$.
    a) Berechnen Sie den Wert für k, für den der Graph von f_k die x-Achse berührt.
    b) Zeigen Sie, dass sich alle Funktionsgraphen in zwei Punkten schneiden.
    c) Welcher Zusammenhang besteht zwischen den Parametern k_1 und k_2 zweier Funktionen f_{k_1} und f_{k_2}, wenn die beiden zugehörigen Graphen an der Stelle $x = 1$ orthogonal zueinander sind?
        Untersuchen Sie, ob es eine Funktion f_k gibt, zu deren Graphen kein anderer Graph an der Stelle $x = 1$ orthogonal ist.

LK **13.** Für $t \neq 0$ ist mit $f_t(x) = \frac{4}{9}t^2 \cdot x^3 + t \cdot x^2 + x$ eine Funktionenschar f_t gegeben.

a) Zeigen Sie: Alle Graphen der Schar berühren sich im Ursprung.
Bestimmen Sie eine Gleichung der gemeinsamen Tangente.

b) P_t ist ein Punkt auf dem Graphen von f_t, in dem der Graph die Steigung 1 hat.
Auf welcher Kurve liegen diese Punkte P_t, wenn t alle zugelassenen Werte annimmt?

c) Jeder Graph von f_t hat eine Wendetangente.
Zeichnen Sie für drei Werte von t die zugehörigen Graphen zusammen mit ihren Wendetangenten in ein gemeinsames Koordinatensystem.
Was fällt Ihnen auf? Begründen Sie Ihre Vermutung.

LK CAS **14.** Wenn man neben der x-Achse und der y-Achse noch eine 3. Achse für den Parameter k verwendet, kann man $y = f_k(x)$ als Funktionsgleichung mit zwei Veränderlichen auffassen. Den Graphen von f_k kann man dann als gekrümmte Fläche im 3-dimensionalen Raum darstellen.

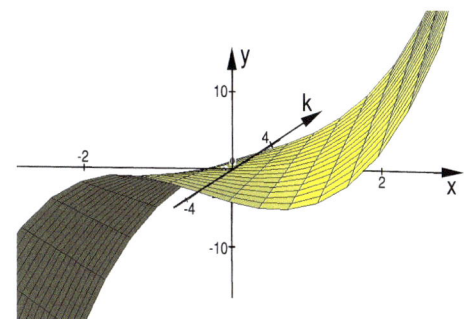

a) Interpretieren Sie die mit einem CAS gezeichnete Grafik als Darstellung der Funktionenschar f_k mit $f_k(x) = x^3 + k x$.

b) Stellen Sie die Funktionenschar f_k mit $f_k(x) = x^4 - k x^2$ mithilfe eines CAS dar.

Funktionenscharen in Sachsituationen

LK **15.** Zwei Masten A und B einer Seilbahn stehen 500 m auseinander. Die Mastspitze B liegt um 100 m höher als Mastspitze A.
Ein unbelastetes Seil zwischen den beiden Masten kann durch die Graphen der Funktionenschar f_t mit $f_t(x) = t x^2 + (0{,}2 - 500\,t)x$ beschrieben werden (Einheiten in m).

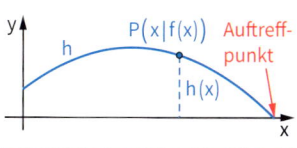

a) Zeichnet man eine Gerade g durch die Punkte A und B, so versteht man unter dem *Durchhang* des Seils an einer Stelle x die Differenz zwischen den Funktionswerten der linearen Funktion g und der quadratischen Funktion f_t an dieser Stelle. Der maximale Durchhang des Seils zwischen A und B beträgt 50 m.
Bestimmen Sie den Wert für t und geben Sie die Stelle an, an der der Durchhang am größten ist.

b) Skizzieren Sie den Verlauf des Seils.

c) Berechnen Sie den Winkel, unter dem das Seil im Punkt B ankommt.

LK **16.** Beim Kugelstoßen kann in einem vereinfachten Modell ein Punkt $P(x\,|\,h(x))$ der Flugbahn gut durch eine quadratische Funktion h mit $h(x) = -\dfrac{g}{2 \cdot v_0^2 \cdot (\cos(\alpha))^2} \cdot x^2 + \tan(\alpha) \cdot x + h_0$ mit x und $h(x)$ in m beschrieben werden. Dabei gilt: $g = 9{,}81\ \frac{m}{s^2}$ (Fallbeschleunigung), v_0 Abstoßgeschwindigkeit $\left(\text{in } \frac{m}{s}\right)$, α Abstoßwinkel (in Grad), h_0 Abstoßhöhe (in m).

a) Ein Kugelstoßer stößt bei einem Versuch mit einer Abstoßhöhe von 2,10 m und einer Abstoßgeschwindigkeit von $13\,\frac{m}{s}$.
Zeichnen Sie die Flugkurven für die Abstoßwinkel 36°; 39°; 42°; 45°. Beschreiben Sie, wie sich eine Vergrößerung des Winkels auf die Flugkurve auswirkt.

b) Untersuchen Sie, für welchen Winkel zwischen 36° und 45° die Stoßweite am größten ist.

c) Bei einem Wettkampf erzielt eine Kugelstoßerin eine Weite von 19,58 m.
Bei Auswertungen dieses Versuchs werden anhand von Aufzeichnungen die Werte $v_0 \approx 13,24 \, \frac{m}{s}$, $h_0 \approx 2,07 \, m$ und $\alpha \approx 37,5°$ ermittelt.
Welche Stoßweite berechnen Sie aus diesen Angaben für diesen Versuch?
Welche Ursachen könnten für die Abweichung der nach dem Modell errechneten Stoßweite von der tatsächlich gemessenen Weite verantwortlich sein?

Funktionenscharen als Lösung einer Steckbriefaufgabe

17. Von einer ganzrationalen Funktion zweiten Grades f mit $f(x) = ax^2 + bx + c$ ist bekannt, dass ihr Graph durch die Punkte $P(1|1)$ und $Q(3|1)$ verläuft und an der Stelle 2 eine waagerechte Tangente hat.
Um den Funktionsterm zu bestimmen, hat Serena ein Gleichungssystem aufgestellt und gelöst. Interpretieren Sie ihre Lösung und zeichnen Sie mehrere mögliche Graphen.

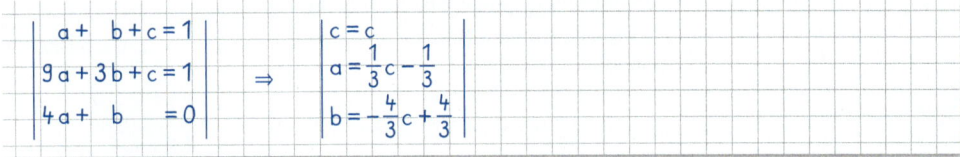

$$\begin{vmatrix} a + & b + c = 1 \\ 9a + & 3b + c = 1 \\ 4a + & b = 0 \end{vmatrix} \Rightarrow \begin{vmatrix} c = c \\ a = \frac{1}{3}c - \frac{1}{3} \\ b = -\frac{4}{3}c + \frac{4}{3} \end{vmatrix}$$

18. Eine punktsymmetrische ganzrationale Funktion dritten Grades hat ihren Tiefpunkt an der Stelle 2. Bestimmen Sie die möglichen Funktionen und beachten Sie dabei einschränkende Bedingungen.

Flächenberechnungen

19. Für $k > 0$ ist die Funktionenschar f_k gegeben durch $f_k(x) = x^3 - k^2x$.
Bestimmen Sie k so, dass der Graph von f_k mit der x-Achse eine Fläche mit dem Flächeninhalt 8 (Flächeneinheiten) einschließt.

LK 20. Für $k > 0$ ist die Funktionenschar f_k gegeben durch $f_k(x) = x^3 - 2kx^2 + k^2x$.
a) Zeigen Sie, dass alle Funktionsgraphen einen Tiefpunkt auf der x-Achse haben.
b) Bestimmen Sie k so, dass der Graph von f_k mit der x-Achse eine Fläche mit dem Flächeninhalt 108 (Flächeneinheiten) einschließt.
c) Bestimmen Sie den Flächeninhalt der Fläche, die der Graph von f_1 mit der Geraden $y = x$ einschließt.

LK 21. Untersuchen Sie, für welches $k > 0$ der Flächeninhalt, den der Graph der Funktionenschar f_k mit $f_k(x) = \frac{k-10}{k}x^2 + (20 - 2k)x$ mit der x-Achse einschließt, maximal wird.

Extremwertprobleme

LK 22. Gegeben ist eine Funktionenschar f_a von ganzrationalen Funktionen zweiten Grades. Die Parabeln umschließen für $a > 0$ ein Flächenstück mit der x-Achse. In dieses werden Rechtecke einbeschrieben, wie rechts im Beispiel zu sehen. Welches dieser Rechtecke hat einen maximalen Flächeninhalt?
Ermitteln Sie die Ortskurve der Extrempunkte der Flächeninhaltsfunktion.

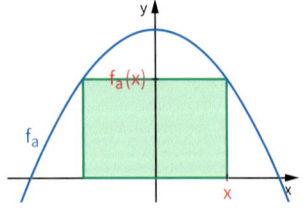

a) $f_a(x) = -ax^2 + 12$

b) $f_a(x) = -\frac{1}{3}x^2 + a$

4.4.2   Funktionenscharen mit e-Funktionen

ZIEL

Bisher haben Sie Funktionenscharen ganzrationaler Funktionen untersucht. In diesem Abschnitt untersuchen Sie die Eigenschaften von Funktionenscharen mit e-Funktionen.

ZUM ERARBEITEN

→ **Aspekte der Untersuchung einer Funktionenschar mit e-Funktionen**

- *Gegeben ist die Funktionenschar $f_t(x)$ mit $f_t(x) = (x - t) \cdot e^{-\frac{x}{2}}$ mit $t \in \mathbb{R}$.
  Für die Parameterwerte $-4; -3; -2; \ldots; 1; 2$
  sind die Graphen von f_t rechts gezeichnet.
  Es lassen sich bereits wesentliche Eigenschaften erkennen:*

  - Die Funktion ist für alle $x \in \mathbb{R}$ definiert.
  - Es ist keine Symmetrie des Graphen erkennbar.
  - Für $x \to \infty$ gilt $f(x) \to 0$.
  - Für $x \to -\infty$ gilt $f(x) \to -\infty$.
  - Die Funktion hat genau eine Nullstelle.
  - Die Funktion hat höchstens einen Hochpunkt.
  - Die Funktion hat höchstens einen Wendepunkt.

  Bestätigen Sie diese Vermutungen rechnerisch am Funktionsterm.

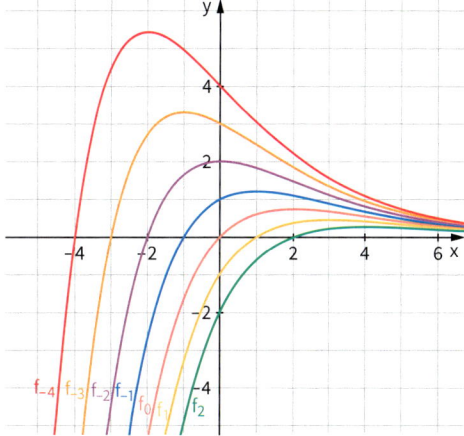

Definitionsbereich
Die Funktionenschar f_t ist für alle $x \in \mathbb{R}$ definiert.

Symmetrie
Es gilt $f_t(-x) = (-x - t) \cdot e^{\frac{x}{2}}$ und damit gilt $f_t(-x) \neq f_t(x)$ und auch $f_t(-x) \neq -f_t(x)$. Der Graph von $f_t(x)$ ist also weder achsensymmetrisch zur y-Achse noch punktsymmetrisch zum Ursprung.

Globalverlauf
Für $x \to \infty$ gilt $(x - t) \to \infty$, sowie $e^{-\frac{x}{2}} = \frac{1}{e^{\frac{x}{2}}} \to 0$, da $e^{\frac{x}{2}} \to \infty$ für $x \to \infty$.

Somit gilt $f_t(x) = (x - t) \cdot e^{-\frac{x}{2}} = \frac{x - t}{e^{\frac{x}{2}}} \to 0$, da die e-Funktion schneller als die lineare Funktion gegen ∞ wächst.
Für $x \to -\infty$ gilt $(x - t) \to -\infty$, sowie $e^{-\frac{x}{2}} \to +\infty$. Also gilt $f_t(x) = (x - t) \cdot e^{-\frac{x}{2}} \to -\infty$.

Nullstellen
$f_t(x) = 0$, also $(x - t) \cdot e^{-\frac{x}{2}} = 0$. Da die e-Funktion selbst keine Nullstelle aufweist, bleibt $x = t$ als einzige Nullstelle. Der Schnittpunkt mit der x-Achse ist also $N(t \mid 0)$.

y-Achsenabschnitt
$f_t(0) = -t$, also ist der Punkt $M(0 \mid -t)$ der Schnittpunkt mit der y-Achse.

Extrempunkte
Mögliche Extremstellen sind unter den Nullstellen von f_t' zu suchen.
$f_t'(x) = e^{-\frac{x}{2}} + (x - t) \cdot e^{-\frac{x}{2}} \cdot \left(-\frac{1}{2}\right) = \frac{2 - x + t}{2} \cdot e^{-\frac{x}{2}}$
$f_t'(x) = 0$, also $\frac{2 - x + t}{2} = 0$, also $x = t + 2$.
Wir prüfen mit dem f''-Kriterium, ob an diesen Stellen tatsächlich Extrempunkte vorliegen.

$$f_t''(x) = -\frac{1}{2} \cdot e^{-\frac{x}{2}} + \frac{2-x+t}{2} \cdot e^{-\frac{x}{2}} \cdot \left(-\frac{1}{2}\right) = \frac{-4+x-t}{4} \cdot e^{-\frac{x}{2}}$$

$f_t''(t+2) = -\frac{1}{2} \cdot e^{1-\frac{t}{2}} < 0$ für alle $t \in \mathbb{R}$, also hat jeder Graph bei $x = t+2$ einen Hochpunkt.

$f_t(t+2) = 2 \cdot e^{-\frac{t}{2}-1}$. Jeder Graph der Schar hat einen Hochpunkt bei $H_t\left(t+2 \mid 2 \cdot e^{-\frac{t}{2}-1}\right)$.

Wendepunkte

Mögliche Wendestellen sind unter den Nullstellen von f_t'' zu suchen.

$f_t''(x) = 0$, also $\frac{-4+x-t}{4} = 0$, also $x = t+4$.

Bei $x = t+4$ findet ein Vorzeichenwechsel von f_t'' statt. Denn betrachtet man z. B. die beiden Stellen $x = t+3$ links von $t+4$ und $x = t+5$ rechts von $t+4$, dann gilt $\frac{-4+(t+3)-t}{4} = \frac{-1}{4} < 0$ und $\frac{-4+t+5-t}{4} = \frac{1}{4} > 0$.

Daher hat jeder Graph der Schar einen Wendepunkt bei $W_t\left(t+4 \mid 4 \cdot e^{-\frac{t}{2}-2}\right)$.

ZUM ÜBEN

1. Für $t \in \mathbb{R}$ ist die Funktionenschar f_t gegeben mit $f_t(x) = (x^2 + t - 1) \cdot e^x$.

   a) Bestimmen Sie die Nullstellen von f_t in Abhängigkeit von t.
   Untersuchen Sie, ob es Funktionen der Schar gibt, deren Graphen sich schneiden.

   b) Bestimmen Sie die Anzahl der Punkte mit waagerechter Tangente der Graphen von f_t in Abhängigkeit von t.
   Auf welcher Kurve liegen die Punkte mit waagerechter Tangente für alle Werte von t?

2. Für $t \neq 0$ ist eine Schar f_t von Funktionen gegeben mit $f_t(x) = e^{2x} - 4t \cdot e^x + 3t^2$.

   a) Untersuchen Sie die Existenz und die Anzahl der Null- und Extremstellen von f_t in Abhängigkeit von t. Gibt es Funktionen der Schar, die sowohl eine positive als auch eine negative Nullstelle haben? Begründen Sie.

   b) Zeigen Sie, dass der Graph von f_{-1} für alle $x \in \mathbb{R}$ oberhalb des Graphen von f_1 verläuft.

   c) Im 2. Quadranten schließen die beiden Graphen von f_{-1} und f_1 sowie die y-Achse eine nach links offene Fläche ein. Untersuchen Sie, ob diese Fläche einen endlichen Inhalt hat.

3. Ordnen Sie die Graphen zu $f_k(x)$ den Parametern $k = -2; -1; 0; 1; 2$ der Funktionsterme begründet zu.

   a) $f_k(x) = e^{-kx}$

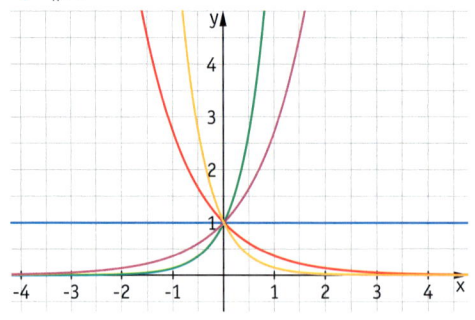

   c) $f_k(x) = (x^2 - k) \cdot e^x$

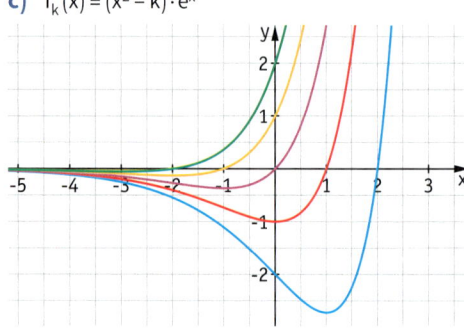

   b) $f_k(x) = (x - k)e^x$

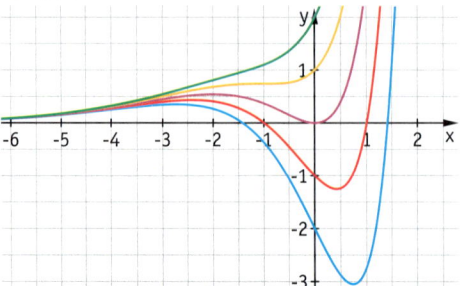

   d) $f_k(x) = x(x-k)e^{-x}$

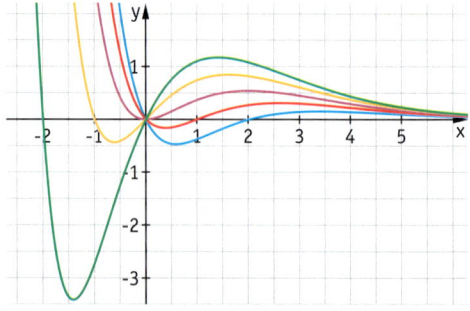

4. Für $t \in \mathbb{R}$ ist eine Funktionenschar f_t gegeben durch $f_t(x) = (x-t) \cdot e^{-x}$.

a) Bestimmen Sie die Ortslinie der Wendepunkte aller Graphen der Schar.
Zeigen Sie, dass zwei verschiedene Graphen der Schar keine gemeinsamen Punkte besitzen.

b) Der Graph von f_{-3}, die Koordinatenachsen und die Gerade $x = 3$ begrenzen eine Fläche, die um die x-Achse rotiert. Berechnen Sie das Volumen des Rotationskörpers.

c) Aus dem massiven Rotationskörper soll ein Kegel mit der Höhe 3 Längeneinheiten und möglichst großem Volumen herausgebohrt werden. Berechnen Sie den Grundkreisradius dieses Kegels.

5. Für $t > 0$ ist die Funktionenschar f_t gegeben mit $f_t(x) = \left(\dfrac{x}{t} + 1\right) \cdot e^{t-x}$.

Der Graph der Funktion f_t schneidet die x-Achse im Punkt N_t. Die Tangente an den Graphen von f_t im Wendepunkt W_t schneidet die x-Achse im Punkt S_t.

a) Von welcher besonderen Form ist das Dreieck $N_t S_t W_t$?

b) Gibt es Werte von t, für die dieses Dreieck rechtwinklig ist?

c) Zeigen Sie, dass für jeden Wert von $t > 0$ der Graph einer Funktion f_t und der Graph ihrer Ableitungsfunktion f_t' genau einen Punkt gemeinsam haben.

d) Die beiden Graphen einer Funktion f_t und ihrer Ableitungsfunktion f_t' schneiden aus der Geraden mit der Gleichung $x = 1$ eine Strecke aus.
Untersuchen Sie, für welchen Wert von t die Länge dieser Strecke am kleinsten ist.

6. Gegeben ist die Funktionenschar f_k mit $k \in \mathbb{R}$. Zeichnen Sie mit einem Rechner für geeignete Werte von k die Graphen der Funktionen f_k. Beantworten Sie nach einem ersten Überblick die folgenden Fragen:

- Welche Nullstellen haben die Graphen?
- Welches Symmetrieverhalten weisen die Graphen auf?
- Welche Extrempunkte haben die Graphen von f_k?

a) $f_k(x) = kx - x^2$ **b)** $f_k(x) = x^2 - kx^4$ **c)** $f_k(x) = x^3 - kx^2$ **d)** $f_k(x) = x^5 - kx^3$

7. Bestimmen Sie den Parameter k so, dass das Integral den angegebenen Wert hat.

a) $\displaystyle\int_0^1 k\,e^x \, dx = e$ **b)** $\displaystyle\int_0^1 (e^x + kx)\, dx = 2$ **c)** $\displaystyle\int_0^k e^x \, dx = e - 1$ **d)** $\displaystyle\int_0^2 e^{x+k} \, dx = e^5 - e^3$

8. Gegeben ist die Funktionenschar f_t mit $f_t(x) = (e^x - t)^2$ und $t > 0$.
Untersuchen Sie die Funktionenschar f_t. Zeigen Sie, dass alle Extrempunkte der Schar auf dem Graphen einer Funktion g liegen und alle Wendepunkte auf dem Graphen einer Funktion h.
Bestimmen Sie die Funktionsterme von g und h und zeichnen Sie die Ortskurven zusammen mit einigen Graphen der Funktionenschar.

9. Gegeben ist die Funktionenschar f_a mit $f_a(x) = e^x - a \cdot x$ mit $a \in \mathbb{R}$.

a) Ermitteln Sie den groben Verlauf der Funktionsgraphen.

b) Bestimmen Sie die Ortskurve der Extrema.

c) Zeigen Sie, dass zwei zu verschiedenen Parametern gehörende Graphen stets einen gemeinsamen Punkt besitzen, aber für keinen Wert $x \in \mathbb{R}$ die gleiche Steigung haben.

d) Untersuchen Sie in Abhängigkeit von $a \in \mathbb{R}$ die Anzahl der Nullstellen.

10. Gegeben ist die Funktionenschar f_b mit $f_b(x) = (x - b) \cdot e^x$ und $b \in \mathbb{R}$.

a) Ermitteln Sie charakteristische Eigenschaften der Schar und skizzieren Sie den Graphen zu f_2.

b) Vergleichen Sie die Funktionen f_2' und f_1. Verallgemeinern Sie begründet den Zusammenhang.

c) Der Graph und die x-Achse begrenzen für jedes b ein Flächenstück. Bestimmen Sie den Flächeninhalt und erläutern Sie das benutzte Verfahren. Deuten Sie das Ergebnis für $b \to -\infty$.

d) Bestimmen Sie die Gleichung der Tangente an den Graphen zu f_b an der Stelle $x = 0$.
Berechnen Sie den Schnittpunkt zweier derartiger Tangenten zu unterschiedlichen Parameterwerten. Wählen Sie nun die Parameterwerte allgemein und interpretieren Sie das Ergebnis.

4.5   Approximation – Wahlthema

4.5.1   Interpolation durch Polynome

→ **Annäherung des Sinus durch Polynome**

Viele Werte des Sinus, wie z. B. $\sin\left(\frac{1}{3}\right) \approx 0{,}327\,194\,69\ldots$, sind irrationale Zahlen. Sie können also nicht als periodischer Dezimalbruch dargestellt werden. Solche Zahlen werden näherungsweise berechnet. Heutzutage geben selbst einfache Taschenrechner Näherungen für alle Werte der Sinusfunktion an. Früher war es aber nicht ohne Weiteres möglich, diese Werte anzunähern. Daher hat man schwierig zu berechnende Funktionen häufig durch ganzrationale Funktionen angenähert, da diese einfacher zu berechnen sind.

```
                    RAD ▲▼
sin( 1/3 )
      0.327194697
```

- Ermitteln Sie eine ganzrationale Funktion f, die im abgebildeten Bereich an vier Stellen mit der Sinusfunktion übereinstimmt. Zeichnen Sie die beiden Graphen in ein Koordinatensystem.

- Untersuchen Sie die mittlere Abweichung der Funktionswerte der von Ihnen ermittelten Funktion zu den Funktionswerten der Sinusfunktion, indem Sie den Mittelwert der Differenzfunktion d mit $d(x) = f(x) - \sin(x)$ bilden.

- Ermitteln Sie näherungsweise die größte Abweichung zwischen den Funktionswerten.

→ **Interpolation durch Polynome – NEWTON'sches Interpolationsverfahren**

Von einer ganzrationalen Funktion vierten Grades p_3 ist bekannt, dass ihr Graph durch die Punkte $P_1(-1|-8)$, $P_2(1|4)$, $P_3(2|-2)$ und $P_4(3|8)$ verläuft. Der Term von p_3 soll bestimmt werden.

a) Ermitteln Sie eine Gleichung der Geraden p_1 mit $p_1(x) = mx + b$ durch P_1 und P_2.

b) Begründen Sie ausgehend von ihrem obigen Ergebnis, dass die Parabel zu p_2 mit
$p_2(x) = 6x - 2 + a \cdot (x+1) \cdot (x-1)$ für jeden Wert von a durch P_1 und P_2 verläuft.
Bestimmen Sie a so, dass p_2 auch durch P_3 verläuft.

c) Erläutern Sie die untenstehende Rechnung.

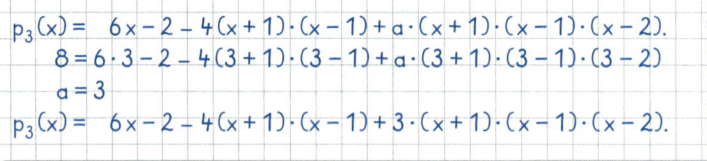

$$p_3(x) = 6x - 2 - 4(x+1)\cdot(x-1) + a\cdot(x+1)\cdot(x-1)\cdot(x-2).$$
$$8 = 6\cdot 3 - 2 - 4(3+1)\cdot(3-1) + a\cdot(3+1)\cdot(3-1)\cdot(3-2)$$
$$a = 3$$
$$p_3(x) = 6x - 2 - 4(x+1)\cdot(x-1) + 3\cdot(x+1)\cdot(x-1)\cdot(x-2).$$

LÖSUNG

a) Die Gerade p_1 ist von der Form $p_1(x) = mx + b$. Durch Einsetzen der Koordinaten von P_1 und P_2 erhalten wir das lineare Gleichungssystem $\left|\begin{array}{l} -m + b = -8 \\ m + b = 4 \end{array}\right.$. Die Lösungen sind $m = 6$ und $b = -2$, also lautet die gesuchte Gerade $p_1(x) = 6x - 2$.

b) Gesucht ist die Parabel zu p_2 mit $p_2(x) = 6x - 2 + a\cdot(x+1)\cdot(x-1)$.
Da der Wert des Terms $a\cdot(x+1)\cdot(x-1)$ für die x-Koordinaten von P_1 oder P_2 Null ergibt, und der vordere Teil des Terms von p_2 der Term Geraden durch P_1 und P_2 ist, liegen P_1 und P_2 auf der angegebenen Parabel.

Da P_3 die Koordinaten $x = 2$ und $y = -2$ hat, können wir durch Einsetzen dieser Werte in die Funktionsgleichung von p_2 eine Bestimmungsgleichung für a aufstellen:
$-2 = 6 \cdot 2 - 2 + a \cdot (2 + 1) \cdot (2 - 1)$.
Löst man diese Gleichung nach a auf, so erhält man $a = -4$. Die Gleichung von p_2 lautet also
$p_2(x) = 6x - 2 - 4 \cdot (x + 1) \cdot (x - 1)$.

c) $p_3(x) = 6x - 2 - 4(x + 1) \cdot (x - 1) + a \cdot (x + 1) \cdot (x - 1) \cdot (x - 2)$.
Da der Term $a \cdot (x + 1) \cdot (x - 1) \cdot (x - 2)$ für die x-Koordinaten von P_1, P_2 oder P_3 Null wird, und der vordere Term von p_3 der Term der Parabel durch P_1, P_2 und P_3 ist, liegen P_1, P_2 und P_3 auf dem Graphen von p_3.

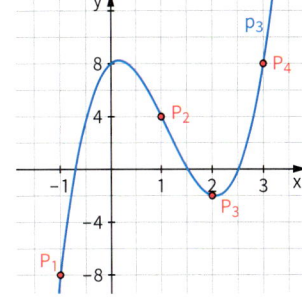

Im nächsten Schritt wird a so bestimmt, dass auch P_4 auf dem Graphen dieser Funktion liegt, in dem man die Koordinaten von P_4 $x = 3$ und $y = 8$ in die Funktionsgleichung einsetzt. Es ergibt sich $a = 3$.
Also ist $p_3(x) = 6x - 2 - 4(x + 1)(x - 1) + 3(x + 1) \cdot (x - 1) \cdot (x - 2)$
der Term der Funktion, auf deren Graph alle angegebenen Punkte liegen. Diesen Term kann man ausmultiplizieren und zusammenfassen zu: $p_3(x) = 3x^3 - 10x^2 + 3x + 8$.

INFORMATION

Interpolationspolynom – NEWTON'sches Interpolationsverfahren

In technischen oder physikalischen Anwendungen ist man häufig in der Situation, dass Messungen Wertepaare ergeben haben und man nach einem funktionalen Zusammenhang zwischen diesen Wertepaaren sucht. Da ganzrationale Funktionen besonders einfach zu berechnen sind, ermittelt man dann eine ganzrationale Funktion, die zu den ermittelten Wertepaaren passt, um den unbekannten Zusammenhang näherungsweise zu beschreiben.

Kennt man n Punkte, so ist es stets möglich eine ganzrationale Funktion vom Grad $n - 1$ zu finden, deren Graph durch diese n Punkte verläuft. Den Term dieser Funktion nennt man ein **Interpolationspolynom**.

Ein Verfahren, die Gleichung einer ganzrationalen Funktion vom Grad $n - 1$ aus n Punkten $P_1\left(x_1 \mid f(x_1)\right), \ldots, P_n\left(x_n \mid f(x_n)\right)$ des Funktionsgraphen aufzustellen, wurde von ISAAC NEWTON (1643 – 1727) entwickelt:

- Man bestimmt zunächst die Gleichung der Geraden
  p_1 mit $p_1(x) = mx + b$ durch $P_1\left(x_1 \mid f(x_1)\right)$ und $P_2\left(x_2 \mid f(x_2)\right)$.
- Die Punkte P_1 bzw. P_2 liegen auch auf der Parabel zu
  p_2 mit $p_2(x) = p_1(x) + a(x - x_1) \cdot (x - x_2)$.
  Durch Einsetzen der Koordinaten von P_3 bestimmt man a so, dass auch P_3 auf der Parabel liegt.
- Die Punkte P_1, P_2 und P_3 liegen auch auf dem Graphen der ganzrationalen Funktion dritten Grades
  p_3 mit $p_3(x) = p_2(x) + a(x - x_1) \cdot (x - x_2) \cdot (x - x_3)$.
  Durch Einsetzen der Koordinaten von P_4 bestimmt man a so, dass auch P_4 auf dem Graphen liegt.
- Mit allen weiteren Punkten verfährt man analog.

BEISPIEL

Gesucht wird eine ganzrationale Funktion dritten Grades, deren Graph durch die vier Punkte $A(-1 \mid 9)$, $B(1 \mid -1)$, $C(3 \mid -19)$ und $D(4 \mid -1)$ verläuft.
- Man stellt die Gerade p_1 durch A und B auf. Ihre Gleichung ist $p_1(x) = -5x + 4$.
- Eine Parabel p_2 durch A und B hat die Gleichung $p_2(x) = -5x + 4 + a \cdot (x + 1)(x - 1)$. Setzt man die Koordinaten von C ein, ergibt sich $-19 = -5 \cdot 3 + 4 + a \cdot 4 \cdot 2$ und daraus $a = -1$.
- Eine ganzrationale Funktion p_3 dritten Grades, deren Graph durch A, B und C verläuft, hat die Gleichung $p_3(x) = -5x + 4 - (x + 1)(x - 1) + a \cdot (x + 1)(x - 1)(x - 3)$. Setzt man die Koordinaten von D ein, so erhält man $-1 = -20 + 4 - 5 \cdot 3 + a \cdot 5 \cdot 3 \cdot 1$ und daraus $a = 2$.
  Die gesuchte ganzrationale Funktion hat somit die Gleichung
  $p_3(x) = -5x + 4 - (x + 1)(x - 1) + 2 \cdot (x + 1)(x - 1)(x - 3) = 2x^3 - 7x^2 - 7x + 11$

ÜBUNGSAUFGABEN   **Interpolation mit Polynomen**

1. Die Tabelle gibt an, wie groß der
Mindestradius einer Kurve sein
muss, damit sie ein Fahrzeug

Geschwindigkeit (in $\frac{km}{h}$)	30	40	50	60	70	80
Mindestradius (in m)	25	50	80	130	190	280

mit der gegebenen Geschwindigkeit durchfahren kann.
Gesucht ist eine ganzrationale Funktion, die diesen Zusammenhang möglichst gut beschreibt.

a) Begründen Sie: Man muss mindestens eine ganzrationale Funktion fünften Grades wählen, um
diesen Zusammenhang zu beschreiben.

b) Ermitteln Sie eine solche Funktion.

c) Berechnen Sie den Mindestradius der Kurve, der für eine Geschwindigkeit von $75\frac{km}{h}$ erforderlich
ist.

2. Die Kurve rechts erinnert an eine „begradigte" Sinuskurve.

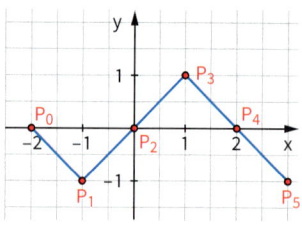

a) Ermitteln Sie die Gleichungen der Strecken $\overline{P_0P_1}$, $\overline{P_1P_3}$ und
$\overline{P_4P_5}$. Erläutern Sie, inwieweit solche Näherungen des Sinus
brauchbar sind.

b) Bestimmen Sie eine ganzrationale Funktion kleinsten Grades,
deren Graph durch die Punkte P_1, P_2, ..., P_5 geht und vergleichen Sie diesen Graphen mit dem der Funktion g mit
$g(x) = \sin\left(\frac{\pi}{2}x\right)$.

3. Die Leistung eines Motors wurde in Abhängigkeit
von der Drehzahl gemessen. Die Messpunkte
wurden in ein Diagramm eingezeichnet.

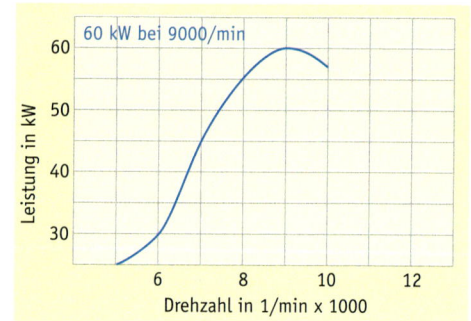

a) Wählen Sie fünf geeignete Stützstellen und
berechnen Sie das Interpolationspolynom.
Beurteilen Sie Ihr Ergebnis.

b) Verwenden Sie für die Bestimmung des
Interpolationspolynoms die Koordinaten des
Hochpunktes und Wendepunktes sowie die
Steigung im Wendepunkt. Begründen Sie,
warum die Anpassung sich verbessert.

4. In der Tabelle sehen Sie
die Anzahl der
Schülerinnen und
Schüler der Sekundar-

Jahr	2009	2010	2011	2012	2013
Anzahl der Schülerinnen und Schüler in der SII in Hessen	65 979	77 033	82 932	82 672	74 521

stufe II in Hessen in den Jahren 2009 bis 2013.
Rebecca und Hannah wollen diese Daten mithilfe einer ganzrationalen Funktion p(x) modellieren.

- Rebecca wählt den Ansatz $p(x) = ax^4 + bx^3 + cx^2 + dx + e$ und bestimmt mithilfe der Gleichungen
$p(0) = 65\,979$, $p(1) = 77\,033$, ..., $p(4) = 74\,521$ die Parameter a, b, c, d und e.

- Hannah wählt den Ansatz der NEWTON'schen Interpolation.

a) Nachdem die beiden schon eine Zeit lang gerechnet haben, schaut Hannah im Internet nach und
bemerkt, dass nun auch die Zahlen für 2014 verfügbar sind.
Welches der beiden Mädchen hat nun den günstigeren Ansatz gewählt? Begründen Sie.

b) Führen Sie die Modellierung nach dem Modell Ihrer Wahl selbst durch.

5. Gegeben ist die Funktion f mit $f(x) = \sqrt{x}$.

a) Ermitteln Sie die Gleichung y = t(x) der Tangente an den Graphen von f im Punkt P(1,96 | 1,4).

b) Interpretieren Sie den Wert für t(2) im Hinblick auf eine Approximation irrationaler Zahlen.

c) Bestimmen Sie auf ähnliche Weise $\sqrt{3}$.

Weitere Approximationsmethoden – TAYLOR-Polynome und TSCHEBYSCHEFF-Stützstellen

LK **6. TAYLOR-Polynome**

Gegeben ist die e-Funktion f mit $f(x) = e^x$.

Will man diese Funktion durch eine ganzrationale Funktion annähern, die bei $x = 0$ sowohl im Funktionswert als auch im Wert der ersten Ableitung mit der natürlichen Exponentialfunktion übereinstimmt, so erhält man die Funktion f_1 mit $f_1(x) = x + 1$

Diese Funktion ist die Tangente an den Graphen der natürlichen Exponentialfunktion bei $x = 0$ und nähert diese natürlich nur in einem kleinen Bereich gut an.

Diese Methode nennt man auch TAYLOR-Approximation nach dem englischen Mathematiker BROOK TAYLOR (1685 – 1731).

(1) Ermitteln Sie eine Funktion f_2, die bei $x = 0$ im Funktionswert und in den Werten der ersten beiden Ableitungen mit der natürlichen Exponentialfunktion übereinstimmt. Zeichnen Sie die Graphen von f und f_2.

(2) Ermitteln Sie eine Funktion f_3, die bei $x = 0$ im Funktionswert und in den Werten der ersten drei Ableitungen mit der natürlichen Exponentialfunktion übereinstimmt. Zeichnen Sie die Graphen von f und f_3.

(3) Verallgemeinern Sie Ihre Ergebnisse aus (1) und (2) und finden Sie eine ganzrationale Funktion f_n, die bei $x = 0$ im Funktionswert und in den ersten n Ableitungen mit der natürlichen Exponentialfunktion übereinstimmt. Folgern Sie daraus $e = 1 + \frac{1}{1!} + \frac{1}{2!} + \frac{1}{3!} + \frac{1}{4!} + \dots$

LK · CAS **7. RUNGE-Funktion und TSCHEBYSCHEFF-Stützstellen**

Der deutsche Mathematiker CARL RUNGE (1856 – 1927) gab 1901 eine Funktion an, die nur schwer durch ganzrationale Funktionen angenähert werden kann. Die nach ihm benannte RUNGE-Funktion hat den Funktionsterm $f(x) = \frac{1}{1 + x^2}$.

a) Begründen Sie die Achsensymmetrie des Graphen der RUNGE-Funktion am Term.

b) Nähern Sie die RUNGE-Funktion durch eine achsensymmetrische ganzrationale Funktion 4. Grades der Form $y = a \cdot x^4 + b \cdot x^2 + c$. Nutzen Sie dazu die Stützstellen $x_1 = 0$, $x_2 = 2{,}5$ und $x_3 = 5$.

c) Nähern Sie die RUNGE-Funktion durch eine achsensymmetrische ganzrationale Funktion 6. Grades der Form $y = a \cdot x^6 + b \cdot x^4 + c \cdot x^2 + d$. Nutzen Sie dazu die Stützstellen $x_1 = 0$, $x_2 = \frac{5}{3}$, $x_3 = \frac{10}{3}$ und $x_4 = 5$.

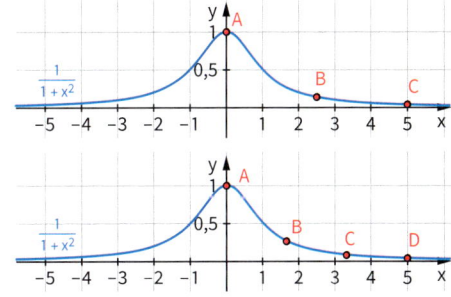

d) Zeichnen Sie die von Ihnen ermittelten Funktionen zusammen mit der RUNGE-Funktion in ein gemeinsames Koordinatensystem und erläutern Sie den RUNGE-Effekt:

„Durch Hinzunahme von mehr Stützstellen verbessert sich die Genauigkeit der Interpolation nicht notwendig, insbesondere, wenn die angenäherte Funktion asymptotisch konstant oder periodisch verläuft."

Diese Wahl der Stützstellen nennt man TSCHEBYSCHEFF-Interpolation nach dem russischen Mathematiker PAFNUTI LWOWITSCH TSCHEBYSCHEFF (1821 – 1894).

e) Der RUNGE-Effekt kann durch eine andere Wahl der Stützstellen vermieden werden. Konstruieren Sie wieder eine achsensymmetrische ganzrationale Funktion 6. Grades. Wählen Sie aber nun als Stützstellen $x_1 = 0$, $x_2 = 2{,}16942$, $x_3 = 3{,}90916$ und $x_4 = 4{,}87463$.

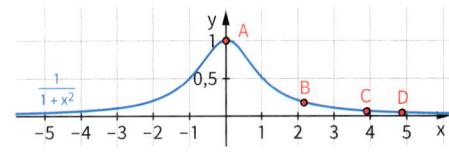

Vergleichen Sie diese Näherung mit der von Ihnen in Teilaufgabe c) ermittelten Näherung.

+ f) Bei der Berechnung der Stützstellen aus Teilaufgabe e) geht man wie folgt vor: Hat man n Stützstellen, so errechnet man die k-te Stützstelle x durch $x = \cos\left(\frac{2k-1}{2n} \cdot \pi\right)$ mit $k \in \{1; \dots; n\}$.

Informieren Sie sich (z. B. im Internet) über die TSCHEBYSCHEFF-Interpolation und erläutern Sie die Vorgehensweise bei dieser Art der Interpolation an einem selbst gewählten Beispiel.

Blickpunkt: Spline-Interpolation

Kubische Splines

Auf dem Foto rechts sieht man die **Spanten** eines Bootes. Diese bilden ein Gerüst, auf dem dann schmale Bretter befestigt werden. Diese Bretter nennt man im Bootsbau **Planken**.
Wenn ein Boot gebaut wird, das eine bestimmte Größe und eine vorgegebene Form haben soll, gibt man bei der Planung gewisse Punkte vor, durch welche die Spanten laufen müssen. Beim Entwurf eines Bootes verwendet man statt

der Spanten sogenannte **Straklatten** oder (engl.) **Splines**. Das sind biegsame Latten aus Holz oder Kunststoff. Diese Latten werden durch Gewichte oder Nägel in den vorgegebenen Punkten gehalten und nehmen die Form einer bestimmten Biegelinie ohne überflüssige Krümmungen an. Man kann also sagen, dass ein Spline eine Biegelinie ohne überflüssige Krümmungen ist.
Das beschriebene Verfahren lässt sich mathematisch modellieren, indem man zwischen den vorgegebenen Stellen der Punkte eine Funktion abschnittsweise aus kubischen Teilfunktionen zusammensetzt. Die Kurvenstücke müssen dabei knickfrei und ohne Krümmungsruck ineinander übergehen. Eine solche, aus ganzrationalen Teilfunktionen maximal dritten Grades abschnittsweise definierte Funktion heißt **kubischer Spline.**

Beispiel

Der Verlauf eines Spants ist durch die Punkte $P_1(0|-3)$, $P_2(6|0)$, $P_3(8|3)$ und $P_4(9|9)$ festgelegt (Einheit in dm).

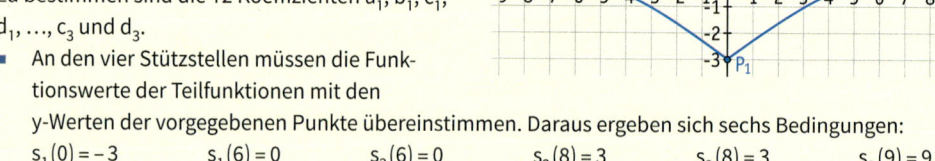

Der zu ermittelnde kubische Spline setzt sich aus den drei Teilfunktionen s_1, s_2 und s_3 zusammen:

$$s(x) = \begin{cases} s_1(x) = a_1 x^3 + b_1 x^2 + c_1 x + d_1 & \text{für } 0 \le x < 6 \\ s_2(x) = a_2 x^3 + b_2 x^2 + c_2 x + d_2 & \text{für } 6 \le x < 8 \\ s_3(x) = a_3 x^3 + b_3 x^2 + c_3 x + d_3 & \text{für } 8 \le x \le 9 \end{cases}$$

Zu bestimmen sind die 12 Koeffizienten a_1, b_1, c_1, d_1, …, c_3 und d_3.

- An den vier Stützstellen müssen die Funktionswerte der Teilfunktionen mit den y-Werten der vorgegebenen Punkte übereinstimmen. Daraus ergeben sich sechs Bedingungen:
  $s_1(0) = -3$ $s_1(6) = 0$ $s_2(6) = 0$ $s_2(8) = 3$ $s_3(8) = 3$ $s_3(9) = 9$

- An den beiden Anschlussstellen P_2 und P_3 müssen die Steigungen der Teilfunktionen jeweils übereinstimmen, damit ein knickfreier Übergang erfolgt. Daraus ergeben sich zwei Bedingungen:
  $s_1'(6) = s_2'(6)$ $s_2'(8) = s_3'(8)$

- An den beiden Anschlussstellen P_2 und P_3 müssen die 2. Ableitungen der Teilfunktionen gleich sein, damit ein krümmungsruckfreier Übergang erfolgt. Daraus ergeben sich auch zwei Bedingungen:
  $s_1''(6) = s_2''(6)$ $s_2''(8) = s_3''(8)$

- Neben den bisher genannten 10 Bedingungen werden für eine eindeutige Lösung noch zwei weitere Bedingungen benötigt. Es wird daher festgelegt, dass in den beiden Randpunkten P_1 und P_4 die Krümmung und damit die 2. Ableitung null sein soll. Dies ist sinnvoll, da außerhalb der Stützpunkte kein Gewicht mehr auf der Straklatte liegt und sie daher dort gradlinig verläuft. Es ergeben sich also noch die zwei Bedingungen:
  $s_1''(0) = 0$ $s_3''(9) = 0$

Mit den Termen für die 1. und 2. Ableitung, z. B. $s_1'(x) = 3a_1x^2 + 2b_1x + c_1$ sowie $s_1''(x) = 6a_1x + 2b_1$, führen die 12 Bedingungen zu folgendem Gleichungssystem:

$$d_1 = -3$$
$$216a_1 + 36b_1 + 6c_1 + d_1 = 0$$
$$216a_2 + 36b_2 + 6c_2 + d_2 = 0$$
$$512a_2 + 64b_2 + 8c_2 + d_2 = 3$$
$$512a_3 + 64b_3 + 8c_3 + d_3 = 3$$
$$729a_3 + 81b_3 + 9c_3 + d_3 = 9$$

$$108a_1 + 12b_1 + c_1 = 108a_2 + 12b_2 + c_2$$
$$192a_2 + 16b_2 + c_2 = 192a_3 + 16b_3 + c_3$$

$$36a_1 + 2b_1 = 36a_2 + 2b_2$$
$$48a_2 + 2b_2 = 48a_3 + 2b_3$$

$$2b_1 = 0$$
$$54a_3 + 2b_3 = 0$$

Mit einem CAS-Rechner erhält man die folgende Lösung:

$$\mathbb{L} = \left\{ -\frac{1}{184} \,\middle|\, 0 \,\middle|\, \frac{16}{23} \,\middle|\, -3 \,\middle|\, \frac{73}{184} \,\middle|\, -\frac{333}{46} \,\middle|\, \frac{1015}{23} \,\middle|\, -\frac{2067}{23} \,\middle|\, -\frac{35}{46} \,\middle|\, \frac{945}{46} \,\middle|\, \right.$$
$$\left. -\frac{4097}{23} \,\middle|\, \frac{11565}{23} \right\}$$

Damit ergibt sich der Funktionsterm für die gesuchte Funktion zu

$$s(x) = \begin{cases} s_1(x) = -\dfrac{1}{184}x^3 + \dfrac{16}{23}x \quad\;\; -3 & \text{für } 0 \le x < 6 \\[2mm] s_2(x) = \dfrac{73}{184}x^3 - \dfrac{333}{46}x^2 + \dfrac{1015}{23}x - \dfrac{2067}{23} & \text{für } 6 \le x < 8 \\[2mm] s_3(x) = -\dfrac{35}{46}x^3 + \dfrac{945}{46}x^2 - \dfrac{4097}{23}x + \dfrac{11565}{23} & \text{für } 8 \le x \le 9 \end{cases}$$

Ihr Funktionsgraph passt sich den gegebenen Punkten ohne überflüssige Krümmungen an.

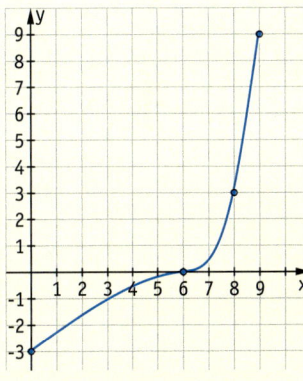

Spline-Interpolation

Es sind n Datenpunkte gegeben. Dazu wird eine Spline-Funktion folgendermaßen bestimmt:

- Die Spline-Funktion ist abschnittsweise definiert, und zwar für die $n - 1$ Abschnitte zwischen den Stellen, die zu den Datenpunkten gehören. Man nennt diese Stellen auch *Stützstellen*.
- In jedem Abschnitt ist der Funktionsterm ganzrational (höchstens) dritten Grades.
- An den Stützstellen stimmen die Funktionswerte der Teilfunktionen der Abschnitte überein. Ebenso stimmen jeweils die 1. Ableitungen und auch die 2. Ableitungen an diesen Stellen überein.
- Im 1. und n-ten Datenpunkt ist der Graph der Spline-Funktion ungekrümmt; die 2. Ableitung der Funktion hat dort jeweils den Wert 0.

Spline-Interpolation mit einem CAS

Gesucht ist die kubische Spline-Funktion zu den Punkten $A(0|6)$, $B(1|4)$, $C(5|2)$ und $D(7|1)$.
Die gesuchte Funktion setzt sich aus den drei Teilfunktionen

$$f_1(x) = a_1x^3 + b_1x^2 + c_1x + d_1 \quad \text{für } 0 \le x < 1$$
$$f_2(x) = a_2x^3 + b_2x^2 + c_2x + d_2 \quad \text{für } 1 \le x < 5$$
$$f_3(x) = a_3x^3 + b_3x^2 + c_3x + d_3 \quad \text{für } 5 \le x \le 7 \text{ zusammen.}$$

Die Funktion f_1 kann man z. B. im CAS-Rechner als f1 (x) definieren, ihre Ableitungen als ff1 (x) und fff1 (x). Analog verfährt man mit f_2 und f_3.

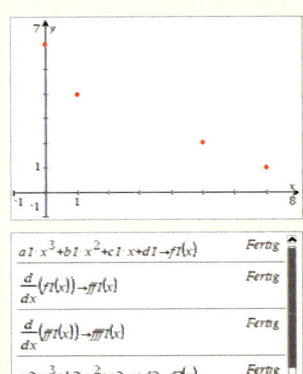

Anschließend löst man das Gleichungssystem, das sich aus den 12 zu erfüllenden Bedingungen ergibt:

$f_1(0) = 6$, $f_1(1) = 4$,
$f_2(1) = 4$, $f_2(5) = 2$,
$f_3(5) = 2$, $f_3(7) = 1$,
$f_1'(1) = f_2'(1)$, $f_2'(5) = f_3'(5)$,
$f_1''(1) = f_2''(1)$, $f_2''(5) = f_3''(5)$,
$f_1''(0) = 0$ und $f_3''(7) = 0$

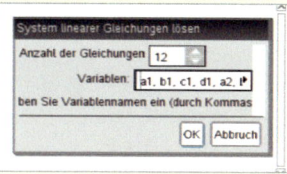

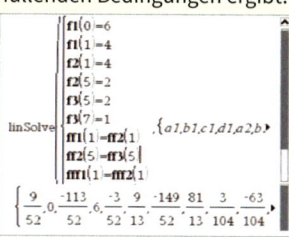

Die gesuchte Funktion hat damit den folgenden Term:

$$f(x) = \begin{cases} \frac{9}{52}x^3 - \frac{113}{52}x + 6 & \text{für } 0 \le x < 1 \\ -\frac{3}{52}x^3 + \frac{9}{13}x^2 - \frac{149}{52}x + \frac{81}{13} & \text{für } 1 \le x < 5 \\ \frac{3}{104}x^3 - \frac{63}{104}x^2 + \frac{29}{8}x - \frac{477}{104} & \text{für } 5 \le x \le 7 \end{cases}$$

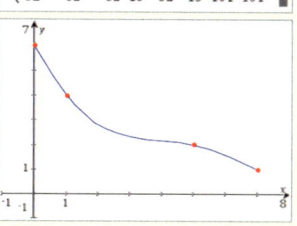

1. Bestimmen Sie die kubische Spline-Funktion für die Punkte $A(0|2)$, $B(4|1)$ und $C(10|8)$.

2. Zeigen Sie, dass der Graph einer ganzrationalen Funktion 3. Grades, der durch die Punkte P_1, P_2, P_3 und P_4 aus dem Beispiel auf Seite 164 verläuft, als Profillinie für einen Spant ungeeignet ist.

3. Gegeben sind die Punkte $P_1(0|0)$, $P_2(1|1)$, $P_3(2|3)$, $P_4(3|4)$ und $P_5(5|5)$.
   a) Ermitteln Sie eine ganzrationale Funktion möglichst niedrigen Grades, deren Graph durch die fünf Punkte verläuft, und skizzieren Sie ihren Graphen.
   b) Bestimmen Sie die kubische Spline-Funktion für die fünf Punkte und vergleichen Sie deren Graphen mit dem aus Teilaufgabe a).

4. **a)** Ermitteln Sie zu den Punkten $A(0|0)$, $B(2|3)$ und $C(5|4)$ die kubische Spline-Funktion.
   b) Bestimmen Sie die Spline-Funktion, wenn nur die Punkte A und C vorgegeben sind. Deuten Sie das Ergebnis und begründen Sie, durch welche Eigenschaften des Splines dieses Ergebnis auch ohne Rechnung zu erwarten gewesen wäre.

5. Das Profil der Windschutzscheiben von Autos wird aerodynamisch gestaltet. Im Beispiel rechts sind drei Punkte vorgegeben. Ermitteln Sie zu diesen Punkten
   (1) eine ganzrationale Funktion möglichst kleinen Grades
   (2) eine Spline-Funktion.
   Vergleichen Sie beide Lösungen.

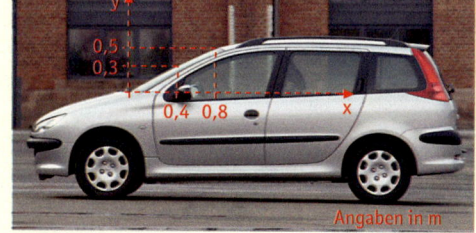

6. Die Tragfläche eines Flugzeuges soll den rechts abgebildeten Querschnitt aufweisen (Maße in dm). Das obere Profil soll durch die Punkte $O(0|0)$, $P(1|1)$, $Q(4|2)$ und $R(10|0)$ verlaufen.
   a) Ermitteln Sie den Funktionsterm einer ganzrationalen Funktion, deren Graph genau durch diese Punkte verläuft. Bewerten Sie Ihr Ergebnis.

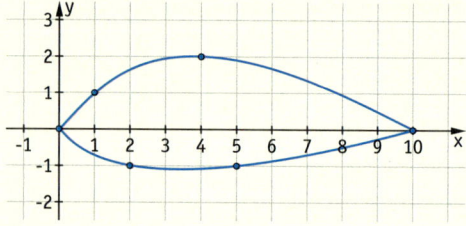

   b) Passen Sie das Profil in den Intervallen $[0; 1]$, $[1; 4]$ und $[4; 10]$ durch ganzrationale Funktionen 3. Grades an, deren Graphen an den Verbindungsstellen 1 und 4 gut zusammenpassen und an den Randstellen 0 und 10 ohne Krümmung verlaufen. Vergleichen Sie mit dem Ergebnis aus a).
   c) Beschreiben Sie entsprechend der Vorgehensweise oben das untere Profil der Tragfläche.

7. Die Hälfte des Querschnitts eines Schiffsrumpfs soll durch den Graphen einer kubischen Spline-Funktion modelliert werden. Dabei sind folgende Daten zu berücksichtigen:

Breite (in dm)	0	4	8	11	12
Höhe (in dm)	0	2	4	8	12

Ermitteln Sie den Funktionsterm.

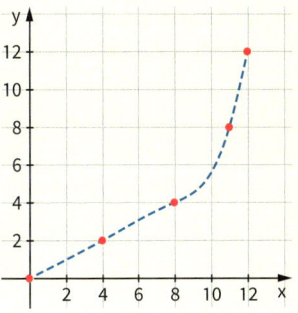

8. Der Querschnitt einer Computermaus soll durch die vier Messpunkte $P_1(0|1)$, $P_2(4|2,8)$, $P_3(6|2)$ und $P_4(9|8,1)$ festgelegt werden (Maße in cm). Ermitteln Sie die zugehörige kubische Spline-Funktion. Skizzieren Sie den Graphen und beurteilen Sie das Ergebnis hinsichtlich seiner Brauchbarkeit.

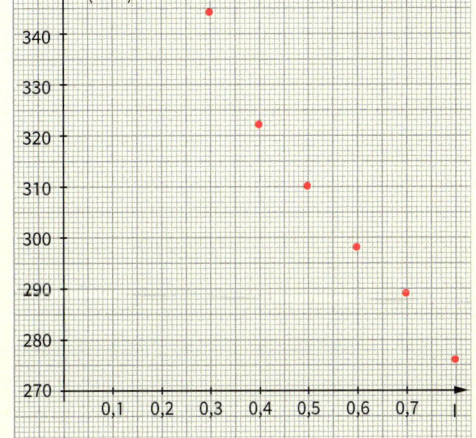

4.5.2 Regression – Methode der kleinsten Quadrate

EINSTIEGSAUFGABE
OHNE LÖSUNG

→ **Messdaten mithilfe einer linearen Funktion beschreiben**

Damit elektrische Bauteile in Maschinen oder Anlagen richtig funktionieren, muss bekannt sein, wie der Widerstand des Bauteils von der Stromstärke abhängt. Deshalb gibt es für solche Bauteile Diagramme, in denen durch sogenannte Kennlinien der Zusammenhang zwischen Stromstärke und Widerstand dargestellt ist. Solche Kennlinien werden durch Graphen von Funktionen modelliert.

In einem Experiment wird bei einer Kohlefadenlampe der Widerstand in Abhängigkeit von der Stromstärke gemessen. Die Ergebnisse sind in der Tabelle und in der Grafik dargestellt.

Der Zusammenhang zwischen Stromstärke und Widerstand kann für diesen Messbereich näherungsweise als linear angenommen werden.

Um den Zusammenhang zu modellieren, werden Geraden, sogenannte Ausgleichsgeraden, betrachtet, die zwar nicht genau durch diese Punkte verlaufen, diese aber recht gut annähern.

Stromstärke I (in Ampère)	0,3	0,4	0,5	0,6	0,7	0,8
Widerstand R (in Ohm)	344	322	310	298	289	276

Kohlefadenlampen waren die ersten funktionsfähigen elektrischen Glühlampen, die ab 1880 nach und nach die Gasbeleuchtung im öffentlichen und privaten Raum ablösten. Seit Beginn des 20. Jahrhunderts wurden andere Materialien (z. B. Wolfram) zur Herstellung der Glühfäden verwendet.

- Für die Ausgleichsgeraden werden folgende lineare Funktionen vorgeschlagen:
  $f_1(x) = -136x + 384$; $f_2(x) = -110x + 366$
  Zeichnen Sie die Messpunkte $(x_1|y_1)$, $(x_2|y_2)$, ..., $(x_6|y_6)$ und die beiden Geraden in ein gemeinsames Koordinatensystem. Welche der beiden Geraden scheint Ihnen die bessere zu sein?
- Um die Qualität der Annäherungen quantitativ zu erfassen, kann man für beide Funktionen die *Summe der Fehlerquadrate* bilden: $\left(y_1 - f(x_1)\right)^2 + ... + \left(y_6 - f(x_6)\right)^2$
  Erklären Sie die Bedeutung und berechnen Sie die Summe für beide Funktionen.

EINSTIEGSAUFGABE
MIT LÖSUNG
→ **Regression am Beispiel der Körpergröße von Vätern und Söhnen**

Regression

Der englische Biologe und Statistiker SIR FRANCIS GALTON (1822–1911) verglich die Körpergröße von Männern mit der ihrer Väter. Er fand dabei heraus, dass Söhne von ganz kleinen Vätern nicht so klein wie ihr Vater und Söhne von großen Vätern nicht ganz so groß wie ihr Vater sind. So hat zum Beispiel ein Vater, der um 30 cm größer als der Durchschnitt ist, einen Sohn, der weniger als 30 cm über dem Durchschnitt der Söhne liegt. GALTON formulierte das Ergebnis so, dass die Körpergröße von Söhnen extrem großer bzw. kleiner Väter wieder in Richtung zum Durchschnittswert „zurückschreitet".

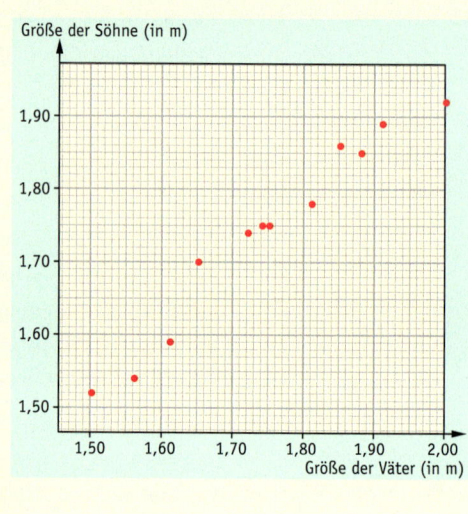

Aus der Grafik kann man folgende Tabelle entnehmen:

x	Körpergröße Vater (in m)	1,50	1,56	1,61	1,65	1,72	1,74	1,75	1,81	1,85	1,88	1,91	2,00
y	Körpergröße Sohn (in m)	1,52	1,54	1,59	1,70	1,74	1,75	1,75	1,78	1,86	1,85	1,89	1,92

Wenn der von GALTON vermutete Zusammenhang zwischen der Körpergröße der Väter und der der Söhne zutrifft, dann müsste man diesen Zusammenhang mithilfe einer linearen Funktion beschreiben können. Die Steigung dieser linearen Funktion müsste positiv, aber kleiner als 1 sein. Man sieht an der Grafik, dass die Punkte nicht auf einer Geraden liegen, aber man durch die „Punktwolke" eine Gerade legen kann, um die lineare Funktion zu schätzen.

a) Berechnen Sie das arithmetische Mittel $\bar{x}$ der Körpergrößen der Väter sowie das arithmetische Mittel $\bar{y}$ der Körpergrößen der Söhne.

Übertragen Sie die Grafik und zeichnen Sie den Punkt $M(\bar{x} \mid \bar{y})$ ein. Ziehen Sie dann durch M eine Gerade nach Augenmaß, die möglichst gut zu den Punkten des Diagramms passt. Ermitteln Sie die Gleichung dieser Gerade.

b) Der Mathematiker CARL FRIEDRICH GAUSS (1777–1855) entdeckte ein numerisches Verfahren, um die lineare Funktion $f_{reg}(x)$ zu bestimmen, die am besten zu gegebenen Daten passt. Diese Funktion nennt man **Regressionsfunktion**. Solche Regressionsfunktionen zu gegebenen Daten kann heute der Taschenrechner bestimmen. Dabei wird das von Gauß entdeckte Verfahren genutzt. Dass die im Rechner ermittelte Funktion „am besten zu den Messwerten passt", bedeutet, dass die Summe der quadratischen Abstände der Funktionswerte zu den Messwerten minimal wird. Hier soll also die Summe

$$\left(1,52 - f_{reg}(1,5)\right)^2 + \left(1,54 - f_{reg}(1,56)\right)^2 + \left(1,59 - f_{reg}(1,61)\right)^2 + \ldots + \left(1,92 - f_{reg}(2,00)\right)^2$$

minimal werden, wobei eine lineare Funktion f_{reg} mit $f_{reg}(x) = a \cdot x + b$ gesucht wird.

Die Parameter a und b sind so zu bestimmen, dass die oben angegebene Summe der quadratischen Abweichungen minimal wird. Taschenrechner bieten dafür oft den Befehl LinReg (lineare Regression) an.

Bestimmen Sie mithilfe des Rechners die Regressionsfunktion und vergleichen Sie diese Näherung mit Ihrer in Teilaufgabe a) erzielten Näherung.

Zeigen Sie, dass der Punkt $M(\bar{x} \mid \bar{y})$ aus Teilaufgabe a) ebenfalls auf der Regressionsgeraden f_{reg} liegt.

LÖSUNG

a) Die gesuchten arithmetischen Mittelwerte sind $\bar{x} \approx 1{,}74833$ sowie $\bar{y} \approx 1{,}74083$. Also hat der Punkt M die Koordinaten $M(1{,}74833\,|\,1{,}74083)$. Wir zeichnen nun nach Augenmaß eine Gerade durch M, die möglichst gut durch die „Punktwolke" aller eingezeichneten Punkte verläuft.

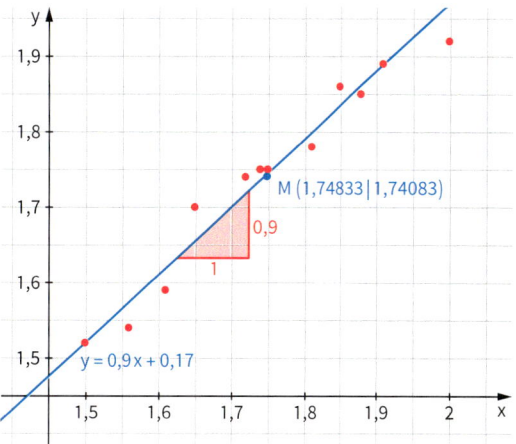

Die Steigung a kann am Steigungsdreieck abgelesen werden. Es ist $a \approx 0{,}9$. Da die Gerade durch den Punkt M verläuft, gilt $1{,}74083 = 0{,}9 \cdot 1{,}74833 + b$ und damit $b \approx 0{,}17$. Die nach Augenmaß gezeichnete Gerade hat also die Gleichung $g(x) = 0{,}9 \cdot x + 0{,}17$.

Dies passt zu GALTONS Vermutung, dass es sich um eine lineare Funktion mit einer positiven Steigung < 1 handeln muss.

b) Zunächst müssen die Daten mithilfe des Listeneditors in den Taschenrechner eingegeben werden:
erste Liste: Körpergröße der Väter;
zweite Liste: Körpergröße der Söhne.
Mithilfe des LinReg-Befehls findet der Taschenrechner dann eine lineare Funktion, sodass die Quadrate der Abweichungen von den Messwerten möglichst klein werden.
Der Rechner ermittelt als Regressionsfunktion die lineare Funktion $f_{reg}(x) = 0{,}87024 \cdot x + 0{,}21936$.

Taschenrechner geben zur Beurteilung der Güte der Regression statt der Summe der Fehlerquadrate häufig den den sogenannten Korrelationskoeffizenten r^2 an. Liegt dieser Wert nahe bei 1, kann die Näherung als gut betrachtet werden.

Wir vergleichen die vom Taschenrechner ermittelte Näherung zunächst grafisch mit der unsrigen.
Man erkennt, dass die beiden Geraden geringfügig voneinander abweichen.

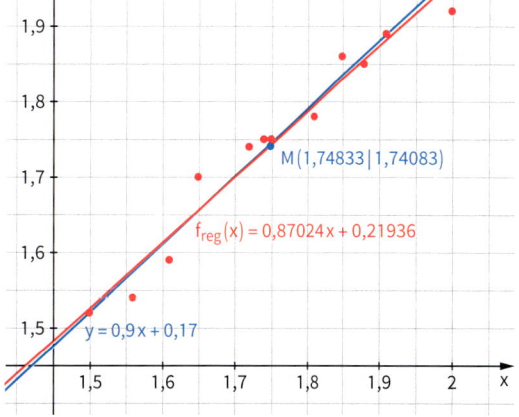

Mithilfe eines Tabellenkalkulationsprogramms kann man die quadratischen Abweichungen der Funktionswerte von den Messwerten errechnen und zusammenzählen:

x Körpergröße Vater	y Körpergröße Sohn (Messwert)	Gerade „nach Augenmaß" $g(x) = 0{,}9x + 0{,}17$	quadratische Abweichung $(y - g(x))^2$	$f_{reg}(x)$ $= 0{,}87024 \cdot x$ $+ 0{,}21936$	quadratische Abweichung $(y - f_{reg}(x))^2$
1,5	1,52	1,52	0,000000	1,52472	0,00002228
1,56	1,54	1,574	0,001156	1,5769344	0,00136415
1,61	1,59	1,619	0,000841	1,6204464	0,00092698
1,65	1,7	1,655	0,002025	1,655256	0,00200203
1,72	1,74	1,718	0,000484	1,7161728	0,00056774
1,74	1,75	1,736	0,000196	1,7335776	0,00026970
1,75	1,75	1,745	0,000025	1,74228	0,00005960
1,81	1,78	1,799	0,000361	1,7944944	0,00021009
1,85	1,86	1,835	0,000625	1,829304	0,00094224
1,88	1,85	1,862	0,000144	1,8554112	0,00002928
1,91	1,89	1,889	0,000001	1,8815184	0,00007194
2	1,92	1,97	0,002500	1,95984	0,00158723
			Summe der quadr. Abwei- chungen		Summe der quadr. Abwei- chungen
			0,008358		0,008053242

Vergleicht man die Summe der quadratischen Abweichungen, sieht man, dass die vom Rechner ermittelte Regressionsfunktion f_{reg} etwas genauer ist, als die von uns per Augenmaß ermittelte Funktion.

Es gilt $f_{reg}(1{,}74833) = 1{,}74083$. Der Punkt M liegt also auch auf der Regressionsgeraden.

INFORMATION

Regressionsfunktion

In einem Experiment wird gemessen, wie eine Größe y von einer anderen Größe x abhängt. Es werden n Messungen durchgeführt, sodass n Wertepaare $(x_1|y_1), (x_2|y_2), …, (x_n|y_n)$ vorliegen. Eine Funktion f, die derart bestimmt wurde, dass die Summe der n Fehlerquadrate $(y_1 - f(x_1))^2 + (y_2 - f(x_2))^2 + … + (y_n - f(x_n))^2$ minimal ist, heißt **Regressionsfunktion** (von y bezüglich x). Handelt es sich bei der Regressionsfunktion um eine lineare Funktion, so wird der Graph dieser Funktion auch **Regressionsgerade** genannt.

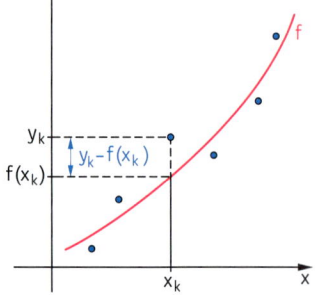

Die Regressionsgerade verläuft immer durch den Punkt $M(\bar{x}|\bar{y})$ mit $\bar{x}$ arithmetisches Mittel der x_i-Werte und $\bar{y}$ arithmetisches Mittel der y_i-Werte.

Statt mit den quadratischen Abweichungen zu rechnen, hätte man ebenfalls die linearen Abweichungen $(y_1 - f(x_1)) + (y_2 - f(x_2)) + … + (y_n - f(x_n))$ betrachten können, um die Regressionsfunktion zu ermitteln. Dann könnte es aber sein, dass sich die Abweichungen nach unten und oben gegenseitig aufheben.

Daher hat CARL FRIEDRICH GAUSS (1777 – 1855) vorgeschlagen, die Quadrate dieser Abweichungen zu verwenden.

Diese Methode hat daher auch den Namen *Methode der kleinsten Quadrate* erhalten.

Als Regressionsfunktion wählt man – mithilfe eines von GAUSS entwickelten, hier nicht näher erläuterten numerischen Verfahrens – diejenige Kurve aus, bei der die Summe aller Fehlerquadrate minimal wird.

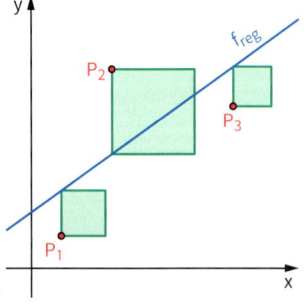

1. Bedeutung des Schwerpunktes für die Regressionsgerade

Bei einer Messung zweier Größen x und y hat
man folgende Ergebnisse erzielt.

Mess-werte	Größe x	2	5	7	8
	Größe y	25	115	178	207

a) Berechnen Sie das arithmetische Mittel $\bar{x}$ der
x-Werte und das arithmetische Mittel $\bar{y}$ der y-Werte. Zeichnen Sie den sogenannten *Schwerpunkt*
M $(\bar{x}\,|\,\bar{y})$ der Datenreihe in die von Ihnen erstellte Grafik der Messpunkte ein.

b) Zeigen Sie, das die Geradenschar f_m mit $f_m(x) = m\,x - 5{,}5\,m + 131{,}25$ für jedes m den Punkt M enthält.

c) Interpretieren Sie den folgenden Term im Sachzusammenhang:
$(m \cdot 2 - 5{,}5\,m + 131{,}25 - 25)^2 + (m \cdot 5 - 5{,}5\,m + 131{,}25 - 115)^2 + (m \cdot 7 - 5{,}5\,m + 131{,}25 - 178)^2$
$+ (m \cdot 8 - 5{,}5\,m + 131{,}25 - 207)^2$

d) Durch Ausklammern und Zusammenfassen lässt sich der obige Term vereinfachen zu
$21\,m^2 - 1\,279\,m + 19\,476{,}25$. Untersuchen Sie, für welches m der Wert dieses Termes minimal wird.

e) Ermitteln Sie mithilfe Ihres Taschenrechners eine lineare Regressionsfunktion für die vorliegenden
Daten und vergleichen Sie die so erhaltenen Werte mit den Ergebnissen aus Teilaufgabe d).
Erläutern Sie die Zusammenhänge.

2. Modellierung mit nicht-linearen Funktionen

In den letzten Jahrzehnten
hat die Anzahl der Tankstel-
len in Deutschland erheblich
abgenommen.

(1) Betrachtet man die linke
Grafik, dann könnte
man geneigt sein, für die
Prognose zukünftiger
Bestände ein lineares
Modell zu verwenden.
Welche Anzahl an Tank-
stellen ergäbe sich aus
einem linearen Modell als Prognose für das Jahr 2020?

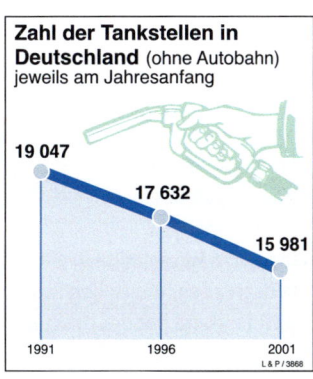

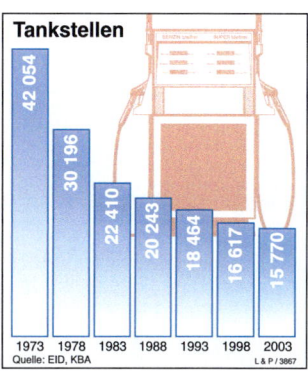

(2) Welchen Eindruck gewinnt man aus der rechten Grafik? Warum erscheint ein lineares Modell in
dem betrachteten Sachzusammenhang grundsätzlich nicht geeignet?
Entscheiden Sie, welcher Funktionstyp besser geeignet ist, den Abnahmeprozess zu beschreiben
und ermitteln Sie mithilfe der Regressionsbefehle des Taschenrechners eine verbesserte Prognose
für das Jahr 2020. Erläutern Sie auch für diesen Fall die Grenzen des Modells.

Regression mit nicht-linearen Funktionen

Mit dem Taschenrechner lassen
sich Regressionen nicht nur mit
linearen Funktionen durchfüh-
ren, sondern auch mit vielen
anderen: quadratischen,

kubischen, exponentiellen, logarithmischen …
Informieren Sie sich, welche Funktionen das von Ihnen verwendete Rechnermodell bietet und wie sie
funktionieren.
Oft unterscheiden sich die Graphen unterschiedlicher Regressionsfunktionen in dem Intervall, in dem
die Messpunkte liegen, kaum voneinander. In solchen Fällen ist es prinzipiell egal, welchen Funktionstyp man als Regressionsfunktion auswählt.
Manchmal gelten für den jeweiligen Sachzusammenhang jedoch bestimmte Gesetzmäßigkeiten,
anhand derer man auf einen bestimmten Funktionstyp schließen kann.

ÜBUNGSAUFGABEN

Regression mit linearen Funktionen

3. Eine Schraubenfeder dehnt sich durch Belastung immer weiter aus. In einem Versuch wurden dabei folgende Längen der Feder gemessen:

Belastung (in Newton)	0,5	1,0	1,5	2,0	2,5	3,0	3,5	4,0
Länge (in cm)	11,5	13,2	14,3	16,3	17,6	18,7	20,8	22,4

a) Stellen Sie die Daten grafisch dar und zeichnen Sie eine Gerade nach Augenmaß, die sich möglichst gut der Punktmenge anpasst.

b) Bestimmen Sie mit dem Verfahren aus der Einführung die Gleichung einer Regressionsgeraden. Vergleichen Sie mit der Geraden nach Augenmaß.

c) Vergleichen Sie Ihr Ergebnis mit anderen Ergebnissen im Kurs.

4. Die Geschwindigkeit eines Autos, das nach einem Halt vor einer Ampel beschleunigt, wird in Zeitabständen von jeweils einer halben Sekunde gemessen.
Handelt es sich um eine gleichmäßig beschleunigte Bewegung? Wie groß ist gegebenenfalls die konstante Beschleunigung?

t (in s)	0,5	1,0	1,5	2,0	2,5	3,0
$v\left(\text{in } \frac{m}{s}\right)$	1,58	3,26	4,84	6,38	8,24	9,72

5. In einem Experiment wurde der elektrische Widerstand eines Drahtstücks bei verschiedenen Temperaturen gemessen:

Temperatur T (in °C)	50	80	100	120	160
Widerstand R (in Ω)	53,3	58,4	61,9	65,3	72,3

a) Zeichnen Sie die Messpunkte in ein Koordinatensystem und bestimmen Sie die Gleichung der Regressionsgeraden. Beurteilen Sie, ob ein linearer Zusammenhang ein gutes Modell darstellt.

b) Welchen Widerstand hat der Draht bei einer Temperatur von 20 °C?

Regression mit nicht-linearen Funktionen

LK **6.** Bei Flaschenkürbissen wurde die Länge und die Breite gemessen.

Länge s (in mm)	60	40	25	200	120
Breite b (in mm)	44	23	13	180	92

Untersuchen Sie, ob die Funktion *Länge → Breite* durch eine Exponentialfunktion oder durch eine Potenzfunktion beschrieben werden kann. Ermitteln Sie die Funktionsgleichung.

LK **7.** Untersuchen Sie, ob für die Planeten unseres Sonnensystems zwischen der mittleren Entfernung x von der Sonne (in Mio. km) und der Umlaufdauer y (in Tagen) ein Zusammenhang der Form $y = a \cdot x^b$ besteht, und bestimmen Sie gegebenenfalls die Konstanten a und b.

Planet	Entfernung x	Umlaufdauer y
Merkur	57,9	88
Venus	108,2	225
Erde	149,6	365
Mars	227,9	687
Jupiter	778,3	4 329
Saturn	1427	10 753
Uranus	2870	30 660
Neptun	4497	60 150

8. Die Tabelle zeigt die im Jahr 2016 gültigen Weltrekordzeiten der Männer auf Laufstrecken.

Weltrekord der Männer im Laufen			Stand 1. 1. 2016	
100 m	9,58 s	Usain Bolt, Jamaika	16. 8. 2009	Berlin
200 m	19,19 s	Usain Bolt, Jamaika	20. 8. 2009	Berlin
400 m	43,18 s	Michael Johnson, USA	26. 8. 2009	Sevilla
800 m	1:40,91 min	David Lekuta Rudisha, Kenia	9. 8. 2012	London
1 000 m	2:11,96 min	Noah Nigeny, Kenia	5. 9. 1999	Rieti
1 500 m	3:26,00 min	Hicham El Guerrouj, Marokko	14. 7. 1998	Rom

a) Zeigen Sie, dass die Funktion *Laufstrecke (in m)* → *Weltrekordzeit (in s)* näherungsweise durch eine Potenzfunktion beschrieben werden kann. Ermitteln Sie die Funktionsvorschrift.

b) Welche Zeiten ergeben sich nach der Zuordnungsvorschrift für die 5 000-m-Strecke, 10 000-m-Strecke und die Marathonstrecke? Vergleichen Sie mit den gültigen Weltrekorden.

 9. Sport-Physiologen haben versucht, die Entwicklung der sportlichen Rekorde zu prognostizieren.

Rekorde auf der Aschenbahn
Keine der derzeitigen Weltrekordhalterinnen kann zurzeit mit der männlichen Konkurrenz mithalten. Das wird sich im Laufe der nächsten Jahrzehnte ändern, vermuten die Physiologen Brian J. Whipp und Susan A. Ward von der University of California anhand ihrer Analyse der Entwicklung der Laufgeschwindigkeiten in der Vergangenheit. Spätestens 2050 sollen die Frauen auf der 200-Meter-Strecke mit den Männern gleichziehen, bei einer Zeit von 18,6 Sekunden.

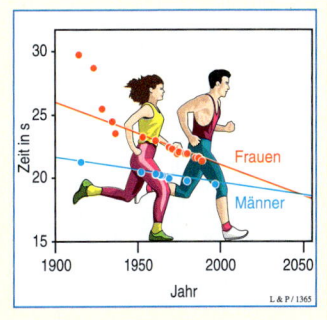

Der Weltrekord der Männer auf der 200-Meter-Laufstrecke hat sich seit 1900 folgendermaßen entwickelt:

Jahr	1914	1951	1960	1963	1964	1968	1979	1996	2008	2009
Zeit (in s)	21,2	20,6	20,5	20,3	20,2	20,0	19,72	19,32	19,30	19,19

Bei den Frauen sah die Entwicklung folgendermaßen aus:

Jahr	1927	1933	1935	1952	1960	1968	1970	1973	1978	1979	1984	1988
Zeit (in s)	25,4	24,6	23,6	23,4	22,9	22,5	22,4	22,1	22,06	22,02	21,71	21,34

a) Passen Sie den Daten mithilfe eines Rechners lineare Funktionen, Potenz- und Exponentialfunktionen an und kontrollieren Sie damit die im obigen Artikel aufgestellte Behauptung.

b) Bewerten Sie die Eignung dieser drei Funktionstypen zur Beschreibung der obigen Daten.

c) 2006 errechneten die niederländischen Mathematiker JOHN EINMAHL und JAN MAGNUS, dass der Weltrekord sich wahrscheinlich nicht unter 18,63 Sekunden bei den Männern bzw. 20,75 Sekunden bei den Frauen drücken lässt. Diese Werte nannten sie „ultimative Weltrekorde".
Dabei setzten voraus, dass sich die Bestleistungen zwar exponentiell verhalten, aber niemals unter eine gewisse Grenze fallen würden.
Finden Sie eine Regressionsfunktion, die die Differenz zwischen dem jeweiligen gelaufenen Weltrekord und dem ultimativen Weltrekord beschreibt. Setzen Sie dabei voraus, dass der Unterschied exponentiell abnimmt. Wie kann man aus dieser Funktion eine weitere Regressionsfunktion für die vorliegenden Daten erzeugen?

 10. Radon 220 ist ein Gas, das radioaktive Strahlung aussendet. Man kann dies mithilfe einer Ionisationskammer nachweisen. Abhängig von der verstrichenen Zeit t stellt man folgende Stromstärken fest:

Zeit t (in s)	0	30	60	90	120	150	180	210	240	270
Stromstärke I (in 10^{-12} A)	29,9	21,5	15,5	11,1	8,0	5,8	4,1	3,0	2,1	1,5

Zeigen Sie, dass die Stromstärke exponentiell fällt. Ermitteln Sie die Halbwertszeit.

Das Wichtigste im Überblick

Näherungsfunktion – Asymptote

Entsprechendes gilt für $x \to -\infty$

Eine Funktion a heißt **Näherungsfunktion** einer Funktion f, falls für $x \to \infty$ gilt:

$f(x) - a(x) \to 0$

Ist die Näherungsfunktion a eine lineare Funktion, so bezeichnet man die Gerade zu $y = a(x)$ auch als **Asymptote** von f.

- Ist die Steigung einer Asymptote 0, so spricht man von einer **waagerechten Asymptote**.
- Ist die Steigung der Asymptote ungleich 0, so spricht man von einer **schrägen Asymptote**.
- Ist f die Summe zweier Teilfunktionen, von denen eine die x-Achse als Asymptote hat, so ist die andere Teilfunktion Näherungsfunktion der Summenfunktion f.

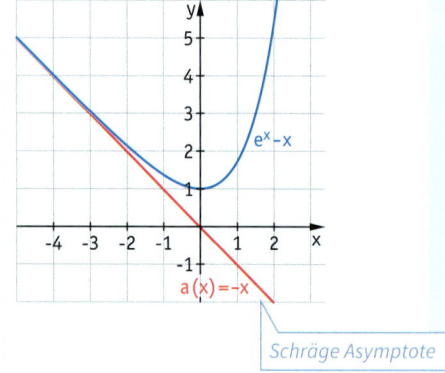

$e^x - x$

$a(x) = -x$

Schräge Asymptote

Wachstumsverhalten der e-Funktion

Für jede natürliche Zahl n gilt:

- $x^n \cdot e^{-x} \to 0$ **für** $x \to \infty$
- $x^n \cdot e^x \to 0$ **für** $x \to -\infty$

$x^2 \cdot e^{-3x} \to 0$ für $x \to \infty$

$x^2 \cdot e^{3x} \to 0$ für $x \to -\infty$

Produktregel

Wenn die Funktionen u und v die Ableitungen u′ und v′ haben, so gilt für die Funktion f mit

$f(x) = u(x) \cdot v(x)$

$f'(x) = u'(x) \cdot v(x) + u(x) \cdot v'(x).$

$f(x) = (3x + 2) \cdot e^{4x}$

$f'(x) = 3 \cdot e^{4x} + (3x + 2) \cdot 4 \cdot e^{4x}$

$\qquad = (12x + 11) \cdot e^{4x}$

Integration durch Koeffizientenvergleich

Durch einen **Koeffizientenvergleich** kann man den Term einer Stammfunktion F zu einer Funktion f leicht ermitteln, wenn der Term der Funktion f als Produkt aus einem Polynom und dem Faktor e^{mx+n} gebildet werden kann.

$f(x) = (2x + 3)e^x$

Annahme: $F(x) = (ax + b)e^x$

$F'(x) = (ax + a + b)e^x = f(x)$

Das gilt für: $a = 2$ und $a + b = 3$, also $b = 1$.

Somit gilt: $F(x) = (2x + 1)e^x$

Lokale Linearisierung
LK

Um z. B. die Nullstelle x_0 einer Funktion f näherungsweise zu bestimmen, wird der Graph der Funktion f durch die **Tangente an den Graphen von f** an einer Stelle in der Nähe der Nullstelle ersetzt. Man bestimmt dann die Nullstelle der Tangente als Näherungswert für die Nullstelle von f.

$f(x) = e^x + x$, $x = 0$

$f'(x) = e^x + 1$

$f'(0) = e^0 + 1 = 2$

Tangentengleichung:

$y = 2x + 1$

Nullstelle:

$x = -0,5 \approx x_0$

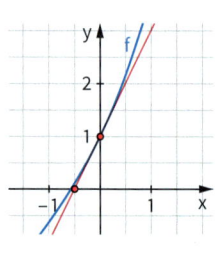

Funktionenschar

Enthält der Funktionsterm einer Funktion außer der Funktionsvariablen (z. B. der Variablen x) noch einen Parameter (z. B. die Variable a), so spricht man von einer **Funktionenschar**.

$f_a(x) = (x - 2a)^3 + a^2$

Ortskurve einer Funktionenschar
LK

Bei einer Funktionenschar f_a ist die Lage der Extrempunkte bzw. der Wendepunkte oft vom Parameter a abhängig.
Der Graph, auf dem alle diese Extrempunkte bzw. Wendepunkte der Funktionenschar f_a liegen, heißt **Ortskurve** oder Ortslinie dieser Punkte.

Die Sattelpunkte der Funktionenschar f_a mit $f_a(x) = (x - 2a)^3 + a^2$ und $a \in \mathbb{R}$ liegen jeweils im Punkt $S_a(2a \,|\, a^2)$. Aus $x = 2a$ ergibt sich $a = \frac{x}{2}$.

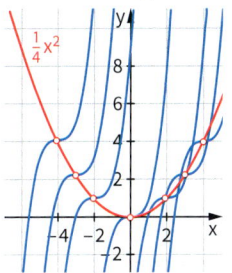

Einsetzen in $y = a^2$ ergibt $y = \frac{1}{4}x^2$.

Dies ist die Gleichung der Ortskurve aller Sattelpunkte der Funktionenschar f_a.

Spline-Interpolation
CAS

Aus n Datenpunkten wird eine Spline-Funktion folgendermaßen bestimmt:
- Die Spline-Funktion ist abschnittsweise definiert, und zwar für die n – 1 Abschnitte zwischen den Stellen, die zu den Datenpunkten gehören. Man nennt diese Stellen auch *Stützstellen*.
- In jedem Abschnitt ist der Funktionsterm ganzrational (höchstens) dritten Grades.
- An den Stützstellen stimmen die Funktionswerte der Teilfunktionen der Abschnitte überein. Ebenso stimmen jeweils die 1. Ableitungen und auch die 2. Ableitungen an diesen Stellen überein.
- Im 1. und im n-ten Datenpunkt ist der Graph der Splinefunktion ungekrümmt.
  Die 2. Ableitung der Funktion hat dort jeweils den Wert 0.

Kubische Spline-Funktion zu den Punkten $A(-2\,|\,0)$, $B(0\,|\,2)$, $C(3\,|\,1)$ und $D(5\,|\,3)$

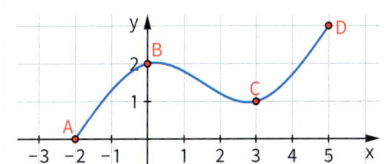

$$f(x) = \begin{cases} -\frac{2}{21}x^3 - \frac{4}{7}x^2 + \frac{5}{21}x + 2 & \text{für } -2 \le x < 0 \\ \frac{8}{63}x^3 - \frac{4}{7}x^2 + \frac{5}{21}x + 2 & \text{für } 0 \le x < 3 \\ -\frac{2}{21}x^3 + \frac{10}{7}x^2 - \frac{121}{21}x + 8 & \text{für } 3 \le x < 5 \end{cases}$$

Regressionsfunktion

Gegeben sind n Wertepaare $(x_1\,|\,y_1)$, $(x_2\,|\,y_2)$, …, $(x_n\,|\,y_n)$. Eine Funktion, die derart bestimmt wurde, dass die Summe der n Fehlerquadrate
$(y_1 - f(x_1))^2 + (y_2 - f(x_2))^2 + \cdots (y_n - f(x_n))^2$
minimal ist, heißt **Regressionsfunktion**.
Handelt es sich bei dieser Funktion um eine lineare Funktion, so wird der Graph dieser Funktion auch als **Regressionsgerade** bezeichnet.

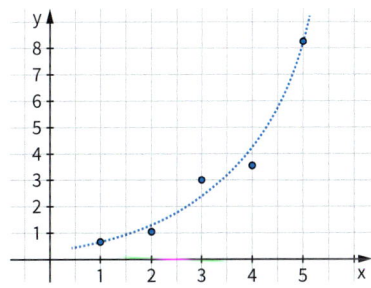

Klausurtraining

Lösen Sie die folgenden Aufgaben ohne Formelsammlung und ohne Taschenrechner.

1. (1) $f(x) = (3x - 1) \cdot e^{-x}$ (2) $g(x) = x^3 \cdot e^{x^2 - 5}$ (3) $h(x) = (x^2 + 3) \cdot e^{-2x + 1}$
   a) Bilden Sie die 1. Ableitung und vereinfachen Sie diese soweit wie möglich.
   b) Berechnen Sie durch Koeffizientenvergleich eine Stammfunktion von f.

2. Ordnen Sie den Funktionstermen jeweils den passenden Graphen zu. Begründen Sie Ihre Zuordnung.
   Geben Sie die Näherungsfunktion an.
   (1) $f(x) = e^{-x^2} + x$;   (2) $f(x) = e^{-2x} + \sin(2x)$;   (3) $f(x) = e^{-x} + 3x - 3$.
   (A)   (B)   (C)

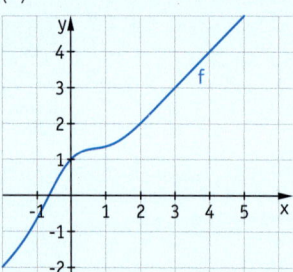   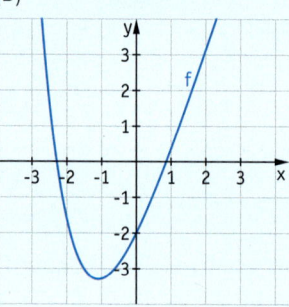   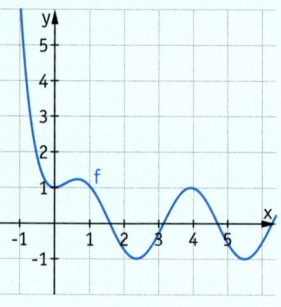

3. **a)** Ordnen Sie die Funktionsterme und die Graphen einander zu. Begründen Sie Ihre Zuordnung.
   (A) $f(x) = x \cdot e^x$ (B) $g(x) = x^2 \cdot e^x$ (C) $h(x) = x \cdot e^{-x}$ (D) $i(x) = x^2 \cdot e^{-x}$
   (1)   (2)   (3)   (4)

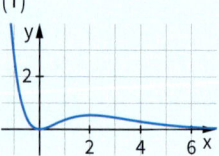   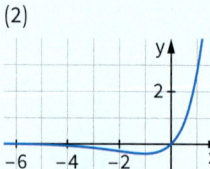   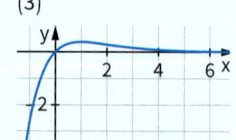   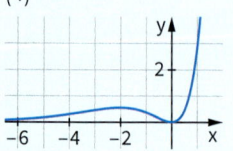

   b) Begründen Sie das Verhalten der Funktionen für $x \to \infty$ und $x \to -\infty$ jeweils am Funktionsterm.

4. Die drei Abbildungen zeigen die Graphen der Funktion f mit $f(x) = (x - 3) \cdot e^{\frac{x}{2}}$, ihrer Ableitungsfunktion f' sowie einer Stammfunktion F von f. Ordnen Sie f, f' und F zu und begründen Sie.

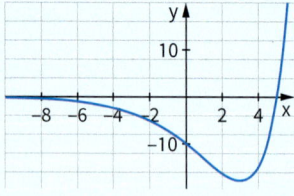   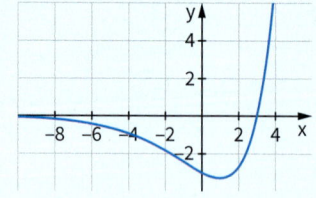   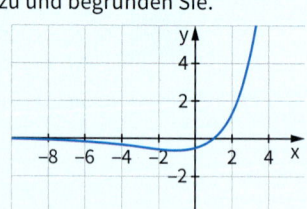

5. Gegeben ist die Funktion f mit $f(x) = (x + 1) \cdot e^{-2x}$.
   a) Berechnen Sie die Achsenschnittpunkte und untersuchen Sie das Verhalten von f für $x \to \infty$ und
   für $x \to -\infty$. Skizzieren Sie damit ohne weitere Rechnung einen möglichen Funktionsgraphen.
   b) Berechnen Sie eine Stammfunktion von f mittels Koeffizientenvergleich.

6. Die Funktion f ist gegeben durch $f(x) = (x + 1) \cdot e^{-x + 1}$.
   a) Der Graph von f schneidet die x-Achse im Punkt N und hat den Wendepunkt W.
   Berechnen Sie die Koordinaten von N und W.
   b) Die Tangente im Wendepunkt schneidet die x-Achse im Punkt S.
   Zeigen Sie, dass das Dreieck mit den Eckpunkten N, W und S gleichschenklig ist.

LK **7.** Für jedes $t > 0$ ist eine Funktion f_t gegeben mit $f_t(x) = (x + t) \cdot e^{-x+t}$.

a) Untersuchen Sie das Verhalten von f_t für $x \to \infty$ und für $x \to -\infty$.
Berechnen Sie die Wendepunkte aller Graphen der Schar und geben Sie die Gleichung der Ortskurve an, auf der diese Wendepunkte liegen.

b) Eine Stammfunktion F_1 von f_1 hat die Form $F_1(x) = (a\,x + b) \cdot e^{-x+1}$. Bestimmen Sie a und b.

c) Der Graph von f_1, die x-Achse und die Gerade mit der Gleichung $x = z$ $(z > 0)$ begrenzen eine Fläche. Untersuchen Sie den Inhalt A dieser Fläche sowie ihren Grenzwert für $z \to \infty$.

LK **8.** Ordnen Sie die Graphen zu f_k den Parametern $k = -2, -1, 0, 1, 2$ der Funktionsterme begründet zu.

a) $f_k(x) = (x^2 - k) \cdot e^x$ **b)** $f_k(x) = x(x - k)\,e^{-x}$

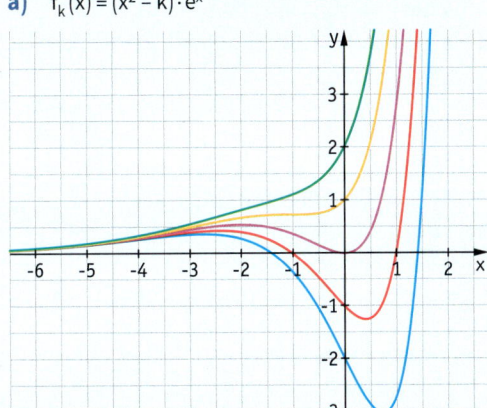 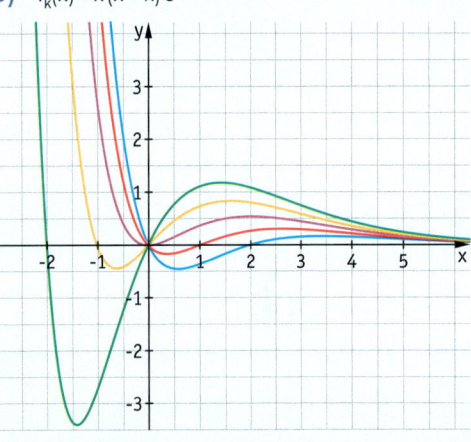

TEIL B   **Bei der Lösung dieser Aufgaben können Sie die Formelsammlung und einen Rechner verwenden.**

9. Skizzieren Sie den Graphen von f mithilfe der Teilfunktionen und geben Sie die Näherungsfunktion an. Bestimmen Sie ggf. die Nullstellen.

a) $f(x) = e^x + \frac{1}{2}x + 2$ **b)** $f(x) = e^x + x^2$ **c)** $f(x) = e^{-x} - 2x + 4$

LK **10.** Gegeben sind die beiden Funktionen f und g mit $f(x) = (2x - 4) \cdot e^{\frac{1}{2}x}$ und $g(x) = x \cdot e^{\frac{1}{2}x}$.

a) Zeichnen Sie die beiden Graphen von f und g in ein gemeinsames Koordinatensystem. Berechnen Sie die Koordinaten des Schnittpunktes S.

b) Die beiden Punkte $P\big(u\,|\,f(u)\big)$ und $Q\big(u\,|\,g(u)\big)$ liegen auf dem Graphen von f bzw. auf dem Graphen von g. Berechnen Sie u so, dass die Tangente in P an den Graphen von f parallel zur Tangente in Q an den Graphen von g ist.

c) Diese beiden Tangenten, die y-Achse und die Strecke $\overline{PQ}$ begrenzen ein Parallelogramm. Berechnen Sie seinen Flächeninhalt.

11. Die täglichen Verkaufszahlen eines neuen Smartphones können in den ersten hundert Tagen nach seiner Markteinführung näherungsweise durch die Funktion f mit $f(x) = 1\,450 + 13{,}5\,x^2 \cdot e^{-0{,}06\,x}$ beschrieben werden (x in Tagen ab Markteinführung; $f(x)$ Anzahl der verkauften Smartphones pro Tag).

a) Ermitteln Sie, wie viele Smartphones am ersten Tag verkauft wurden. Wie groß waren die durchschnittlichen täglichen Verkaufszahlen in der ersten Woche?

b) Untersuchen Sie, wie viele Smartphones nach diesem Modell maximal an einem Tag verkauft wurden. An welchem Tag war dies der Fall?
Bestimmen Sie, in welchem Zeitraum mehr als 2 000 Smartphones pro Tag verkauft wurden.

c) Bestimmen Sie $\int_{10}^{50} f(x)\,dx$ und erläutern Sie, welche Bedeutung dieses Integral in der gegebenen Sachsituation hat.

12. Gegeben ist eine Funktionenschar f_t mit $f_t(x) = \frac{1}{t}x^3 + 2x^2 + tx$, $t > 0$.

   a) Bestimmen Sie die Nullstellen, Extrem- und Wendepunkte des Graphen von f_t in Abhängigkeit von t.
      Zeichnen Sie zu verschiedenen Werten von t die zugehörigen Funktionsgraphen.

  LK **b)** Bestimmen Sie die Gleichung der Ortskurve, auf der alle Wendepunkte der Kurvenschar liegen.

13. Gegeben ist die Funktionenschar f_a mit $f_a(x) = -x^4 + 2x^3 - 2ax + a$.
Bestimmen Sie die Wendepunkte der Graphen der Funktionenschar f_a.

LK **14.** Gegeben ist die Funktionenschar f_t mit $f_t(x) = xe^{-tx}$ und $t > 0$.
Untersuchen Sie die Funktionenschar f_t. Zeigen Sie, dass alle Extrempunkte der Schar auf dem Graphen einer Funktion g liegen.
Bestimmen Sie den Funktionsterm von g und zeichnen Sie die Ortskurve zusammen mit einigen Graphen der Funktionenschar.

15. Ein Metallstreifen ist im Punkt A waagerecht befestigt und liegt im Abstand von 30 cm im Punkt B lose auf. Bei einer bestimmten Belastung beträgt die maximale Durchbiegung 8 cm.
Beschreiben Sie die Form des Metallstreifens durch eine ganzrationale Funktion. Wo genau liegt der tiefste Punkt? Wie groß ist die Durchbiegung genau in der Mitte zwischen A und B?

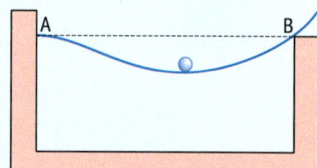

16. Wahlthema Regression
Bei jungen Bohnenpflanzen wurde die Höhe gemessen:

Zeit (in Tagen)	2	4	6	8	10	12	14
Höhe (in mm)	4	11	15	22	31	37	40

  a) Bestimmen Sie die Gleichung der Regressionsgeraden.
  b) Ermitteln Sie damit, wie hoch eine Bohnenpflanze nach 21 Tagen sein wird.

17. Spline-Interpolation
Ermitteln Sie die kubische Spline-Funktion zu den Punkten A$(0|6)$, B$(1|4)$, C$(5|2)$ und D$(7|1)$.
Skizzieren Sie den Graphen.

Lösungen zu Kapitel 1 (Seiten 37 und 38)

Teil A

1. **a)** (1) $A = 2 \cdot 1{,}5 + \frac{1}{2} \cdot 1{,}5 + \frac{1}{2} + 2 = 6{,}25$

(2) $A = \frac{1}{2} \cdot 4 + 0{,}5 + 0{,}5 + 0{,}5 + 1 = 4{,}5$

b) (1) $\int\limits_{-3}^{3} f(x)\,dx = 2 \cdot 1{,}5 + \frac{1}{2} \cdot 1 \cdot 1{,}5 - \frac{1}{2} - 2 = 1{,}25$

(2) $\int\limits_{-3}^{3} f(x)\,dx = \frac{1}{2} \cdot 4 - 0{,}5 - 0{,}5 + 0{,}5 + 1 = 2{,}5$

2. **a)** $\int\limits_{0}^{3} x^2\,dx = \left[\frac{1}{3}x^3\right]_0^3 = 9$

b) $\int\limits_{-10}^{10} (3x^2 - 2x)\,dx = \left[x^3 - x^2\right]_{-10}^{10}$
$$= (1\,000 - 100) - (-1\,000 - 100) = 2\,000$$

c) $\int\limits_{-4}^{4} (x^3 - x)\,dx = \left[\frac{1}{4}x^4 - \frac{1}{2}x^2\right]_{-4}^{4} = 0$

3. **a)** $F(t) = 9t - \frac{1}{300} \cdot t^3$, denn $F'(t) = f(t)$ und $F(0) = 0$.

F(t) beschreibt, wie viel Liter Wasser nach t Minuten aus dem Kessel gelaufen sind.

b) $f(30) = 9 - 0{,}01 \cdot 30^2 = 0$

Nach 30 Minuten fließt kein Wasser mehr aus dem Kessel, denn der Wasserfluss beträgt dann 0 Liter pro Minute.

$F(30) - F(0) = 270 - \frac{1}{300} \cdot 27\,000 - 0 = 180$

Es befanden sich 180 l Wasser im Kessel.

c) $F_0(x) = \int\limits_{0}^{x} f(t)\,dt = F(x) - F(0) = F(x)$, da $F(0) = 0$.

F_0 beschreibt, wie viel Liter Wasser nach x Minuten aus dem Kessel gelaufen sind.

4. Der Graph geht durch den Koordinatenursprung. Die Flächeninhalte aller Teilflächen zwischen dem Graphen von f und der x-Achse rechts vom Koordinatenursprung sind genau so groß wie die Flächeninhalte aller Teilflächen zwischen dem Graphen von f und der x-Achse auf der linken Seite vom Koordinatenursprung. Jedoch ist die Orientierung anders: Liegt eine Teilfläche auf der einen Seite des Koordinatenursprungs oberhalb der x-Achse, so liegt die entsprechende Fläche auf der anderen Seite unterhalb der x-Achse. Deshalb gilt:

$$\int\limits_{-a}^{0} f(x)\,dx = -\int\limits_{0}^{a} f(x)\,dx \text{ und somit } \int\limits_{-a}^{0} f(x)\,dx + \int\limits_{0}^{a} f(x)\,dx = 0,$$

also $\int\limits_{-a}^{a} f(x)\,dx = 0$

Teil B

5. **a)** Der Wasserzulauf nimmt in den ersten 20 Stunden zu. Bei 20 Stunden erreicht er sein Maximum von etwa 32 000 m³/h. Danach nimmt er ständig ab. Nach 60 Stunden liegt er bei null.

b) Der Graph einer quadratischen Funktion ist symmetrisch zu einer Geraden duch den Scheitelpunkt. Dieser Graph ist nicht symmetrisch.

c) $w(t) = a \cdot (t - 60)^2 \cdot t$

Aus $w(20) = 32$ ergibt sich

$32 = a \cdot (20 - 60)^2 \cdot 20 = 32\,000 \cdot a$, also $a = \frac{1}{1\,000}$

d) $w(t) = \frac{1}{1\,000} \cdot (t - 60)^2 \cdot t = \frac{1}{1\,000} \cdot (t^2 - 120t + 3600) \cdot t$

$w(t) = 0{,}001 \cdot t^3 - 0{,}12t^2 + 3{,}6t$

$W(t) = 0{,}00025 \cdot t^4 - 0{,}04t^3 + 1{,}8t^2 + c$

$W(0) = 20$, also $c = 20$

$W(t) = 0{,}00025 \cdot t^4 - 0{,}04t^3 + 1{,}8t^2 + 20$

e) $W(60) = 1\,100$ (mit einem Rechner)

Nach 60 Sekunden befinden sich 1 100 000 m³ Wasser im Reservoir.

6. $\int\limits_{0}^{24} (-5 \cdot 0{,}9^t)\,dt \approx 43{,}67$

Der Energieverlust innerhalb der ersten 24 Stunden beträgt etwa 43,67 Wh.

Lösungen zu Kapitel 2 (Seiten 77 und 78)

Teil A

1. a) Der Graph von f ist punktsymmetrisch zum Koordinatenursprung.

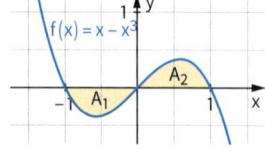

$$\int_{-1}^{1} f(x)\,dx = -A_1 + A_2 = 0,$$

da $A_1 = A_2$.

Rechnerischer Nachweis:

$$\int_{-1}^{1} f(x)\,dx = \int_{-1}^{1}(x - x^3)\,dx = \left[\frac{1}{2}x^2 - \frac{1}{4}x^4\right]_{-1}^{1} = 0$$

b) $A = 2 \cdot \int_{0}^{1}(x - x^3)\,dx = 2\cdot\left[\frac{1}{2}x^2 - \frac{1}{4}x^4\right]_{0}^{1} = \frac{1}{2}$

2. a) $f(x) = g(x)$

$\frac{3}{4}x^2 = -\frac{1}{4}x^2 + 4$

$x^2 - 4 = 0$, Schnittstellen: $x_1 = -2$; $x_2 = 2$

$$A_1 = \int_{-2}^{2}\big(g(x) - f(x)\big)\,dx = \int_{-2}^{2}(4 - x^2)\,dx = \left[4x - \frac{1}{3}x^3\right]_{-2}^{2}$$

$A_1 = \left(8 - \frac{1}{3}\cdot 8\right) - \left(-8 + \frac{1}{3}\cdot 8\right) = 16 - \frac{2}{3}\cdot 8 = \frac{32}{3}$

b) $A_2 = \int_{-2}^{2}\big(h(x) - f(x)\big)\,dx = \int_{-2}^{2}\left(2 - \frac{1}{2}x^2\right)\,dx = \left[2x - \frac{1}{6}x^3\right]_{-2}^{2}$

$A_2 = \left(4 - \frac{1}{6}\cdot 8\right) - \left(-4 + \frac{1}{6}\cdot 8\right) = 8 - \frac{1}{3}\cdot 8 = \frac{16}{3}$

$A_2 = \frac{1}{2}A_1$

Der Graph von h halbiert die von den Graphen von f und g eingeschlossene Fläche.

3. $f_k(x) = x^3 - h^2 \cdot x = x \cdot (x - k) \cdot (x + k)$

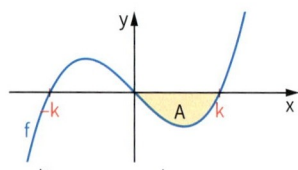

$A = \left|\int_{0}^{k}(x^3 - k^2 \cdot x)\,dx\right| = \left[\frac{1}{4}x^3 - \frac{1}{2}k^2 x^2\right]_{0}^{k} = \frac{1}{4}k^4$

$A = 8$ für $k = \sqrt[4]{32} = 2 \cdot \sqrt[4]{2} \approx 2{,}378$

4. $x_0 = \sqrt{2k}$ mit $k > 0$

$$\int_{0}^{\sqrt{2k}}(0{,}5x^2 - k)\,dx = \left[\frac{1}{6}x^3 - kx\right]_{0}^{\sqrt{2k}} = \frac{1}{6}\cdot 2k\cdot\sqrt{2k} - k\cdot\sqrt{2k}$$

$$= \sqrt{2k}\cdot\left(\frac{1}{3}k - k\right)$$

$$= -\frac{2}{3}k\cdot\sqrt{2k}$$

$$\int_{\sqrt{2k}}^{3}(0{,}5x^2 - k)\,dx = \left[\frac{1}{6}x^3 - kx\right]_{\sqrt{2k}}^{3} = \left(\frac{27}{6} - 3k\right) + \frac{2}{3}k\cdot\sqrt{2k}$$

$A_1 = \frac{2}{3}k\cdot\sqrt{2k}$ und $A_2 = \left(\frac{27}{6} - 3k\right) + \frac{2}{3}k\cdot\sqrt{2k}$

$A_1 = A_2$, wenn $\frac{27}{6} - 3k = 0$, also wenn $k = \frac{3}{2}$.

5. a) Die Gerade und die Parabel schneiden sich im Punkt $P(b\,|\,b^2)$. Daher hat die Gerade die Gleichung $y = b \cdot x$. Für den Flächeninhalt A_1 der von der Geraden und der Parabel eingeschlossenen Fläche erhält man: $A_1 = \frac{b^3}{6}$. Für den Flächeninhalt A_2 der von der Parabel und der x-Achse in den Grenzen 0 und b eingeschlossenen Fläche erhält man: $A_2 = \frac{b^3}{3}$. Daher gilt $A_1 : A_2 = 1 : 2$.

b) Die Gerade und der Graph zu $y = x^n$ schneiden sich im Punkt $P(b\,|\,b^n)$. Daher hat die Gerade die Gleichung $y = b^{n-1}\cdot x$. Für den Flächeninhalt A_1 der von der Geraden und dem Graphen zu $y = x^n$ eingeschlossenen Fläche erhält man: $A_1 = \frac{(n-1)\cdot b^{n+1}}{2\cdot(n+1)}$. Für den Flächeninhalt A_2 der von dem Graphen zu $y = x^n$ und der x-Achse in den Grenzen 0 und b eingeschlossenen Fläche erhält man: $A_2 = \frac{b^{n+1}}{n+1}$.

Daher gilt $A_1 : A_2 = (n-1) : 2$

6. $A_\Delta = \frac{1}{2}\cdot 2a\cdot a^2 = a^3$

$A = 2a^3 - 2\cdot\int_{0}^{a}x^2\,dx = 2a^3 - 2\cdot\frac{a^3}{3} = \frac{4}{3}a^3$

Das Verhältnis zwischen dem Flächeninhalt des Dreiecks und dem Flächeninhalt der Fläche zwischen den Graphen beträgt immer $3:4$.

7. Um A_1 zu bestimmen wird die Parabel verschoben: $y = h - x^2$

$$2\cdot A_1 = 2\cdot\int_{-\sqrt{h}}^{\sqrt{h}}(h - x^2)\,dx = \int_{-3}^{3}(9 - x^2)\,dx$$

$$= 2\cdot\left[hx - \frac{1}{3}x^3\right]_{-\sqrt{h}}^{\sqrt{h}} = \left[9x - \frac{1}{3}x^3\right]_{-3}^{3}$$

$$2\cdot\left[\left(h\cdot\sqrt{h} - \frac{1}{3}h\cdot\sqrt{h}\right) - \left(-h\cdot\sqrt{h} + \frac{1}{3}h\cdot\sqrt{h}\right)\right]$$

$$= (27 - 9) - (-27 + 9)$$

$$2\cdot\frac{4}{3}h\cdot\sqrt{h} = 36$$

$$h\cdot\sqrt{h} = \frac{27}{2}$$

$$h^3 = \frac{27^2}{4}$$

$$h = \sqrt[3]{\frac{1}{4}}\cdot 9$$

$$h \approx 5{,}67$$

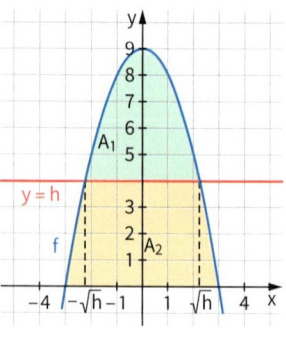

Die Gerade zu $y = 5{,}67$ teilt die Fläche zwischen der Parabel und der x-Achse in zwei Flächen mit demselben Flächeninhalt.

8. $\int_{a}^{\infty}\frac{1}{x^5}\,dx = \lim_{b\to\infty}\int_{b}^{?}\frac{1}{x^5}\,dx = \lim_{b\to\infty}\left[\left(-\frac{1}{4}\right)\cdot\frac{1}{x^4}\right]_{a}^{b} = \frac{1}{4a^4} = 4$ für $a = \frac{1}{2}$

Teil B

9. Schnittpunkte:

$S_1\left(-\frac{1}{2}\middle|-\frac{3}{8}\right)$, $S_2(0|0)$, $S_3(2|-6)$

$A = \left|\int_{-\frac{1}{2}}^{0}\left(x + \frac{3}{2}x^2 - x^3\right)dx\right| + \left|\int_{0}^{1}\left(x + \frac{3}{2}x^2 - x^3\right)dx\right| = \frac{3}{64} + 2 = \frac{131}{64}$

oder mit Betrag im Rechner:

$A = \int_{-\frac{1}{2}}^{1}\left|x + \frac{3}{2}x^2 - x^3\right|dx \approx 2{,}604$

10. a) Das Dreieck hat einen rechten Winkel bei R.

Es gilt: $r^2 = x^2 + y^2$ und somit $y = \sqrt{r^2 - x^2}$

b) $f(x) = \sqrt{36 - x^2}$

$A = 2 \cdot \int_{4}^{6}\sqrt{36 - x^2}\,dx \approx 12{,}39$

11. Fassungsvermögen: $\pi \cdot \int_{-25}^{0}(1{,}1^x + 6)^2\,dx \approx 3\,202{,}8\,\text{cm}^3$

Volumen: $\pi \cdot \int_{-25}^{0}(1{,}1^x + 6{,}5)^2\,dx - 3\,202{,}8 + \pi \cdot 6{,}5^2 \cdot 0{,}5$

$\approx 3\,723{,}6 - 3\,202{,}8 + 66{,}4 \approx 587{,}2\,\text{cm}^3$

12. Gleichung der Parabel: $y = \frac{1}{2}x^2 + 2$

$V = \pi \cdot \int_{-2}^{2}\left(\frac{1}{2}x^2 + 2\right)^2\,dx \approx 93{,}83$

13.

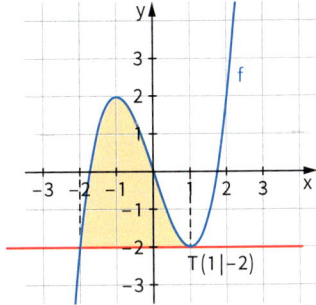

$f'(x) = 3x^3 - 3 = 0$ für $x_1 = 1$ und $x_2 = -1$

Statt der Rotation um die Tangente betrachten wir
den Graphen zu $y = f(x) + 2$ mit einer Rotation um die x-Achse.

$V = \pi \cdot \int_{-2}^{1}(x^3 - 3x + 2)^2\,dx \approx 65{,}435$

14. a) Da die Sinusfunktion in diesem Intervall jeden Funktionswert y mit $0 \leq y < 1$ genau zweimal annimmt, könnte man
$\mu \approx \frac{1}{2}$ schätzen.

b) $\mu = \frac{1}{\pi} \cdot \int_{0}^{\pi}\sin(x)\,dx = \frac{2}{\pi} \approx 0{,}6366$

Der Mittelwert liegt deutlich über der Schätzung.

15. a) Es gilt $r^2 = x^2 + y^2$

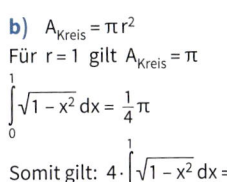

Für $r = 1$ ergibt sich
$1 = x^2 + y^2$ und somit
$y = \sqrt{1 - x^2}$

b) $A_{\text{Kreis}} = \pi r^2$

Für $r = 1$ gilt $A_{\text{Kreis}} = \pi$

$\int_{0}^{1}\sqrt{1 - x^2}\,dx = \frac{1}{4}\pi$

Somit gilt: $4 \cdot \int_{0}^{1}\sqrt{1 - x^2}\,dx = \pi$

Trapezverfahren für 5 Trapeze:

$\Delta x = 0{,}2$

$x_0 = 0$, $x_1 = 0{,}2$, $x_2 = 0{,}4$, $x_3 = 0{,}6$, $x_4 = 0{,}8$, $x_5 = 1$

$\int_{0}^{1}\sqrt{1 - x^2}\,dx \approx 0{,}2 \cdot \frac{1}{2} \cdot \left(\sqrt{1 - 0^2} + \sqrt{1 - 1^2}\right)$

$\qquad + 0{,}2 \cdot \left(\sqrt{1 - 0{,}2^2} + \sqrt{1 - 0{,}4^2} + \sqrt{1 - 0{,}6^2} + \sqrt{1 - 0{,}8^2}\right)$

$\qquad \approx 0{,}1 + 0{,}2 \cdot (0{,}9798 + 0{,}9165 + 0{,}8 + 0{,}6)$

$\qquad \approx 0{,}75926$

$4 \cdot \int_{0}^{1}\sqrt{1 - x^2}\,dx \approx 4 \cdot 0{,}75926 \approx 3{,}03704$

Bei 100 Trapezen, also $\Delta x = 0{,}01$ erhält man eine bessere
Näherung: 3,14042

16.

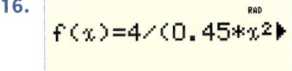
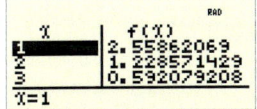

Flächeninhalt A_1 der
Rechteckfläche unter der
Plattform:

$A_1 = 1\,\text{m} \cdot f(1) \approx 2{,}56\,\text{m}^2$

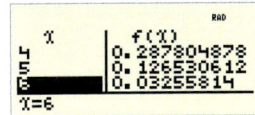

Flächeninhalt A_2 der Fläche
unter der Bahnkurve:

$A_2 \approx 0{,}5\,\text{m} \cdot \big(f(1) + 2f(2) + 2f(3)$
$+ 2f(4) + 2f(5) + f(6)\big) \approx 3{,}53\,\text{m}^2$

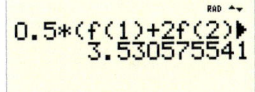

Flächeninhalt Q der Querschnittsfläche der Rampe:

$Q = A_1 + A_2 \approx 6{,}09\,\text{m}^2$

(Hinweis: Das Ergebnis kann auch gut durch Auszählen der
Kästchen in der Grafik kontrolliert werden.)

Lösungen zu Kapitel 3 (Seiten 119 und 120)

Teil A

1. **a)** $f'(x) = 4 \cdot \left(-\frac{3}{4}\right) \cdot e^{2-\frac{3}{4}\cdot x} = -3 \cdot e^{2-\frac{3}{4}\cdot x}$

b) $f'(x) = 2x \cdot e^{1-2x} + (x^2+3) \cdot e^{1-2x} \cdot (-2) = -2 \cdot (x^2-x+3) \cdot e^{1-2x}$

c) $f(x) = e^{-2x} + 5 \cdot (3x)^{\frac{1}{2}}$

$f'(x) = -2 \cdot e^{-2x} + 5 \cdot 3 \cdot \frac{1}{2} \cdot (3x)^{-\frac{1}{2}} \cdot 3 = -2 \cdot e^{-2x} + \frac{15}{2 \cdot \sqrt{3x}}$

d) $f'(x) = \frac{1}{2x+1} \cdot 2 = \frac{2}{2x+1}$

e) $f'(x) = 2x \cdot \frac{1}{x^2} = \frac{2}{x}$

f) $f'(x) = e^x \cdot \cos(x) + e^x \cdot \sin(x) = e^x(\cos(x) + \sin(x))$

2. **a)** $\int_0^2 (e^x + e^{-x})\,dx = [e^x - e^{-x}]_0^2 = e^2 - e^{-2} - (e^0 - e^0) = e^2 - e^{-2}$

b) $\int_0^2 e^{1+2x}\,dx = \left[\frac{1}{2} e^{1+2x}\right]_0^2 = \frac{1}{2} \cdot (e^5 - e^1)$

c) $\int_0^2 \frac{4}{2x+1}\,dx = \left[4 \cdot \ln|2x+1| \cdot \frac{1}{2}\right]_0^2 = [2 \cdot \ln|2x+1|]_0^2$

$\qquad = 2 \cdot \ln(5) - 2 \cdot \ln(1) = 2 \cdot \ln(5)$

d) $\int_{-1}^1 \frac{1}{3} e^{3x}\,dx = \left[\frac{1}{3} \cdot \frac{1}{3} \cdot e^{3x}\right]_{-1}^1 = \frac{1}{9} e^3 - \frac{1}{9} e^{-3} = \frac{1}{9}(e^3 - e^{-3})$

3. Der Graph von g entsteht aus dem Graphen von f durch
- Spiegeln an der y-Achse;
- Spiegeln an der x-Achse;
- Verschieben in Richtung der y-Achse um eine Einheit nach oben.

4. **a)** Für $x \to \infty$ gilt: $f(x) \to -\infty$
Für $x \to -\infty$ gilt: $f(x) \to 5$
$f(0) = 5 - e^0 = 4$, somit $M(0|4)$
$f(x) = 0$, also $x = \ln(5)$, somit $N(\ln(5)|0)$

b) $A = \int_0^{\ln(5)} (5 - e^x)\,dx$

$= [5x - e^x]_0^{\ln(5)}$

$= 5 \cdot \ln(5) - e^{\ln(5)} - (0 - e^0)$

$= 5 \cdot \ln(5) - 5 + 1$

$= 5 \cdot \ln(5) - 4$

Teil B

5. **a)** Der Bestand an Fliegen kann durch die Funktion f mit $f(t) = a \cdot e^{k \cdot t}$ beschrieben werden mit t in Tagen und $a = f(0) = 50$.
$f(8) = 300$, also $50 \cdot e^{8k} = 300$, somit $k = \frac{\ln(6)}{8} \approx 0{,}2240$
Also: $f(t) = 50 \cdot e^{0,224 \cdot t}$
$f(t) = 1\,000$, also $t \approx 13{,}4$
Es dauert ca. 13,4 Tage, bis ca. 1 000 Fliegen vorhanden sind.

b) Bestand zum Zeitpunkt $t = 10$: $f(10) = 50 \cdot e^{0,224 \cdot 10} \approx 469{,}7$
Nach der Entnahme sind nur noch 40 % dieses Bestandes vorhanden: Also $0{,}4 \cdot 470 = 188$.
Für $t \geq 10$ kann die Entwicklung des Bestandes beschrieben werden durch eine Funktion g mit $g(t) = 188 \cdot e^{0,224 \cdot t}$ mit t in Tagen ab dem Zeitpunkt 10.
Gesucht ist der Zeitpunkt t so, dass gilt: $g(t) = f(10)$, also
$188 \cdot e^{0,224 \cdot t} = 470$, also $e^{0,224 \cdot t} = 2{,}5$ bzw. $t = \frac{\ln(2,5)}{0,224} \approx 4{,}1$
Nach ca. 4,1 Tagen wird der ursprüngliche Bestand wieder erreicht.

c) $g(t) = 80 \cdot 1{,}18^t = 80 \cdot e^{0,1655 \cdot t}$.
$f(t) = g(t)$
$50 \cdot e^{0,224 \cdot t} = 80 \cdot e^{0,1655 \cdot t}$
$\ln(e^{0,224 \cdot t}) = \ln\left(\frac{8}{5}\right) + \ln(e^{0,1655 \cdot t})$
$t = \ln\left(\frac{8}{5}\right) : (0{,}224 - 0{,}1655)$
$t \approx 8{,}03425$.
Nach gut 8 Tagen ist der Bestand in beiden Laboren gleich groß.

d) In diesem Labor ist der Bestand an Fruchtfliegen abnehmend, da der Exponent negativ ist. Wachstumsgeschwindigkeit: $h'(t) = 1000 \cdot (-0{,}25) \cdot e^{-0,25 \cdot t} = -250 \cdot e^{-0,25 t}$.
Die tägliche prozentuale Abnahme beträgt
$1 - \left(\frac{f(1)}{f(0)}\right) = 1 - \frac{1000\, e^{-0,25}}{1000} \approx 1 - 0{,}7788 = 22{,}12\,\%$.

6. **a)** Für die Karpfenpopulation liegt ein begrenztes Wachstum vor, d. h. für den Fortbestand der Karpfen f gilt der Funktionsterm $f(t) = S + (f(0) - S) \cdot p^t$ mit $f(t)$ der Karpfenbe-

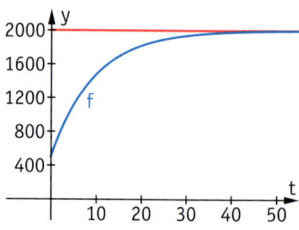

stand zum Zeitpunkt t in Jahren, S der Sättigungsgrenze und p dem Wachstumsfaktor. Daraus ergibt sich:
$f(t) = 2\,000 + (500 - 2\,000) \cdot 0{,}9^t = 2\,000 - 1\,500 \cdot 0{,}9^t$

b) $f(t) = 2\,000 - 1\,500 \cdot 0{,}9^t = 1\,900 \Leftrightarrow 0{,}9^t = \frac{1}{15} \Rightarrow t \approx 25{,}7$
Nach ca. 26 Jahren leben 1 900 Karpfen im Teich.

c) Es ist $f(3) \approx 906{,}5$. Nach 3 Jahren befinden sich also 906 Fische, nach dem Abfischen 506 Fische im Teich. Für die weitere Bestandsentwicklung gilt dann $g(t) = 2\,000 - 1\,494 \cdot 0{,}9^t$, was wieder in etwa der Funktion $f(t)$ entspricht.

7. **a)** Das Jahr 2000 wird hier als Jahr 0 gezählt (Skalierung der x-Achse in 1-Jahresschritten).

Mithilfe eines Rechners erhält man die Funktion:

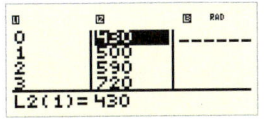 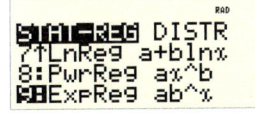

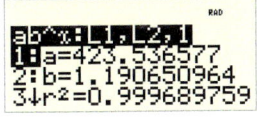 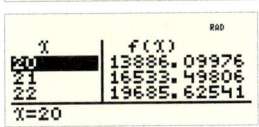

Im Jahr 2020 kann man nach diesem Modell mit einem Bestand von etwa 13 886 Walen rechnen.

b) Mithilfe eines CAS erhält man folgende Funktion als Modell für ein logistisches Wachstum, bei der die Sättigungsgrenze bei 65 606 Tieren liegt:

$$f(t) = \frac{65605{,}76}{\left(1 + 154{,}716 \cdot e^{-0{,}1777 \cdot t}\right)}$$

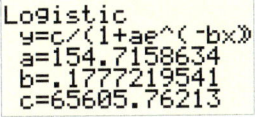

Mithilfe der Ableitung $\frac{d}{dx} f(x)$ findet man das Maximum der Wachstumsgeschwindigkeit nach etwa 28,37 Jahren, also im Jahr 2029, wenn der Bestand die Hälfte der Sättigungsgrenze erreicht hat.

c) Näherungsweises Lösen der Differenzialgleichung liefert schrittweise die Bestände.

Jahr	Kalender-jahr	Bestand	Jahr	Kalender-jahr	Bestand
9	2009	2 030	16	2016	5 883
10	2010	2 371	17	2017	6 806
11	2011	2 767	18	2018	7 856
12	2012	3 226	19	2019	9 044
13	2013	3 757	20	2020	10 380
14	2014	4 370	21	2021	11 874
15	2015	5 075	22	2022	13 531

Der maximale Bestand ist erreicht, wenn $f'(t) = 0$ gilt, also bei $0{,}174 \cdot f(t) = 0{,}0000029 \cdot \left(f(x)\right)^2$. Dies ist der Fall bei $f(t) = 0$, was keine Bedeutung für die Realität hat, und bei $f(t) = 60\,000$.

d)

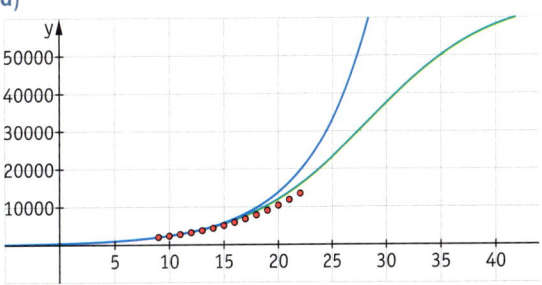

Lösungen zu Kapitel 4 (Seiten 176 bis 178)

1. **a)** (1) $f(x) = (3x - 1) \cdot e^{-x}$

$f'(x) = 3 \cdot e^{-x} + (3x - 1) \cdot (-1) \cdot e^{-x} = (-3x + 4) \cdot e^{-x}$

(2) $g(x) = x^3 \cdot e^{x^2 - 5}$

$g'(x) = 3x^2 \cdot e^{x^2 - 5} + (2x) \cdot x^3 \cdot e^{x^2 - 5} = (2x^4 + 3x^2) \cdot e^{x^2 - 5}$

(3) $h(x) = (x^2 + 3) \cdot e^{-2x + 1}$

$h'(x) = 2x \cdot e^{-2x + 1} - 2 \cdot (x^2 + 3) \cdot e^{-2x + 1} = (-2x^2 + 2x - 6) \cdot e^{-2x + 1}$

b) (1) $f(x) = (3x - 1) \cdot e^{-x}$

Annahme: $F(x) = (ax + b) \cdot e^{-x}$

$F'(x) = a \cdot e^{-x} - (ax + b) \cdot e^{-x} = (-ax + a + b) \cdot e^{-x}$

Also: $a + b = -1$ und $-a = 3$;

$a = -3$, $b = 2$

$F(x) \approx (-3x + 2) \cdot e^{-x}$

(2) $g(x) = x^3 \cdot e^{x^2 - 5}$

Annahme: $G(x) = (a \cdot x^2 + b) \cdot e^{x^2 - 5}$

$G'(x) = 2ax \cdot e^{x^2 - 5} + 2x \cdot (ax^2 + b) \cdot e^{x^2} = (2ax^3 + 2ax + 2bx) \cdot e^{x^2 - 5}$

Also $a = \frac{1}{2}$ und $b = -\frac{1}{2}$

$G(x) = \left(\frac{1}{2}x^2 - \frac{1}{2}\right) \cdot e^{x^2 - 5}$

(3) $h(x) = (x^2 + 3) \cdot e^{-2x + 1}$

Annahme:

$H(x) = (a x^2 + b x + c) \cdot e^{-2x + 1}$

$H'(x) = (2ax + b) \cdot e^{-2x + 1} - 2 (ax^2 + bx + c) \cdot e^{-2x + 1}$

$\quad = (-2ax^2 + 2ax - 2bx + b - 2c) \cdot e^{-2x + 1}$

Also $a = -\frac{1}{2}$, $b = -\frac{1}{2}$, $c = -\frac{7}{4}$

$H(x) = \left(-\frac{1}{2}x^2 - \frac{1}{2}x - \frac{7}{4}\right) \cdot e^{-2x + 1}$

2. (1) Der Graph von f hat die Gerade mit der Gleichung $y = x$ als schräge Asymptote sowohl für $x \to -\infty$ als auch für $x \to \infty$.

Zu (1) gehört der Graph (A)

(2) $e^{-2x} \to 0$ für $x \to \infty$.

Für $x \to \infty$ spielt nur der Summand $\sin(2x)$ eine Rolle. Deshalb gehört der Graph (C) zu (2).

(3) Der Graph von f hat die Gerade mit der Gleichung $y = 3x - 3$ als schräge Asymptote für $x \to \infty$.

Zu (3) gehört der Graph (B)

3. **a)**

		Begründung
f	(2)	f hat an der Stelle $x = 0$ eine einfache Nullstelle mit VZW Für $x \to \infty$ gilt $f(x) \to \infty$ Für $x \to -\infty$ gilt $f(x) \to 0$
g	(4)	g hat an der Stelle $x = 0$ eine doppelte Nullstelle ohne VZW Für $x \to \infty$ gilt $g(x) \to \infty$ Für $x \to -\infty$ gilt $g(x) \to 0$
h	(3)	h hat an der Stelle $x = 0$ eine einfache Nullstelle mit VZW Für $x \to \infty$ gilt $h(x) \to 0$ Für $x \to -\infty$ gilt $h(x) \to -\infty$
i	(1)	i hat an der Stelle $x = 0$ eine doppelte Nullstelle ohne VZW Für $x \to \infty$ gilt $i(x) \to 0$ Für $x \to -\infty$ gilt $i(x) \to \infty$

b) (A) $f(x) = x \cdot e^x$
- Für $x \to \infty$ gilt: $x \to \infty$ und $e^x \to \infty$, also $f(x) \to \infty$
- Für $x \to -\infty$ gilt: $x \to -\infty$ und $e^x \to 0$, also $f(x) \to 0$ mit $f(x) < 0$

(B) $g(x) = x^2 \cdot e^x$
- Für $x \to \infty$ gilt: $x^2 \to \infty$ und $e^x \to \infty$, also $g(x) \to \infty$
- Für $x \to -\infty$ gilt: $x^2 \to \infty$ und $e^x \to 0$, also $g(x) \to 0$ mit $g(x) > 0$

(C) $h(x) = x \cdot e^{-x}$
- Für $x \to \infty$ gilt: $x \to \infty$ und $e^{-x} \to 0$, also $h(x) \to 0$ mit $h(x) > 0$
- Für $x \to -\infty$ gilt: $x \to -\infty$ und $e^{-x} \to \infty$, also $h(x) \to -\infty$

(D) $i(x) = x^2 \cdot e^{-x}$
- Für $x \to \infty$ gilt: $x^2 \to \infty$ und $e^{-x} \to 0$, also $i(x) \to 0$ mit $i(x) > 0$
- Für $x \to -\infty$ gilt: $x^2 \to \infty$ und $e^{-x} \to \infty$, also $i(x) \to \infty$

4. Für die Funktion f gilt:
Nullstelle $x = 3$; Schnittpunkt mit der y-Achse $M(0 \,|\, -3)$.
Der zweite Graph gehört zur Funktion f.
Der Graph von f hat an der Stelle $x \approx 1$ einen Tiefpunkt, d. h. der Graph von f' hat an dieser Stelle eine Nullstelle mit einem VZW von Minus nach Plus. Somit gehört der 3. Graph zu f'. Der 1. Graph gehört zu F, da dieser Graph bei $x = 3$ einen Tiefpunkt hat und f bei $x = 3$ eine Nullstelle mit VZW von – nach +.

5. **a)** $f(x) = (x + 1) \cdot e^{-2x}$
$f(x) = 0$ für $x = -1$, Schnittpunkt mit der x-Achse $S_x(-1 \,|\, 0)$
$f(0) = e^0 = 1$, Schnittpunkt mit der y-Achse $S_y(0 \,|\, 1)$
- Für $x \to \infty$ gilt: $(x + 1) \to \infty$ und $e^{-2x} \to 0$, also $f(x) \to 0$ mit $f(x) > 0$
- Für $x \to -\infty$ gilt: $(x + 1) \to -\infty$ und $e^{-2x} \to \infty$, also $f(x) \to -\infty$

Skizze:

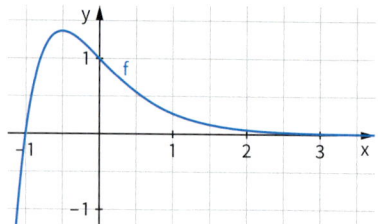

b) Annahme:
$F(x) = (ax + b) \cdot e^{-2x}$
$F'(x) = a \cdot e^{-2x} - 2(ax + b) \cdot e^{-2x} = (-2ax + a - 2b) \cdot e^{-2x}$
also $a = -\dfrac{1}{2}$, $b = -\dfrac{3}{4}$
$F(x) = \left(-\dfrac{1}{2}x - \dfrac{3}{4}\right) \cdot e^{-2x}$

6. **a)** Nullstelle von f: $x = -1$, also $N(-1 \,|\, 0)$
$f'(x) = -x \cdot e^{-x+1}$; $f''(x) = (x - 1) \cdot e^{-x+1}$
Nullstelle von f'': $x = 1$ mit VZW
$f(1) = 2$, also Wendepunkt $W(1 \,|\, 2)$
b) Steigung der Wendetangente: $m = f'(1) = -1$
Gleichung der Tangente: $y = -x + c$
W liegt auf der Tangente, also $2 = -1 + c$, somit $c = 3$
Wendetangente: $y = -x + 3$
Schnittpunkt der Wendetangente mit der x-Achse $S(3 \,|\, 0)$
Länge der Dreiecksseiten:
$|NS| = 4$
$|NW| = \sqrt{(1 - (-1))^2 + (2 - 0)2} = \sqrt{8}$
$|SW| = \sqrt{(3 - 1)2 + (0 - 2)2} = \sqrt{8}$
Die Seiten $\overline{NW}$ und $\overline{SW}$ sind gleich lang, somit ist das Dreieck NSW gleichschenklig.

7. **a)** $f_t(x) = (x + t) \cdot e^{-x+t} = \dfrac{(x + t) \cdot e^t}{e^x}$
Im Zähler steht eine lineare Funktion. Die e-Funktion „wächst schneller" als jede Potenzfunktion. Deshalb gilt für $x \to \infty$ auch $f_t(x) \to 0$ und für $x \to -\infty$ gilt $f_t(x) \to -\infty$.
$f_t'(x) = e^{-x+t} - (x + t) \cdot e^{-x+t}$
$f_t''(x) = -e^{-x+t} - e^{-x+t} + (x + t) \cdot e^{-x+t} = -2e^{-x+t} + (x + t) \cdot e^{-x+t}$
$f_t''(x) = 0$ für $x = 2 - t$
$f_t'''(x) = 2e^{-x+t} + e^{-x+t} - (x + t) e^{-x+t} = 3e^{-x+t} - (x + t) e^{-x+t}$
$f_t'''(2 - t) = e^{2t-2} \neq 0$
Wendepunkte: $W_t(2 - t \,|\, 2e^{2t-2})$
Gleichung der Ortslinie: $y = 2e^{2-2x}$
b) $F_t'(x) = a \cdot e^{-x+1} - (ax + b) \cdot e^{-x+1} = (a - b - ax) \cdot e^{-x+1}$
$f_1(x) = (x + 1) \cdot e^{-x+1}$
Also: $x + 1 = a - b - ax$
$a = -1$ und $a - b = 1$
also $-b = 2 \Rightarrow b = -2$
$F_1(x) = (-x - 2) \cdot e^{-x+1} = -(x + 2) \cdot e^{-x+1}$
c) $f_1(x) = (x + 1) \cdot e^{-x+1} = 0$ für $x = -1$
$A = \displaystyle\int_{-1}^{z} f_1(x)\,dx = \left[-(x + 2) \cdot e^{-x+1}\right]_{-1}^{z}$
$= -(z + 2) \cdot e^{-z+1} - (-1 \cdot e^z)$
$= e^2 - (z + 2) \cdot e^{-z+1}$

Für $z \to \infty$ gilt $A \to e^2$.

8. a) Nullstellen bei $x = \pm\sqrt{k}$ (wenn vorhanden), sonst anhand des Verlaufs zuzuordnen:
– 2: grün; – 1: orange; 0: lila; 1: rot; 2: blau

b) Nullstellen bei $x = k$ und $x = 0$ liefern:
– 2: grün; – 1: orange; 0: lila; 1: rot; 2: blau

9. a)

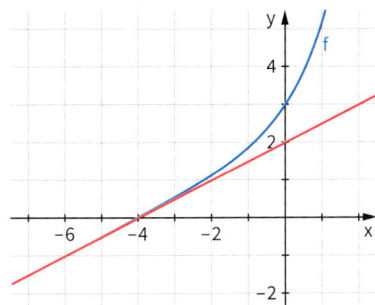

Näherungsfunktion für $x \to -\infty$ ist $y = \frac{1}{2}x + 2$

b)

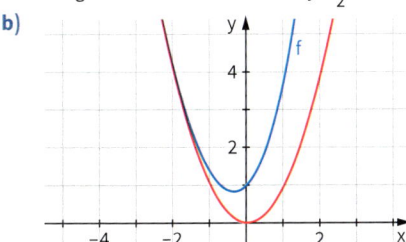

Näherungsfunktion für $x \to -\infty$ ist $y = x^2$

c)

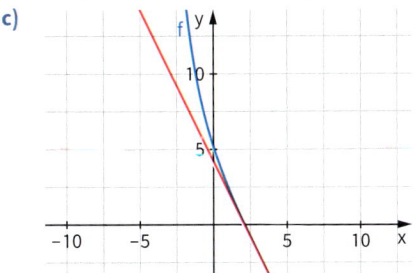

Näherungsfunktion für $x \to \infty$ ist $y = -2x + 4$

10. a) Koordinaten des Schnittpunktes:

Aus $f(x) = g(x)$ erhält man $e^{\frac{1}{2}x} \cdot (x - 4) = 0$, also $x = 4$ $g(4) = 4 \cdot e^2$, somit $S(4 \mid 4 \cdot e^2)$

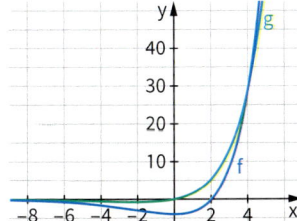

b) Es muss gelten: $f'(u) = g'(u)$

Ableitungen: $f'(x) = x \cdot e^{\frac{1}{2}x}$; $g'(x) = \left(\frac{x}{2} + 1\right) \cdot e^{\frac{1}{2}x}$

Also gilt: $u \cdot e^{\frac{1}{2}u} = \left(\frac{u}{2} + 1\right) \cdot e^{\frac{1}{2}u}$ bzw. $e^{\frac{1}{2}u} \cdot \left(\frac{u}{2} - 1\right) = 0$, also $u = 2$

Es gilt: $f'(2) = g'(2) = 2 \cdot e$
$P(2 \mid 0)$, $Q(2 \mid 2e)$

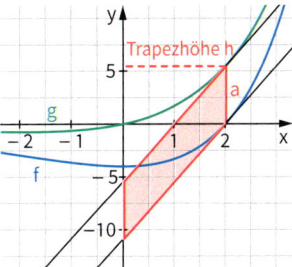

c) Tangentengleichungen:

t_1 Tangente in P an den Graphen von f: $y = 2e \cdot x - 4e$
t_2 Tangente in Q an den Graphen von g: $y = 2e \cdot x - 2e$
Flächeninhalt des Parallelogramms
Grundseite $a = 2e$; Höhe $h = 2$
$A = 2e \cdot 2 = 4e$

11. a) $f(0) = 1\,450$

Durchschittliche Verkaufszahlen der ersten Woche:

$\dfrac{f(1) + f(2) + f(3) + f(4) + f(5) + f(6) + f(7)}{7} \approx 1\,643{,}67$

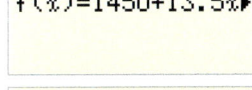
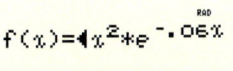

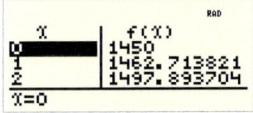
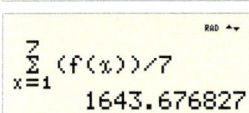

b) Berechnung des Maximums von f:

$f'(x) = (-0{,}81x^2 + 27x)\, e^{-0{,}06x}$
$f'(x) = 0$
$-0{,}81x^2 + 27x = 0$, also
$x_1 = 0$ oder $x_2 \approx 33{,}3333333$
Bei $x_2 \approx 33{,}333333$ liegt ein Maximum vor, da
$f(32) < f(33{,}333333) < f(34)$
$f(33{,}333333) \approx 3\,480{,}03$
Am 33. Tag wurden die maximalen Verkaufszahlen mit ca. 3 480 verkauften Smartphones erreicht.

Um die Zeitspanne zu bestimmen, in der mehr als 2 000 Smartphones pro Tag verkauft wurden, löst man die Gleichung $f(x) = 2\,000$. Dabei muss eine Lösung vor dem 33. und eine nach dem 33. Tag liegen.

Die gesuchte Zeitspanne geht vom 8. Tag bis zum 87. Tag.

c) Das Integral gibt die Gesamtzahl der zwischen dem 10. und dem 50. Tag verkauften Smartphones an.

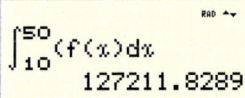

12. $f_t'(x) = (1 - x \cdot t) \cdot e - x \cdot t \Rightarrow$ Extrempunkt bei $\left(\dfrac{1}{t} \Big| \dfrac{1}{t \cdot e}\right)$; $g(x) = \dfrac{1}{e} \cdot x$

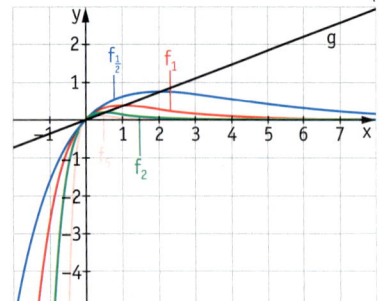

13. a) Nullstellen:

$x_1 = 0$, $x_2 = -t$ (doppelte Nullstelle);

Extremstellen: $x_4 = -t$, $x_5 = -\dfrac{t}{3}$;

Wendestelle: $x_6 = -\dfrac{2}{3}t$.

Für $t > 0$: Hochpunkt $H(-t \,|\, 0)$ bei x_4 und Tiefpunkt T

$\left(-\dfrac{t}{3} \Big| -\dfrac{4}{27}t^2\right)$ bei x_5; Wendepunkt: $W\left(-\dfrac{2}{3}t \Big| -\dfrac{2}{27}t^2\right)$.

b) $o(x) = -\dfrac{x^2}{6}$

14. $W_1(0 \,|\, a)$, $W_2(1 \,|\, 1 - a)$;

Abstand der Wendepunkte: $d(a) = \sqrt{1 + \left(a - (1 - a)\right)^2}$;

d minimal für $a = \dfrac{1}{2}$ mit $d\left(\dfrac{1}{2}\right) = 1$.

15. Die Bedingungen für die gesuchte Funktion f lauten:

(1) $f(0) = 0$

(2) $f'(0) = 0$

(3) $f(30) = 0$

(4) $f(x_{min}) = -8$

Da insgesamt 4 Bedingungen vorliegen, gehen wir vom Ansatz

$f(x) = a x^3 + b x^2 + c x + d$

aus, wobei (1) und (2) sofort die Parameterwerte $c = d = 0$

liefern.

Mit $f(x) = a x^3 + b x^2$ und der dritten Bedingung $f(30) = 0$ folgt

$27\,000 a + 900 b = 0$

$\qquad\qquad b = -30 a$

In der Funktionenschar $f_a(x) = a x^3 - 30 a x^2 = a \cdot (x^3 - 30 x^2)$ ist

nun der Parameter a so zu wählen, dass $f(x_{min}) = -8$ ist.

Wir bestimmen zunächst x_{min}:

$f_a'(x) = a \cdot (3 x^2 - 60 x) = 3 a x \cdot (x - 20) = 0$ für $x = 0$ und $x = 20$

$f_a''(x) = a \cdot (6 x - 60)$

$f_a''(20) = 60 a > 0$ für $a > 0$

Für positive a-Werte liegt bei $x_{min} = 20$ ein relatives Minimum.

Für den y-Wert dieses Tiefpunktes gilt:

$y_{min} = f_a(20) = 8\,000 a - 12\,000 a = -4\,000 a$.

Die Bedingung $f(20) = -8$ führt zu $a = \dfrac{-8}{-4\,000} = 0{,}002$.

Demnach gilt für die gesuchte Funktion f:

$f(x) = 0{,}002 \cdot x^2 \cdot (x - 30)$.

Der tiefste Punkt liegt in $T(20 \,|\, -8)$ und die Durchbiegung genau in der Mitte beträgt wegen $f(15) = -6{,}75$ genau 6,75 cm.

16. a) $g(x) = 3{,}143 x - 2{,}286$

b) $g(21) \approx 63{,}7$

17. CAS

$$s(x) = \begin{cases} s_1(x) = a_1 x^3 + b_1 x^2 + c_1 x + d_1 & \text{für } 0 \le x < 1 \\ s_2(x) = a_2 x^3 + b_2 x^2 + c_2 x + d_2 & \text{für } 1 \le x < 5 \\ s_3(x) = a_3 x_3 + b_3 x^2 + c_3 x + d_3 & \text{für } 5 \le x \le 7 \end{cases}$$

Gleichungssystem

$s_1(0) = 6$	$d_1 = 6$
$s_1(1) = 4$	$a_1 + b_1 + c_1 + d_1 = 4$
$s_2(1) = 4$	$a_2 + b_2 + c_2 + d_2 = 4$
$s_2(5) = 2$	$125 a_2 + 25 b_2 + 5 c_2 + d_2 = 2$
$s_3(5) = 2$	$125 a_3 + 25 b_3 + 5 c_3 + d_3 = 2$
$s_3(7) = 1$	$343 a_3 + 49 b_3 + 7 c_3 + d_3 = 1$
$s_1'(1) = s_2'(1)$	$3 a_1 + 2 b_1 + c_1 = 3 a_2 + 2 b_2 + c_2$
$s_2'(5) = s_3'(5)$	$75 a_2 + 10 b_2 + c_2 = 75 a_3 + 10 b_3 + c_3$
$s_1''(1) = s_2''(1)$	$6 a_1 + 2 b_1 = 6 a_2 + 2 b_2$
$s_2''(5) = s_3''(5)$	$30 a_2 + 2 b_2 = 30 a_3 + 2 b_3$
$s_1''(0) = 0$	$2 b_1 = 0$
$s_3''(7) = 0$	$42 a_3 + 2 b_3 = 0$

$$\mathbb{L} = \left\{ \left(\dfrac{9}{52} \Big| 0 \Big| -\dfrac{113}{52} \Big| 6 \Big| -\dfrac{3}{52} \Big| \dfrac{9}{13} \Big| -\dfrac{149}{52} \Big| \dfrac{81}{13} \Big| \dfrac{3}{104} \Big| -\dfrac{63}{104} \Big| \dfrac{29}{8} \Big| -\dfrac{477}{104} \right) \right\}$$

$$s(x) = \begin{cases} \dfrac{9}{52} x^3 - \dfrac{113}{52} x + 6 & \text{für } 0 \le x < 1 \\ -\dfrac{3}{52} x^3 + \dfrac{9}{13} x^2 - \dfrac{149}{52} x + \dfrac{81}{13} & \text{für } 1 \le x < 5 \\ \dfrac{3}{104} x^3 - \dfrac{63}{104} x^2 + \dfrac{29}{8} x - \dfrac{477}{104} & \text{für } 5 \le x \le 7 \end{cases}$$

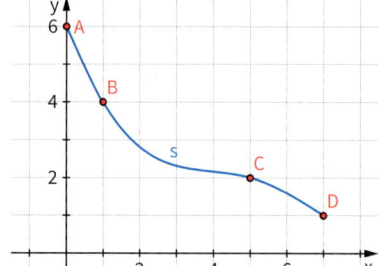

Operatoren im Landesabitur Hessen
Definition, typische Aufgabenstellung, Beispiele

Operator	Anforderungsbereich	Definition	Typische Aufgabenstellung	Beispiel aus dem Landesabitur 2016 bzw. 2015
angeben * / nennen	I	Sachverhalte, Begriffe oder Daten ohne Erläuterungen, Begründungen und Lösungswege aufzählen	Geben Sie den Grad der Polynomfunktion an.	GK 2016 A2 LK 2016 A1
berechnen **	I – II	durch Rechenoperationen zu einem Ergebnis gelangen und die Rechenschritte dokumentieren	Berechnen Sie den Wert des bestimmten Integrals mittels Stammfunktion.	GK 2016 A1 LK 2016 A2
beschreiben *	I – II	Aussagen, Sachverhalte, Strukturen o. Ä. in eigenen Worten strukturiert und fachsprachlich wiedergeben	Beschreiben Sie den Verlauf des Graphen unter Berücksichtigung charakteristischer Punkte.	GK 2016 A2 LK 2015 A2
skizzieren *	I – II	eine grafische Darstellung so anfertigen, dass die wesentlichen Eigenschaften deutlich werden	Skizzieren Sie den Verlauf des Graphen im Koordinatensystem.	GK 2016 A1 LK 2015 A2
zeichnen *	I – II	eine hinreichend exakte grafische Darstellung anfertigen	Zeichnen Sie den Graphen zu f_a für $a = 1$ im Intervall $[-1\,;3]$.	GK 2016 A1 -

begründen **	II – III	einen Sachverhalt oder eine Aussage argumentativ auf Gesetzmäßigkeiten oder kausale Zusammenhänge zurückführen	Begründen Sie, dass die Funktion mindestens eine Wendestelle haben muss.	GK 2016 A2 LK 2016 A1
bestimmen ** / ermitteln **	II – III	einen Zusammenhang oder einen möglichen Lösungsweg aufzeigen und das Ergebnis formulieren	Bestimmen Sie den Wert des Maximums auf 2 Nachkommastellen gerundet. (*Hinweis:* Hier ist die Verwendung geeigneter Rechneroperationen erlaubt.)	GK 2016 A1 LK 2016 A1
darstellen *	II	Sachverhalte o. Ä. strukturiert fachsprachlich oder grafisch wiedergeben und Bezüge sowie Zusammenhänge aufzeigen	Stellen Sie die Bereiche mit positiver Steigung des Graphen dar.	- LK 2016 A2
deuten **	II – III	Phänomene, Strukturen, Sachverhalte oder Ergebnisse auf Erklärungsmöglichkeiten untersuchen und diese gegeneinander abwägen und auf das ursprüngliche Problem beziehen	Deuten Sie das Ergebnis im Sachzusammenhang.	GK 2016 A1 LK 2015 A1
entscheiden *	II – III	bei Alternativen sich begründet und eindeutig auf eine Möglichkeit festlegen	Entscheiden Sie, welche Extremstellen der Funktion im Sachzusammenhang eine sinnvolle Bedeutung haben.	- LK 2016 A2

* Im Landesabitur 2015 und 2016 ein bis zweimal verwendet
** Im Landesabitur 2015 und 2016 häufiger verwendet

Operator	Anforde-rungsbereich	Definition	Typische Aufgabenstellung	Beispiel aus dem Landesabitur 2016 bzw. 2015
entwickeln	II – III	Sachverhalte und Methoden zielgerichtet in einen Zusammen-hang bringen; eine Hypothese, eine Skizze oder ein Modell weiterführen und ausbauen	Entwickeln Sie aus dem gegebenen Ansatz eine Formel zu Bestimmung des gesuchten Volumens.	
erklären *	II – III	Sachverhalte o. Ä. unter Verwen-dung der Fachsprache auf fachliche Grundprinzipien oder kausale Zusammenhänge zurückführen	Erklären Sie die einzelnen Schritte der Rechnung.	GK 2016 A1 -
erläutern *	II	Sachverhalte o. Ä. so darlegen und veranschaulichen, dass sie ver-ständlich werden	Erläutern Sie die Bedeutung des Parameters für den Verlauf der zugehörigen Funktionsgraphen.	GK 2016 A1 LK 2015 A1
formulieren	II	eine Fragestellung bzw. eine Formel notieren	Formulieren Sie die Flächenin-haltsberechnung als Integral.	
herleiten *	II – III	einen Sachverhalt oder ein Ergebnis aus gegebenen Daten oder Gesetz-mäßigkeiten entwickeln	Leiten Sie eine Formel für die Be-rechnung des Flächeninhalts her.	GK 2015 A2 LK 2015 A1
modellieren	II – III	zu einem Ausschnitt der Realität ein fachliches Modell anfertigen	Modellieren Sie die durch den Gra-phen gegebene Entwicklung des Bestandes mithilfe einer quadrati-schen Funktion.	
zuordnen	II	Sachverhalte begründet in einen genannten Zusammenhang stellen	Ordnen Sie die Funktions-gleichungen den gegebenen Graphen zu.	
prüfen	II	Sachverhalte, Aussagen oder Ergebnisse an Gesetzmäßig-keiten messen, verifizieren oder Wider-sprüche aufdecken	Prüfen Sie, ob das ermittelte Ergebnis eine mathematisch sinn-volle Lösung darstellt.	
untersuchen **	II – III	Sachverhalte unter bestimmten Aspekten betrachten	Untersuchen Sie die, ob der darge-stellte Graph das Wachstumsver-halten der betrachteten Populati-on angemessen beschreibt.	- LK 2015 A2
vergleichen * / gegenüberstel-len **	II – III	nach vorgegebenen oder selbst gewählten Gesichts-punkten Gemeinsamkeiten, Ähnlichkeiten und Unterschiede ermitteln und darstellen	Vergleichen Sie die Ergebnisse unter dem Gesichtspunkt der Güte der Näherung.	GK 2016 A1 LK 2016 A2
zeigen ** / bestätigen **	II – III	einen Sachverhalt oder eine Behauptung unter Verwendung gül-tiger Schlussregeln oder Berechnun-gen auf bekannte, gültige Aussagen zurückführen	Zeigen Sie, dass die beiden Ansät-ze zum gleichen Ergebnis führen.	GK 2016 A1 LK 2016 A2

Operator	Anforde-rungsbereich	Definition	Typische Aufgabenstellung	Beispiel aus dem Landesabitur 2016 bzw. 2015
beurteilen *	III	zu einem Sachverhalt oder einer Aussage unter Verwendung von Fachwissen und Fachmethoden eine begründete Einschätzung geben	Beurteilen Sie die Brauchbarkeit des Ansatzes.	GK 2016 A1 -
beweisen	III	im mathematischen Sinn zeigen, dass eine Behauptung / Aussage richtig ist, z. B. unter Verwendung bekannter mathematischer Sätze, logischer Schlüsse und Äquivalenzumformungen	Beweisen Sie, dass die Steigung der Tangente an der Stelle 0 für keinen Wert des Funktionsparameters negativ ist.	
diskutieren / erörtern	III	zu einer Aussage, Problem-stellung oder These eine Argumentation entwickeln, die zu einer begründeten Bewertung führt	Diskutieren Sie die Brauchbarkeit des Ansatzes für die Modellierung der Sachsituation.	
Stellung nehmen	III	wie Operator ‚beurteilen', aber zusätzlich die eigenen Maßstäbe darlegen und begründen	Nehmen Sie Stellung zur Wahl einer Exponentialfunktion als Modellansatz.	

Mathematische Symbole

Mengen, Zahlen

$\mathbb{N}$ Menge der natürlichen Zahlen

$\mathbb{Z}$ Menge der ganzen Zahlen

$\mathbb{Q}$ Menge der rationalen Zahlen

$\mathbb{R}_+$ Menge der positiven reellen Zahlen einschließlich Null

$\mathbb{R} \setminus \{0\}$ Menge der reellen Zahlen ohne Null

$x \in M$ x ist Element von M

$\{x \in M \mid \ldots\}$ Menge aller x aus M, für die gilt …

$\{a, b, c, d\}$ Menge mit den Elementen a, b, c, d

$\{\ \}$ leere Menge

$[a; b]$ abgeschlossenes Intervall, $\{x \in \mathbb{R} \mid a \leq x \leq b\}$

$]a; b[$ offenes Intervall, $\{x \in \mathbb{R} \mid a < x < b\}$

$a < b$ a kleiner b

$a \leq b$ a kleiner oder gleich b

$|x|$ Betrag von x

$\sqrt{x}$ Quadratwurzel aus x

$\sqrt[n]{x}$ n-te Wurzel aus x

b^x Potenz b hoch x

$\sin(x)$ Sinus x

$\cos(x)$ Kosinus x

$\tan(x)$ Tangens x

$\log_b(x)$ Logarithmus x zur Basis b

$\ln(x)$ natürlicher Logarithmus von x

Funktionen

$y = e^x$ e-Funktion

$y = \sin(x)$ Sinusfunktion

$y = \cos(x)$ Kosinusfunktion

$y = \tan(x)$ Tangensfunktion

$x \mapsto f(x)$ Zuordnungsvorschrift der Funktion f

$y = I_a(x) = \int_a^x f(t)\,dt$ Integralfunktion

$y = F(x)$ Stammfunktion

D_f Definitionsbereich von f

W_f Wertebereich von f

f' Ableitungsfunktion von f

$f'(x_0)$ Ableitung von f an der Stelle x_0

$\int_a^b f(x)\,dx$ Integral von a bis b der Funktion f

Stichwortverzeichnis

Bildquellenverzeichnis

Umschlag: Architektur-Bildarchiv, Herten (Thomas Robbin); 3.1, 7.1: Getty Images, München (Werner Bollmann); 3.2, 39.1: Picture-Alliance, Frankfurt (dpa); 3.3, 79.1: Getty Images, München (Mike Theiss); 4.1, 121.1: iStockphoto.com, Calgary (Arkadovaq); 7.2: Okapia, Frankfurt (Lineair-Michael Weber/imagebroker); 9.1: NASA, Houston/Texas; 11.1: Gerhard Launer WFL, Würzburg; 11.2: Stadtwerke Crailsheim, Crailsheim; 15.1: Getty Images, München (Team Static/fstop); 15.2: Getty Images, München (AFP); 16.1: Keystone, Hamburg (Stefan Oelsner); 17.1: Colourbox.com, Odense; 19.1: Picture-Alliance, Frankfurt (MP/Leemage/maxppp); 21.1: Michael Fabian, Hannover; 21.2: Picture-Alliance, Frankfurt (blickwinkel/U. Walz); 22.1: alimdi.net, Deisenhofen (Michael Dietrich); 23.1: mauritius images, Mittenwald (age); 24.1: mauritius images, Mittenwald (Steve Bloom); 28.1: Picture-Alliance, Frankfurt (ZB/euroluftbild); 29.1: Siemens Pressebild-Redaktion, München; 29.2: ullstein bild, Berlin (Caro/Ulf Dahl); 33.1: Picture-Alliance, Frankfurt (Wildlife); 33.2: fotolia.com, New York (Michael Faust); 34.1: Picture-Alliance, Frankfurt (EPA/Ghemen); 38.1: Picture-Alliance, Frankfurt (dpa-Zentralbild/Tom Schulze); 39.2: Shutterstock.com, New York (DutchScenery); 40.1: vario images, Bonn; 44.1: Getty Images, München (Atlantide Phototravel); 49.1: Helga Lade, Frankfurt (KI); 50.1: Erlebnisbahn Ratzburg, Schmilau (Max Hantke, Julika Neuweiler und Jakob Funk); 51.1: mauritius images, Mittenwald (imageBROKER/Hans Blossey); 52.1: Tuca Vieira, São Paulo; 53.1: fotolia.com, New York (Jenny Sturm); 56.1: Heinz Klaus Strick, Leverkusen; 57.1: Michael Wojczak, Braunschweig; 59.1: Michael Fabian, Hannover; 60.1: fotolia.com, New York (rcfotostock); 64.1: akg-images, Berlin (IAM/World History Archive); 69.1: Druwe & Polastri, Cremlingen/Weddel; 70.1: mauritius images, Mittenwald (Günter Rossenbach); 74.1: mauritius images, Mittenwald (Jeff O´Brien); 74.2: Getty Images, München (Carolina Biological/Visuals Unlimited); 78.1: Shutterstock.com, New York (Maxim Blinkov); 80.1: DSMZ - Deutsche Sammlung von Mikroorganismen und Zellkulturen, Braunschweig; 84.1: iStockphoto.com, Calgary (justme_yo); 85.1: Blickwinkel, Witten (biopix); 86.1: Caro, Berlin (Preuss); 87.1: Karly, München (Prof. Wanner); 88.1: Picture-Alliance, Frankfurt (ABACA); 89.1: mauritius images, Mittenwald (Arthur); 89.2: alimdi.net, Deisenhofen (Gerhard Zwerger-Schoner); 90.1: fotolia.com, New York (Oleksiy Mark); 95.1: Getty Images, München (Alexander Hassenstein); 105.1: mauritius images, Mittenwald (Jo Kirchherr); 105.2: Friedrich Suhr, Lüneburg; 108.1: Druwe & Polastri, Cremlingen/Weddel; 108.2: Picture-Alliance, Frankfurt (dpa/Boris Roessler); 109.1: mauritius images, Mittenwald (Uppercut Independent); 109.2: mauritius images, Mittenwald (imagebroker/Klaus-Peter Wolf); 110.1: Langner & Partner, Hemmingen; 111.1: alimdi.net, Deisenhofen (Armin Floreth); 111.2: Picture-Alliance, Frankfurt (Franz Pritz/picturedesk.com); 115.1: Langner & Partner, Hemmingen; 115.2: Presse- und Informationsamt der Bundesregierung - Bundesbildstelle, Berlin; 116.1: Deutsche Stiftung Weltbevölkerung, Hannover; 117.1: Imago, Berlin (imagebroker/Begsteiger); 117.2: LOOK-foto, München (Jan Greune); 120.1: WaterFrame, München (Reinhard Dirscherl); 121.2: fotolia.com, New York (Michael Tieck); 127.1: Picture-Alliance, Frankfurt (chromorange); 127.2: vario images, Bonn; 138.1: fotolia.com, New York (robhainer); 138.2: ullstein bild, Berlin (Firo); 142.1: iStockphoto.com, Calgary (AVTG); 143.1: IPN - Stock, Berlin (Kevin Taylor); 143.2: mauritius images, Mittenwald (imagebroker); 143.3: vario images, Bonn; 144.1: Helga Lade, Frankfurt (Tetzlaff); 145.1: Picture-Alliance, Frankfurt (BeckerBredel); 149.1: Okapia, Frankfurt (Chris Martin Bahr/SAVE); 149.2: Blickwinkel, Witten (allOver); 150.1: Shutterstock.com, New York (kezza); 152.1: Viessmann Werke, Allendorf (Eder); 155.1: Sven Simon, Mülheim an der Ruhr (FrankHoermann); 161.1: Shutterstock.com, New York (Zoltan Katona); 164.1: wikipedia.commons (Ansgar Walk/Lizenz: CC-by-sa-2.5); 166.1: Peugeot Deutschland, Köln; 167.1: Colourbox.com, Odense (Petr Malyshev); 167.2: Imago, Berlin (bonn-sequenz); 168.1: © National Portrait Gallery, London; 172.1: Martin Hangen, München; 172.2: mauritius images, Mittenwald; 178.1: Arco Images, Lünen (Reinhard).